集成电路科学与工程丛书

晶圆级芯片封装技术

[美] 曲世春（Shichun Qu）
刘　勇（Yong Liu）　著

张墅野　何　鹏　荆馨仪　周成龙　李子寒　邵建航
刘进鸿　初远帆　梁凯洺　万文强　朱鹏宇　李振锋　译

机械工业出版社

本书主要从技术和应用两个层面对晶圆级芯片封装（Wafer-Level Chip-Scale Package，WLCSP）技术进行了全面的概述，并以系统的方式介绍了关键的术语，辅以流程图和图表等形式详细介绍了先进的 WLCSP 技术，如 3D 晶圆级堆叠、硅通孔（TSV）、微机电系统（MEMS）和光电子应用等，并着重针对其在模拟和功率半导体方面的相关知识进行了具体的讲解。本书主要包括模拟和功率 WLCSP 的需求和挑战，扇入型和扇出型 WLCSP 的基本概念、凸点工艺流程、设计注意事项和可靠性评估，WLCSP 的可堆叠封装解决方案，晶圆级分立式功率 MOSFET 封装设计的注意事项，TSV/ 堆叠芯片 WLCSP 的模拟和电源集成的解决方案，WLCSP 的热管理、设计和分析的关键主题，模拟和功率 WLCSP 的电气和多物理仿真，WLCSP 器件的组装，WLCSP 半导体的可靠性和一般测试等内容。

本书可作为微电子、集成电路等领域工程技术人员的参考书，也可作为高等院校相关专业高年级本科生和研究生的教学辅导书。

北京市版权局著作权合同登记　图字：01-2022-6769 号。

图书在版编目（CIP）数据

晶圆级芯片封装技术 /（美）曲世春，（美）刘勇著；张墅野等译. －－北京：机械工业出版社，2024. 12.
（集成电路科学与工程丛书）. －－ISBN 978－7－111－76816－6

Ⅰ. TN43

中国国家版本馆 CIP 数据核字第 20246CQ254 号

机械工业出版社（北京市百万庄大街 22 号　邮政编码 100037）

策划编辑：刘星宁　　责任编辑：刘星宁　朱　林

责任校对：龚思文　陈　越　　封面设计：马精明

责任印制：单爱军

北京虎彩文化传播有限公司印刷

2024 年 12 月第 1 版第 1 次印刷

184mm × 240mm · 17 印张 · 410 千字

标准书号：ISBN 978-7-111-76816-6

定价：119.00 元

电话服务　　网络服务

客服电话：010-88361066　机　工　官　网：www.cmpbook.com

010-88379833　机　工　官　博：weibo.com/cmp1952

010-68326294　金　　书　　网：www.golden-book.com

封底无防伪标均为盗版　机工教育服务网：www.cmpedu.com

译者序

随着电子信息产业的不断发展，智能手机、5G、AI 等新兴市场对封装技术提出了更高的要求，使得封装技术朝着高度集成、三维、超细节距互连等方向发展。晶圆级封装技术可以减小芯片尺寸、布线长度、焊球间距等，因此可以提高集成电路的集成度、处理器的速度等，并降低功耗，提高可靠性，顺应了电子产品日益轻薄短小、低成本的发展需求。而晶圆级芯片封装涉及器件、封装结构设计、材料、工艺、电设计、热管理、热机械性能、可靠性等多学科，需要一批较好的有关晶圆级芯片封装的科研参考资料和教学参考书。本书图文并茂、数据翔实，对我国高校微电子专业高年级本科生和研究生，尤其是从事晶圆级芯片封装技术研究的学生，以及从事晶圆级芯片封装相关制造、研究和应用的专业技术人员都会有较大帮助。

本书得以翻译出版离不开机械工业出版社相关编辑的精心策划与指导，衷心感谢机械工业出版社对我们的信任，以及相关编辑和审校人员认真细致的工作和良好的协同合作精神。本书翻译主要由哈尔滨工业大学材料精密结构焊接与连接全国重点实验室的张墅野老师团队负责，包括何鹏、荆馨仪、周成龙、李子寒、邵建航、刘进鸿、初远帆、梁凯洺、万文强、朱鹏宇、李振锋等人，译者在此衷心感谢所有相关人员的辛勤工作。晶圆级芯片封装技术涉及知识面较宽，新兴材料和新工艺概念术语较多，因译者翻译和学术水平有限，其中的译文表达不当之处在所难免，如有错译以及不妥之处，恳请广大读者给予谅解并指正。

再次衷心感谢参与本书翻译、审校的各位译者和审校者，没有他们渊博的知识和忘我认真的工作，本书很难达到目前的水平。衷心感谢在本书翻译过程中给予我们支持和帮助的所有朋友和人士。如果本书对读者、对我国的微电子封装的教学和微电子封装产业的发展有所帮助，那将是我们最大的欣慰。

译　者

原书前言

晶圆级芯片封装（WLCSP）是一种裸片封装，它不仅在所有IC封装形式中提供尽可能小的封装面积，而且具有卓越的电气性能和热性能，这主要归功于其组装的芯片和应用PCB之间直接通过焊料进行连接，具有低电阻、低热阻和低电感。对于性能要求高、尺寸要求较小的移动电子产品，其散热仅限于通过PCB传导到移动设备的外壳，而WLCSP是平衡这一看似矛盾需求的最佳芯片封装方案。

与倒装芯片封装相同，WLCSP向前迈出了大胆的一步，在半导体芯片上放置了足够大的焊料凸点，并允许其直接倒装在应用基板上。由于焊点占据了芯片/PCB热膨胀系数（CTE）失配热/机械应力的很大一部分，除了基本的设备特定可靠性测试外，WLCSP在跌落测试、弯曲测试和温度循环测试等移动设备的可靠性测试中也表现出了优异的可靠性。这种封装形式的鲁棒性也在数十亿移动消费电子设备的日常使用寿命中得到了证明。随着凸点技术的不断发展，如聚合物再钝化焊盘上凸点（Bump on Pad，BoP）、铜的再分布层（Redistrbution Layer，RDL）、RDL上的正面模制铜柱、强力的硅背面研磨、先进的合金焊料和设计技巧，使得WLCSP将硅片尺寸范围从早期的2～3mm扩展到了8～10mm，同时持续减少了200mm和300mm晶圆尺寸大批量生产时的单位成本。封装尺寸范围的可用性和有利的成本结构使WLCSP成为各种半导体器件的良好封装候选，从模拟/混合信号和无线连接芯片到光电子、功率电子以及逻辑和存储器芯片。3D晶圆级芯片堆叠的创新进一步使WLCSP成为MEMS和传感器芯片封装的可行选择。

WLCSP的优点在于从开始到结束都是基于晶圆的处理。WLCSP打破了晶圆厂工艺和后端封装操作的界限，不同于传统封装技术，其封装过程更加集成化和自动化。WLCSP的封装操作因其高自动化和高产率而广为人知，包括凸点、检查和测试，从一步到另一步都是完全自动化的。并且，得益于半个世纪的晶圆加工技术设计技巧积累，整体WLCSP（通常称为凸点）的良率也接近100%。考虑到这一点，即使对于芯片扇出型封装，基于200mm或300mm尺寸重构晶圆的晶圆加工形式从一开始就是优选的方法就一点也不奇怪了。

WLCSP在过去十年中取得了巨大的增长，这主要得益于全球消费者对移动通信和计算设备需求的持续增长。随着两位数的市场价值（包括晶圆凸点、测试和晶圆加工服务，如背面研磨、标记、切割以及胶带和卷轴）的增长，WLCSP仍然是各种背景的封装工程师所采用的最重要的封装技术之一。

本书的目的是为读者提供关于WLCSP技术的全面概述。作者还打算分享WLCSP在模拟和功率半导体中应用的具体知识。本书还简要介绍了先进的WLCSP技术，如3D晶圆级堆叠、

TSV、MEMS 和光电子应用等。

本书共有 10 章，第 1 章概述了模拟和功率 WLCSP 的需求和挑战；第 2、3 章涵盖了扇入型和扇出型 WLCSP 的基本概念、凸点工艺流程、设计注意事项和可靠性评估；第 4 章专门介绍涉及 WLCSP 的可堆叠封装解决方案；第 5 章详细介绍了晶圆级分立式功率 MOSFET 封装设计的注意事项；第 6 章详细讨论了 TSV/ 堆叠芯片 WLCSP 的模拟和电源集成的解决方案；第 7 章是关于 WLCSP 的热管理、设计和分析的关键主题；第 8 章继续介绍模拟和功率 WLCSP 的电气和多物理仿真，并介绍了 0.18μm 功率技术电迁移研究的新进展；第 9 章涉及 WLCSP 器件的组装；第 10 章总结了 WLCSP 半导体的可靠性和一般测试。

凭借多年的半导体封装经验，以及对晶圆级封装的关注，作者试图在 10 章中提供均衡且最新的内容。我们希望本书对于那些需要在短时间内学习 WLCSP 技术最重要知识的年轻工程师来说，是一个很好的入门材料。同时，我们也希望经验丰富的工程师能发现本书是很好的参考资料，不仅能帮助他们跟上快速的技术进步，还能帮助他们应对日常的工程挑战。

Shichun Qu
美国加利福尼亚州圣何塞
Yong Liu
美国缅因州南波特兰

致　谢

如果没有来自 Springer 出版社的编辑 Merry Stuber 的奉献精神，本书是不可能完成的，多亏了她及时的提醒以及协调稿件的提交和给出的评审意见。要特别感谢仙童半导体（Fairchild Semiconductor）公司的 Doug Dolan 花时间对本书所有内容进行了初步的法律审查。同时还要感谢仙童半导体公司对技术出版物的普遍支持，这些出版物直接促成了本书的完成。还有一些多年来的支持，包括仙童半导体公司的封装总监 Suresh Belani、封装高级总监 OS Jeon、原首席技术官 Dan Kinzer 和总顾问 Paul Hughes。许多同事为本书引用的数据做出了贡献，作者也借此机会表示衷心的感谢：Richard Qian 先生、Zhongfa Yuan 先生和 Yumin Liu 博士对模拟的支持；Qi Wang 博士对晶圆级功率 MOSFET 及工艺的支持；Jun Cai 博士（原器件和工艺高级技术人员）和 Andrew Schoenberger 先生（原仙童半导体公司晶圆级工艺工程师）进行的 WLCSP 球剪切试验；Yangjian Xu 博士、Ye Zhang 先生和 Huixian Wu（浙江工业大学）进行的 WLCSP 球剪切试验和堆叠模拟；Jifa Hao 博士进行的 0.18μm 功率互连的晶圆级电迁移测试；Yuanxiang Zhang 博士（衢州学院）建立的晶圆级电迁移模型；Jiamin Ni 女士和 Antoinette Maniatty 教授（伦斯勒理工学院）研究的焊点电迁移问题；Etan Schaham 对 WLCSP 挑战的启发性讨论；Rob Travis 和 Dennis Tummy 对器件可靠性和晶圆厂工艺交互的见解；Doug Hawks 先生（原仙童半导体公司封装工程师）进行的 MCSP 开发；William Newberry 先生研究的电气模拟方法；Jihwan Kim 进行的 WLCSP 跌落测试；Steve Martin 对 WLCSP 常规研发活动的支持。仙童半导体公司内部的组织 Fairchild Bucheon 和 Fairchild Cebu 也对 WLCSP 组装和测试提供了支持。

书中的大部分材料来源于作者以前的论文和研究笔记。在这里，作者要感谢几个专业学会，他们发表了这些材料，并允许在书中引用一些内容。它们是美国电气电子工程师学会（IEEE）及其会议、论文集和期刊，包括 IEEE 元件和封装技术汇刊及 IEEE 电子封装制造汇刊。作者还感谢以下会议允许对先前发表的材料进行重组和引用：IEEE 电子元件和技术会议（ECTC）、IEEE 电子封装技术和高密度封装国际会议（ICEPT-HDP）及 IEEE 热学、机械和多物理场仿真与实验国际会议（EuroSimE）。

最后，最重要的是，要感谢家庭的支持，这使得作者能够利用许多周末和夜晚来完成本书。Shichun Qu 要感谢他的妻子 Shan Huang 和女儿 Claire Qu；Yong Liu 要感谢他的妻子 Jane Chen、儿子 Junyang Liu 和 Alexander Liu 在他写这本书的两年多时间里所给予的巨大的爱和耐心。

Shichun Qu

美国加利福尼亚州圣何塞

Yong Liu

美国缅因州南波特兰

作者简介

Shichun Qu在获得纽约州立大学石溪分校材料科学与工程博士学位后，在威斯康星州W. L. Gore & Associates' Eau Claire的研发机构开始了他的职业生涯，主要从事PTFE基IC低k介电材料的研发。在3M收购Gore & Associates位于威斯康星州Eau Claire的IC基板业务后，他继续致力于有机倒装芯片/BGA和引线键合/BGA基板的制造技术开发。同时，他还是高速有机基板介电材料开发的首席工程师：从材料配方、涂层和基板制造工艺开发和资格鉴定到倒装芯片组装工艺开发。后一项工作产生了2003年通过差热回流工艺管理倒装芯片基板翘曲的早期工业出版物。他于2007年加入美国加州圣克拉拉的国家半导体公司。在那里，他参与了先进引线框架封装的开发、焊盘上高温引线键合金属化研究和生产鉴定，以及高引脚数WLCSP技术研究。2011年加入仙童半导体公司后，他大部分时间都致力于了解WLCSP芯片/PCB的相互作用，并微调WLCSP设计和凸点工艺，通过在更高引脚数下扩展使用低掩模数凸点技术来实现有竞争力的制造成本。除了传统的WLCSP，他还在各种类型的嵌入式WLCSP功率模块的设计、测试和资格鉴定中发挥了技术作用。

Shichun Qu除获得材料科学与工程博士学位外，还获得了清华大学工程力学硕士和理学学士学位。他在中国石油大学（北京）担任了四年半的助理教授，之后回到学校攻读纽约州立大学石溪分校的博士学位，并在美国开始了新的职业生涯。

除了应对工程方面的挑战，他还喜欢其他类型的体能挑战。他在2013年完成了他的第一个半程马拉松（圣何塞摇滚），并开始准备几年后的全程马拉松。在不练习长跑的时候，他喜欢和妻子及女儿在一起，有时还和家人一起徒步旅行和骑自行车。

Yong Liu 自 2001 年以来一直在缅因州南波特兰的仙童半导体公司工作，2008 年起担任高级技术人员，2004 ~ 2007 年担任研究员，2001 ~ 2004 年任首席工程师。他现在是仙童半导体公司全球电气、热机械建模和分析团队的负责人。他的主要兴趣领域是先进的模拟和电力电子封装、建模和仿真、可靠性和组装工艺。在过去的几年里，他和他的团队一直致力于先进的 IC 封装和功率模块、建模和仿真，包括在组装制造过程、可靠性分析和芯片级晶圆级封装中电迁移引起的故障方面的开创性工作。他受邀在国际会议 EuroSimE、ICEPT、EPTC 以及美国、欧洲和中国的大学等发表主题演讲和一般演讲。他在期刊和会议上合作发表了 170 多篇论文，并在 3D/Stack/TSV IC 和电力电子封装领域获得了 45 项美国专利。Liu 博士分别于 1983 年、1987 年和 1990 年在南京理工大学获得理学学士、硕士和博士学位。他于 1994 年破格升任浙江工业大学教授。Liu 博士于 1995 年获得亚历山大・冯・洪堡奖学金，并作为洪堡研究员在德国布伦瑞克理工大学学习。1997 年，他获得亚历山大・冯・洪堡欧洲奖学金，并作为洪堡欧洲研究员在英国剑桥大学学习。1998 年，他在伦斯勒理工学院半导体焦点中心和计算力学中心以博士后身份开展研究。2000 年，他在波士顿北电网络公司担任光电封装工程师。自 2001 年加入仙童半导体公司以来，他在 2008 年获得了第一届 Fairchild 总裁奖，在 2006 年和 2009 年获得了 Fairchild 关键技术专家奖，在 2005 年获得了产品创新的 Fairchild BIQ 奖，在 2004 年获得了 Fairchild 笔力奖的第一名，在 2013 年获得了 IEEE CPMT 杰出技术成就奖。

目　　录

第 1 章

晶圆级芯片模拟和功率器件封装的需求和挑战

根据半导体行业的发展和市场需求，综述了模拟和功率晶圆级芯片封装（WLCSP）的最新进展。本章更详细地介绍了近年来模拟和功率先进晶圆级封装扇入 / 扇出设计和 3D 集成的进步如何共同推动模拟和功率器件性能的重大进步。对未来十年里代表性领域的相同趋势进行推断，突出了模拟、功率开关和无源器件技术的进一步改进可以推动模拟和功率半导体解决方案的可用性、效率、可靠性和总成本的持续提高等优势。提出并讨论了下一代设计中晶圆级模拟和功率半导体封装中的芯片收缩挑战。

1.1 模拟和功率 WLCSP 需求

在过去的 20 年里，模拟和功率半导体技术取得了令人印象深刻的进步，特别是在单片和系统多功能的高功率密度方面 [1-6]。模拟和低压功率封装的重要成就之一就是 WLCSP 技术，该技术正在不断发展——不一定是以突破性的方式，而是为了满足不断增长的需求，以及新应用中材料成分、厚度、金属堆叠结构和尺寸减小方面的细微变化。图 1.1 给出了 WLCSP 器件的基本应用 [7]，包括模拟、逻辑、混合信号、光、MEMS 和传感器。本书将更侧重于模拟和功率应用。

WLCSP 绝不是现有的成本最低的解决方案，但其微小的体积和电气性能的优势使其成为手机和平板电脑的“首选”封装；越来越多的模拟和功率管理进入 WLCSP，这加速了对 WLCSP 的需求 [6]。虽然它现在正在大量生产，但应该指出的是目前并没有 WLCSP 的通用标准。由于每个客户都有特定的应用程序要求，因此 WLCSP 之间有巨大的区别。此前 WLCSP 主要应用于小于 $3mm^2$ 的小型芯片到 $3 \sim 5mm^2$ 的中型芯片。目前，WLCSP 的市场增长率不断提高，已经渗透到了更大的芯片尺寸，例如大于 $5mm^2$ 的芯片领域。用于 I/O 计数小于 50 的 WLCSP 技术已经被大多数人认为是成熟的了。然而，业界正在开展大量活动，以将 WLCSP 的板级可靠性扩展到 100 多个 I/O 计数的阵列大小，并使之具有可接受的可靠性。未来 5 年，WLCSP 市场增长率预计将攀升 12.6%，复合年增长率（CAGR）显示了 2010 ~ 2016 年手机和平板电脑的需求趋势（见图 1.2）[7]。

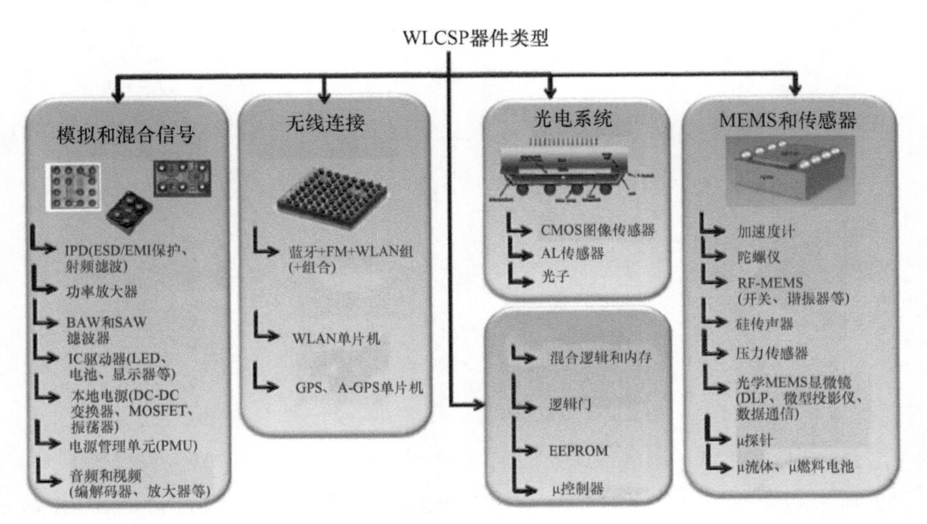

图 1.1　WLCSP 器件基本应用 [7]

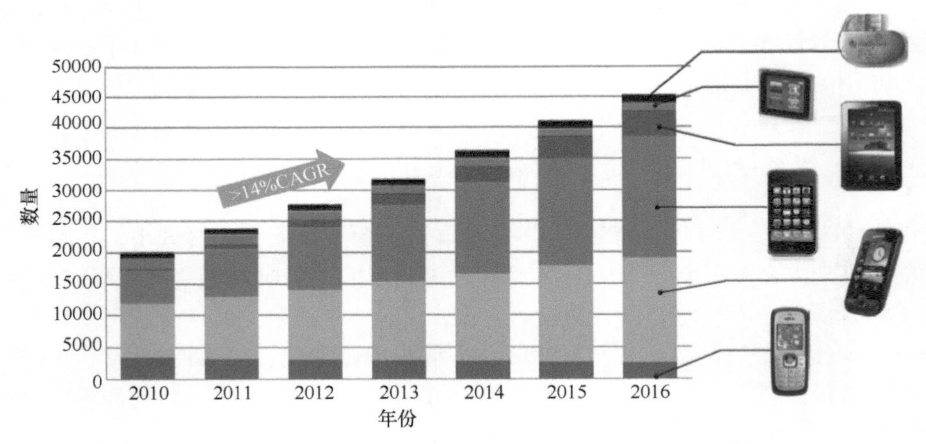

图 1.2　手机和平板电脑市场对 WLCSP 需求的增长 [7]

1.2　芯片收缩影响

1.2.1　芯片收缩产生的影响

与一般晶圆级 IC 产品的开发相比 [8-13]，由于高功率密度和高可靠性的要求，模拟和功率晶圆级封装远远落后。功率半导体器件的发展已转向 90nm 和 130nm 技术，相较于常规的 350nm 或 500nm 技术，当前的 180nm 和 250nm 技术已显著缩小芯片尺寸。随着芯片内部的金属互连系统继续变薄，电流密度显著增加。电迁移（EM）问题将日益严重，并将考虑新的互连替代方案。目前的技术，如晶圆级焊料凸点或铜柱凸点将满足晶圆级铜柱凸点的材料金属间扩散和机械缩孔问题的挑战。随着芯片尺寸的收缩，功率晶圆级芯片封装的间距将从目前的 0.5mm 变为

0.4mm 或 0.3mm。与此同时，散热将成为一个非常关键和重大的挑战，因此找到一个高效的散热解决方案是非常必要的。

1.2.2　晶圆级片上系统与系统级封装

功率集成器件使最先进的智能功率 IC 能够集成双极互补金属氧化物半导体（Complementary Metal-Oxide-Semiconductor，CMOS）和双扩散金属氧化物半导体（Double Diffused Metal-Oxide-Semiconductor，DMOS）-BCDMOS、智能分立功率器件，以及用于功率控制与保护和其他功能的横向 DMOS（LDMOS）与垂直 DMOS（VDMOS）中的功能集成。这就是所谓的晶圆级片上系统（System of Chip，SoC），它是将几种异构技术——模拟、数字、MOSFET 等——集成到一个硅片中。然而，这种晶圆级 SoC 技术通常成本高且设计复杂。这为系统级封装（System in Package，SiP）带来了丰富的机会，其中具有不同功能的多个芯片被放置在一个封装或模块[14]中，该封装或模块具有类似的 SoC 功能，但成本较低。

SiP 技术因在多个细分市场中展现出优于 SoC 的优势，已成为 SoC 电子集成的替代方法。特别地，SiP 为许多应用提供了比 SoC 更大的集成灵活性、更快的上市时间、更低的研发（R&D）或非经常性工程（NRE）成本以及更低的产品成本。SiP 不是高级、单芯片和硅集成的替代品，但可看作 SoC 的补充。对于一些非常大容量的应用，SoC 将是优选的方法，如集成 LDMOSFET 和 IC 控制器的功率 SoC；与具有两个 MOSFET 芯片和 IC 控制器芯片的 SiP 相比，SoC 的成本并不高。在这种情况下，SoC 的电性能显然优于 SiP。一些复杂的 SiP 产品将包含 SoC 组件。晶圆级 SiP/ 堆叠是低功耗应用的一个主要方向。

随着芯片的缩小，SoC 需要增加更多的功能，SiP 则需要包括更多的芯片。在 SoC 中，热密度将变得非常高。如何在一个芯片中隔离不同功能以及如何通过封装有效散热将是一个挑战[4, 14]。尽管 SiP 的成本较低，但由于需要将多个晶圆级芯片组装到晶圆，依然存在挑战。SiP 的内部寄生效应，如寄生电感[15]，高于 SoC。来自功率器件的热量对 IC 驱动器的电气性能的影响将是一个令人担忧的问题。以低成本构建具有良好热性能和电气性能的高级 SiP 是晶圆级 SiP 的最大挑战。建模和仿真工作必须用于设计、可靠性和组装过程以支持晶圆级 SiP 开发[16]。

1.3　扇入与扇出

随着每一代新产品的诞生，智能手机或掌上电脑等便携式电子设备都必须在一个非常有限的空间内集成越来越多的功能。这已经通过芯片封装的显著小型化而成为可能。WLCSP 是在晶圆切割之前制造的，并且能够进一步降低形状因子从而节省成本，特别是当封装小裸片时；它可以分为两类[17]：扇入型晶圆级封装和扇出型晶圆级封装。真正的晶圆级封装不可避免地是扇入型封装。这意味着它们的接触端子都在芯片的覆盖区内。这转化为对调整接触端子布局以匹配下一级基板（印制电路板、中介层、IC 封装）的设计具有严重限制。扇出型晶圆级封装代表芯片级封装和晶圆级封装之间的折中。在扇入和扇出的情况下，不需要层压基板或环氧模塑化合物来将芯片与 PWB（例如底部填充）相连接。焊球直接附着在硅芯片和 / 或扇出区域上。扇入型 WLP 适用于具有较小芯片和相对较少 I/O 数的设备。扇出型 WLP 可以通过再分布层（Redistribution Layer，RDL）技术在芯片表面重新分配焊点，从而支持更大的封装和更多的 I/O 数量，用于具有精细间距的小型芯片。RDL 用于细间距芯片的互连，可以连接较大间距的扇出型 WLP，例如，在嵌入式芯片晶圆级 BGA（也称为 eWLB）中，可以保持易于在 PWB 上处理的焊球间距。切割半导体晶圆，并将单片化的 IC 嵌入人造模制晶圆中。在这种人造晶圆中，裸片在一个足够大的空间中相互分离，以允许通过标准 WLP 工艺制造所需的扇出型 RDL。扇出型 WLCSP 是将具有细间距的较小芯片连接到客户 PWB 大间距的桥接器。

扇入型晶圆级芯片封装（WLCSP）正在以相对较快的速度成熟和发展，它的成功似乎是该技术进入手机以外应用的跳板，也加速了其他类型晶圆级封装（WLP）的发展。因此，现在正是了解 WLP 行业前景的最佳时机。是否会将更多的研究和努力用于制造更便宜或更可靠的扇入型 WLCSP，还是将这些创新费用转用于扇出型 WLCSP 或其他 WLP 技术，如带 TSV 封装的 3D IC 堆叠？扇入型 WLCSP 是既定的方案，其发展主要与材料的渐进改进以获得更好的热循环性能有关。扩展 I/O 间距几乎没有价值（将应用空间缩小到特殊、昂贵的 PCB 技术）。扇出型 WLP 技术有减少封装厚度的潜力，可用于下一代叠层封装（Package on Package，PoP）和无源集成，并为未来的设计开辟了一系列新的封装集成可能性。目前，大多数模拟和功率 WLCSP 都是基于扇入的设计，而模拟和功率扇出型 WLCSP 仍处于开发的早期阶段。需要新的解决方案来实现更大的芯片和封装尺寸以及高可靠性。在未来 5 ~ 10 年内，仍有可能实现显著的改进。3D 堆叠不与 WLP 竞争，但 3D WLP 堆叠还是有可能的。

1.4 功率 WLCSP 开发

1.4.1 与常规分立功率封装相比的晶圆级 MOSFET

表 1.1 显示了分立 MOSFET 封装的发展趋势及典型功率晶体管封装组件的体积百分比。它给出了具有代表性的功率晶体管封装组件的体积百分比。随着封装从 Fairchild 早期的 DPAK（TO-252）到 SO8 到 MOSFET BGA 和 MOSFET WLCSP 的发展，模塑化合物以体积百分比的形式减少，直到使用 MOSFET BGA 封装和 WLCSP 时达到零。同时，硅和互连金属的体积百分比增加。在 DPAK 级别，引线框约为 20%，硅约为 4%，而 EMC 约为 75%。在 WLCSP 中，硅的比例约为 82%，没有 EMC。

表 1.1 WLCSP 的典型分立功率封装成分体积百分比 [18]

封装类型	总体积 /mm^3	EMC	硅	引线框	互连
TO-252（wire）	90	75%	4%	20%	1%
SO8（wire）	28	83%	6%	10%	1%
SO8（clip）	28	70%	6%	20%	2%
MOSFET BGA	20	0%	40%	50%	10%
WLCSP	20	0%	82%	0%	18%

图 1.3 所示为 Vishay 和 Fairchild 半导体公司发布产品中肖特基二极管和垂直 MOSFET 的分立晶圆级 CSP。这些 WLCSP 被称为扇入型布局。

FlipKY®

a)

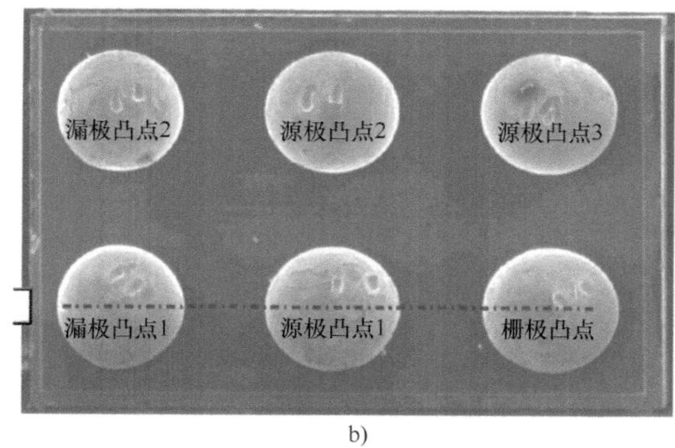

b)

图 1.3　分立 WLCSP 示例

a）Vishay 肖特基 WLCSP　b）Fairchild 分立 WLCSP

然而，EMC 的优势在于，它可以像过去一样增强处理能力和机械鲁棒性。它可以提供实质性的保护和机械完整性以将器件放置在各种各样的取放设备上。因此，今天的 EMC 分立功率封装作为组件“密封剂”仍然是有用的。对于晶圆级功率封装，EMC 可作为扇出型封装的 RDL 基底材料。这允许更小的收缩芯片有更大的间距。图 1.4 给出了采用晶圆级环氧树脂成型技术的扇出型 RDL WLP 结构的示例。

1.4.2　更高的载流能力

分立晶圆级功率封装的一个趋势是增加每单位面积的载流能力；这部分是由于客户对高电流能力的要求，部分是由于芯片收缩的要求。为了更好地管理晶圆级功率封装中具有更高载流能力趋势的热性能，有两种方法：一种是从印制电路板（PCB）层面加强热管理要求，另一种是在封装层面进行多方向散热，这种对晶圆级分立功率封装更有利。将晶圆级分立功率封装结合到金属框架是一种有效的方法。具有预刻蚀腔的金属晶圆与芯片的结合是获得具有多向散热的晶圆级封装的晶圆级工艺。图 1.5 显示了 Fairchild MOSFET BGA 和 Vishay PolarPAK 的多方向传热示例。

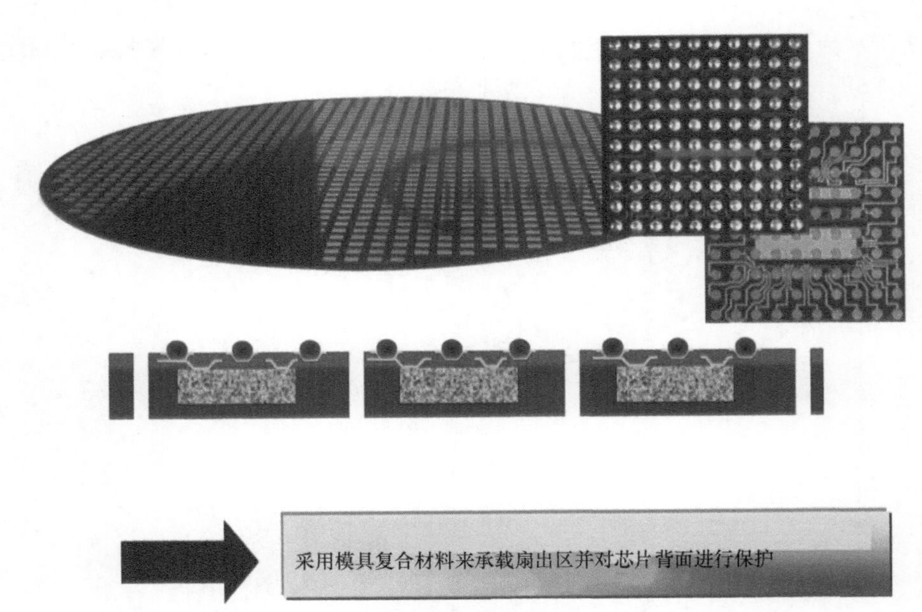

图 1.4　EMC 作为英飞凌扇出型晶圆级封装的再分布衬底 [13]

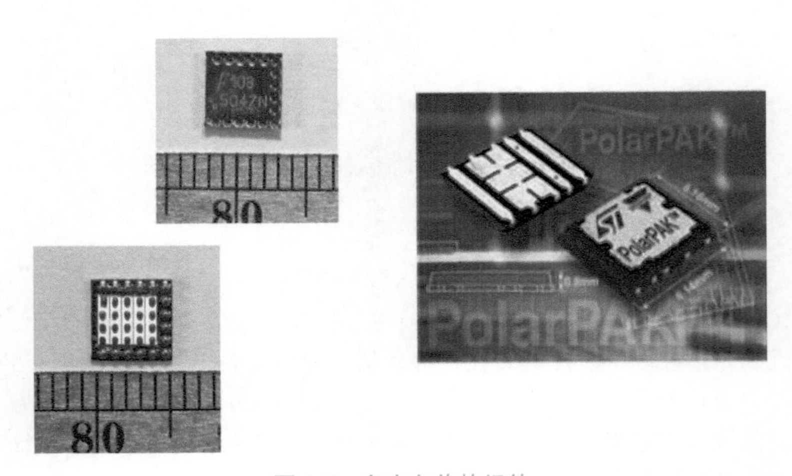

图 1.5　多方向传热组件

1.4.3　低 $R_{ds(on)}$ 电阻和更好的热性能

为了获得更低的 $R_{ds(on)}$ 并提高热性能，具有垂直金属氧化物的晶圆级 MOSFET 可以构建在减薄至 7μm 的硅基板上，并镀上 50μm 的铜作为其漏极（见参考文献 [19] 中的 Fairchild 晶圆级 UMOSFET）。这极大地降低了 $R_{ds(on)}$ 并提高了热性能。图 1.6 显示了 UMOSFET 的内部器件结构及其与常规 MOSFET 的比较。

对于晶圆级分立 MOSFET，另一个引起业界关注的趋势是将 MOSFET 的漏极移至芯片正面，使漏极、源极和栅极位于同一侧。这将有助于各种 PCB 的表面安装应用，也有助于获得良好的电气性能。图 1.7 所示为 LDMOS WLCSP 的漏极横向布局之一。由于漏极处于横向位置，背金属不直接接触漏极，因此其应用限制在较低功率和较低电压区域。对于 VDMOS WLCSP，趋势是通过沟槽区域中的 TSV 直接连接到前侧。从背漏极到前侧直接连接的优点是其良好的电气性能和较低的 $R_{ds(on)}$。

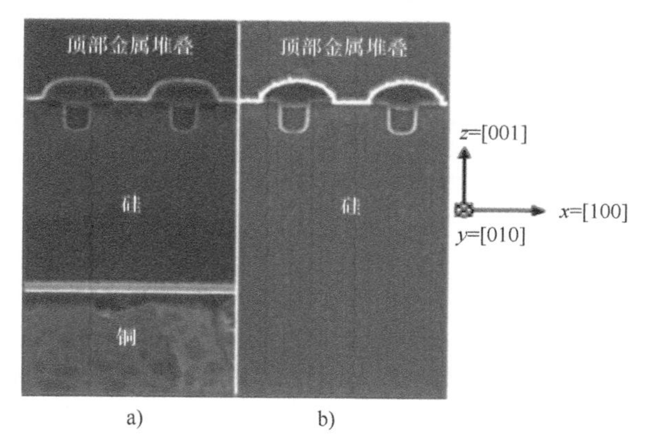

图 1.6　a）Fairchild UMOSFET；b）常规 MOSFET[19]

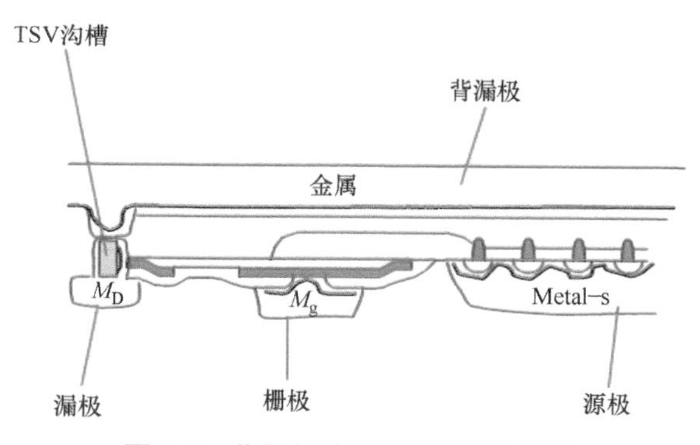

图 1.7　将漏极移到 MOSFET 前侧

1.4.4　功率 IC 封装的发展趋势

对于 5 ~ 100V 的电压范围，使用单片解决方案处理的电感负载范围更广，功能集成水平更高[18]。最有趣的应用是晶圆级集成系统电源转换解决方案，它将两个电源开关（高压侧和低压侧）与 IC 驱动器结合在一起。图 1.8 所示为这种晶圆级片上电源系统的示例。还有集成的高级数字运动控制功能，包括低端的"无传感器"定位和故障检测以及高端的"自适应"运动控制。对于 100 ~ 700V 的电压范围，下一代集成 LDMOS 结构的击穿电压达到了 Si 几何结构函数的极限，这允许相应提高高压（HV）单片功率变换（AC–DC）能力，并导致实际产品中要求的多晶粒极限不断提高。

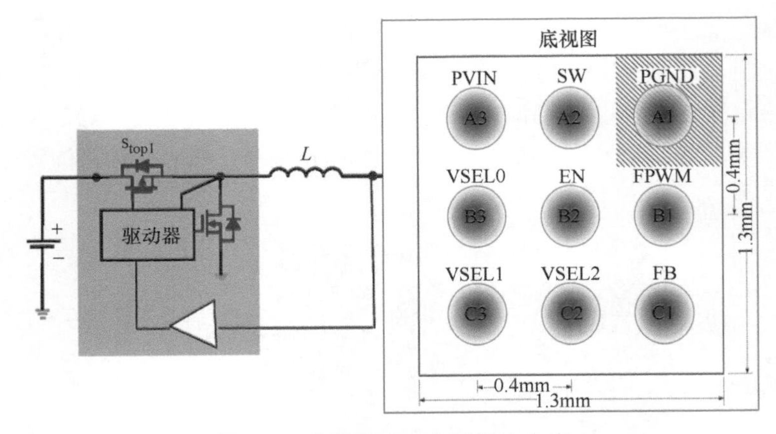

图 1.8　晶圆级集成电源解决方案

随着功率芯片尺寸的缩小，封装占用面积也在缩小，并且由于芯片的功能 / 单位面积随着先进的 BCDMOS 工艺进步而增加，因此难以将热传递能力保持在封装水平。虽然整体封装占用面积呈下降趋势，但散热能力更多地依赖于作为系统一部分的 PCB。因此，确保裸倒装芯片形式的 WLCSP 与散热器的板级封装的机械完整性是十分困难的（见图 1.9）。

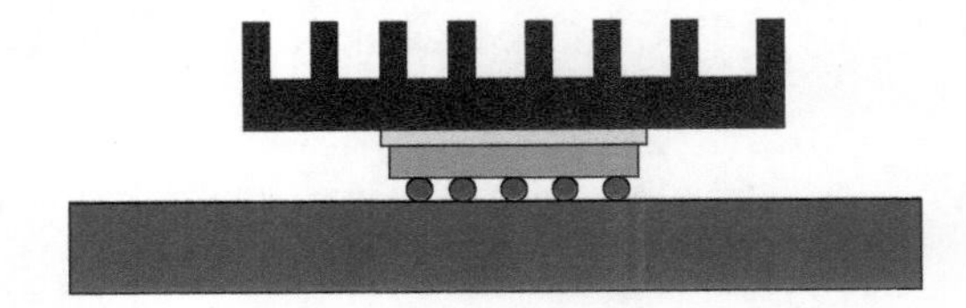

图 1.9　难以安装散热器的 WLCSP 示例

一种趋势是在功率芯片上构建晶圆级微通道，而不是对功率晶圆级封装进行空气冷却，这可以有效地消除电源芯片的热量。图 1.10 给出了在功率芯片有源侧和背面构建微通道的示例。由于微通道的高效冷却，不再需要散热器。这可能大大减少散热器的空间，并消除冷却系统中风扇产生的噪声。

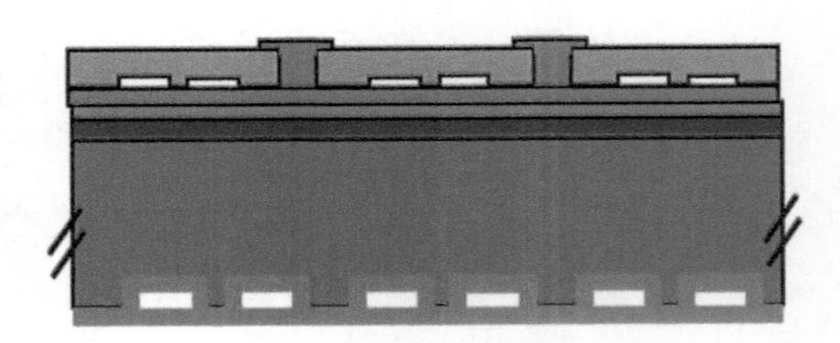

图 1.10　有源侧和背面芯片上的微通道 [20]

1.4.5　晶圆级无源器件的发展趋势

尽管目前晶圆级无源器件（电阻器、电容器和电感器）仅适用于非常低和微小的功率，但它们有可能与低功率 BCDMOS 或其他有源 IC 集成。在晶圆级集成有源功率开关和无源器件可以极大地提高电气性能，并显著减少寄生效应。对于相对较大的功率产品的开发正在进行中，如降压转换器和带无源器件的 DrMos。图 1.11 给出了用于功率应用的晶圆级电感器的开发样本 [14, 21]，显示出了随频率变化的电流水平。晶圆级电感器集成的一个显著优点是其频率可以达到几 MHz 到 100MHz，这是常规封装级和板集成级难以获得的。

1.4.6　晶圆级堆叠 /3D 功率芯片 SiP

有两种用于功率芯片 SiP 的晶圆级堆叠方法：一种是将芯片堆叠在晶圆上；另一种是堆叠两个晶圆。图 1.12 显示了有源 IC 芯片堆叠在无源晶圆上。具有两个 MOSFET 和一个 IC 驱动器的功率 IC 芯片结合在具有电感器 L 的无源晶圆上。图 1.13 所示为两个 MOSFET 与晶圆 1 源极和晶圆 2 漏极结合在一起的晶圆级堆叠芯片封装的示例。公共源极（晶圆 1）/ 漏极（晶圆 2）可以通过 TSV 连接到至少一个正面。这种堆叠过程可以通过晶圆对晶圆来完成。这种集成的优点是，对于像液晶显示器（Liquid Crystal Display，LCD）背光逆变器这样的产品，具有 N 沟道和 P 沟道 MOSFET 的半桥具有非常好的电气性能。高边芯片和低边芯片之间的距离非常短，这大大降低了电阻和寄生效应。

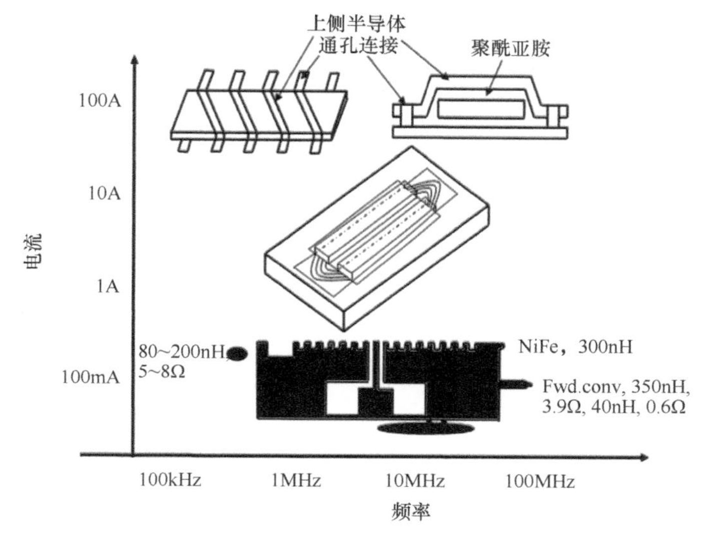

图 1.11　晶圆级无源器件

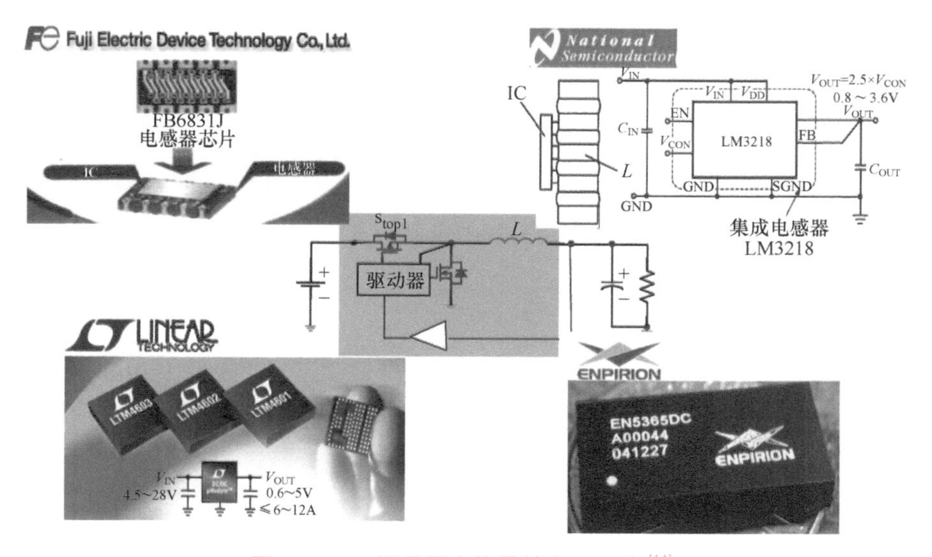

图 1.12　无源晶圆上堆叠的有源芯片 [14]

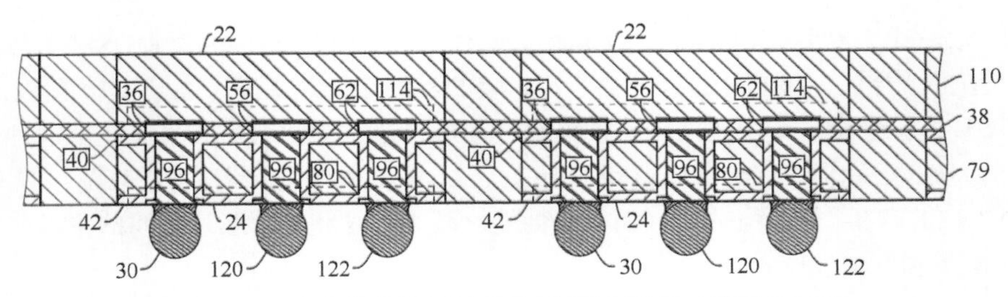

图 1.13 两个堆叠晶圆的 TSV 晶圆级堆叠功率芯片封装

1.5 总结

如今，由于能源资源有限和气候变化，尤其是通信和娱乐、工业电力转换、汽车和标准电力电子产品中消费电子产品的快速增长，为各种产品提供节能解决方案在我们的世界变得越来越重要。消费者对具有先进功能的更高移动性和高效能源解决方案的需求为各种新产品铺平了道路，推动了模拟和电力电子技术朝着高功率密度设计以及将模拟、逻辑和电力结合在一起的智能集成的方向发展。本章讨论了模拟和功率 WLCSP 的需求、由于模拟和功率芯片缩小带来的挑战和影响、用于模拟和功率应用的扇入型和扇出型晶圆级技术的发展，以及功率 WLCSP 的发展。晶圆级模拟和功率封装的发展与模拟和功率集成电路技术的发展密切相关。目前，大多数模拟和功率 WLCSP 都是扇入型设计，而扇出技术仍处于模拟和功率应用的早期开发阶段。将 VDMOSFET 漏极移到前端是当今功率 WLCSP 的趋势，这使得分立功率 WLCSP 可以用于所有表面贴装应用。功率晶圆级 IC 封装的发展趋势是芯片级的高功率密度和小尺寸封装。晶圆级功率集成电路技术的发展趋势是将模拟集成电路控制器与功率 MOSFET 开关相结合的集成解决方案。晶圆级无源器件能够实现功率集成，支持工作在几 MHz 至 100MHz 频率范围的高频开关操作。晶圆级的功率 3D 技术是未来的趋势，研发重点可能集中在通过 TSV 实现芯片到晶圆和晶圆到晶圆的堆叠。

参 考 文 献

1. Liu, Y.: Reliability of power electronic packaging. International Workshop on Wide-Band-Gap Power Electronics, Hsingchu, April (2013)
2. Liu, Y.: Power electronics packaging. Seminar on Micro/Nanoelectronics System Integration and Reliability, Delft, April (2014)
3. Kinzer, D.: (Keynote) Trends in analog and power packaging. EuroSimE, Delft, April (2009)
4. Liu, Y., Kinzer, D.: (Keynote) Challenges of power electronic packaging and modeling. EuroSimE, Linz, April (2011)
5. Liu, Y.: (Keynote) Trends of analog and power electronic packaging development. ICEPT, Guilin, August, (2012)
6. Hao, J., Liu, Y., Hunt, J., Tessier, T., et al.: Demand for wafer-level chip-scale packages accelerates, 3D Packages, No. 22, Feb (2012)
7. Yannou, J-M.: Market dynamics impact WLCSP adoption, 3D Packages, No. 22, Feb (2012)
8. Shimaamoto, H.: Technical trend of 3D chip stacked MCP/SIP. ECTC57 Workshop (2007)
9. Orii, Y., Nishio, T.: Ultra thin PoP technologies using 50 μm pitch flip chip C4 interconnection. ECTC57 Workshop (2007)
10. Meyer-Berg, G.: (Keynote) Future packaging trends, Eurosime 2008, Germany
11. Vardaman, E.J.: Trends in 3D packaging, ECTC 58 short course (2008)

12. Fontanclli, A.: System-in-package technology: opportunities and challenges. 9th International Symposium on Quality Electronic Design, pp. 589–593 (2008)
13. Meyer, T., Ofner, G., Bradl, S., et al.: Embedded wafer level ball grid array (eWLB), EPTC 2008, pp 994–998
14. Lee, F.: Survey of trends for integrated point-of-load converters, APEC 2009, Washington DC (2009)
15. Hashimoto, T., et al.: System in package with mounted capacitor for reduced parasitic inductance in voltage regulators. Proceedings of the 20th International Symposium on Power Semiconductor Devices and ICs, 2008, Orlando, FL, May, 2008, pp. 315–318
16. Liu, S., Liu, Y.: Modeling and Simulation for Microelectronic Packaging Assembly. Wiley, Singapore (2011)
17. Fan, X.J.: (Keynote) Wafer level packaging: Fan-in, fan-out and 3D integration, ICEPT, Guilin, August (2012)
18. Liu, Y.: Power electronic packaging: design, assembly process, reliability and modeling. Springer, New York (2012)
19. Wang, Q., Ho, I., Li, M.: Enhanced electrical and thermal properties of trench metal-oxide-semiconductor field-effect transistor built on copper substrate. IEEE Electron Device Lett. **30**, 61–63 (2009)
20. Zhao, M., Huang, Z.: Rena, Design of on-chip microchannel fluidic cooling structure, ECTC 2007, Reno, NV, pp. 2017–2023 (2007)
21. Liu, Y.: Analog and power packaging, professional short course, ECTC 62, San Diego (2012)

第 2 章

扇入型 WLCSP

2.1 扇入型 WLCSP 简介

扇入型 WLCSP 是 WLCSP 的第一种形式。“扇入”一词源于这样一个事实：WLCSP 最初是一种引线键合封装形式，其焊盘均排列在半导体芯片的周边。将周边焊盘设计转换为阵列 WLCSP 时，必须使用再分布或“扇入”技术，“扇入”一词也就源于此。

随着时间的推移，WLCSP 已经成为一种成熟的封装技术，越来越多的半导体器件，特别是那些用于移动应用的器件，例如手机和平板电脑，从一开始就被设计成 WLCSP。由于这一变化，“扇入”技术的使用频率低于通常提到的 WLCSP。

扇出型 WLCSP 将封装尺寸扩大到超出硅的尺寸，甚至打破了芯片封装普遍接受的尺寸定义（1.2× 芯片尺寸），它位于晶圆级封装的另一个层次。在这种情况下，重构的封装比硅芯片尺寸更大，因此必须采用“扇出”技术来将互连线路从小硅片延伸到整个封装区域。图 2.1 说明了扇入型和扇出型晶圆级封装的概念。

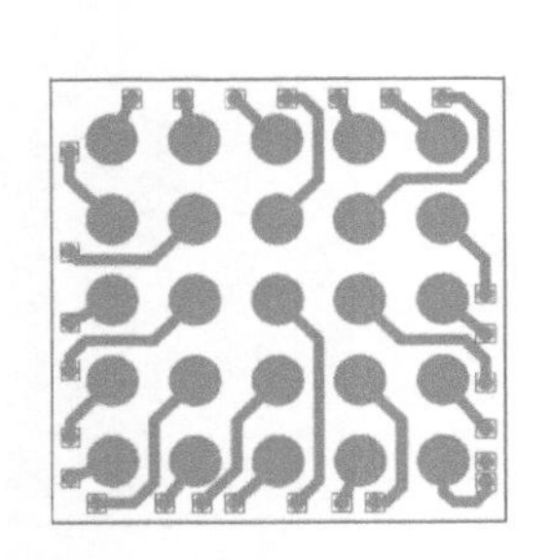

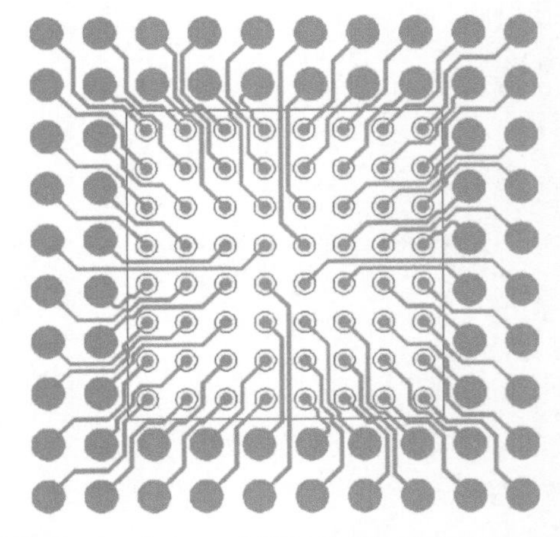

图 2.1　来自引线键合器件周边键合焊盘的 5×5、0.4mm 间距扇入型 WLCSP（左）以及从 8×8、0.3mm 间距的器件到 0.4mm 封装的单层扇出型 WLCSP 设计（右）

2.2 WLCSP 凸点技术

在过去的十年中，焊料合金、焊料金属间化合物（InterMetallic Compound，IMC）、凸点下金属化（Under Bump Metallization，UBM）和聚合物再钝化材料方面的知识，以及现场性能和加速组件级与板级可靠性测试的知识都有助于将 WLCSP 从选定的领域推广到主流封装技术。如今，用于凸点技术的 WLCSP，可分为两种基本形式：焊盘上凸点（BoP）技术和再分布层（RDL）技术。在两种 WLCSP 凸点技术中，BoP 具有最简单的结构，将 UBM 直接键合到芯片顶部金属化层上。根据是否应用聚合物再钝化，BoP 可以进一步分为氮化物凸点（Bump on Nitride，BoN）或再钝化凸点（Bump on Repassivation，BoR）技术。图 2.2 所示的横截面图突出显示了凸点结构直接键合到芯片铝焊盘上的事实以及 BoN 和 BoR 之间的差异。

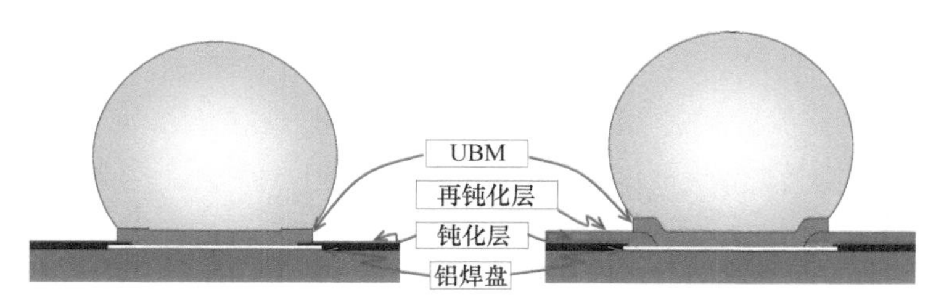

图 2.2 氮化物凸点（BoN）和再钝化凸点（BoR）的横截面 [两者都属于通常所说的焊盘上凸点（BoP）WLCSP 凸点技术]

在模拟和功率器件中，BoP 是最常用的 WLCSP 技术，这些器件的焊点数量通常有限。该技术最显著的优点之一是凸点成本低。此外，与迫使电流沿横向流动的 RDL 不同，具有适当凸点布置的 BoP 允许更多的垂直电流从凸点流向半导体开关层，这通常是功率半导体 WLCSP 的关键性能因素。然而，随着行业朝着密度更大的器件级集成方向发展，芯片尺寸将更大，焊点也将更多，从而促进信号、电源和接地连接，RDL 技术由于在高引脚数下的板级可靠性而变得不可避免。RDL 的另一个好处是它可以简单地重用基本构建块，因为顶层互连是在凸点操作中实现的。如果不需要在芯片级重新布局，上市时间将会大大缩短。也存在希望以不同封装形式提供相同半导体芯片的情况，例如 WLCSP 和 QFN 封装；扇入 RDL 设计很好地平衡了引线键合封装和焊料凸点封装，提供了整体低成本的解决方案。

与将凸点 /UBM 直接锚定到芯片铝焊盘的 BoP 不同，RDL 使用聚合物层 [即聚酰亚胺（PI）或聚苯并双恶唑（PBO）] 将凸点 /UBM 结构与器件表面分开。添加这种柔软的应力缓冲聚合物层是 RDL 技术最显著的特点，也是获得坚实的机械可靠性性能的基础。

RDL 技术存在多种变体，其目的要么是提高 WLCSP 的机械可靠性性能，要么是降低晶圆凸点的成本。图 2.3 给出了典型的 RDL 凸点横截面和更先进的 RDL 加模制铜柱技术的示例。模制铜柱方法提供了卓越的板级可靠性性能，RDL 和铜柱增加了支座高度，而正面成型材料又与 PCB 材料具有更为匹配的热膨胀系数，且硅片存在剧烈减薄，因此模制铜柱方法能够提供更为卓越的板级可靠性性能。

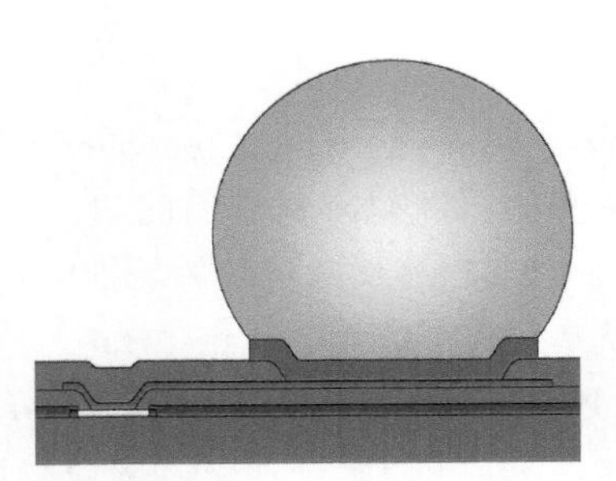
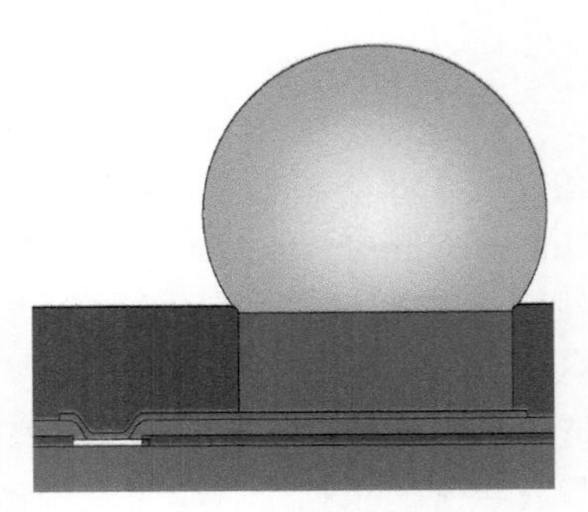

图 2.3　典型 4 掩模 RDL 凸点结构和 RDL + 模制铜柱 WLCSP 凸点结构的横截面（后一种结构提供卓越的板级可靠性性能）

2.3　WLCSP 凸点工艺和成本考虑

在为特定器件选择凸点技术时，需要考虑许多因素。电气和热因素始终是首要考虑的因素。WLCSP 的可靠性，特别是板级可靠性，即跌落、TMCL 和弯曲测试，也必须符合通用行业标准或客户特定标准。在竞争非常激烈的移动计算领域，成本往往是需要考虑的关键因素之一，正因为如此，了解各种凸点技术的工艺流程和基本成本结构是有益的。

主流 WLCSP 凸点无一例外均采用加成电镀图形形成工艺。在电镀工艺中，光掩模层用于定义电镀图案，并被认为是 WLCSP 凸点操作中的主要成本增加因素。事实上，总体 WLCSP 凸点成本通常可以通过掩模操作的数量来衡量——特定凸点技术需要的掩模越多，凸点成本就越高。利用这个关系，不难发现焊盘上凸点（BoN 和 BoR）在凸点成本上具有明显的优势。另一方面，模制铜柱技术虽然只需要 3 次掩模操作，但由于铜柱电镀缓慢、额外的模制和后平坦化操作以及整体工艺复杂性，其凸点成本最高。

表 2.1 重点介绍了 4 种最常用的 WLCSP 凸点技术的主要工艺步骤。从 BoN 到模制铜柱，WLCSP 板级可靠性随着凸点操作成本的增加而提高。对于模制铜柱，它实际上比 RDL 少一个掩模。然而，额外的铜柱电镀、正面成型和用于柱顶部平坦化的机械抛光增加了这种独特凸点技术的总成本。模制铜柱的工艺流程如图 2.4 所示，以帮助理解凸点工艺。

表 2.1　主要凸点工艺步骤比较

步骤	BoN	BoR	RDL	模制铜柱①
1	种子层溅射	PI 涂敷	PI 涂敷	PI 涂敷
2	光刻胶涂敷	PI 曝光②	PI 曝光②	PI 曝光②
3	光刻胶曝光②	PI 显影	PI 显影	PI 显影
4	光刻胶显影	PI 固化	PI 固化	PI 固化

（续）

步骤	BoN	BoR	RDL	模制铜柱[①]
5	镀 UBM	种子层溅射	种子层溅射	种子层溅射
6	光刻胶剥离	光刻胶涂敷	光刻胶涂敷	光刻胶涂敷
7	种子层刻蚀	光刻胶曝光[②]	光刻胶曝光[②]	光刻胶曝光[②]
8		光刻胶显影	光刻胶显影	光刻胶显影
9		镀 UBM	RDL 电镀	RDL 电镀
10		光刻胶剥离	光刻胶剥离	光刻胶剥离
11		种子层刻蚀	种子层刻蚀	干膜层压板
12			PI 涂敷	干膜曝光[②]
13			PI 曝光[②]	干膜显影
14			PI 显影	铜柱电镀
15			PI 固化	干膜剥离
16			种子层溅射	种子层刻蚀
17			光刻胶涂敷	正面模具
18			光刻胶曝光[②]	模具固化
19			光刻胶显影	机械抛光
20			镀 UBM	铜回蚀
21			光刻胶剥离	
22			种子层刻蚀	

① 模制铜柱只需 3 个掩模步骤。然而，延长的铜柱电镀和成型操作增加了工艺复杂性和成本。

② 掩蔽步骤——更多的掩蔽步骤通常意味着更高的整体凸点成本。

由于从低掩模数凸点技术到高掩模数凸点技术的成本显著增加，因此自然有动力将低成本凸点技术扩展到尽可能高的引脚数。例如，虽然 BoP 被认为是一种用于低引脚数 WLCSP 的凸点技术，但它在典型的高引脚数应用中使用的情况并不少见，而这些应用曾经只能通过 RDL 技术实现。显然，有必要对片上金属 / 通孔堆叠、聚合物再钝化材料、UBM 金属堆叠和尺寸规则以及底部填充材料进行优化，以确保不包括最低可靠性要求。仅这种做法就可以通过早期采用高成本的凸点 RDL 技术来大幅节省凸点成本。同样的方法适用于每一次凸点技术的转变，即从 BoN 到 BoR、从 BoR 到 RDL 以及从 RDL 到模制铜柱。

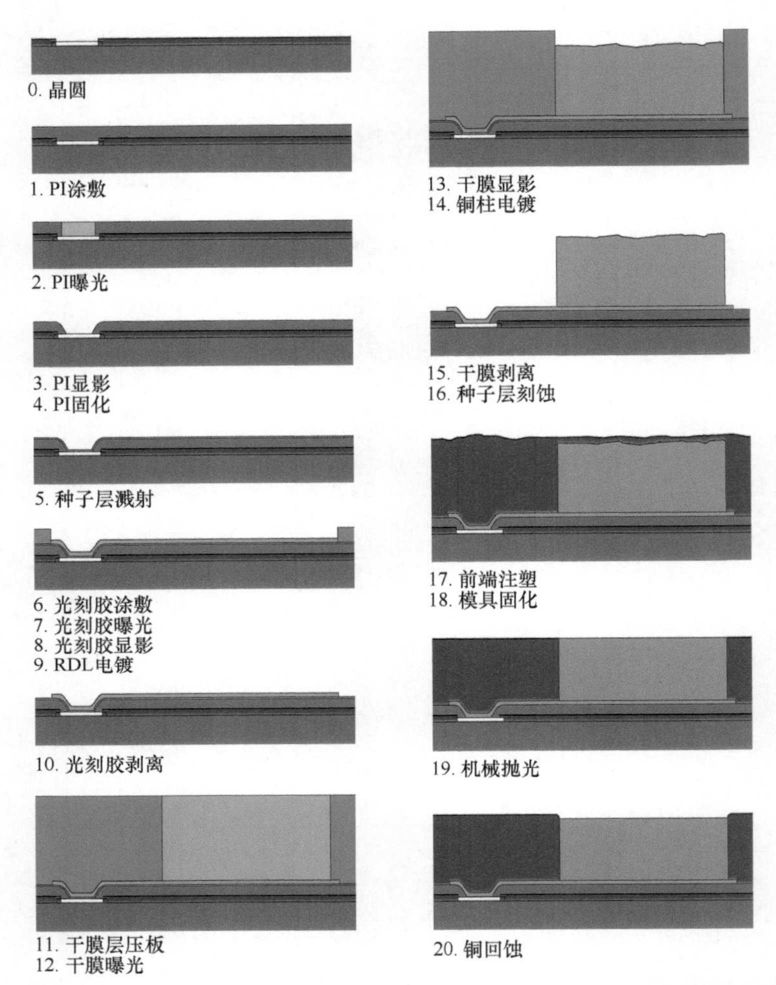

图 2.4　模制铜柱凸点技术的工艺流程，未显示助焊剂印制、焊球滴落和回流后铜回蚀

2.4　WLCSP 的可靠性要求

尽管节省成本对封装工程师来说是一个永无休止的挑战，但在验证特定 WLCSP 凸点技术时决不应牺牲满足可靠性要求。对于 WLCSP 可靠性，通常涉及板级跌落测试、温度循环测试（Temperature Cycle Test，TMCL）和弯曲测试。当在单个器件上采用 WLCSP 技术时，组件级 TMCL 还必须与其他典型器件可靠性测试一起考虑，例如运行寿命（Operational Life，OPL）、高加速应力测试（Highly Accelerated Stress Test，HAST）、ESD 等。

在典型的 WLCSP 板级可靠性测试中，WLCSP 元件安装在测试印制电路板（PCB）上，然后承受机械或环境应力——在跌落测试中，是跌落过程中对安装在测试夹具上的 PCB 的机械冲击，而在 TMCL 中，正是极端温度导致硅的 CTE（通常为 $2\times10^{-6}\sim3\times10^{-6}$/℃）和 PCB（通常

为 17×10^{-6}/℃）的 CTE 不匹配而产生的热机械应力。设计 WLCSP 测试和器件生产时，了解应力分布和失效模式至关重要。

2.5　跌落测试中的应力

JEDEC 标准 JESD22-B111（手持电子产品组件的板级跌落测试方法）中描述的测试方法是 WLCSP 板级跌落性能评估中引用最多且广泛接受的工业标准。板本身是 132mm × 77mm 矩形，4 个角安装孔间距为 105mm × 71mm（见图 2.5）。PCB 堆叠还具有 8 个铜层和 7 个介电层以及两侧的阻焊层。JEDEC 标准中专门定义了铜层厚度和面积覆盖以及介电层厚度和材料。

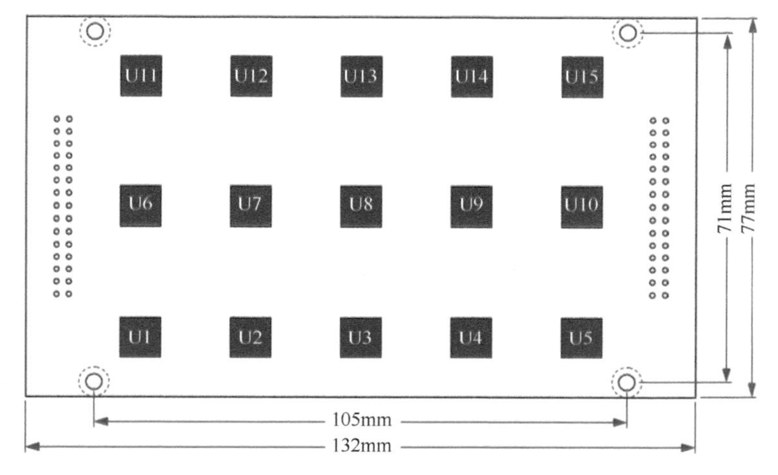

图 2.5　安装了 15 个元件的 JEDEC 跌落 PCB

在跌落测试中，PCB 在长度和宽度方向上弯曲，且长度方向弯曲主导宽度方向弯曲（见图 2.6）。因为硅又小又硬，与 PCB 的贴合性不好，所以 PCB 的弯曲会在 WLCSP 的焊点中产生应力。

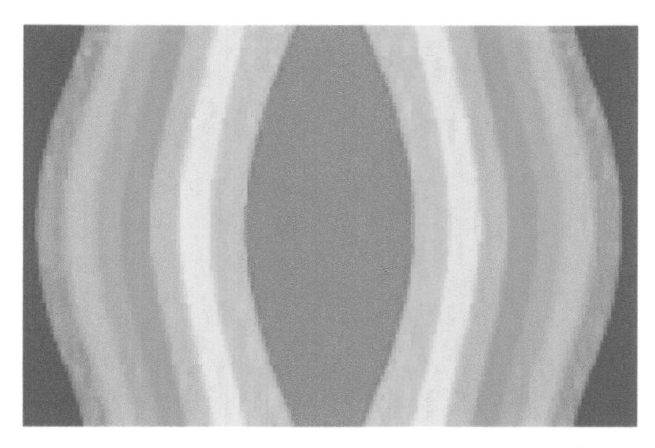

图 2.6　跌落测试中 PCB 跌落的弯曲模式，假设使用 4 个安装螺钉将电路板固定在跌落夹具上

对跌落失效 WLCSP 元件的数值模拟和故障分析都揭示了焊接在跌落板上的 WLCSP 上的高应力位置。在 WLCSP 元件中，应力分布或多或少是一维的，垂直于跌落 PCB 长度（主弯曲方向）的侧面上的凸点承受的应力最大（见图 2.7）。根据元件的安装位置和测试板的几何形状，预计与理想的一维应力分布会有一些偏差。然而，毫不奇怪，角落处的应力最大。

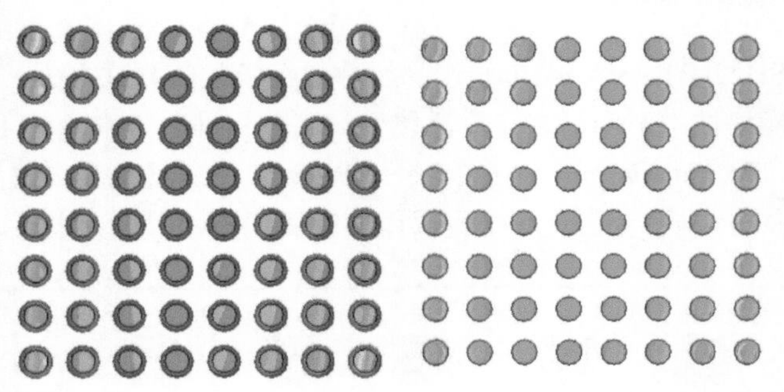

图 2.7 WLCSP 芯片侧焊点的第一主应力 S_1 分布（左）和 BoP 铝焊盘的法向应力 S_z（模拟跌落 PCB 有 8 层铜层，长宽比为 1.71）

应力分布的主要一维性质是跌落应力的一个显著特征，在设计 WLCSP 器件或测试芯片或使用 WLCSP 器件布局 PCB 时需要认真考虑。对于实际的 WLCSP 器件，关键在于避免关键布线的最高应力位置，而对于 WLCSP 测试芯片，关键在于了解最高应力的影响。这对于非方形 WLCSP 芯片设计尤其重要。对于矩形 WLCSP，将长边与 PCB 的主弯曲方向对齐可能会在跌落事件中产生不必要的应力，应尽可能避免。然而，矩形 WLCSP 测试芯片通常特意与跌落 PCB 的主弯曲方向对齐，以便了解最坏情况下的应力影响。

2.6 TMCL 中的应力

与跌落测试中的应力分布不同，TMCL 应力是由于硅（通常为 $2\times10^{-6}\sim3\times10^{-6}$/℃）和 PCB（通常为 17×10^{-6}/℃）热膨胀系数（CTE）不匹配而产生的，并且更多地沿芯片中心应力中性点的半径分布（见图 2.8）。在 TMCL 中，最高应力发生于极低温度下，当硅和 PCB 通过焊料耦合在一起并出现最大温差时。

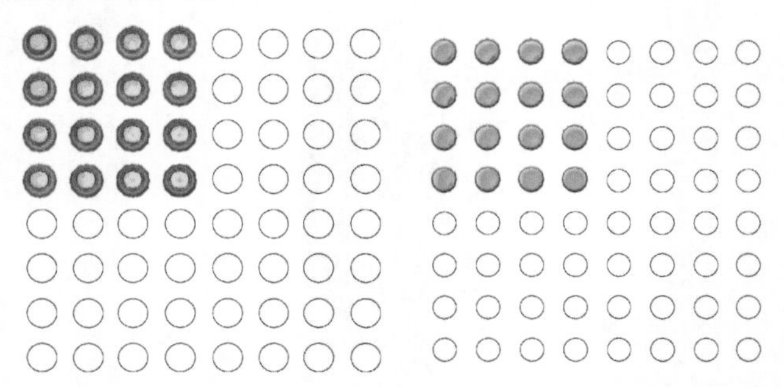

图 2.8 WLCSP 芯片侧焊点中的 Von Mises 应力（S_{vm}）分布（左）和 BoP 铝焊盘中的第一主应力 S_1（模拟 TMCL PCB 有 8 层铜层，长宽比为 1.71）

2.7 高可靠性 WLCSP 设计

对于可靠的 WLCSP，了解最高应力点的位置并尝试避免沿高应力方向布线非常重要。从应力模拟中还可以明显看出，角焊点承受的应力远高于相邻焊点。因此，为了降低 WLCSP 早期故障的风险，通常的做法是去除高引脚数 WLCSP 的角部焊料。图 2.9 所示为 WLCSP 上高应力位置和非首选拐角布线方向的示例；图 2.10 所示为去除角焊点的 WLCSP 设计示例。

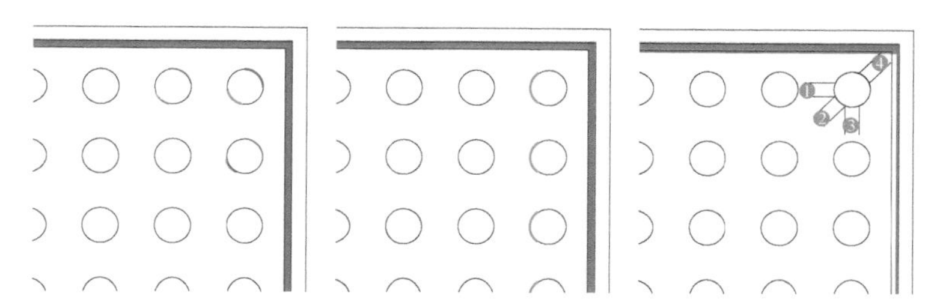

图 2.9 TMCL 中 WLCSP 上的高应力（左）、跌落时（中，假设主要弯曲在 X 方向）以及应避免的走线方向（右）：方向 1 和 3 对应于跌落时的潜在高应力，方向 2 和 4 对应于 TMCL 中潜在的高应力

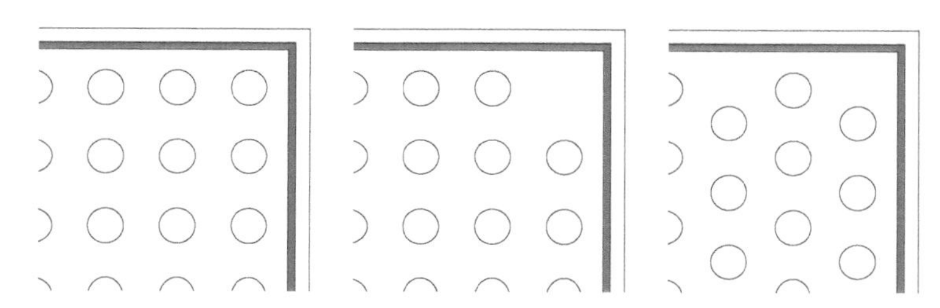

图 2.10 全阵列 WLCSP（左）、无角焊点的 WLCSP（中）以及具有两个角焊点的交错 WLCSP 设计

除了注意角落之外，WLCSP 工程师还应该意识到实际故障可能发生在角落以外的位置。例如，由于凸点金属厚度不足、聚合物再钝化层的特性、凸点下金属层薄弱、通孔结构和电介质等原因，BoP WLCSP 可能会在非角位置出现穿透硅的裂纹。对于 RDL WLCSP，会出现诸如穿透等致命故障。由于 RDL 走线未优化、RDL 铜厚不足以及高分子材料特性、层厚等原因，非角位置可能会出现 RDL 走线裂纹。可以给出一般性的指导方针，但封装工程师的灵活工作是无法替代的。

2.8 用于精确可靠性评估的测试芯片设计

测试芯片是 WLCSP 技术发展中不可替代的要素。正确设计的测试芯片可以帮助针对给定的封装尺寸、高度和间距要求选择最具成本效益且可靠的 WLCSP 解决方案。专门设计的 WLCSP 还可以帮助揭示 BoP 封装 / 芯片金属堆叠相互作用，并为 WLCSP 芯片上的金属层设计提供设计指南。对于 RDL WLCSP，精心设计的测试芯片有助于回答与 RDL 铜厚度、走线宽度 / 方向以及聚合物层材料属性和厚度相关的问题。虽然在考虑测试芯片设计时几乎不可能详细说明每个方面，但这里为 WLCSP 工程师提供了一些通用指南。

1. 多层与单金属层测试芯片设计

单金属层测试芯片设计最早是在 WLCSP 技术发展的早期使用的，当时芯片通常很小，焊点很少，而硅技术仍然是传统的具有氧化物电介质的铝金属化，主要关注的是环境压力测试中焊点的生存能力。随着硅技术的进步，越来越多地使用铜金属化、更精细的金属线、密集的通孔和具有内置孔隙的低 κ 电介质，以在更高的频率下实现所需的性能。与此同时，由于对更高级别集成的需求，芯片尺寸迅速增长。在追求具有先进半导体电介质和金属化的更高引脚数 WLCSP 的过程中，记录了以前在较旧、较小的 WLCSP 上未观察到的故障模式，例如穿过多层硅的裂纹。图 2.11 显示了在 100 个焊料凸点 WLCSP 上经过数百个温度循环后发现的此类故障模式。由于非角点的性质，传统的热膨胀失配理论无法很好地解释具体的失效位置。因此，唯一合理的解释是，多层金属 / 低 κ 电介质结构有助于在早期周期中非最高应力位置处形成贯穿硅的裂纹。在生产前的板级可靠性研究中，使用了简单的金属层菊花链测试芯片，没有特定故障模式的迹象。所有测试均显示出令人满意的可靠性寿命，并且 TMCL 失效模式主要是循环温度条件下的焊点裂纹。所以从这个案例中得到的教训是，为了在最终产品阶段清除所有潜在的故障，测试芯片应该具有相同或相似的多层金属化、通孔结构和电介质；对于 BoP 型 WLCSP 来说尤其如此，因为在该技术中，UBM 直接固定在芯片顶部金属化层上。对于 RDL WLCSP，应力更多地施加在 RDL 铜和 UBM 结构以及聚合物层上，并且很少超出。因此对于 RDL WLCSP 测试芯片来说，单金属层测试芯片是一种合适的、更具成本效益的方法。图 2.12 说明了这种多层 BoP 和单层 RDL 测试芯片设计的概念，并参考了 BoP 和 RDL 测试芯片的不期望堆叠。如上所述，拥有多片上金属层 BoP 对于捕获硅裂纹等致命故障模式非常重要。对于 RDL 测试芯片，由于焊点下的 RDL 和金属堆栈限制较少，所有“浮动”RDL 设计都可以带来“异常”良好的板级可靠性性能。因此，应尽量避免这种设计。

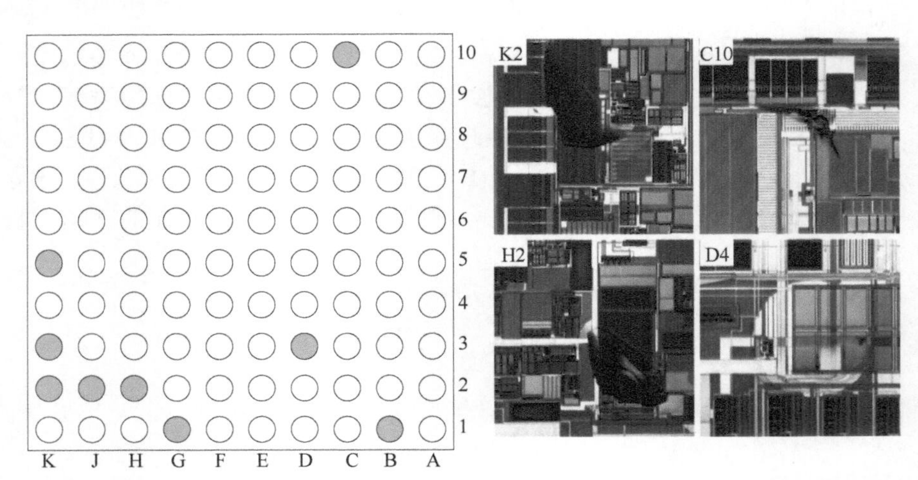

图 2.11　由于多层芯片堆叠上的局部应力影响，在该 10 × 10BoP WLCSP 位于非角位置上发现的贯穿硅裂纹，显示的是使用激光扫描显微镜完成的 4 个示例图像，发现硅裂纹的部位在左侧图中以阴影突出显示，但不一定位于同一芯片上

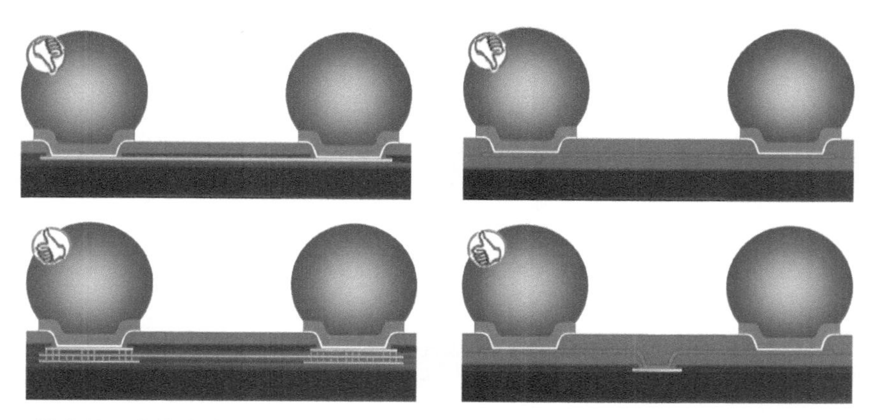

图 2.12　推荐使用多片上金属层 BoP 测试芯片，而单片上金属层 RDL 足以满足 WLCSP 板级可靠性性能的预期研究

2. 可扩展的测试芯片设计

具有精确引脚数、与最终目标产品相似的布局的测试芯片并不罕见。然而，采用可扩展的测试芯片设计来进行快速技术开发或验证更具成本效益。可扩展测试芯片设计的概念如图 2.13 所示。整个晶圆上布局有一个基本的 2×2 个 WLCSP 单元，其芯片内和芯片间间距均一致。当需要特定引脚数的 WLCSP 测试芯片时，例如 6×6、8×8 还是 10×10，应用不同的晶圆图来将晶圆切割成期望的尺寸。这种模块化测试芯片设计存在局限性。首先，它仅限于偶数引脚数。奇数可以在一个方向上实现，例如 2×1 单元设计；但在两个方向上都是不可行的。其次，当晶圆良率和凸点良率较高时，该概念效果最佳。如果任一步骤的良率较低，那么创建晶圆图可能会很困难。幸运的是，由于金属布局简单，测试芯片总是可以实现高产量的晶圆制造和凸点。最后，模块化设计测试芯片可能会因最终管芯区域内的切割道而终止钝化（SiN）和再钝化（聚合物）覆盖。这与任何常规 WLCSP 芯片都有很大不同，后者始终在整个芯片区域进行连续钝化（SiN）和再钝化（聚合物），并且仅终止于芯片周围的切割道。一些应力变化是不可避免的，但仿真证实这些变化是最小的，并且不会改变典型板级可靠性测试（例如跌落和 TMCL）中的整体芯片性能。

3. 菊花链

带有焊料凸点的测试芯片只是菊花链的一半，可以在板级可靠性测试中监控焊点互连故障。菊花链的另一半必须由 PCB 设计来完成。在 WLCSP 的早期，菊花链通常意味着可以测试芯片上每一个焊点的电路。存在例外情况；然而，它仅适用于中心焊点，有时未对其进行监控 / 测试。这个论点非常简单；WLCSP 芯片中心是应力中性点，也是最不可能发生故障的位置。

随着多层测试芯片设计的引入，其中片上连接是通过通孔和内部金属层进行的，并且与更高的引脚数相结合，预计菊花链电阻会更高，并且如果每个焊点都连接在一个菊花链中，则电阻可能太高，无法使检测器正常工作。在这种情况下，仅监控 / 测试选定的周边焊点或仅角焊点的菊花链设计成为明智的方法。图 2.14 给出了更传统的菊花链布局和分离菊花链设计，仅连接顶部和底部两行，以便在板级可靠性测试期间进行连续监控。仅当测试停止时才会检查中心部分的所有焊点。

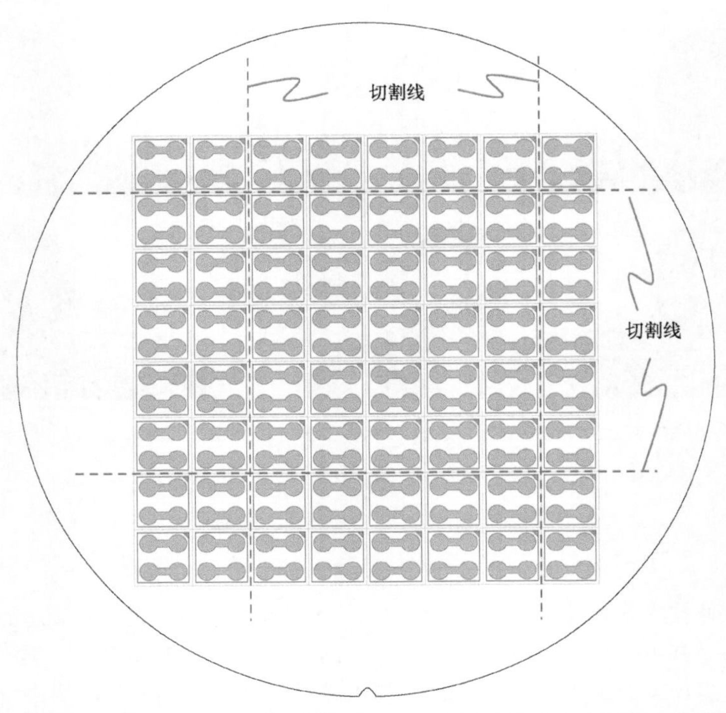

图 2.13 模块 2×2 菊花链设计；最后的 8×8 个测试芯片以虚线切割线突出显示

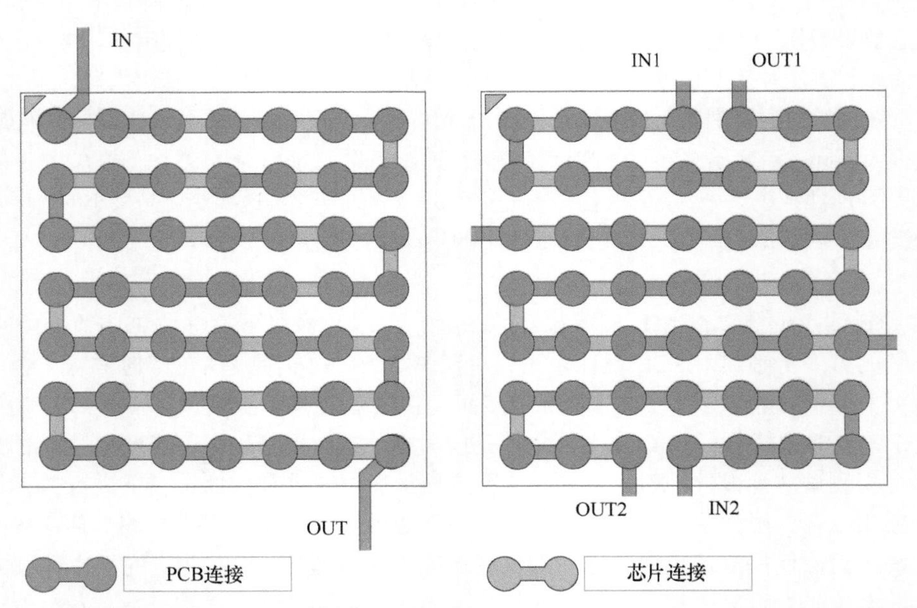

图 2.14 相同的单菊花链设计和分离菊花链设计 7×7WLCSP 测试芯片（分离菊花链设计仅连续监控顶部和底部网络，并将中间的第三个网络仅用于手动探测）

人们对这种激进的菊花链布局感到担忧。一是焊点故障的记录缺失，这些焊点故障不在持续监控的位置。前面（见图 2.11）描述了这种担忧的支持证据，其中非角球在 TMCL 中失效。为了解决这个问题，我们必须研究测试芯片和真实功能芯片之间的差异：测试芯片通常具有从凸点到凸点的统一片上层堆叠，而真实芯片通常具有与凸点不同的片上层堆叠碰撞。因此，对于真正的芯片，由于局部堆叠较弱，片上层可能会首先在非角焊点发生失效。但对于测试芯片，正如数值模型所预测的那样，无论特定的失效如何，它总是会在角处首先失效。

分离菊花链设计的其他限制因素包括需要更多事件检测器通道来监控添加的测试网络、测试 PCB 设计的复杂性以及数据分析的过度性。然而，尽管存在这些缺点，分离菊花链设计的优势依然显著。

除了通过多个片上金属层降低高引脚数时的透视链电阻之外，分离菊花链设计还允许基于数据的故障隔离，而不需要手动探测和猜测工作，这通常与单菊花链设计有关。例如，在单菊花链设计中，当发生故障时，可以确定是四个角之一。然而，通过手动探测通常很难确定哪个角出了故障，因为故障几乎总是在跌落冲击或极端温度下首先记录。当在室温下且不弯曲 PCB 的情况下进行探测时，早期裂纹可能会闭合，导致电气测试几乎无法确认。采用分离菊花链设计，当发生故障时，可以确定故障是在菊花链的顶部还是底部，以便 FA（失效分析）可以从该侧开始，而无须手动探测。在发生初始故障后必须继续下降或 TMCL 的情况下，此功能与适当的 FA 技术相结合，对于确定故障的真正原因变得至关重要。

4. 硅厚度、BSL 和正面成型

众所周知，硅厚度和背面层压板（Backside Laminate，BSL）对 WLCSP 板级可靠性性能有直接影响。在硅厚度和 BSL 效应的模拟研究中，对 6 种情况进行了建模，结论有些有趣（见图 2.15）。

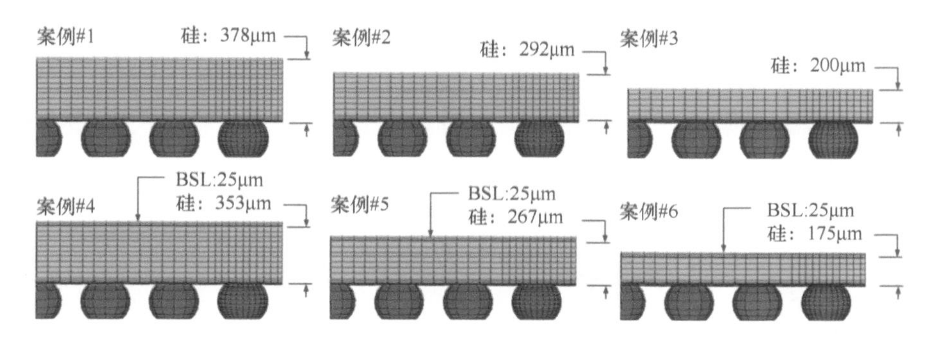

图 2.15　硅厚度和背面层压板对 WLCSP 板级可靠性性能影响的仿真案例研究

首先，模拟证实，更薄的硅有效降低了跌落测试中的焊点应力。表 2.2 清楚地表明了在跌落测试中 UBM 或铝焊盘从 378μm 硅厚度到 292μm 和 200μm 硅厚度的应力减小趋势。BSL 似乎也有助于降低压降应力，尽管当硅较厚时，它可能微不足道。

TMCL 仿真预测了建模案例的第一个失效周期和特征周期。当比较不同的芯片厚度时，很明显，更薄的硅可以显著提高循环寿命。然而，BSL 的贡献与模型预测的相反，并且并不像人们普遍认为的 BSL 有助于 WLCSP 可靠性那样（见表 2.3）。

表 2.2 BLR 跌落试验中 UBM 和铝焊盘的应力（一）

模拟案例	#1	#4	Δ	#2	#5	Δ	#3	#6	Δ
芯片厚度 /μm	378			292			200		
硅厚度 /μm	378	353	—	292	267	—	200	175	—
BSL 厚度 /μm	—	25	—	—	25	—	—	25	—
UBM 中的 S_1	633.9	632.9	−0.16%	625.8	621.5	−0.69%	596.8	581.8	−2.51%
UBM 中的 S_z	585.8	584.3	−0.26%	575.9	571.0	−0.85%	543.0	525.7	−3.19%
铝焊盘的 S_1	302.1	301.6	−0.17%	298.7	297.3	−0.47%	292.4	291.5	−0.31%
铝焊盘的 S_z	278.8	277.5	−0.05%	271.9	269.0	−1.07%	255.2	247.8	−2.90%

表 2.3 BLR 跌落试验中 UBM 和铝焊盘的应力（二）

模拟案例	#1	#4	Δ	#2	#5	Δ	#3	#6	Δ
芯片厚度 /μm	378			292			200		
硅厚度 /μm	378	353	—	292	267	—	200	175	—
BSL 厚度 /μm	—	25	—	—	25	—	—	25	—
第一次失效（循环）	521	479	−8.06%	592	538	−9.12%	694	631	−9.08%
炭化寿命（循环）	848	779	−8.14%	963	875	−9.14%	1128	1026	−9.04%

了解硅厚度和 BSL 的影响将有助于在设计测试芯片和选择所有参数时做出决策。由于测试芯片的主要作用是确认可靠性性能并揭示特定 WLCSP 技术方法的所有潜在风险，因此通常希望测试最坏的情况条件，这意味着测试芯片的硅厚度（如果可能）较厚。

5. PCB 走线方向

焊盘旁边的 PCB 走线方向与菊花链设计本身一样重要。许多实验演示和数值模拟已经证实，不正确的走线方向可能会导致跌落测试中出现走线裂纹，并使原本应该只包括与焊点相关的故障的测试数据出现偏差。FA 来确认或消除铜走线故障模式可能非常耗时，它通常涉及研磨 PCB 铜和电介质层。因此，最佳实践是使走线方向尽可能稳健。

Syed 等人[3] 有详细的分析，可以在参考文献中找到。基本准则是避免从角落或平行于跌落测试 PCB 主弯曲方向的方向布置扇出走线。通常指的是 PCB 的长度方向。如果走线必须从非首选一侧或铜焊盘引出，建议以 45° 将走线定向到 PCB 铜焊盘阵列的中心线。图 2.16 给出了铜迹裂纹的示例，并显示了 Syed 工作的模拟结果。

6. 稀疏阵列

全阵列 WLCSP 的 PCB 引起的应力集中在角焊点上，并且通常与早期故障有关。如果需要提高性能并且芯片设计不需要所有焊点，则可以省略角焊点（见图 2.9），也可以通过用两个近角焊点分担负载来减少最高应力。通过模拟验证了该效果。为了验证其优势，必须设计专用菊花链并使用完整阵列参考进行测试。

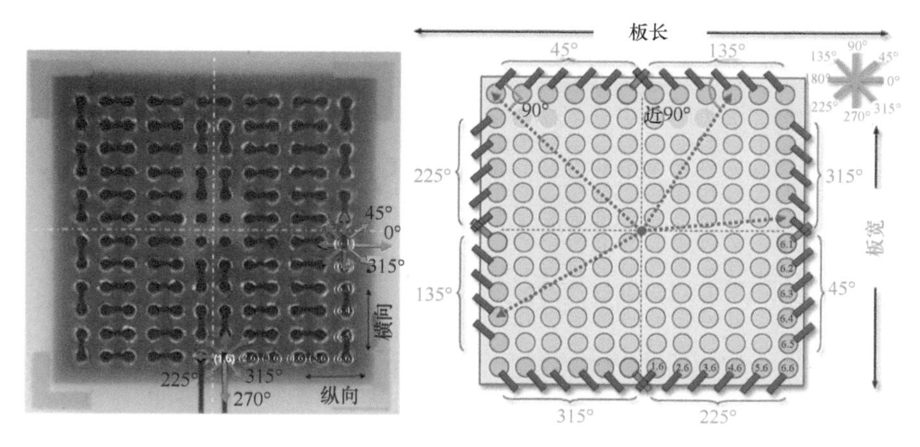

图 2.16　基于仿真研究和实验验证的角度定义和首选扇出走线方向。根据 Syed 等人的说法，优选的走线方向可降低铜走线中累积的塑性应变，从而降低铜走线发生故障的风险（经参考文献 [3] 作者许可转载）

2.9　BoP 设计规则

1. 铝焊盘尺寸和几何形状

BoP WLCSP 的典型设计规则是用铝焊盘封闭 UBM，并考虑加工公差裕度。还需要考虑 WLCSP 落球操作中使用的焊球尺寸。较大的焊球通常设置在较大的 UBM 和铝焊盘上，并且通常有助于提高板级可靠性。图 2.17a 说明了铝焊盘、PI 开口和 UBM 之间的关系，还给出了落球和回流后的焊球尺寸作为参考。

UBM 大于铝焊盘的潜在问题是连接铝焊盘的走线上的应力集中。图 2.17b 显示了 UBM 下的早期 TMCL 微量裂纹，该裂纹超出铝焊盘周边 5μm。即使被 5μm PI 再钝化层隔开，铝中的应力也足够高，足以使走线和氮化物钝化层破裂。

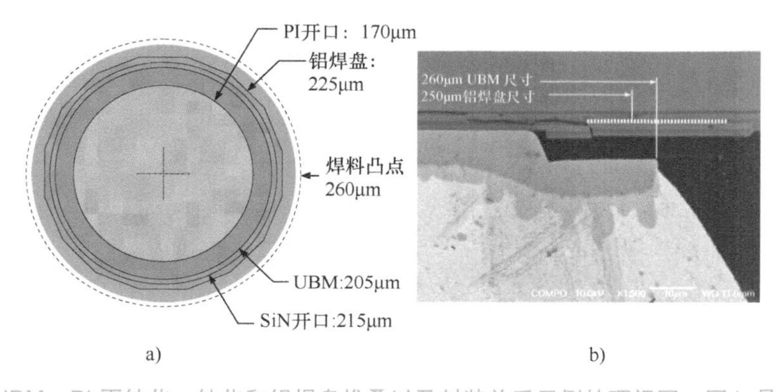

图 2.17　UBM、PI 再钝化、钝化和铝焊盘堆叠以及封装关系示例的顶视图。图 b 是 8×8 阵列早期 TMCL 失败的 FA 图像，UBM 尺寸（260μm）大于铝焊盘尺寸（250μm）。UBM 延伸超出铝焊盘周边被认为是早期失效的根本原因

2. 钝化开口

晶圆钝化开口通常由铝焊盘封闭。铝焊盘上的实际重叠取决于制造工艺。然而，2.5 ~ 5mm 的重叠是常见的。与可能具有圆形、八边形或十六边形形状的铝焊盘不同，BoP WLCSP 的晶圆钝化开口始终是圆形的。然而，RDL 接触焊盘的圆角方形钝化开口并不罕见，只要它满足基本的重叠规则要求即可。

3. 聚合物再钝化、通孔开口和侧壁角度

聚合物再钝化中的圆形开口定义了 UBM 和底层芯片层之间的接触区域。在 UBM/ 凸点铝键合不足的 WLCSP 上，经常会出现较差的跌落和 TMCL 性能。此外，聚合物再钝化层的侧壁斜率有助于确保籽晶金属层在溅射过程中均匀覆盖，从而实现 UBM 层的均匀电解电镀。由于考虑到相同的籽晶金属覆盖度，聚合物再钝化通常覆盖晶圆钝化，其通常不具有籽晶金属覆盖所需的侧壁坡度。然而，对于化学镀 NiAu（ENIG）或 NiPdAu（ENEPIG）UBM，无须溅射晶种，如果在 ENIG 或 ENEPIG 之前进行聚合物再钝化，则会被拉回到晶圆钝化顶部，以避免在化学镀过程中聚合物再钝化的边角翘起。通常，在铝焊盘预清洁步骤中已经开始提升终止在铝表面顶部的再钝化。图 2.18 说明了溅射 / 电镀 UBM 流程和化学镀流程中打开的聚合物再钝化之间的差异。

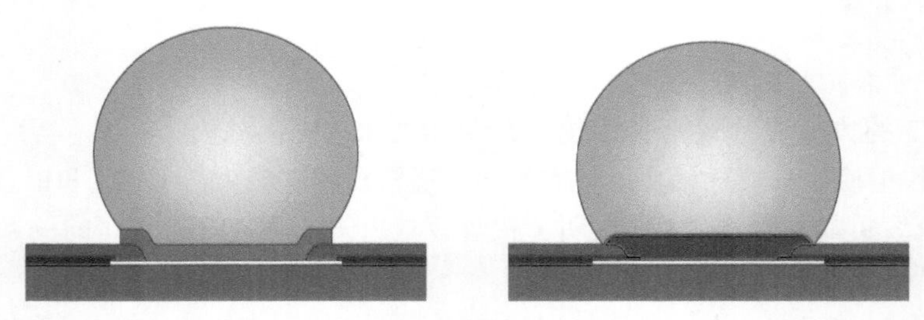

图 2.18　溅射 / 电镀 UBM 流程和化学镀（ENIG）UBM 流程中聚合物再钝化的图示（在溅射 / 电镀 UBM 流程中，聚合物开口位于晶圆钝化周边内；而在 ENIG 流程中，聚合物开口位于晶圆钝化周边之外）

4. UBM 尺寸和金属堆叠

UBM 尺寸定义了组件侧的最小焊料凸点横截面，这直接关系到 TMCL 性能。参考了 UBM 尺寸的 80%（焊球尺寸）规则，这被认为可以很好地平衡横向尺寸和焊点间距高度。实际上，UBM 大小经常打破 80% 规则，并且通常较大。例如，对于 0.4mm 间距 WLCSP，最常用的焊球尺寸为 250μm，80% 规则建议 UBM 直径为 200μm。在实践中，UBM 尺寸在 230 ~ 250μm 范围内的情况并不少见。尽管较大 UBM 上的支座高度降低，但焊点横截面尺寸和 PI 开口尺寸的增加似乎在 BLR 中比具有较高间距高度的较小 UBM 表现更好。UBM 尺寸的另一个实际考虑因素是焊料凸点高度。由于硅背面研磨厚度的实际限制，如果需要薄型 WLCSP，使 UBM 更大或在相同尺寸的 UBM 上滴下更小的焊球将是用于薄型凸点和 WLCSP 的具有成本效益的方法。表 2.4 使用下侧简单而现实的截断球体模型举例说明了 UBM 尺寸和凸点高度之间的简单关系，给出了类似的重叠规则和聚合物再钝化厚度。

表 2.4　假设相同的重叠规则，在各种 UBM 尺寸上掉落和回流的 250mm 和 200mm 焊球的凸点高度

UBM 尺寸 /μm	200	215	230	245	260	200	215	230
焊锡球	250μm 直径					200μm 直径		
凸点直径 /μm	256	259	262	267	274	215	222	232
凸点高度 /μm	208	201	194	187	179	147	139	131

5. 焊料合金

在 WLCSP 板级可靠性的关键因素中，位于非常不同的硅和 PCB 平面中间的焊球在定义可靠性方面起着最重要的作用。对于大多数面向消费者的应用，无铅焊料是 WLCSP 凸点的唯一选择。无铅焊料合金种类繁多，其中高 / 低银 SAC 合金在 WLCSP 上应用最为广泛。一般认为，高银合金由于较高的拉伸强度和断裂伸长率而更适合 TMCL，而低银合金由于 IMC 生长较少更适合跌落。然而，虽然这一说法确实有大量发表的论文和令人信服的实验数据支持，但封装工程师需要意识到，特定的规则最适用于平面 Sn/Cu 界面，其中通过 IMC 传播的裂纹是高银合金跌落试验中的驱动失效模式（见图 2.19a）。为了在不彻底改变整体 UBM 结构的情况下进行改进，低银或低银加掺杂剂来减少 Sn/Cu IMC 的生长是最直接的解决方案（见图 2.19b）。在应用聚合物再钝化的情况下，Sn/Cu 界面不再平坦，并且跌落失效模式主要是通过凸点铝层传播的裂纹（见图 2.19c）；即使在跌落测试中，高银焊料也比低银焊料表现更好。在这种情况下，焊料合金的选择变得很容易——高银焊料是实现强大的板级可靠性性能的一般选择。

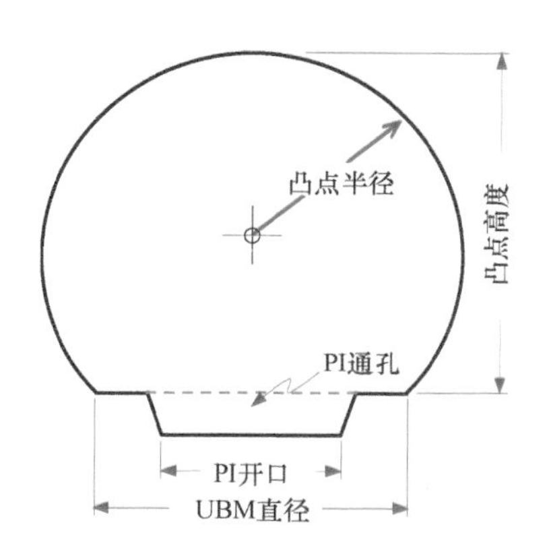

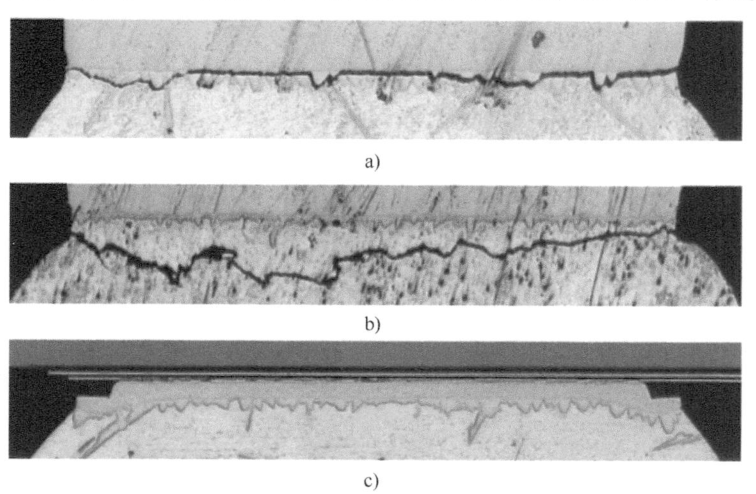

图 2.19　横截面（a）显示了使用 SAC405 时裂纹通过 Sn/Cu IMC 传播的情况。横截面（b）显示使用 SAC1205N 时裂纹通过块状焊料传播。在其他相同的铜 UBM 上，这两种焊料之间的 IMC 尺寸和结构有很大不同。横截面（c）显示裂纹通过 PI 再钝化、鸥翼式（非扁平）UBM 和 SAC405 的凸点下铝焊盘传播

2.10　RDL 设计规则

RDL WLCSP 有不同的方法：有些旨在节省成本，有些则旨在提高可靠性性能。一个共同点是，它们都利用图形电镀铜将芯片连接重新分配到焊料凸点区域阵列。图 2.20 突出显示了 4 种 RDL 方法，其中图 a、b 代表两种典型的 3 掩模 RDL 解决方案，图 c、d 代表成本更高的 RDL 凸点方法。如果焊球直接落在 RDL 铜上（见图 2.20a），RDL 铜层必须足够厚，能在其承受 3 次回流焊时，保证所有铜都不会被无铅焊球中的锡消耗掉。就机械可靠性而言，3 掩模 RDL 方法似乎低于 4 掩模 RDL 或模制铜柱方法。模制铜柱 WLCSP 技术被认为是最坚固的，因为聚合物上存在 RDL、铜柱可扩展支座高度以及只有正面模制才能实现的侵蚀性硅背面研磨。

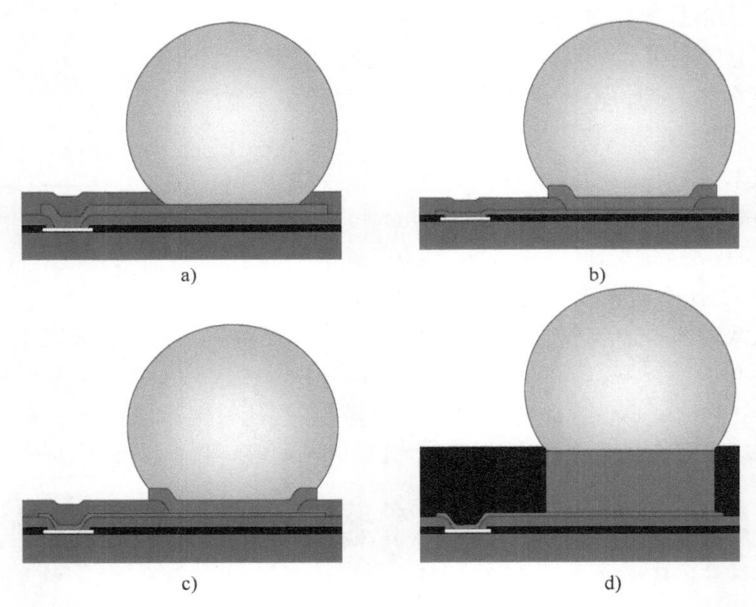

图 2.20　典型 3 掩模 RDL 凸点结构（a 和 b）、4 掩模 RDL 凸点结构（c）和 3 掩模 RDL+ 模制铜柱 WLCSP 凸点结构（d）的横截面

1. 铝焊盘尺寸和几何形状

RDL 的特点是提供从芯片到 RDL 走线连接的小型铝焊盘和更大尺寸的铜焊盘。它不限于特殊的几何形状，只要焊盘尺寸足够大，就可以通过开口进行聚合物钝化并再加上工艺余量。然而，为了获得更高的可靠性，需要仔细考虑片上铝焊盘的位置，因为它通常决定 RDL 铜的方向，进而影响 WLCSP 的可靠性。有关走线方向的更多内容将在稍后讨论。

2. 钝化开口

钝化开口无特殊要求。它可以是圆形、正方形，甚至长方形。唯一的考虑因素是尺寸，尺寸必须足够大，以允许 PI1 打开并完全包围钝化开口。尺寸计算中需要考虑工艺余量。

3. 聚合物和聚合物层

RDL 聚合物的选择很丰富。对于 RDL WLCSP，最常见的聚合物选择是聚酰亚胺。然而，有报告称，由于使用了低模量聚合物材料（例如 PBO），板级可靠性性能得到了改善。

无论铝焊盘的形状如何，第一层和第二层中的聚合物开口通常是圆形的（见图 2.21 中的 PI 通孔示例）。根据聚合物层厚度、成像工具设置和其他工艺条件，聚合物开口的大小是有限的。虽然减小尺寸并非完全不可能，但 35μm 的最小聚合物通孔尺寸对于大多数晶圆凸点服务提供商来说是典型的。

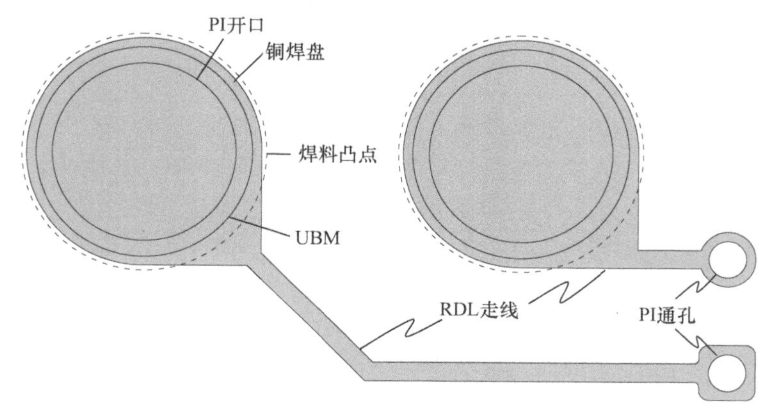

图 2.21　RDL 走线和铜焊盘示例

当没有专用的 UBM 时，第二层聚合物开口定义了 UBM 与铜焊盘或基础焊料与厚 RDL 铜的接触区域。该尺寸对于可靠性性能至关重要。就像 BoP 外壳一样，即使会损失一些支座高度，但通常较大尺寸比较小尺寸具有更好的性能。

4. RDL 走线和焊盘

除了提高 WLCSP 板级可靠性之外，铜 RDL 还经常用作布线层。RDL 的图案（线）形成工艺与硅后端工艺有很大不同。对于 RDL 层，铜线和焊盘采用图案（加法）电镀，而对于硅后端工艺，线路在薄铝层上进行减法刻蚀。片上互连的线路和空间规则通常从亚微米到小于 5μm 范围，具体取决于铝厚度和工艺优化。对于铜厚度为 3 ~ 5μm 的 RDL，通常会看到 15μm 范围内的线和间距规则。因此，RDL 铜布线的密度通常低于片上互连层。

与 BoP WLCSP 类似，需要将铜焊盘设计为完全包围 UBM，同时考虑配准误差。通常需要圆形铜焊盘，对于薄铜走线，建议采用从焊盘到走线的泪滴形过渡，以避免焊盘 / 走线颈部区域的应力集中。然而，对于宽度为 35μm 或以上的走线，可以省略泪滴过渡，以实现更大的设计灵活性。图 2.22 给出了细 RDL 走线的直角泪滴设计和宽走线无泪滴设计。直角泪滴易于在 CAD 环境中布局，是最常用的泪滴形状。

锐角小于 90° 的泪滴在 RDL 设计中应全部避免，因为它们会导致尖角处的应力集中，并且在靠近铜焊盘时会产生更大的问题。

为了充分发挥 RDL 在板级可靠性增益方面的潜力，应仔细检查连接的 RDL 走线和载流通孔，同时考虑拐角和直接相邻位置的走线方向。应参考图 2.9 中所示的高应力图，如果可能的话，布局应尽可能避免将 RDL 走线在某些方向上布线到角铜焊盘。对于非角焊点位置可以放宽限制；布局工程师应了解附加走线和通孔的一般规则，以更好地平衡机械可靠性与电气性能。

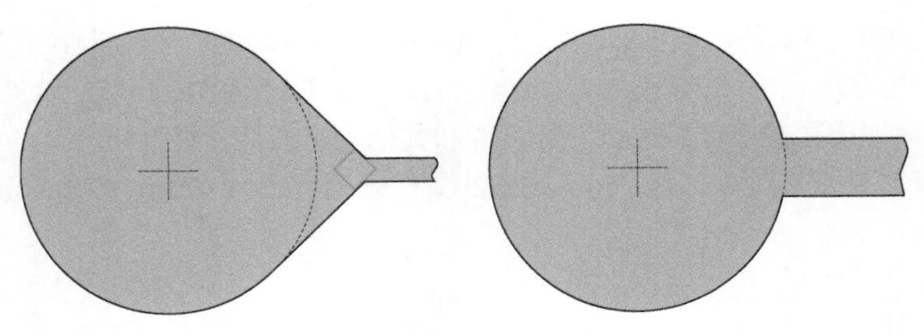

图 2.22 直角泪滴设计和宽走线无泪滴设计

一般来说，当芯片侧的焊点和铜焊盘几乎没有限制时，可以实现最佳的焊点可靠性。最好的情况是焊点“自由浮动”在聚合物层上，而没有连接任何铜 RDL。然而，除非特定的焊点是纯粹的机械焊点或虚拟焊点，最好的情况在现实中很可能不会出现。因此，铜焊盘上将存在 RDL 约束。还存在多条 RDL 走线连接到同一铜焊盘的情况。在这些情况下，一些偏好适用（见图 2.23）。然而，人们应该始终牢记通用规则显示了在高应力情况下（例如角或边缘焊点）的最佳结果。一旦脱离了最关键的区域，就可以更自由地布局 RDL，但不是考虑到机械可靠性，而是为了电气性能。

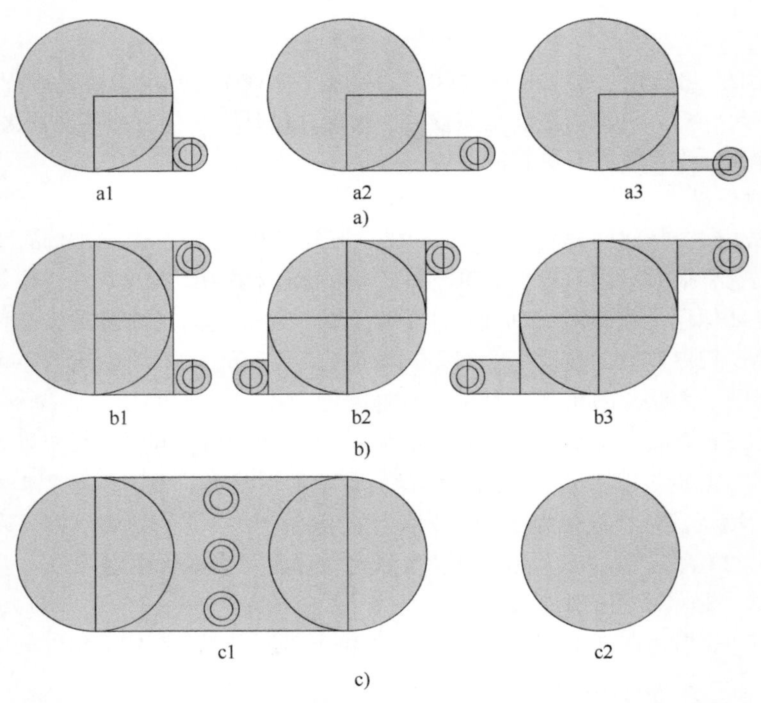

图 2.23 RDL 布局示例：a）优选更细更长的 RDL 走线，以减少对铜焊盘移动的限制；b）在两个通孔和两条走线的情况下，对于在应力条件下更灵活的铜焊盘，中心对称设计通常优于同侧设计；c1）最坏情况的 RDL 走线和通孔布局，在此设计中，焊点下方的铜焊盘在施加压力时都受到限制，不会发生任何可能的移动；c2）理想的铜焊盘布局，铜焊盘上没有连接 RDL 走线

2.11 总结

本章详细介绍了扇入型 WLCSP 技术，并简要介绍了扇出型 WLCSP 技术。扇入型 WLCSP（或简称 WLCSP）是消费电子市场广泛采用的封装技术，并且正在扩散到其他应用领域。多年来，WLCSP 技术出现了多种变体，每种技术都有其自身的优势和特定的应用目标。没有一种万能的 WLCSP 技术能够同时提供低成本和高可靠性。因此，了解各种 WLCSP 凸点技术的可用选项和优缺点对于封装工程师针对特定器件应用做出可靠、高性能且经济高效的决策非常重要。本章描述了扇入型 WLCSP 凸点选项（例如 BoN、BoP、RDL 和模制铜柱）的基本流程，并在可靠性和成本因素方面进行了比较。在确定合适的技术或开发新技术的过程中，精确评估 WLCSP 板级可靠性性能是关键要素之一。必须彻底考虑测试芯片设计以及测试 PCB 布局，以最大限度地避免与测试结果混合的非 WLCSP 相关故障，同时帮助隔离故障位置以实现正确的 FA。

本章还介绍了 BoP 和 RDL 设计规则。然而，人们应该始终记住，随着我们对 WLCSP 的了解越来越多，规则可能会发生变化，并且没有任何规则可以取代经验丰富且知识渊博的工程师的智能判断。

参考文献

1. Novel embedded die package technology tackles legacy process challenges. CSR Tech Monthly
2. Edwards, D.: Package interconnects can make or break performance. Electronic Design, Sept 14 (2012)
3. Syed, A., et al.: Advanced analysis on board trace reliability of WLCSP under drop impact. Microelectron. Reliab. **50**, 928–936 (2010)
4. Fan, X.J., Varia, B., Han, Q.: Design and optimization of thermo-mechanical reliability in wafer level packaging. Microelectron. Reliab. **50**, 536–546 (2010)
5. JESD22-B111, Board level drop test method of components for handheld electronic products
6. JESD22-B113, Board level cyclic bend test method for interconnect reliability characterization of components for handheld electronic products
7. IPC-7095, Design and assembly process implementation for BGAs

第 3 章

扇出型 WLCSP

3.1 扇出型 WLCSP 简介

扇出的概念对于半导体封装来说并不新鲜。在半导体工业的早期，将半导体上的紧引线间距扩展到封装上的粗引线间距的扇出方案是所有芯片封装的主要形式，例如引线框架封装通过键合线从芯片扇出到引线，倒装芯片封装通过基板内部金属层从芯片扇出到 BGA（见图 3.1）。

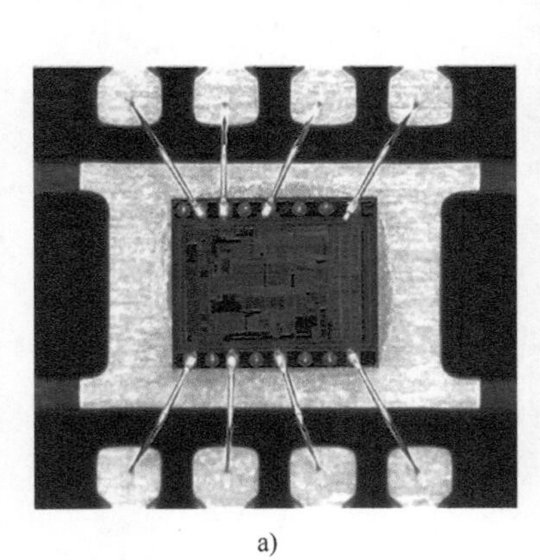

a)

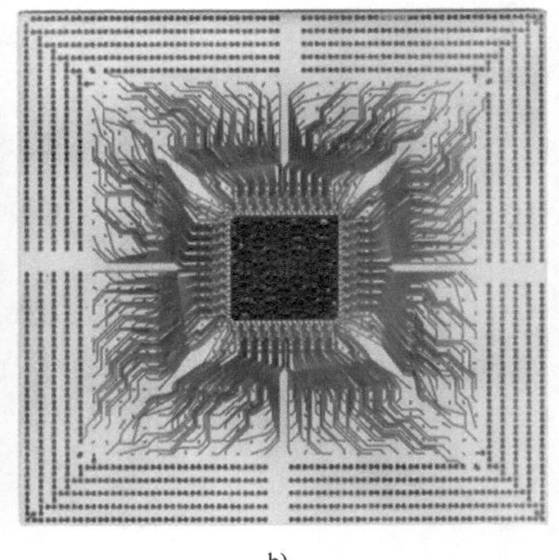

b)

图 3.1　半导体封装中的扇出例子：a）在 DFN（Dual Flat No-lead，双扁平无引脚封装）引线框架中，通过键合线从 70μm 片上终端间距扇出到 0.40mm 引线间距；b）在倒装芯片端距 0.18 ~ 0.8mm BGA 端距范围内，40mm × 40mm 倒装芯片 BGA 基板内的铜层呈扇形向外

与其他封装技术相比，扇出型 WLCSP 的突出之处在于其完全采用半导体晶圆凸点技术，以及独特的晶圆成型工艺，所有加工步骤都是以直径为 200mm 或 300mm 的圆形晶圆形式完成的。因此，利用晶圆厂制造工艺的优势，扇出型 WLCSP 有望实现类似现代半导体的高凸点产率和细线能力。另一方面，扇出型 WLCSP 带来了半导体成本结构上的增加，这一问题在早期

的扇出型技术讨论中就已显现出来。

随着手机和平板电脑等移动设备的激增，以及对半导体小型化和成本降低的需求，扇出概念应运而生。最初，扇出是作为一种无基板嵌入式芯片封装开发的，与广泛采用的基于基板的引线键合 BGA 和倒装芯片 BGA 封装相比，它具有更小的形状因子、更低的成本和更高的性能。人们很快意识到，在某些情况下，即使是传统的 WLCSP 也可以利用扇出型 WLCSP 方法的优点，如果芯片尺寸可以大幅缩小，而不受 0.4mm 或 0.5mm 的凸点间距限制，就可以实现高成品率的表面安装。多年来，半导体技术的飞速发展使得硅芯片的尺寸随着每一代半导体制造技术的进步而不断缩小。从技术上讲，现代半导体制造技术在制造 0.3mm 甚至更小间距的 WLCSP 器件方面几乎不存在任何障碍，尤其是从老式晶圆厂技术过渡到新式模拟 / 功率半导体晶圆厂技术时更是如此。与此同时，PCB 技术的发展却相对缓慢，如 0.4mm 间距的 WLCSP 虽然已经成为主流，但由于难以实现高成品率的细间距 PCB 制造，0.35mm 和 0.3mm 等细间距的 WLCSP 还没有大规模出现。因此，为了充分利用先进的半导体晶圆技术并节省单位成本，即以更小的硅尺寸实现相同的功能，从减小的晶圆端子间距向普遍接受的、值得制造的 PCB 间距扇出可能是一种具有成本效益的方法。其思想是，在硅芯片成本充分降低的情况下，额外的扇出型 WLCSP 成本是合理的，并且对于相同或类似的功能，封装器件成本仍总体降低。

为了更好地理解扇出型 WLCSP，回顾单层扇出型 WLCSP 的过程和典型的 RDL 型 WLCSP 凸点工艺是有益的，因为两者都采用了两层聚合物钝化层和铜再分布技术、助焊剂印制、落球和回流，以及晶圆形成激光标记、芯片切割、卷带包装作为精加工步骤。图 3.2 中对两个进程进行左右比较。在相同生产平台上进行的处理步骤列在无阴影单元格中，而扇出过程的独特处理步骤在阴影单元格中突出显示，还提供了图 3.3 以帮助理解。但是，应该建议读者，在 WLCSP 和扇出型 WLCSP 凸点中重要的检查步骤没有在表中列出，因为检查的时间和内容或多或少取决于制造。

从图 3.2 可以看出，扇出型 WLCSP 与 4 掩模 RDL 凸点之间的区别并不明显，只是在拾取和放置已知良好芯片（Known Good Die，KGD）以及晶圆成型之前多了一个晶圆探测步骤。然而，晶圆模塑步骤是一个多步骤过程，包括涂有黏合剂的临时载体黏合、晶圆成型、载体和黏合剂去除、清洁和检查以记录芯片位置、旋转角度等。这些额外的步骤和加工挑战大大增加了扇出型 WLCSP 的成本，只有通过将适合传统 WLCSP 的较大芯片重新设计成更小的硅片尺寸，即使增加了扇出成本，最终封装仍然具有成本效益，从而显著节省晶圆成本时，扇出型 WLCSP 才能成为取代 WLCSP 的可行生产选择。

当考虑封装体尺寸和凸点计数时，WLCSP、扇出型 WLCSP 和 BGA 封装之间存在大量的应用空间重叠（见图 3.4）。实际上，在为特定器件选择合适的封装解决方案时，还需要考虑如成本、凸点间距、封装高度、凸点布局、上市时间等其他因素。如前所述，扇出型 WLCSP 在总体封装成本和可靠性优于 WLCSP 的特殊情况下是一种明智的选择，但对于传统的引线键合或倒装芯片 BGA 封装，扇出型 WLCSP 可能是一种很好的替代方法，无须单独的晶圆凸点、基板构建、倒装芯片连接 / 回流或引线键合和复模加工步骤。

RDL型WLCSP		扇出型WLCSP	
1	聚合物1涂敷	1	晶圆探针
2	聚合物1成像/显影/固化	2	晶圆背磨
3	RDL种子层溅射	3	晶圆切割
4	光刻胶涂敷	4	KGD拾取和放置
5	光刻胶成像/显影	5	晶圆芯片①
6	RDL电镀	6	聚合物1涂敷
7	光刻胶剥离	7	聚合物1成像/显影/固化
8	种子层刻蚀	8	RDL种子层溅射
9	聚合物2涂敷	9	光刻胶涂敷
10	聚合物2成像/显影/固化	10	光刻胶成像/显影
11	UBM种子层溅射	11	RDL电镀
12	光刻胶涂敷	12	光刻胶剥离
13	光刻胶成像/显影	13	种子层刻蚀
14	UBM种子层溅射	14	聚合物2涂敷
15	光刻胶剥离	15	聚合物2成像/显影/固化
16	种子层刻蚀	16	UBM种子层溅射
17	助焊剂印制	17	光刻胶涂敷
18	焊锡球落下	18	抗蚀成像/显影
19	焊料回流	19	UBM种子层溅射
20	晶圆探针	20	光刻胶剥离
21	晶圆背磨	21	种子层刻蚀
22	背面层压板	22	助焊剂印制
23	激光标记	23	焊锡球落下
24	晶圆切割	24	焊料回流
25	卷带包装	25	晶圆探针
		26	激光标记
		27	晶圆切割
		28	卷带包装

图 3.2 RDL 型 WLCSP 与扇出型 WLCSP 的工艺流程比较

① 晶圆成型是一个多重加工步骤，正如图 3.3 强调的 5a ~ 5c 的步骤。

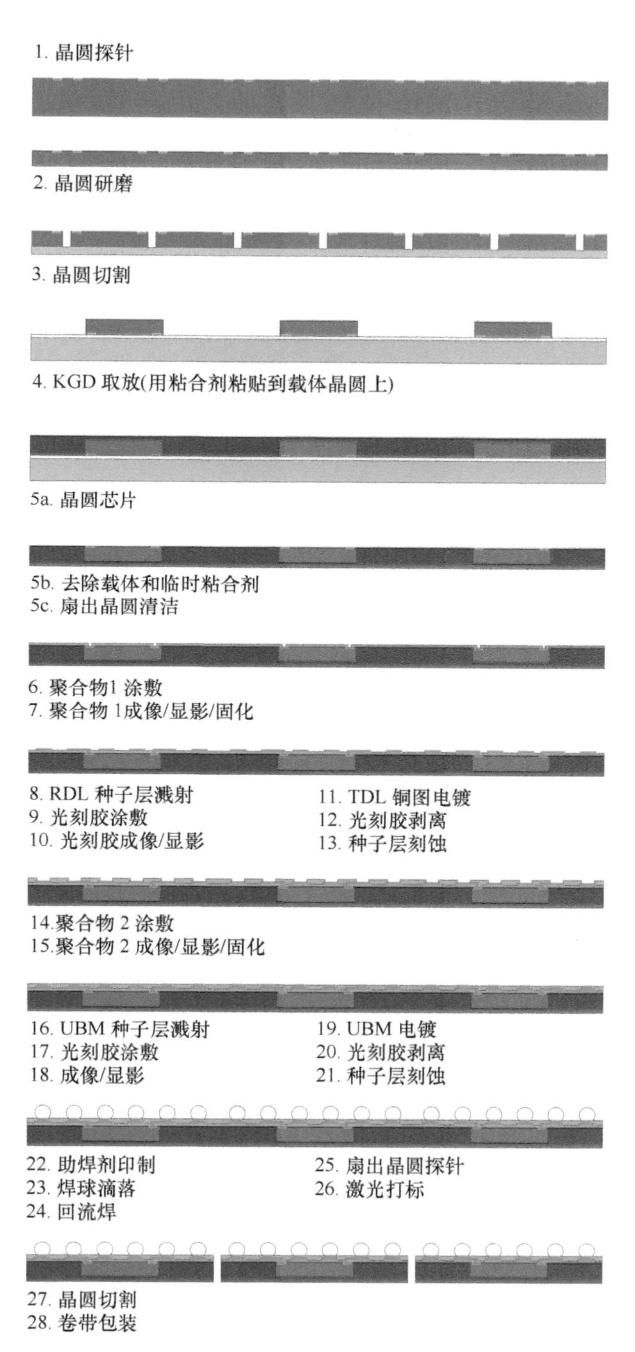

图 3.3　典型扇出型 WLCSP 工艺流程

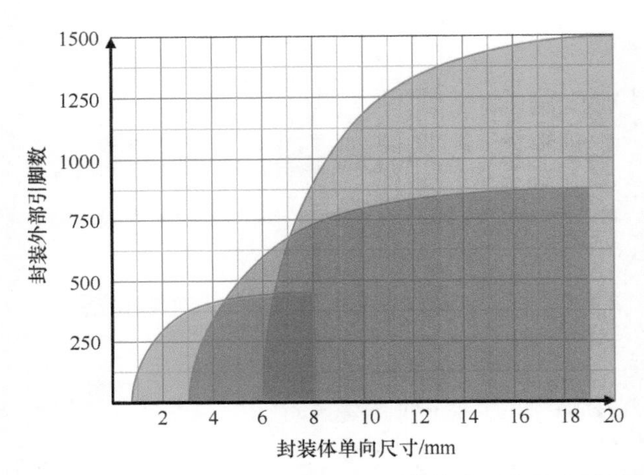

图 3.4　WLCSP、扇出型 WLCSP 和 BGA 封装的应用空间（重叠现象明显）

扇出型 WLCSP 将半导体封装集成到重组晶圆的凸点工艺中，并以美观的扁平封装提供芯片和系统封装解决方案。扇出型封装还消除了引线键合、封装基板和倒装芯片凸点，从而解决了现有封装技术的局限性。图 3.5 举例说明了扇出型 WLCSP 与引线键合和倒装芯片 BGA 封装的截面图。从图中可以看出，如果没有额外的基板厚度以及用于导线环和倒装芯片 / 基板焊接互连的空间，扇出型 WLCSP 必然是一种比 BGA 封装更低矮的封装解决方案。除厚度外，扇出型封装还简化了封装组装，与典型的 BGA 封装相比更具成本竞争力。

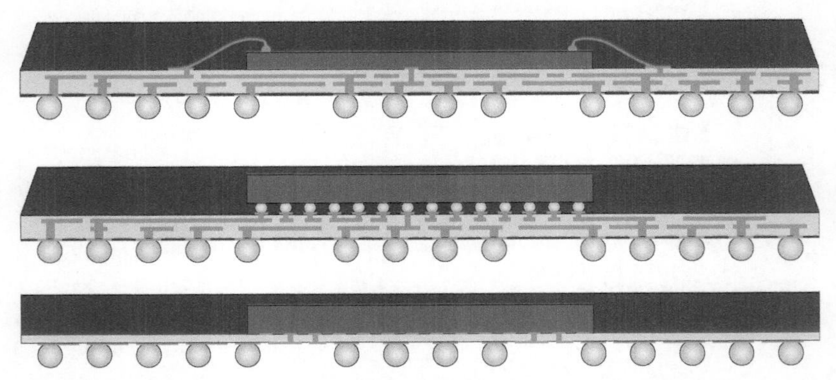

图 3.5　引线键合 BGA 封装（上）、倒装芯片 BGA 封装（中）和扇出型 WLCSP（下）的横截面（扇出型 WLCSP 由于消除了基板、键合线和倒装焊点，比 BGA 封装更容易实现薄封装外形）

利用低 κ 层间电介质的先进晶圆制造工艺，由于材料本身的弱特性，对封装工程师提出了严峻的挑战。扇出型 WLCSP 避免了低 κ 半导体器件在引线键合和倒装芯片贴附过程中承受的过度机械应力，似乎也提供了一个很好的 BGA 封装替代方案。

3.2 高产扇出模式的形成

BGA 基板制造和扇出型 WLCSP 均采用加性图形电镀工艺形成导体（铜）线。然而，扇出型 WLCSP 的布线密度高于典型基板，例如，扇出型 WLCSP 的布线密度为 10μm 线 / 空间，而 BGA 基板的布线密度为 25μm 线 / 空间。这一区别使得扇出技术只需使用一层布线即可实现同样的功能，而在典型的基板中则需要两层或更多层布线。两个主要因素在扇出时起到了实现精细线路能力的作用：①极为光滑且薄的溅射粘附 / 种子金属层，这使得在不损害界面粘附性的情况下，容易清除精细线路之间狭窄空间内的刻蚀残留物；②具有流体流动精度控制的半导体晶圆加工工具，这使得在 200mm 或 300mm 直径的晶圆上实现更加均匀的电镀和刻蚀成为可能。相比之下，典型的基板工艺发生在面板尺寸可能大于 600mm（一侧 24in）的面板上，电镀种子层依赖于微观机械互锁结构以获得可接受的附着力。建立在基板种子层上的机械锁定结构使得当空间紧张时更难在线路间进行清洁。此外，基板制造电镀和刻蚀工具尽管多年来不断改进，但仍远未达到在典型的单个晶圆处理工具上实现均匀性所需的水平。图 3.6 说明了扇出型 WLCSP 与传统 BGA 基板在种子层（黏附层）图形形成方面的差异。

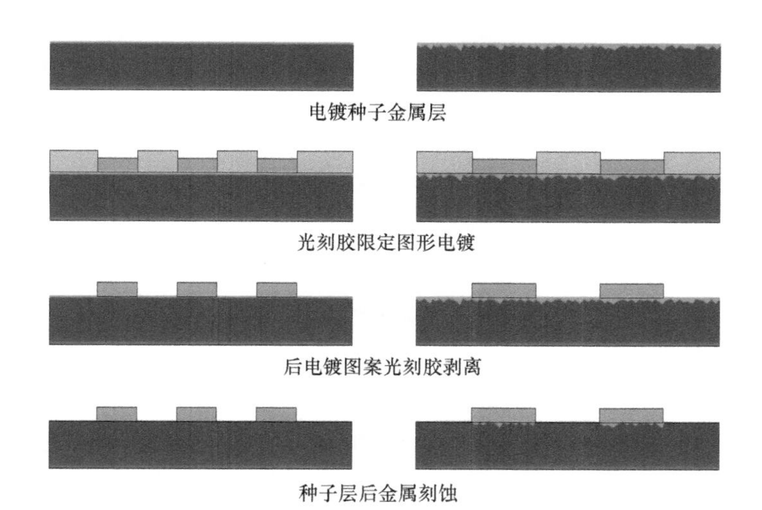

图 3.6 扇出型 WLCSP 与典型有机芯片封装基板图形形成的比较（在扇出型 WLCSP 上，种子层金属为溅射的种子金属，具有光滑的键合界面；在基板上，它是建立在种子金属中的粗糙机械锁定结构）

然而，扇出型 WLCSP 扩展了传统 WLCSP 的能力边界，并为多芯片封装、无源 / 芯片堆叠以实现系统级封装（System in Package，SiP）以及许多其他 3D 封装概念打开了大门。因此，扇出技术在各种技术论坛上仍然是一个热点话题这也就不足为奇了。除了采用半导体晶圆制造技术的晶圆级扇出技术之外，利用传统 PCB 制造技术和基础设施的扇出技术也在发展中，它有望为多芯片封装和 SiP 技术增强热性能的同时提供更具成本效益的方法。

3.3 再分布芯片封装和嵌入式晶圆级球栅阵列

再分布芯片封装（Redistributed Chip Package，RCP）㊀ 于2006年首次发布。嵌入式晶圆级球栅阵列（embedded Wafer Level Ball-gridarray，eWLB）㊁于2007年发布。这两种技术具有相似的概念和大部分相同的基本工艺流程，是目前被提及最多的扇出型WLCSP技术。与典型eWLB封装横截面比较，RCP可能具有在eWLB中看不到的嵌入式铜接地平面（见图3.7）。RCP中的嵌入式铜平面带有窗口开口，用于半导体器件或集成无源器件，有助于限制在晶圆模塑过程中的芯片移动，并为最终的芯片封装提供器件电磁屏蔽和刚性等。实际上，在RCP中添加嵌入式铜平面增加了封装材料和加工成本，同时通过限制成型过程中的芯片移动来提高制造成品率。总体效益取决于材料/工艺选择、芯片和封装设计、性能要求和其他制造成本因素。

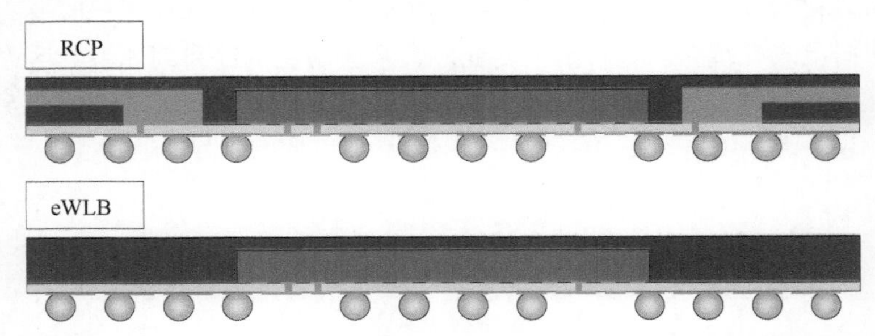

图3.7 RCP（飞思卡尔）和eWLB（英飞凌）扇出型WLCSP的横截面（RCP横截面具有嵌入式铜接地平面，这对于特定的扇出型WLCSP来说是独一无二的）

3.4 扇出型WLCSP的优势

扇出型WLCSP适用于高灵敏度模拟器件和数字平台。这项技术兼容从小到大的各种封装尺寸。扇出型封装可以容纳单层和多层布线，以优化封装尺寸、性能、I/O芯片尺寸范围和成本。扇出型WLCSP的主要优点包括：①由于缩短了布线距离和降低了接触电阻而提高了电气性能；②由于采用先进的半导体制造技术而使芯片尺寸变小，从而降低了成本，去除了基板、焊线或倒装芯片互连、过度模塑等装配工序，以及相比传统的焊线和倒装芯片组装所用的条带格式，采用更大尺寸的晶圆批量处理；③降低了组装应力，使其适合于封装现代半导体芯片上越来越常见的低κ电介质。

在扇出型WLCSP提升电气性能的过程中，主要的性能增强来自于用铜金属化通孔接触替代焊线和倒装芯片焊料互连。较少的布线层数、较小的封装尺寸以及空间规则也有助于降低封装电阻和电感。在英飞凌的一项研究中，对焊线BGA封装、倒装芯片BGA封装以及eWLB扇出型WLCSP进行了电气性能建模，这些封装具有相似的功能（见图3.8）。扇出型WLCSP具有低整体封装寄生效应的优势是明显的（见表3.1和表3.2）。

㊀ RCP是一种由Frescale Semiconductor公司开发的专有封装技术。

㊁ eWLB是一种由英飞凌科技公司开发的专有封装技术。

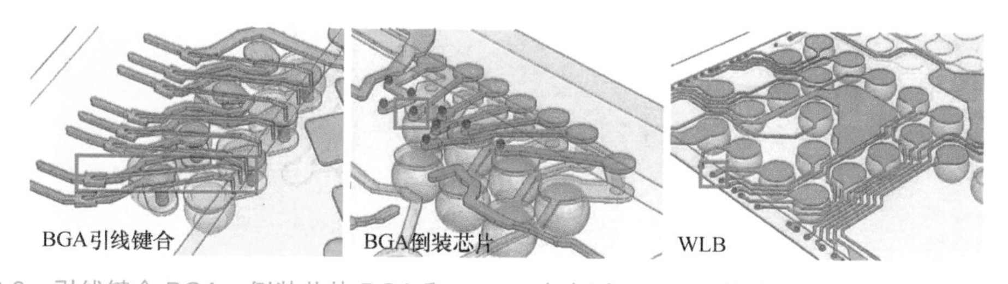

图 3.8　引线键合 BGA、倒装芯片 BGA 和 eWLB 扇出型 WLCSP 的电气模型（芯片到封装的互连用红色方框 / 矩形突出显示）

表 3.1　芯片到封装互连的电气模型

封装	引线键合	倒装芯片	扇出
直流下电阻	76mΩ	7.5mΩ	3.2mΩ
5GHz 下电阻	375mΩ	41mΩ	15mΩ
电感	1.1nH	52pH	18pH

表 3.2　芯片封装的电学建模

封装	引线键合	倒装芯片	扇出
直流下电阻	89mΩ	22mΩ	23mΩ
5GHz 下电阻	629mΩ	248mΩ	91mΩ
电感	1.79nH	0.95pH	0.34pH

3.5　扇出型 WLCSP 的挑战

为了充分利用扇出型 WLCSP 的优点，如节省成本和减小封装尺寸，通常需要在半导体器件或封装上提供良好的间距。当间距变细时，在合理的成品率和成本目标下进行扇出也会遇到挑战。扇出型 WLCSP 的两个最大挑战是模塑过程中的芯片移动和模塑化合物造成的低工艺温度，这限制了 RDL 铜的聚合物再钝化材料的选择。

扇出型 WLCSP 晶圆模塑采用压缩模塑（液态树脂基或干粉 / 颗粒基），原因是希望尽量减少传递模塑成型中常见的热树脂横向流动。干性树脂基模塑化合物具有保存期和底板寿命长的优点，而液态树脂则具有黏度低、窄空间填充能力强的优点。无论用于何种用途，模塑材料与所有其他热固树脂一样，在交联（成型和固化阶段）时都会产生体积收缩。此外，模塑化合物（CTE $> 8 \times 10^{-6}/℃$）从固化温度开始的热收缩总是大于硅（CTE $2 \times 10^{-6} \sim 3 \times 10^{-6}/℃$）。固化体积收缩和从成型温度到室温的热收缩引起的模塑化合物尺寸变化将影响硅晶圆在重组扇出型 WLCSP 晶圆中的位置。芯片从初始放置位置发生偏移和 / 或旋转是不可避免的，这给晶圆成型后的后续凸点步骤带来了直接挑战。

对于典型的晶圆凸点，使用标准成像工具（主要是步进器或对准器）来精确定义每个凸点层，如聚合物再钝化层、RDL 和 UBM 等。如果不是整个晶圆（对准器）的话，曝光通常涉及单个芯片阵列（用于步进器）。虽然任何一种成像工具都可以根据整个曝光区域的轻微旋转和偏移进行调整，但这两种工具在设计上都无法补偿曝光区域内单个芯片的偏移或旋转。此外，助焊剂印制和焊球滴落也依赖于与单个晶圆布局相匹配的模板。扇出型 WLCSP 中的芯片偏移会使精细间距的互连配准、焊料印制和良好润湿的焊料凸点变得困难。在最不利的情况下，严重错位的芯片可能完全无法形成可靠的互连。因此，要使用半导体晶圆成像工具进行高产出的扇出型 WLCSP 晶圆凸点，就必须控制或管理芯片偏移。

可以理解的是，芯片偏移的要求因设计特征的间距和尺寸而异，粗间距和较大的特征尺寸比细间距设计可容忍更多的芯片偏移，而不会影响凸点良率。在图 3.9 给出的示例中，对没有

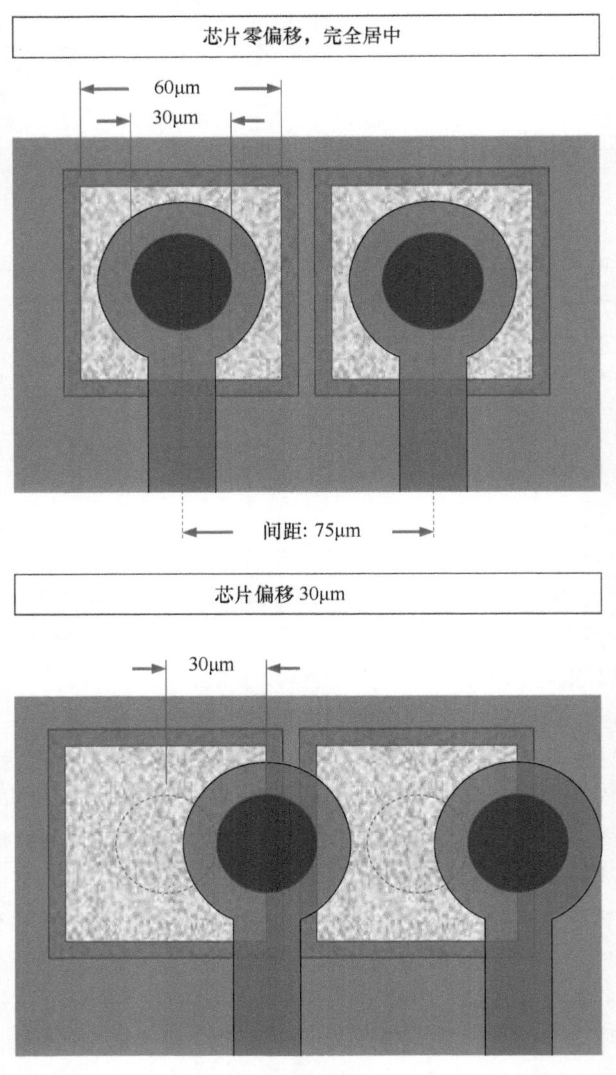

图 3.9　芯片偏移及对铜 RDL 层与芯片金属层配准的影响

芯片偏移的情况和在一个方向上有 30μm 芯片偏移的情况进行了比较。很明显，在第二种情况下，从铜 RDL 到间距为 75μm 的芯片金属层的 30μm 通孔位于短路硅片上两个相邻焊盘的边界。对于扇出型 WLCSP 而言，细间距能带来更多的应用优势，因此确定芯片偏移的特性并寻找解决方案以最大限度地减少或消除芯片偏移，成为确保扇出工艺成为值得采用的制造工艺的最关键因素之一。

为了了解扇出型 WLCSP 晶圆成型和芯片化合物固化步骤中的芯片偏移现象，已经开展了广泛的研究。在芯片偏移研究中，一种广为接受的方法是绘制整个重组晶圆上的单个芯片偏移图。在 Sharma 等人[3] 于 2011 年发表的题为“晶圆级压塑成型中芯片偏移问题的解决策略”的文章中，使用内置交叉目标的测试芯片对芯片偏移进行了研究，如图 3.10 所示。在顶部叠加铜层十字靶标与底部铝层十字靶标对准时，明显可以看到芯片偏移。进一步的芯片偏移研究分为 3 类：①仅在普通胶带上的芯片偏移；②在带有硅载体的胶带上的芯片偏移；③带有硅载体、低 CTE 和低收缩模塑化合物的芯片偏移。如图 3.11a ~ c 所示，硅载体和模塑化合物的材料特性对模偏移有显著影响。当单面胶带上没有硅载体用于放置 KGD 时，胶带（CTE > 20×10^{-6}/℃）在成型温度（>150℃）下的膨胀不能完全被模塑化合物（CTE > 8×10^{-6}/℃）的热收缩抵消。所以，总的结果是芯片从中心点移开（见图 3.11a）。当硅载体晶圆与通过双面胶带附着的 KGD 一起使用时，来自硅载体的热收缩（3×10^{-6}/℃）和黏结附着的芯片小于模塑化合物的热收缩；在芯片复合固化和移除硅载体后的总体效果是芯片向晶圆中心移动（见图 3.11b）。低收缩率和低 CTE 模塑化合物只是使这种移动更不明显（见图 3.11c），但移动方向与硅载体的情况相似。

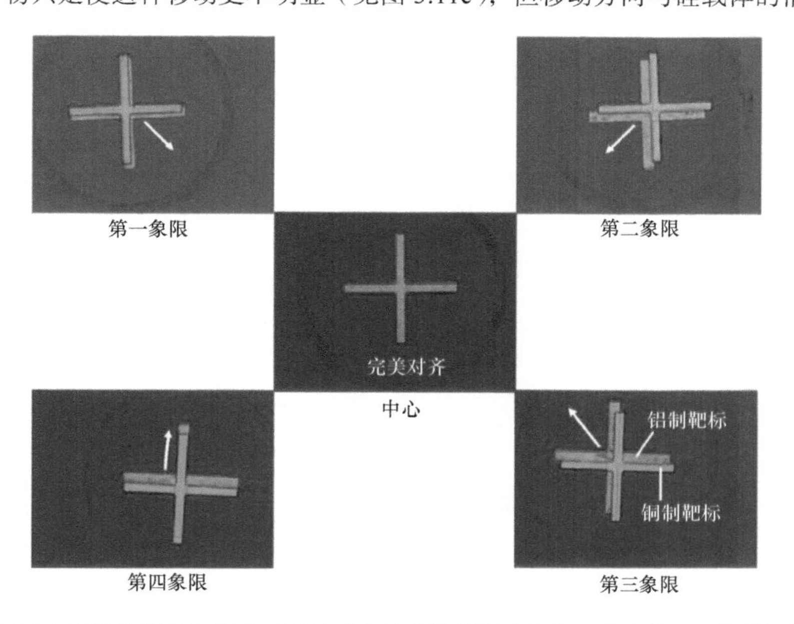

图 3.10　通过十字靶法揭示的扇出成型过程中的芯片偏移（这里，在 200mm 扇出晶圆上的 5 个位置处，建立在芯片上的交叉目标和建立在凸点层中的交叉目标显示了通过模塑 / 固化过程的芯片移动方向）

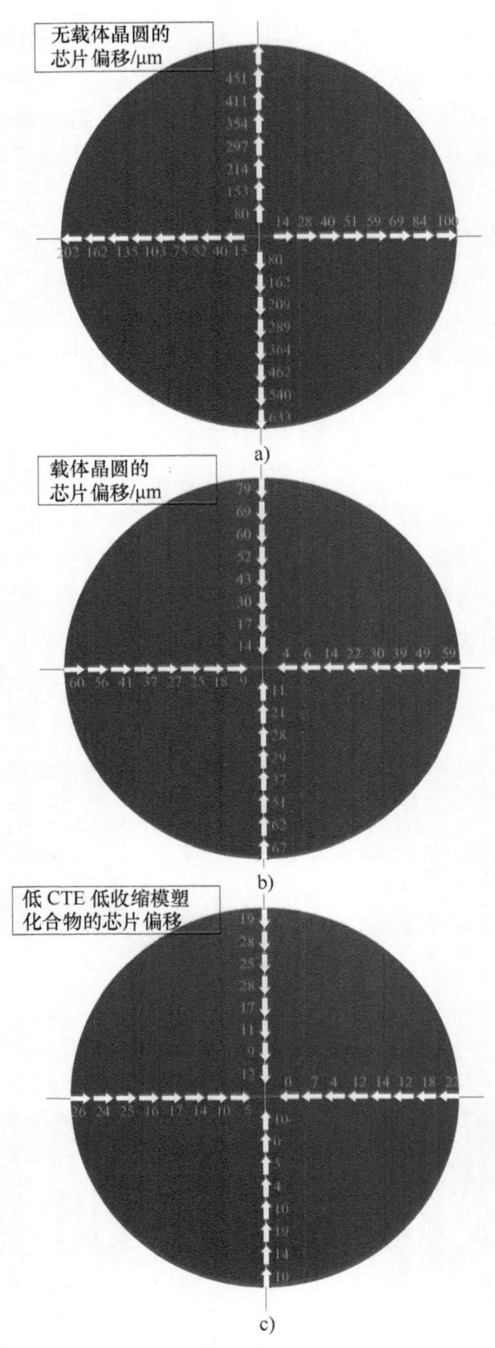

图 3.11　扇出型 WLCSP 晶圆在 200mm 晶圆尺寸对角线方向上的偏移（μm）

a）不含硅载体的芯片偏移　b）含硅载体的晶圆偏移　c）含硅载体和低 CTE、低收缩的芯片偏移了解在扇出型 WLCSP 晶圆模塑 / 固化过程中存在芯片偏移后，管理或补偿这种偏移以减少或消除最终重构的、模塑的扇出晶圆中的芯片偏移就变得尤为重要。这个想法相当简单：如果在晶圆模塑过程中已知一个芯片在一个方向上移动，那么它应该被放置在远离目标完成位置的相反方向上。这正是 Sharma 等人所做的。研究了 3 种情况：①无偏移补偿；②基于从情况 #1 中测量的偏移的全偏移补偿；③半偏移补偿。图 3.12 给出了 3 个调查场景的详细芯片偏移图。这是有趣但并不奇怪的，半偏移补偿产生了最好的结果，因为芯片偏移从中心到边缘不是完全线性的（见图 3.11a ~ c），而且施加的芯片偏移也不是从偏移芯片放置的确切位置测量的。

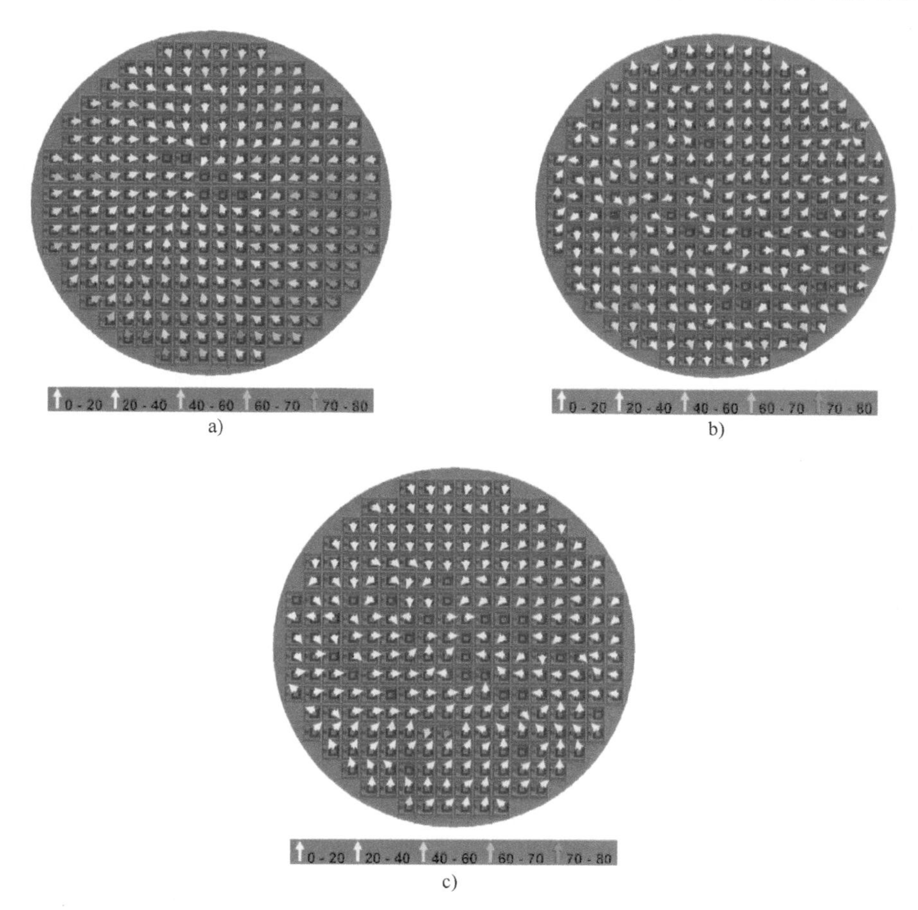

图 3.12　a）模塑后芯片偏移图，无偏移补偿，没有箭头的芯片无法测量芯片偏移的位置，所有芯片都倾向于内移，偏移幅度与晶圆中心的距离成正比；b）在取放过程中进行 100% 预偏移的模塑后芯片偏移图，如果某个芯片位置的偏移在 x、y 坐标上测量为（a，b），那么 100% 的预偏移相当于取放过程中故意错位（$-a$，$-b$）；c）模塑成型后的芯片偏移映射，取放过程中的预偏移为 100%，如果某个芯片位置的偏移在 x、y 坐标上测量为（a，b），则 100% 的预偏移对应于取放过程中故意错位（$-a$，$-b$）

表 3.3 以图表形式汇总了图 3.12 显示的结果。无补偿案例和有补偿案例之间的趋势是明显的。同样明显的是，优化的晶圆偏移补偿可以将 200mm 晶圆上的平均晶圆偏移幅度降低到 30μm 以下，这一水平对于 75μm 间距的应用来说是可以接受的。对于更紧的间距设计，则需要更深入的研究。反复的试验和误差对于最终的过程优化都是必要的。

表 3.3　扇出型 WLCSP 芯片偏移比较

芯片偏移范围	无芯片预偏移		100% 芯片预偏移		50% 芯片预偏移	
	累计	平均偏移 /μm	累计	平均偏移 /μm	累计	平均偏移 /μm
< 20μm	6%	15 ± 9	41%	14 ± 7	55%	12 ± 6
< 40μm	38%	28 ± 10	89%	24 ± 9	99%	19 ± 10
< 60μm	81%	40 ± 14	99%	26 ± 12	99.8%	19 ± 10
< 70μm	92%	43 ± 16	100%	27 ± 12	100%	19 ± 10
< 80μm	100%	45 ± 17				

扇出型 WLCSP 芯片偏移在很大程度上取决于芯片与树脂的面积比，因为芯片偏移是由模塑化合物树脂固化体积收缩和固化后从高固化温度到室温的热收缩引起的。如果不是完全不可能的话，要为所有不同的芯片尺寸和扇出型 WLCSP 设计开发一个简单的公式并不容易。此外，模塑化合物树脂材料、填料的百分比和类型也会影响最终材料的收缩率和 CTE。胶带与载体和芯片与胶带的黏合，尤其在较高的模塑温度下，在芯片偏移管理中起着另一个作用。

除了晶圆成型和固化过程中的芯片偏移之外，铜 RDL 扇出过程必须从标准的 WLCSP RDL 过程中重新建立。对于标准的 WLCSP 来说，聚酰亚胺，如日立化学的 HD-4100 系列，是最广泛采用的聚合物再修复材料之一。一旦在接近 350℃的温度下固化，该材料与铜 RDL 完全相容，并与底层材料（如 SiN、PI 和铜）表现出良好的附着力，以及良好的机械强度和抗膜裂纹性能，此外还有众所周知的耐化学性。最广泛使用的 WLCSP 聚酰亚胺材料是用溶剂开发的，这意味着有机溶剂被用来开发不需要区域的聚合物。虽然溶剂开发从来不是硅晶圆的问题，但对于环氧基扇出模塑化合物来说，这是不可取的。除溶剂问题外，典型的 WLCSP 再固化聚合物的高固化温度超出了扇出模塑化合物的可生存温度范围。由于扇出更适合于系统级封装（SiP）解决方案，高处理温度也对高功能集成电路和具有低 κ 电介质材料的集成电路中的嵌入式存储器提出了实际电路生存性问题，这些材料本身对温度敏感。因此，对于扇出型 WLCSP 来说，无溶剂、低固化温度的聚合物再固化材料是一个不妥协的要求。无溶剂材料也是人们所希望的，许多制造业务更多地关注环境管理，并寻找各种方法来减少有机溶剂的使用。

为了减少有机溶剂的使用，人们开始使用聚苯并恶唑（PBO）电介质材料。这些材料使用水基显影剂进行加工；事实上，光刻胶也使用相同的材料。PBO 具有与聚酰亚胺类似的特性，但与聚酰亚胺相比，它们无法承受较高的加工温度，但它们往往能在较低温度下完全固化，其特性有助于 RDL WLCSP 通过手持设备所需的跌落测试。但低固化 PBO 为扇出型 WLCSP 提供了一个可行的发展方向，通过开发一套工艺化学品，可以实现稳健的批量制造工艺。

3.6　扇出型 WLCSP 的可靠性

扇出型 WLCSP 遵循为手持设备中的半导体设置的相同的可靠性要求。板级可靠性，如跌落和温度循环（TMCL），是扇出技术中被问到最多的问题。幸运的是，对于扇出来说，其特点是尽可能小的硅被模塑化合物包围，材料性能与 PCB 电介质材料非常匹配，可靠性总是优于类似尺寸的 WLCSP。

Fan 等人 [8] 在一项针对 16 × 16 凸点、0.5mm 间距的扇出型 WLCSP 的仿真研究中，明确展示了在硅片下方的 3 × 3 凸点条件下与板级 TMCL 寿命相对应的最大非弹性应变能密度出现在硅片的拐角处，并且随着 DNP（Distance to Neutral Point，到中性点的距离，也就是 WLCSP 的中心点）的增加而急剧减小（见图 3.13）。在模塑化合物区，一旦离开硅，非弹性应变能密度不随 DNP 而变化，因为模塑化合物的 CTE 与 PCB 材料的 CTE 非常匹配（两者都是含有玻璃颗粒填料或编织玻璃布增强的环氧树脂材料）。

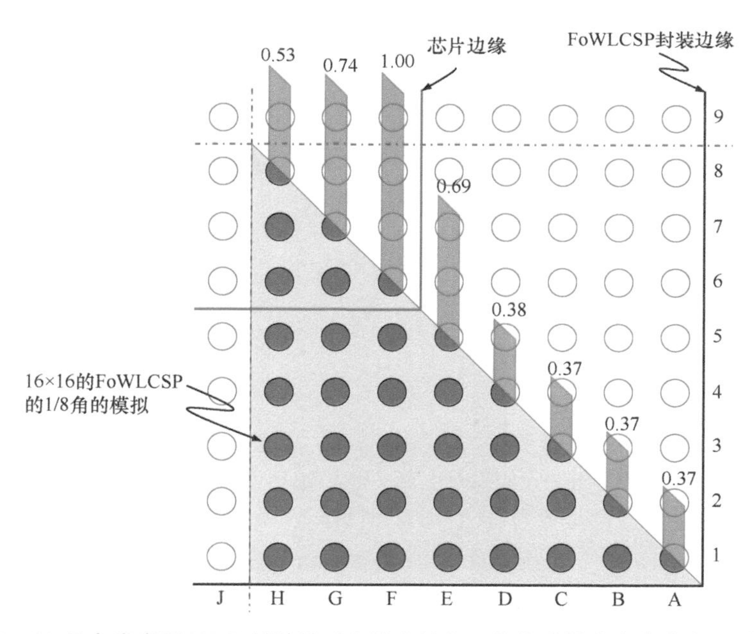

图 3.13　16 × 16 凸点扇出型 WLP 封装的对角线上的归一化非弹性应变能密度，封装中间嵌入 3mm × 3mm、0.5mm 间距的硅芯片（较高的非弹性应变能密度促使 TMCL 提前失效）

因此，对于扇出型 WLCSP 来说，应力和分布，以及封装的板级可靠性，取决于嵌入硅的尺寸和位置。高应力区位于硅的角和边缘。扇出凸点的封装尺寸超过硅尺寸不会像典型的全硅 WLCSP 那样影响封装寿命，这表明 DNP 和焊点中非弹性能量密度之间有一个简单的关系（见图 3.14）。在设计扇出型 WLCSP 时，通过有意避免高应力区的凸点，扇出型 WLCSP 的可靠性性能应该是稳健的。

已经报道了扇出型 WLCSP 的标准 WLCSP 类组件可靠性性能，包括通过潮湿敏感等级

（MSL）条件、高加速温湿度测试（HAST）、高温存储（HTS）和温度循环寿命测试（TMCL）。可靠性感兴趣的区域主要是硅 / 模塑化合物相邻区域和 RDL 铜走线之间的狭窄空间，分别是由于硅与坚固模塑化合物和低固化温度聚合物之间的 CTE 失配。然而，两者似乎都足够坚固，能够满足 WLCSP 的通用需求。

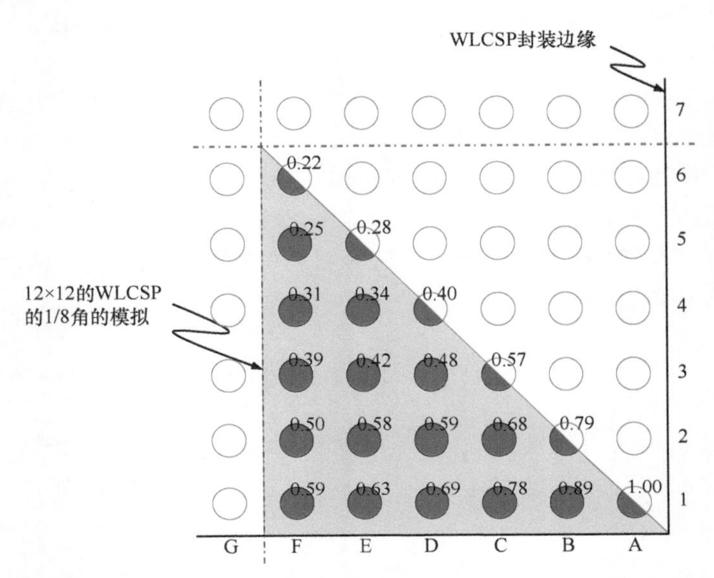

图 3.14　12 × 12 凸点 WLCSP 的 1/8 部分每个周期的归一化非弹性应变能密度（较高的非弹性应变能密度促使 TMCL 提前失效）

3.7　扇出型设计规则

除了晶圆成型和处理成型扇出晶圆的挑战之外，扇出凸点工艺与长期存在的 RDL 工艺有很多相似之处。扇出的设计规则本质上与 RDL 规则相同。直线和空间法则是测量凸点技术的基本矩阵。它经常出现在从 15μm L/S 或 20μm L/S 到 10μm L/S 甚至 8μm L/S 的各种发展路线图中。在实际中，由于溅射镀铜种子层的光刻胶附着力较弱，并考虑到工艺偏差，添加镀铜 RDL 图形形成工艺的实际线路和空间限制接近 10μm。任何超越它的东西都需要材料的创新和大量的工程工作，将它缩小到更精细的几何图形从来不是一个简单的问题。

扇出型 WLCSP 确实有其独特的设计要求，而这些要求在 WLCSP 设计书中没有提出。例如，为了在晶圆翘曲和自动化晶圆加工的鲁棒性之间取得平衡，存在对晶圆和封装厚度的特殊要求，为了获得最佳的电气或热性能，需要考虑芯片在扇出型封装中的放置位置等。为保证晶圆切割的完整性，晶圆边缘和封装边缘之间要保持最小的安全距离，这是扇出型封装的关键要求之一。通常沿硅芯片的所有边缘都需要至少 0.6mm（每边 0.3mm）的最小尺寸增量。然而，在实践中，为了从扇出中获得大部分优点，希望在最大允许的封装体中具有最小的硅尺寸。因此，最小芯片边缘到封装边缘距离的要求主要适用于多芯片扇出型封装。

3.8 扇出型 WLCSP 的未来

扇出型 WLCSP 仍然是封装工程的一个活跃发展领域。扇出型 WLCSP 的早期工作更侧重于了解工艺、寻求工程解决方案和提高制造产量。后期的重点转向扩大应用领域。一个相关的发展是封装背面嵌入或表面安装了一个或多个芯片甚至无源元件的多层系统级封装（SiP）扇出型封装。增加更多的布线层是 SiP 典型的复杂布线所必需的，这样可以利用整个封装区域来填充凸点阵列，从而实现增强的系统级互连。与单层扇出型封装相比，这是一个相当大的优势，因为单层扇出型封装通常在扇出区域外设置焊接凸点，或者在某些情况下，在芯片区域下的中心位置设置一些凸点（见图 3.15）。有趣的是，后来的这种设计实际上是将传统的扇入型 WLCSP 和现代的扇出型芯片封装技术合二为一。

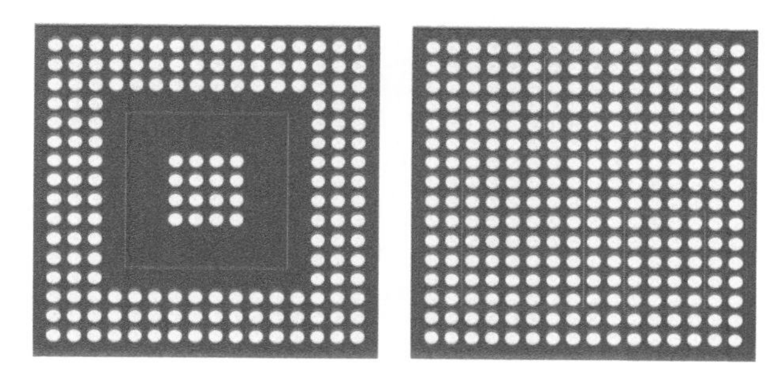

图 3.15 典型的单芯片 / 单层扇出型 WLCSP 的底视图，其中心和芯片周围有凸点（扇出区）；然而，由于间距和走线布线的限制，在嵌入式芯片（虚线正方形）区域下看不到焊料凸点并不罕见；然而，对于多层 / 多芯片扇出，由于布线层和通孔布置，常见的是看到完全填充的凸点阵列

多层扇出必须考虑经济因素。迄今为止，领先的凸点技术已经展示了多达 4 层金属的扇出结构。随着行业向高水平的系统、子系统集成发展，多层和多芯片扇出将会发现更多的有利条件，在这些有利条件下，成本、性能和封装形式因素都会向扇出型封装解决方案的偏好靠拢。图 3.16 展示了单金属层、双金属层和四金属层扇出型封装。图中还显示了具有嵌入式接地平面（RCP 技术）和无源元件的硅，其突出了用于封装级系统集成的多层扇出的独特能力。

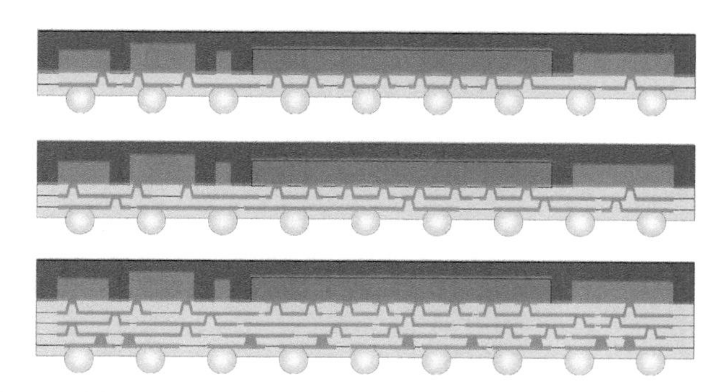

图 3.16 单金属层、双金属层和四金属层扇出型 SiP 截面示意图（以嵌入式组铜平面扇出为例，铜平面中打开的窗口允许在封装本身进行无源集成）

在追求高水平集成的推动下，使用贯穿模塑料通孔（Through-Mold Via，TMV）和封装背面电路的扇出型 WLCSP 的 3D 堆叠似乎是不可避免的。TMV 通常是通过激光钻孔穿过扇出区域模塑料，相比通常涉及 Bosch 工艺（意味着重复的刻蚀 / 钝化周期以控制通孔侧壁）的 TSV，TMV 可以做得更加经济有效。一旦 TMV 被金属化，可以使用类似的正面 RDL 方法以扇入方式添加一层或多层背面电路。再加上在封装内集成一个或多个芯片的扇出型封装的灵活性，使得 3D 扇出型 WLCSP 相对于基于中介层的 2.5D 或具有 TSV 的 3D 硅堆叠具有无与伦比的优势。在图 3.17 中，一个具有 TMV、背面电路、表面安装的第二芯片和无源的扇出型封装被用作 3D 扇出型封装的例子。存在更多创新的 3D 封装概念，并不断在相同的基础上创建扇出型 WLCSP。然而，这种方法是封装工程有责任为半导体技术提供一个平衡的成本 / 性能解决方案。

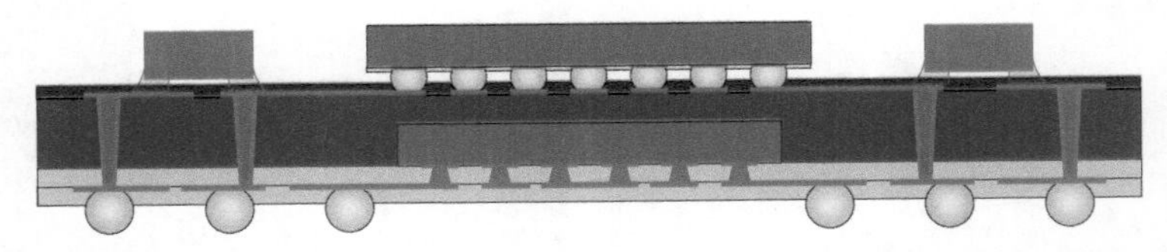

图 3.17　在基础扇出型 WLCSP 上构建的 3D 封装，通过 TMV 技术可以将封装背面用于额外的电路布局，用于堆叠其他半导体器件和无源元件

除了在电气、热和可靠性方面的整体性能之外，降低成本是电子封装工程师的一个持续挑战。扇出型 WLCSP 自诞生之日起，主要由于成本原因而一直受到审查。这种对扇出的持续压力推动技术从 200mm 晶圆扇出发展到 300mm 晶圆扇出，以实现所需的经济比例系数。然而，超过 300mm 需要不同的思维。

在提高生产率和降低成本的同时，基于面板的扇出型封装从不同的角度给出了一些启示。在图 3.18 所示的例子中，200mm 和 300mm 晶圆分别只能生产 33 个和 89 个 25mm × 25mm 扇出型封装单元，而一块 450mm 方形面板可以生产 225 个相同尺寸的扇出型封装单元。扇出面板

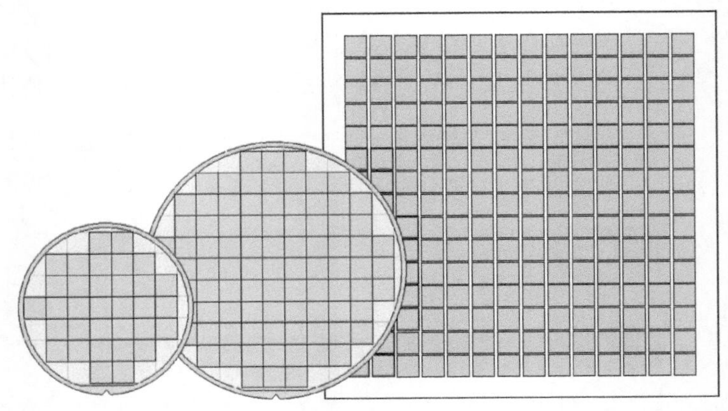

图 3.18　200mm 晶圆、300mm 晶圆和 450mm 方形面板上 25mm × 25mm 扇出型封装的面积利用示例，晶圆边缘间隙设置为 5mm，平面 / 凹槽高度设置为 10mm，面板边缘排除区域设置为 25.4mm（1in），这是面板加工的典型值

的面积利用率，即使在示例中有 25.4mm 的边缘保留区，扇出面板的面积利用率仍为 70.1%，处于 200mm 晶圆的 66.3% 和 300mm 晶圆的 79.5% 的中间，假设均匀的 5mm 边缘遮挡和 10mm 平面 / 凹槽高度。

与各种形式的 IC 封装解决方案一样，基于面板的扇出出于可制造性和成本管理的考虑，也采取了各种方法，有的采用有机基板制造技术和低成本结构；另一些则采用 PCB 叠层和基于载流子的 TFT-LCD 面板图案处理的混合方法，以获得更好的层配准精度和细线能力。双载波 TFT-LCD 面板扇出还允许薄封装外形，这对于移动应用和 3D 堆叠 SiP 来说变得非常重要。图 3.19 所示为基于 TFT-LCD 面板的混合扇出的基本工艺流程。虽然载体 1 也出现在晶圆扇出中，但载体 2 有助于大面板尺寸翘曲控制和细线 RDL 处理。

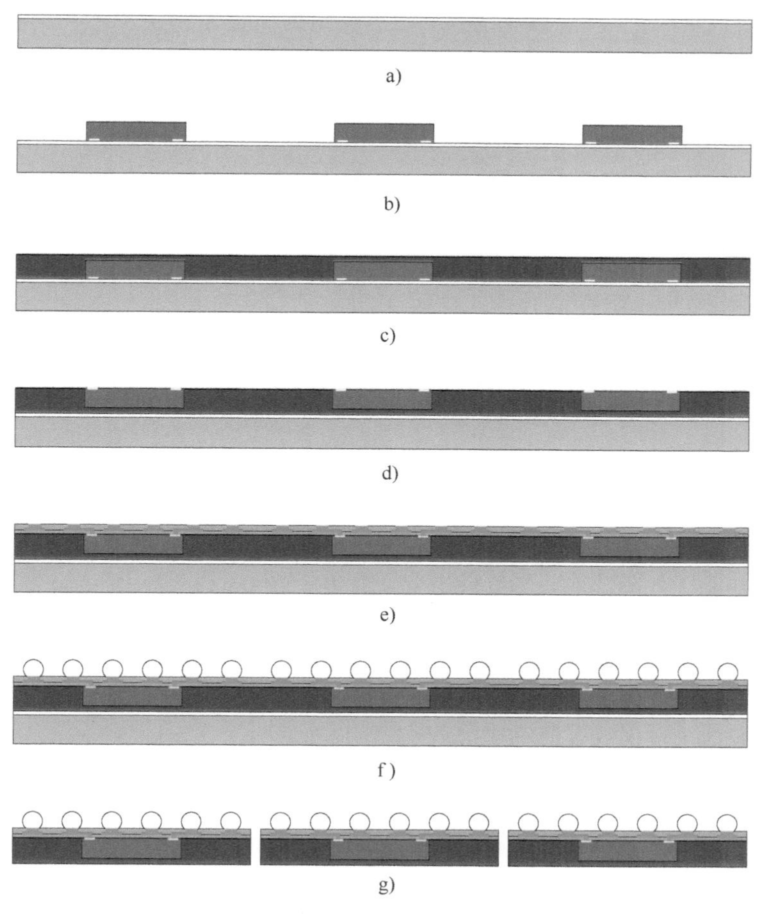

图 3.19　典型扇出型 WLCSP 的工艺流程

a）载体 1 黏合　b）KGD 裸片与载体 1 黏合　c）面板层压
d）载体 2 黏合和载体 1 脱粘　e) 扇出 RDL　f）焊球放置和回流焊　g）半导体后端工艺

采用 PCB 制造技术的面板扇出通常使用比晶圆级扇出不太严格的线条和空间规则，即 PCB 面板扇出使用 20μm/20μm 或更高的 L/S，晶圆扇出使用 15μm/15μm 或更低的 L/S。另一方面，因为使用了片状电介质真空层压工艺，封装过程中在面板内扇出时的芯片移动小于晶圆级扇出时的，该工艺在封装过程中需要在横向上有非常有限的熔融树脂流动，并提供了收缩受限的树脂固化环境。面板电介质封装固化收缩仍然存在，但通常比扇出型 WLCSP 的收缩要小几个数量级，扇出型 WLCSP 在 200mm 扇出晶圆上的平均收缩通常超过 10μm。

与专门使用旋涂低温固化水性聚合物进行晶圆扇出再钝化不同，面板扇出可以选择使用具有可控性能的广泛电介质材料，以实现更好的收缩和翘曲管理。例如，B 级电介质（部分交联的预浸料或 RCC）可以在铜 RDL 之前用于面板扇出再钝化。它可以是 CTE 与面板模塑化合物紧密匹配的高度填充材料，这有助于减少大尺寸面板的翘曲，尤其是对于最常用的单面扇出型封装设计。

通过较少的芯片移动，具有较宽的行 / 间距规则的面板扇出实际上可能实现与具有更激进的行 / 间距规则的晶圆级扇出类似（如果不是更好的话）的可布线性。扇出面板的成本是另一个吸引人的因素，因为在 200 ~ 300mm 圆形晶圆尺寸的限制下，大尺寸方形 / 矩形面板加工的生产率大大提高。在一个案例研究中，将扇出型芯片封装与封装在带有 356 个 I/O 的 9mm × 9mm 单层 RDL 扇出型封装中的 6mm × 6mm 芯片进行了比较，在基于 2.5G TFT-LCD 面板（370mm × 470mm）的扇出型封装上，总共可以构建 1862（49 × 38）个总封装。除扇出晶圆增加的 1.5 × 封装数（300mm 晶圆增加约 738 个封装数）外，从 300mm 晶圆扇出的不到 85% 到面板扇出的 95% 的面积使用率也有了巨大的提高。

植根于基板技术，PCB 面板扇出还提供了正面扇出与背面金属平面的灵活性，以改善热屏蔽和 EMI 屏蔽。也可以将正面和背面金属化互连用于 3D 堆叠（SiP 或 PoP），就像晶圆级扇出（见图 3.7）一样。根据面板扇出早期参与者的说法，2 层或 3 层面板扇出可以很容易地取代典型的 6 层基板，同时显著降低总体成本，而不需要用于封装芯片互连、封装基板和组装工艺的焊料凸点或引线键合。

总之，扇出型芯片封装，无论是晶圆形式还是面板形式，都是一种无基板的嵌入式芯片封装，提供了一种低成本、高性能、集成的引线键合 BGA 和倒装芯片 BGA 封装的替代方案。在扇出处理中，半导体器件被封装成晶圆或面板形式，而信号、电源和接地的通路直接构建在重组晶圆或面板上。扇出型芯片封装通过将单独的晶圆凸点、基板构建、倒装芯片或引线键合芯片组装、封装包覆和 BGA 球连接整合到一个高效的晶圆或面板格式处理中，提供了低成本的封装解决方案。封装本质上是无铅的，没有芯片 / 基板焊点。铜 RDL 的低片上应力也使其对使用超低 κ 电介质的半导体友好。

扇出型 WLCSP 技术具有低轮廓性，消除了键合线、基板和倒装芯片凸点。2D 多芯片封装也很简单，具有多层 RDL 的灵活性。扇出的低轮廓性和多芯片能力使其成为一个优秀的高水平 2D 和 3D 异构系统集成平台。凭借固体封装的热、电气和可靠性性能，扇出无疑是一种通用的封装技术，可以在各种封装配置中找到，包括单芯片、多芯片以及 2D 和 3D 封装系统，用于各种具有挑战性的应用，包括高频 RF 模块、高效率电源管理、低功耗 MCU 以及光学传感器 /MEMS。事实上，扇出互连以及材料兼容性和工艺能力已经实现了在更传统的封装技术或片上系统（SoC）中不可能实现的新型 SiP 解决方案。然而，随着更轻、更小、更快的电子产品的发展，扇出有望取得更大的成功，这些电子产品将在未来几年改变我们的生活方式。

参考文献

1. Keser, B., Amrine, C., Duong, T., et al.: Advanced packaging: the redistributed chip package. IEEE Trans. Adv. Packaging **31**(1), 39–43 (2008)
2. Ramanathan, L.N., Leal, G.R., Mitchell, D.G., Yeung, B.H.: Method for controlling warpage in redistributed chip package, United States Patent US7950144B2, May (2011)
3. Sharma, G., Kumar, A., Rao, V.S., et al.: Solutions strategies for die shift problem in wafer level compression molding. IEEE Trans. Compon. Packaging Manuf. Technol. **1**(4), 502–509 (2011)
4. Hasegawa, T., Abe, H., Ikeuchi, T.: Wafer level compression molding compounds. 62nd Electronic Components and Technology Conference (ECTC), San Diego, CA (2012)
5. Itabashi, T., Dielectric materials evolve to meet the challenges of wafer-level packaging. Solid State Technol., November 01 (2010)
6. Iwashita, K., Hattori, T., Minegishi, T., Ando, S., Toyokawa, F., Ueda, M.: Study of polybenzoxazole precursors for low temperature curing. J. Photopolym. Sci. Technol. **19**(2), 281–282 (2006)
7. Hirano, T., Yamamoto, K., Imamura, K.: Application for WLP at positive working photosensitive polybenzoxazole. J. Photopolym. Sci. Technol. **19**(2), 281–282 (2006)
8. Fan, X.J., Varia, B., Han, Q.: Design and optimization of thermo-mechanical reliability in wafer level packaging. Microelectron. Reliab. **50**, 536–546 (2010)
9. Olson, T.L., Scanlan, C.M.: Adaptive patterning for panelized packaging, United States Patent Application Publication, No. US2013/0167102 A1
10. Oh, J.H., Lee, S.J., Kim, J.G.: Semiconductor device and method of forming FO-WLCSP having conductive layers and conductive vias separated by polymer layers, US Patent 8,343,810B2, Jan. 1 (2013)
11. Braun, T., Becker, K.-F., Voges, S., et al.: From wafer level to panel level mold embedding, 63rd Electronic Components and Technology Conference (ECTC), Las Vegas, NV (2013)
12. Liu, H.W., Liu, Y.W., Ji, J., et al.: Warpage characterization of panel fan-out (P-FO) package, 64th Electronic Components and Technology Conference (ECTC), Orlando, FL (2014)

第 4 章

可堆叠的晶圆级模拟芯片封装

4.1 引言

堆叠是一种趋势，它已经并仍然刺激着半导体封装行业的发展。堆叠封装的主要驱动力是高集成度和更小的封装尺寸，同时由于信号传输和功率分布的路径缩短也会带来电气性能的改善。虽然整体散热性能的提升相对较少被提到，但更常见的是，散热问题是堆叠封装中最受关注的领域之一。谈到堆叠封装，更常提及的是散热问题，它是堆叠封装最关心的领域之一。3D 结构的制造成本似乎是更先进的 3D 封装概念被广泛应用的主要障碍。

众所周知，自摩尔定律在戈登·摩尔 1965 年的论文中首次被描述，它一直推动着半导体芯片的缩放（和性能的提高）。以芯片或封装形式堆叠半导体是更高级别集成的一种替代方法，有时也称为系统级封装（SiP）。

与将所有功能集成到单个集成电路中的系统级芯片（SoC）不同，这种堆叠方法采用单独的 IC 芯片或封装，并在垂直方向上堆叠它们，以在较小的封装面积内实现集成。堆叠封装中的芯片通信使用芯片外信号，就像它们安装在正常电路板上的单独封装中一样。虽然芯片级堆叠带来了最小形状因数和性能增强的好处，但从堆叠开始的封装仍然是 3D 半导体封装的一个有吸引力的选择。无论采用何种方法，3D 堆叠的关键要素是：①硅和 / 或低轮廓封装的积极减薄；②垂直互连的形成，其包括引线键合、穿过封装（基板）通孔或穿过模具通孔（TMV）、穿过硅通孔（TSV）和穿过玻璃通孔（TGV）的基本选择。

根据必须穿过的基板通孔的性质，存在许多选择，例如湿式或干式化学刻蚀、光定义通孔和激光钻孔。机械钻孔也可以用于有限的设计中，即路线间距、大通孔尺寸等。在通孔形成之后需要导电材料进行通孔填充。CVD 或 PVD 金属沉积、化学镀铜或电解镀铜是通孔金属化的常见选择。尽管各向异性导电黏合剂也可以用于低功率器件，但对于堆叠层之间的信号、功率甚至热连接，焊料接合仍是其主要形式。低温直接金属对金属连接也在进行大量研究。

将晶圆级芯片封装（WLCSP）嵌入封装基板为 3D 封装提供了另一条途径，不仅无源器件可以容易地堆叠在嵌入 WLCSP 的基板内部或表面上；也可以基于相同的基础技术在基板内堆叠多个芯片。除了相对低成本的 PCB 基础设施具有竞争力的成本预测外，与大尺寸 PCB 面板工艺相关的潜在生产力提升也是嵌入式技术的一个吸引力。

本章将首先综述 3D 堆叠封装的高级集成路径和方法，详细介绍制造过程和每种方法的优缺点。并在更多地介绍用于 WLCSP 相关的 3D 堆叠技术（例如嵌入式 WLCSP 模块、扇出 WLCSP 的堆叠，以及最终的 WLCSP 堆叠）之前，首先对 3D IC 的模块构建进行总结。

4.2　多芯片模块封装

对高集成度封装的需求最初是由缩短邻近部件（可能是半导体或无源元件）之间的电气路径带来的性能提升所推动的。早在芯片或封装堆叠之前，高级集成的实践就采用了多芯片模块（Multi-Chip Module，MCM）的形式。MCM 是一种专用封装，将多个半导体芯片和 / 或其他分立组件封装在统一的基板上，便将其用作单个封装。MCM 本身在设计中通常被称为“芯片”，就说明了其集成性质。

多芯片封装是现代电子小型化的一个重要方面。多芯片模块的多种形式取决于封装设计者的复杂性和开发理念。最重要的形式通常是在高密度互连（High Density Interconnection，HDI）基板上集成多个芯片的完全定制芯片封装。MCM 通常根据用于制造 HDI 基板的技术进行分类，即分别用于层压、沉积或陶瓷基板的 MCM-L、MCM-D 和 MCM-C。

Intel® 奔腾 ®Pro 是早期 MCM 的一个很好的例子，当时引线键合和陶瓷针栅阵列（PGA）仍是主导封装技术。奔腾 Pro（高达 512KB 的二级缓存）封装在陶瓷多芯片组件（MCM）中。MCM 包含两个底部空腔，微处理器芯片及其配套的高速缓存芯片都在其中。芯片与另一个散热片相连，散热片裸露的顶部有助于将热量从芯片直接传递到连接在封装顶部的散热器。使用外置散热器可以进一步增强冷却效果。使用多层金线接合将芯片连接到封装层。空腔用陶瓷板盖住。MCM 有 387 个引脚，其中大约一半布置在插针阵列封装（Pin Grid Array，PGA）中，一半布置在间隙 PGA（IPGA）中（见图 4.1）。

图 4.1　Intel® 奔腾 ®Pro 散热器的俯视图、PGA 和焊接环（去除盖板后）的底部视图，以及两个用金丝键合的芯片

与早期的单独封装半导体相比，使用 MCM 方法具有的优势，包括封装体积小、改善了电气性能、缩短了开发时间、降低了设计错误的风险、简化了材料清单和产品管理等。总体系统成本较低来自以下因素，通常足以抵消 MCM 较高的单位成本：

• 降低生产成本：MCM 允许安装更少的组件，从而产生更小的 PCB 和更少的层数。在许多情况下，可以减少系统 PCB 中的两个或多个金属层。

• 减少物料清单（bill-of-materials）：MCM 中包含的所有组件都由 MCM 供应商大量采购，并有可能获得更好的价格。这也比单独从单个供应商购买所有组件更容易。

• 产量增加：这仅仅是因为装配的部件减少了。

以 Acme Systems 的 FOX Board 嵌入式 Linux 系统为例，介绍了 MCM 简化系统的设计方法，该系统应用于 Internet 网关、门禁设备、工业自动化控制器等领域。具有 100% 硬件和软件兼容性的带 MCM 封装的板，ETRAX 100X MCM 4 + 16，包括 Axis Communications ETRAX 100LX CPU、4MB 闪存、16 MB SDRAM、以太网收发器等，远不如没有 MCM 的板复杂，但 MCM 中包含同一芯片组的离散版本。然而，可以说，它是设计复杂性和成本中心从一个系统到一个子系统的简单转移，具有上面列出的所有好处（见图 4.2）。

图 4.2　Acme Systems 的 FOX Board 嵌入式 Linux 系统（左侧系统采用独立封装的芯片组设计，右侧系统采用 MCM，将存储器和以太网收发器集成在一个封装中）

Axis®ETRAX 100LX MCM 在技术上是一种单芯片上的全功能 Linux 计算机，允许构建小型和低成本的嵌入式设备。MCM 采用高密度封装（High Density Package，HDP）技术，可以将芯片（如 ETRAX 100LX、SDRAM、flash 等非封装芯片）和其他组件（如电阻）集成在一起，从而提供更小、更轻、更经济的产品。MCM 是围绕 ETRAX 100LX 系统芯片处理器构建的，具有构建网络设备的所有强制性组件，如 4MB 闪存、16MB SDRAM、以太网收发器、复位电路和大约 55 个无源组件（电阻器和电容器）。MCM 包括足够的闪存和 RAM 来满足多种设计。也可以在多芯片组件之外添加更多的闪存和 SDRAM。MCM 之外的唯一强制性组件是 3.3V 电源和 20MHz 晶体振荡器。

MCM（ETRAX 100LX MCM 4+16）采用 256 引脚塑料球栅阵列（Plastic Ball Grid Array，PBGA）封装，封装尺寸为 27mm × 27mm × 2.76mm，额定功耗（输出开路）为 900mW，最大功耗为 1100mW。MCM 封装与纯 CPU 封装（ETRAX 100LX，27mm × 27mm × 2.15mm）具有相同的占地面积，只是稍厚，功耗略高（输出打开，典型为 350mW，最大为 610mW）（见图 4.3）。

图 4.3 一个未成型的 ETRAX 100LX MCM，显示存储芯片、以太网收发器、复位电路和无源元件

4.3 叠片封装和叠层封装

封装内的芯片堆叠通常被称为芯片堆叠 MCM，其中芯片不像传统的 MCM 那样并排排列，而是一个接一个地堆叠。考虑到所有技术进步的渐进性，使用金丝键合技术在 DRAM 芯片上首次出现芯片堆叠并不令人惊讶。

特别是与历史悠久的金丝键合技术结合时，堆叠芯片是增加 PC 存储器密度的一种经济的方法。晶圆减薄和超薄（1mil 或 25μm 厚）硅芯片处理的进步、低轮廓（通常是反向）引线键合以及向堆叠芯片之间的狭窄间隙中注入低拉丝树脂，都是将该技术用于存储器模块批量生产的基础组成部分，在这些部分中，互连相对简单，并且对长金线引起的寄生效应不太敏感。2007 年初展示了 1.4mm 整体封装高度 MCP 的高产量和高成本效益生产，内部堆叠了惊人的 20 个芯片（见图 4.4）。

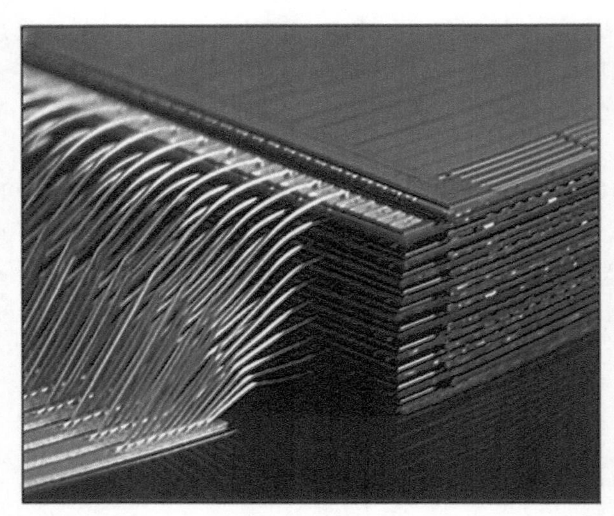

图 4.4　带 20 个堆叠芯片的 1.4mm MCP（来源：Elpida Memory）

引线键合堆叠芯片 MCP 技术始终存在一些限制——层与层之间必须留有间隙来为线圈留出空间。封装基板上也需要数百微米宽的水平间距，以放置连接芯片的导线。数百根导线中的任何一根短路都会导致整个模块高昂的故障成本，而发现问题则非常困难，修复更是难上加难，因此高精度是必不可少的。低收缩率的封装材料和工艺只是实现引线键合堆叠 MCP 的基本要求。

正如各种文献所揭示的那样，结合倒装芯片和引线键合技术的混合堆叠芯片封装也是可行的。然而，在消费电子产品中，对成本 / 性能平衡高度敏感的批量生产似乎不太清楚。图 4.5 突出显示了引线键合 MCP 和倒装芯片 / 引线键合 MCP 的基本概念。

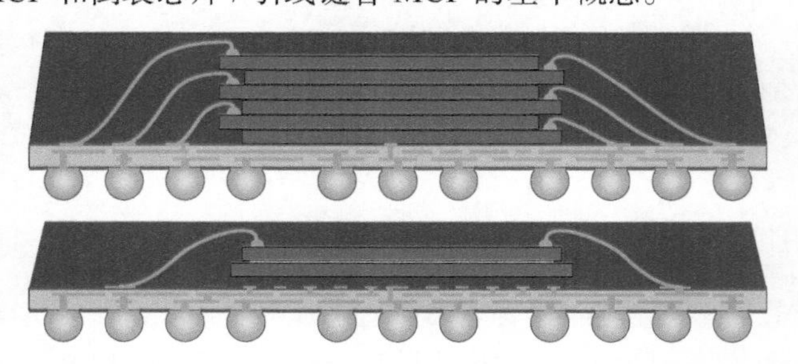

图 4.5　基于基板的引线键合 MCP 和倒装芯片 / 引线键合 MCP

叠层封装技术（PoP）可替代芯片堆叠封装，通过将单个封装堆叠在另一个成品封装之上，提供了类似的节省空间的好处，并避免了堆叠芯片封装技术的担忧，如已知良好芯片（KGD）、过程中的损坏、组装和测试（逻辑和存储器 SiP）的复杂性等。早期采用的 PoP 也是 DRAM 模块，从 TSOP 堆叠到曾经无处不在的 Tessera 开发的 μZ™ 球形 PoP（见图 4.6）。

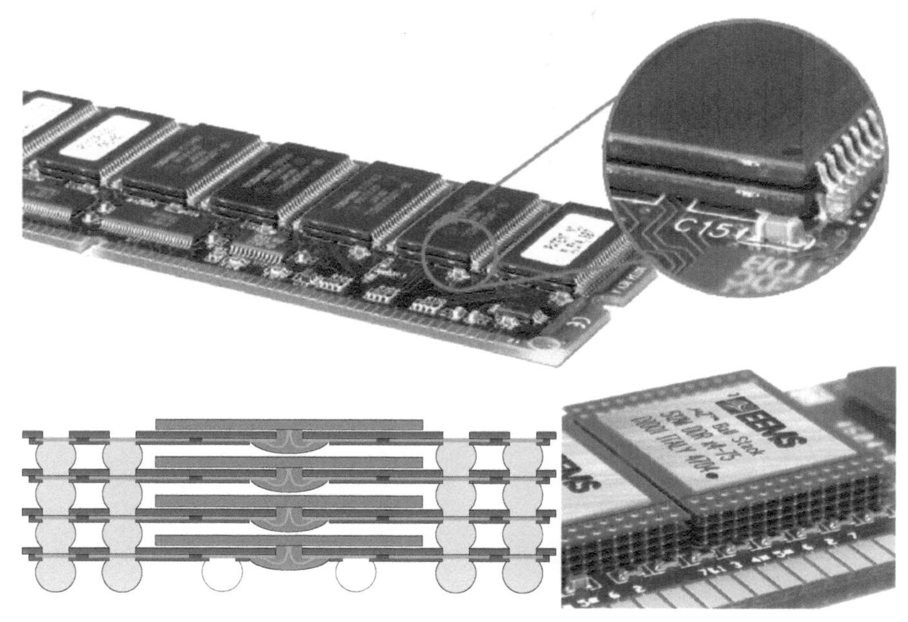

图 4.6　顶部：在一个内存模块上的 TSOP 叠层封装技术。底部：Tessera 的 μZ™ 球形叠层封装技术横截面示意图和 μZ™ 球形叠层封装技术在单列直插式内存模块（SIMM）上的实际堆叠

叠层封装技术允许复杂的混合技术功能以高良率生产，因为半导体在连接之前是单独预封装和测试的，这被证明可以为广泛的 SiP 应用提供可预测的结果。两种广泛使用的配置是①纯内存堆叠（两个或多个仅存储器的封装相互堆叠）（见图 4.6）；②混合逻辑 - 内存堆叠 [逻辑（CPU）封装在底部，存储器封装在顶部]。逻辑封装在底部是因为它需要更多的 BGA 连接到主板。

最常见的 PoP 应用程序使用围绕 JEDEC 标准阵列封装格式设计的封装部分。基板 BGA 封装似乎很适合 PoP，因为它的基本功能是提供顶部（芯片侧）到底部（BGA 侧）的互连，并且相对容易利用通常最少使用的顶部周边区域来进行额外的存储器 / 逻辑互连。

虽然在引线键合 BGA 封装的顶部有引线键合存储芯片堆栈封装是可能的，但在底部封装中使用倒装芯片技术为 PoP 堆叠提供了更多所需的灵活性。对于底部 BGA 封装，用倒装芯片取代引线键合芯片级互连增加了可用于增加数量的上下连接或更大处理器芯片的 X/Y 空间，因为倒装芯片不需要引线键合的隔离区域。带有下填充的倒装芯片底部封装也可以在不牺牲可靠性的情况下放弃上模，从而进一步降低顶部和底部封装之间的间隙高度，并允许在更紧的互连间距上使用更小的焊球。整体封装高度也可以得到更好的控制，有利于移动电子应用。图 4.7 说明了倒装芯片 BGA 底层封装 PoP 的概念；图中还显示了 PoP 封装的实际示例，即 Apple®A7 微处理器 / 内存 PoP 堆栈。

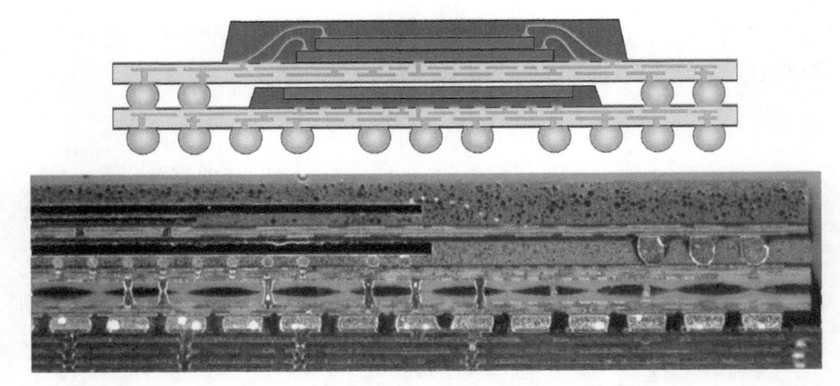

图 4.7 上图：倒装芯片 BGA 封装上的存储芯片堆栈 MCM 的 PoP 横断面示意图；下图：Apple®A7 处理器横截面。总 POP 为 14mm × 15.5mm × 1.0mm，在 0.4mm 间距下有 1330 个 BGA 凸点。顶部封装：1GB LPDDR3 有 456 个周边凸点，间距为 0.35mm。底层封装：双核 ARM CPU，集成 GPU、L1、L2 和 L3 缓存倒装芯片 SoC。倒装芯片凸点间距为 150μm/170μm（图片来源：Prismark/Binghamton 大学）

4.4 三维集成电路（3D IC）

3D IC 是一种最终芯片级集成的概念，它将两层或两层以上的有源电子元件在垂直和水平方向上集成到一个单一电路中。这个名字本身意味着所有晶圆制造时在封装之前进行堆叠，半导体行业已经以许多不同的形式追求这项技术很长时间了。然而，这是一个即将实现的梦想。同时，3D 封装经历了从封装叠层、引线键合芯片叠层到 TSV 芯片叠层的漫长过程，似乎比以往任何时候都更接近真正的 3D IC 概念。今天，具有直接金属 - 金属键合的 TSV 芯片叠层芯片正在接近半导体芯片有源层之间的零间隙。可能有争议的是，带 TSV 的芯片堆叠是否被认为是芯片集成到单个电路中；然而自 2000 年底 TSV 成为现实以来，3D IC 的概念比以往任何时候都被更广泛地传播。包括 TSV 芯片堆叠在内，构建 3D IC 基本上有两种方法。

1. 单片 3D IC

单片 3D IC 在单个半导体晶圆上分层构建电子元件及其连接（布线），然后将其切割成 3D IC。只有一个基板，没有用于层间互连的硅通孔。最近的一项突破克服了工艺温度的限制，将晶体管制造分为两个阶段：层转移前的高温（> 800℃）工艺阶段（离子注入和激活）和层转移后的低温（< 400℃）工艺阶段（刻蚀和沉积）。层转移利用离子切割和氢注入，也称为智能切割，转移薄（< 100nm）的单晶层到底部（基部）晶圆的顶部。在过去的二十年里，层转移一直是生产 SOI 晶圆的主要方法。利用低温（< 400℃）氧化键和劈裂技术，可以在有源晶体管电路的顶部形成多个薄（10 ~ 100nm）的几乎无缺陷的硅层。然后使用低温刻蚀和沉积工艺来完成晶体管。

单片 3D IC 是一种真正的 3D IC 技术，在 DARPA（美国国防部高级研究计划局）资助下由斯坦福大学进行研究，现在由 Monolithic 3D 公司推动。图 4.8 突出了顶层集成流程，这里省略了完成顶层电路的细节。

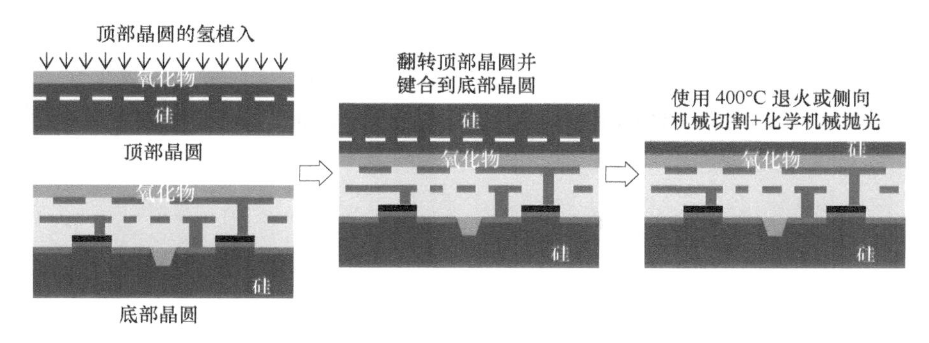

图 4.8　单片 3D IC 电路离子切割和层转移工艺流程

2. TSV 三维集成电路（TSV 3D IC）

根据何时键合芯片层，基于 TSV 的 3D IC 可以使用 3 种工艺流程：

多晶圆堆叠（Wafer on Wafer，WoW）：要堆叠的组件层建立在独立的半导体晶圆上，然后对齐，键合，并切割成 3D IC。每个晶圆可以在键合之前或之后变薄。垂直连接要么在键合之前内置于晶圆中，要么在键合之后在堆栈中创建。硅通孔（TSV）穿过有源层之间和 / 或有源层与外部焊盘之间的硅基板。WoW 键合可以降低成品率，因为如果一个 3D IC 中的 *N* 个芯片中的任何一个有缺陷，整个 3D IC 就会有缺陷。此外，晶圆必须具有相同的尺寸，但许多奇异的材料（例如，Ⅲ-Vs）是在比 CMOS 逻辑或 DRAM（通常为 300mm）小得多的晶圆上制造的，这使得异质集成变得复杂。

晶圆上堆叠芯片（Chip on Wafer，CoW）：组件层建立在独立的半导体晶圆上。上层晶圆被减薄和切割，而底部晶圆仍保持晶圆形式；上述切割后的单片晶圆对齐并键合到所述底部晶圆芯片上。尽管薄化和 TSV 的产生通常是在芯片到晶圆键合之前进行的，但与多晶圆堆叠的方法一样，它也可以在键合之后进行。对于 CoW，只有已知质量良好的芯片将被堆叠，从而最大限度地减少了 WoW 不可避免的潜在产量损失。

芯片内建芯片（Chip on Chip，CoC）：组件层在独立的晶圆上被减薄和切割。然后将它们依次对齐并键合在一个封装基板上。薄化和 TSV 创建应在键合前进行。与 CoW 类似，只有已知质量良好的芯片用于 CoC 构建。此外，3D IC 中的每个芯片均可以预先装箱，以便它们可以混合和匹配以优化功耗和性能（例如，为移动应用程序匹配来自低功耗处理角落的多个芯片）。

4.4.1　硅通孔（TSV）

从 MCM 到芯片堆叠和封装体叠层封装，下一步是硅通孔（TSV）3D 芯片封装。TSV 使芯片之间的互连路径最短成为可能，并以最小的信号损失实现最快的传输。在 CPU 和内存之间，或闪存和控制器之间数据传输的情况下，这种高速是特别重要的。在移动电子领域，小型化和功能性一直是人们追求的目标，TSV 支持最小的 SiP，并提高了该技术的市场接受度。

通过名称可以看出，硅通孔是指导电路径（s）从正面（有源），通过硅到背面。TSV 使半导体芯片的垂直堆叠具有最小的间隙（3D IC），这是以前只有使用基板或引线键合才可能实现的。支持 TSV 的短互连路径甚至比传统的系统级芯片（SoC）设计更具优势，后者必须在同一半导体基板上以 2D 并排方式布局。TSV 技术也是 2.5D 集成的基础，随着 TSV 技术的发展，异质半导体有可能被组合成一个节省空间的封装，以真正实现封装中的系统概念。

通孔形成、通孔填充、晶圆减薄和 TSV 芯片 / 晶圆键合是 TSV 技术的基本组成部分。设计自动化、装配和测试也是 TSV 面临挑战的领域。与 TSV 形成和填充过程缓慢直接相关的成本和生产率似乎是 TSV 技术广泛应用于主流生产的主要障碍。

4.4.2 TSV 的形成

TSV 可以通过激光钻孔、Bosch 深度反应离子刻蚀（Deep Reactive Ion Etching，DRIE）、低温刻蚀或各种各向同性或各向异性湿化学刻蚀形成。典型的 TSV 尺寸范围是直径 5 ~ 100μm，深度 10 ~ 100μm，这取决于设计和应用。尺寸均匀性、产量和通孔清洁度都影响 TSV 形成工艺的选择。

1. 激光钻孔

激光微孔钻削技术始于 1980 年中期。它通过吸收聚焦激光束的能量而使材料熔化和汽化（也称为“烧蚀”）。熔体排出是蒸发产生的空腔内气体压力迅速增加的结果，由于所需能量比汽化少，因此是材料去除的首选过程。为了发生熔体排出，必须形成一个熔化层，并且由于汽化作用于表面的压力梯度必须足够大，以克服表面张力，并将熔化材料从孔中排出。在负极的一面，熔体驱逐产生的碎片通过孔侧壁和周围的区域，必须在单独的步骤清理。此外，当使用激光钻削 TSV 时，也需要保持通孔的遮挡区，以确保有源设备不受影响。很难使 TSV 直径小于 25μm，这极大地限制了激光钻孔在 TSV 要求最低的情况下的使用。在 1.3° ~ 1.6° 范围内的锥形侧壁是激光钻削 TSV 的典型侧壁。

2. Bosch 深度反应离子刻蚀

Bosch 工艺，也称为脉冲或时间复用刻蚀，是以德国公司罗伯特博世有限公司命名的，该公司申请了该工艺的专利。该工艺以其在任何晶体取向的硅基板上产生高深宽比刻蚀结果的能力而闻名。Bosch 工艺从各向同性等离子体刻蚀硅开始，通过掩蔽层开口。然后转换成高密度等离子体，在所有暴露的表面沉积一层类似聚四氟乙烯的材料。钝化后，用各向异性等离子体去除刻蚀表面的钝化层，然后进行各向同性等离子体刻蚀，开始新的刻蚀 - 钝化循环。一个完整的刻蚀过程重复这些刻蚀和沉积步骤几次，以获得深的垂直刻蚀轮廓。

在 Bosch 工艺配置中，感应耦合等离子体（Inductively Coupled Plasma，ICP）是最常用的高密度等离子体（High Density Plasma，HDP）形式，能够提供离子和自由基的微妙平衡。六氟化硫（SF_6）是为硅刻蚀提供自由基氟的源气体，其分子在高密度等离子体中很容易分解。侧壁钝化和掩模保护由八氟环丁烷（$c\text{-}C_4F_8$）提供，这是一种环状氟碳化合物，3D IC 在高密度等离子体中分解，产生 CF_2 和长链自由基，形成类特氟隆聚合物钝化层，保护整个基板免受进一步的化学侵蚀并防止进一步的刻蚀。在下一个刻蚀阶段，轰击基板的定向离子攻击沟槽底部的钝化层（但不是沿着侧面）。它们与它碰撞并溅射下来，使基板暴露在化学刻蚀剂中。

每个刻蚀 / 沉积阶段持续数秒。这些刻蚀 / 沉积步骤重复多次，导致大量非常小的各向同性刻蚀步骤仅发生在刻蚀凹坑的底部。例如，要刻蚀通过 0.5mm 硅片，需要 100 ~ 1000 个刻蚀 /

沉积步骤。两相过程使侧壁以 100 ~ 500nm 的振幅起伏（见图 4.9 和图 4.10）。循环时间可以调整：短循环产生更光滑的壁，长循环产生更高的刻蚀速率。

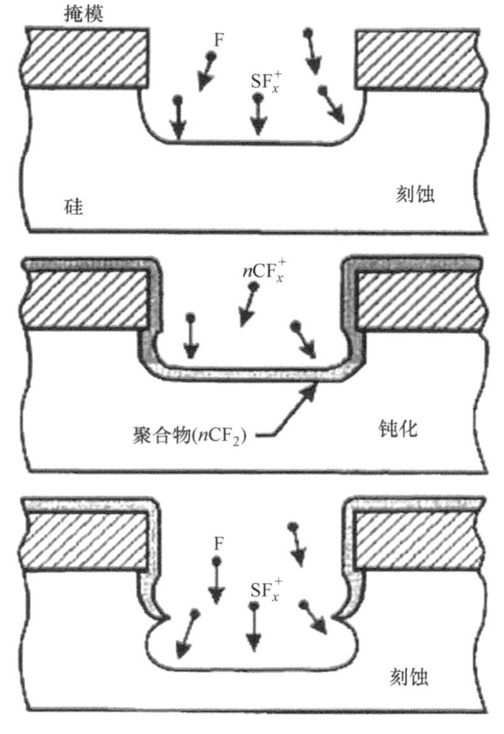

图 4.9　Bosch 深度反应离子刻蚀流程

图 4.10　Bosch 工艺形成的扇贝形侧壁

3. 低温深度反应离子刻蚀

在低温深度反应离子刻蚀中，晶圆被冷却到 −110℃（163K）。SF_6 仍然为硅刻蚀提供氟自由基。离子向上轰击，揭开硅表面，并以挥发性 SiF_4 的形式将它们刻蚀掉。低温深度反应离子刻蚀中的侧壁保护不是使用氟碳聚合物，而是在侧壁上形成氧化物 / 氟化物（SiO_xF_y）的阻挡层（10 ~ 20nm 厚）；这与低温一起减缓了由氟自由基产生各向同性刻蚀的化学反应，从而产生高度垂直的侧壁。

低温深度反应离子刻蚀的主要亮点是光滑的侧壁，这是 Bosch 工艺无法实现的，这限制了其在某些应用中的使用，如模具和光学器件。与 Bosch 工艺的直侧壁的一个选择不同，低温刻蚀还允许对侧壁轮廓进行一些精细调整，这为某些应用提供了另一个很好的选择（见图 4.11）。低温深度反应离子刻蚀的主要问题是基材上的标准掩模在极冷条件下的裂纹加上刻蚀副产物有沉积在最近的冷表面（即基材或电极）的趋势。在整个刻蚀过程中控制较低的温度以保证刻蚀的各向异性是另一件需要考虑的事情。

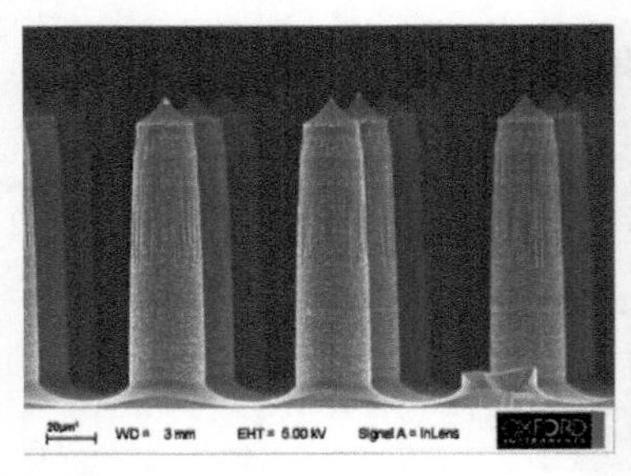

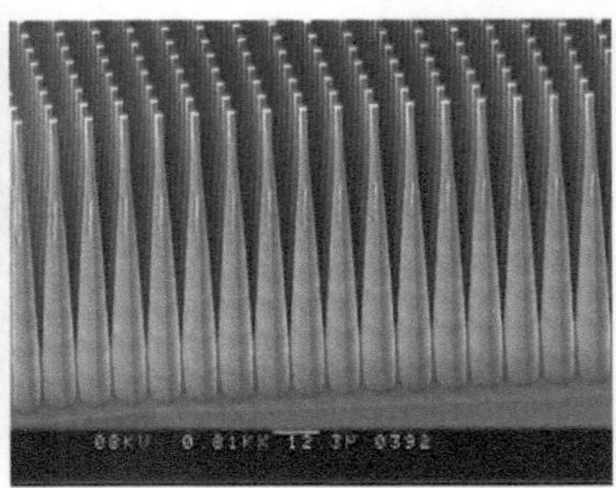

图 4.11 Bosch 工艺 + 湿化学刻蚀制作的微针（左）和低温深度反应离子刻蚀的棒球棒硅柱阵列（右）

4.4.3 先通孔、后通孔和中通孔

在 TSV 和 3D IC 之前，半导体制造通过两个明显的区域来完成：前端晶圆加工和后端芯片封装。WLCSP 使后端以晶圆级别处理成为可能，与前端半导体晶圆处理具有相似性。然而，TSV 和 3D IC 使传统前端和后端之间的界限更加模糊。

从功能上看，TSV 取代了传统 IC 封装中实现的一些互连功能，无论是 MCM 格式，还是芯片 / 封装叠加、引线键合或倒装芯片 / 基板互连。毫无疑问，后端封装可以执行部分（如果不是全部）TSV 处理功能；然而，主要的 TSV 处理将作为半导体前端晶圆处理步骤之一发生。

根据 TSV 技术在制造流程中的采用和顺序，可将 TSV 分为三大类：先通孔、中通孔和后通孔。先通孔意味着在 CMOS 处理开始之前形成 TSV。为了在随后的高温 CMOS 工艺中生存下来，多晶硅是通孔填充导电材料的选择。中通孔意味着在 CMOS 工艺之后，但在互连层之前形成 TSV。在不需要在高温 CMOS 工艺中生存的情况下，可以使用铜来填充通孔，以利用其电气性能。当铜的 CTE 和高纵横比孔中的铜孔镀层中的空隙引起关注时，钨（W）和钼（Mo）通孔填充也是一种选择。最后一种是在半导体晶圆工艺完成后形成 TSV。由于典型的后通孔是大尺寸的，因此铜是典型的通径填充材料。图 4.12 说明了前通孔、中通孔和后通孔流程的区别。

虽然 TSV 的功能是互连，传统上是在后端封装过程中完成的，但前通孔和中通孔都发生在晶圆制造时。深度反应离子刻蚀是通孔形成的选择。直径范围一般在 20μm 以下，最小范围在 2 ~ 5μm。亚微米尺寸通孔的开发正在进行中。然而，它仍然远远大于 CMOS 芯片互连层上典型的线 / 空间视图。对前通孔来说，典型的通孔深度为 15 ~ 25μm，这取决于目标 3D IC 的需要。

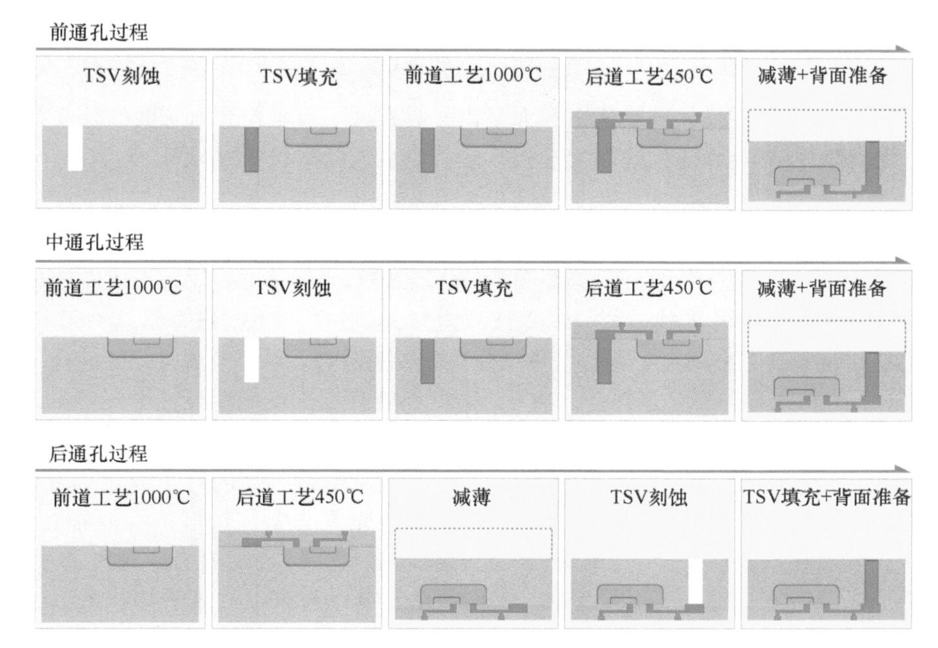

图 4.12 前通孔、中通孔和后通孔工艺流程（灰色单元代表晶圆制造工艺，黄色单元代表后端封装工艺）

后通孔是在半导体晶圆工艺完成后形成 TSV。深度反应离子刻蚀当然是后通孔 TSV 的一个选择；由于成本和钻孔速度快，激光钻孔在这里似乎是一个有吸引力的替代方案。然而，激光通孔的直径范围为 15 ~ 50μm。当与位置精度和顺序加工的性质相结合时，激光钻孔更适合于低引脚数 TSV 的需求，如传感器或闪存。根据晶圆背面研磨厚度的不同，激光钻孔深度可达 200μm，长宽比可达 10：1。对于通孔填充，镀铜是主要形式。

TSV 仍然是一个活跃的研究和开发领域，半导体公司、铸造厂、封装子公司和大学都投入了大量资金。它是从半导体创新的早期开始的 3D IC 梦想的基石。

4.4.4 TSV 填充

一旦形成 TSV，就在侧壁上沉积绝缘层以分离导电通孔和硅基板。热 CVD 氧化物、硅烷和 TEOS（正乙氧基硅烷）基 PE-CVD 氧化物或氮化物的 LP-CVD 是常见的选择。

绝缘后，导电材料，如多晶硅，铜或钨可用于通孔填充。由于具有优越的导电性，电镀铜是首选的通孔填充材料。需要自底向上的电镀，并在合理纵横比和直径的通孔中效果良好。除无空隙通孔填料外，铜（$16 \sim 17 \times 10^{-6}$/℃）和硅（$2 \sim 3 \times 10^{-6}$/℃）的 CTE 不匹配是选择通孔填充材料的另一个考虑因素。当通孔较深时，热机械应力（CTE 差和线性尺寸的函数），足以导致内层电介质的裂纹。

为了减少这种应力，低 CTE 金属，如钨（W，4.5×10^{-6}/℃）或钼（Mo，4.8×10^{-6}/℃）可用于 TSV 填充。PVD 是钨或钼沉积的成熟选择。低速和无空隙的填充是使用 PVD 的主要挑战。激光辅助 CVD 理论上可以从气相前驱体中高速沉积钨或钼，为大尺寸 TSV 填充提供了前景。

然而，广受偏爱的激光钻孔顺序工艺性质限制了其应用于低 I/O 计数 TSV 的需求。

对于大直径的 TSV，还进行了 2 ~ 5μm 厚的聚合物绝缘材料的 TSV 绝缘试验。软聚合物绝缘层不仅降低了 TSV 周围结构的热应力，而且由于具有低于氧化物介电常数的较厚绝缘层而降低了电容。聚合物 TSV 绝缘必须确保工艺相容性，如工艺温度和持续时间。

4.4.5 3D IC 键合

在 TSV 形成和背面通过曝光 / 制备后，需要堆叠和键合半导体器件层以形成设计的 3D 结构。堆叠可以以晶圆形式或芯片形式进行，因此被称为 WoW 键合、CoW 键合以及 CoC 键合。键合选择有氧化物熔融键合、金属 - 金属键合和聚合物黏合剂键合。对于金属 - 金属键合，既可以是金属熔融键合，也可以是金属共晶键合，如 Cu-Sn 共晶键合。

1. 氧化物键合

氧化物键合是一种直接的晶圆键合方法，已经在 SOI 晶圆上进行了演示。在此过程中，LP-CVD 氧化物首先沉积在键合表面，并抛光到原子级光滑（$Ra < 0.4$nm）。晶圆在 H_2O_2 和去离子中清洗，然后在 N_2 环境中旋转干燥。经过这些步骤后，键合表面会形成富 Si-OH（硅醇）基团。当两个晶圆对齐，键合表面聚集在一起时，由于两个超表面的原子接触将形成氢键。然后真空退火，将 Si-OH 和 HO-Si 缩合反应中的 H_2O 分子从两个键合表面驱逐出去，形成共价 Si-O-Si 键连接两个键合表面。

2. Cu-Sn 共晶键合

采用低熔点锡可在较低温度（150 ~ 280℃）下进行 Cu-Sn 共晶连接，通过扩散或焊料熔融实现与铜 TSV 的三维集成。Cu/Sn-Cu 键合和 Cu/Sn-Sn/Cu 键合是两种广泛应用的键合体系。共晶键合的完成标志着 Cu_3Sn 合金的形成，它是一个热力学稳定的二元金属体系，熔点为 676℃。为了控制键合前的 Sn 消耗，可以在 Cu 和 Sn 之间插入薄薄的 Au 或 Ni 缓冲层。在 50μm 间距的铜 TSV 上进行了 Cu-Sn 共晶键合。

3. 直接 Cu-Cu 键合

低温铜扩散连接在 3D IC 中具有很大的吸引力，因为它提供了所有互连选项中最好的电气性能和热传导性。在此过程中，键合铜表面被平坦化（$Ra < 2$nm）并被清洁和 / 或钝化，从而不被氧化。然后使这两个表面在压力下接触。低温（<350℃）退火通常用于促进铜的相互扩散、晶粒生长和再结晶，以完成键合过程。室温 Cu 键合的表面活性适当，但交叉键合的表面互扩散是有限的。Cu-Cu 扩散键的强度受铜氧化、压应力、退火温度和时间的影响。节距（pitch）可达 10μm。除了精细的节距和电热学性能外，由于它本质上是纯铜互连，不涉及合金，因此也有很强的电迁移电阻。

4. 聚合物胶黏剂粘接

与上述所有粘接方法相比，聚合物胶黏剂粘接的优点是对粘接表面的平整度和洁净度要求大大放宽。胶黏剂粘接的过程也很简单：首先，将溶解在溶剂中的胶黏剂搅拌，预热去除溶剂和 / 或部分固化胶黏剂，然后在真空下将两个粘接面对齐并压在一起，然后在高温下固化，使聚合物完全交联。有热塑性塑料和热固性聚合物黏合剂可用。干法刻蚀和光敏材料也可用于特殊的粘接需要。

在现有的聚合物胶黏剂中，如 BCB（苯并环丁烯）、对二甲苯和聚酰亚胺，发现 BCB 能够在各种表面上提供稳健的黏接结果。该材料还具有优异的耐化学性和键合强度。

聚合物胶黏剂是一种低温黏接方法，它与典型的后端 IC 工艺和封装 / 组装工艺兼容。它可用于异质半导体的三维集成，同时提供失配应力缓冲。然而，在最终固化阶段的胶黏剂回流可能是精密对准的一个挑战。涂层的均匀性和胶黏剂的适当部分固化都是确保晶圆在最终固化过程中保持对齐的重要步骤。

4.4.6 TSV 3D IC 集成

传统的半导体芯片二维缩放已经成为提高信号传播速度的驱动力。然而，由于制造和芯片设计技术的限制，尤其是功率密度的约束及互连速度并没有随晶体管速度一起提升的限制，2D 缩放变得越来越困难。3D IC 通过堆叠 2D 芯片并在第三维中连接它们来解决缩放挑战。与平面布局相比，这有望加快分层芯片之间的通信。

2004 年，英特尔推出了 3D 版本的奔腾 4 CPU。该芯片是用两个使用面对面堆叠的芯片制造的，这允许一个密集的通孔结构。背面 TSV 用于 I/O 和电源。在 3D 平面图中，设计者手动在每个芯片上布置功能模块，目的是减小功率和提高性能。拆分大的高功率块并仔细地重新排列它们可以限制热点。与 2D 奔腾 4 相比，3D 设计提供了 15% 的性能改进（由于取消了流水线级）和 15% 的省电（由于取消了中继器和减少了布线）。

英特尔于 2007 年推出的 Teraflops 研究芯片是一种实验性的 80 核堆叠存储器设计。由于对内存带宽的要求很高，传统的 I/O 方式需要消耗 10 ~ 25W，为了改进这一点，英特尔设计人员实现了一种基于 TSV 的内存总线。每个内核与 SRAM 芯片中的一个存储器片相连，链路提供 12GB/s 带宽，总带宽为 1TB/s，而仅消耗 2.2W。

上述实验的结果确实令人印象深刻，它们强有力地证明了 3D 集成不仅仅是将内存堆叠在处理器上来提高性能那么简单。开始在第三维度设计处理器有明确的动机。但是在这样的芯片能够进入大众市场之前，必须克服制造方面的障碍，并且处理器的设计工具链也必须进行改造，以考虑到一系列全新的可能性和约束条件。

3D IC 在许多方面改变了半导体的前景，这包括：

- 封装尺寸：更多的功能适合堆叠封装，它本质上扩展了定义 XY 伸缩的摩尔定律，并支持新一代微小但强大的设备。
- 成本：将一个大芯片分割成多个较小的芯片可以提高晶圆成品率，从而降低基本制造成本。只利用已知的 3D IC 好的芯片，高的堆叠成品率将提高成品 IC 的整体成品率。
- 异质集成：电路层可以用不同的工艺构建，甚至可以在不同类型的晶圆上。这意味着组件可以得到更大程度的优化，而不是把它们组装在一块晶圆上。此外，不兼容制造的组件可以组合在一个 3D IC 中。
- 更短的互连：根据研究人员报告的常见数字，平均电线长度缩短在 10% ~ 15% 的范围内。然而，受益于 3D 堆叠减少更多的是在较长的互连。因此，电路延迟的改善可能是一个更大的量。在消极的一面，3D 互连线的电容高于传统模内线，这在减少整体电路延迟时带来了一些权衡。

- 功率：将信号保留在芯片内可以减少 10 ~ 100 倍的功耗。更短的导线通过产生较少的寄生电容也能减少功耗。降低功耗预算意味着减少热量产生，延长电池寿命，并且降低运行成本。
- 设计：垂直维度增加了更高层次的连接，并提供了新的设计可能性。
- 带宽：3D 集成允许层之间有大量垂直通孔。这允许在不同层的功能块之间构建宽带总线。一个典型的例子是处理器 + 内存 3D 堆叠，缓存内存堆叠在处理器的顶部。这种安排允许总线比高速缓存和处理器之间典型的 128 或 256 位宽得多。

3D IC 技术也带来了挑战，包括：

- TSV- 引入的架空：TSV 与门（gate）和布图（impact floor plans）相比较大。在 45nm 技术节点上，一个 10μm × 10μm TSV 的布局面积可与大约 50 个门相媲美。此外，制造要求有焊盘区域和避让区域，这进一步增加了 TSV 的占地面积。根据技术选择的不同，TSV 会阻挡一部分布局资源。它们要么占据器件层，导致放置障碍，要么在最坏的情况下，同时占据器件层和金属层，导致放置和布线障碍。虽然 TSV 的使用通常会减少导线长度，但这取决于 TSV 的数量及其特性，以及设计块分区。
- 测试：为了达到高的整体成品率和降低成本，独立模具的单独测试是必不可少的。然而，在 3D IC 中，相邻有源层之间的紧密集成需要在相同电路模块的不同部分之间进行大量的互连，这些部分被划分到不同的芯片上。除了由所需的 TSV 引入的大量开销之外，这种模块的部分，例如乘法器，不能通过传统技术独立地测试。这尤其适用于在 3D 中布置的时序关键路径。
- 产量：额外的制造步骤增加了缺陷和产量损失的风险。为了使 3D IC 在商业上可行，缺陷必须在可管理的水平下。
- 热：必须用创新的解决方案来处理堆叠 IC 内部的热积累和散热。这是堆叠 IC 最关键的一个问题。必须仔细管理特定的热点。
- 设计复杂性：充分利用三维集成需要复杂的设计技术和新的 CAD 和仿真工具。
- 缺乏标准：尽管这个问题正在得到解决，但很少有标准涵盖基于 TSV 的 3D IC 设计、制造和封装。此外，还有许多集成选择正在探索，如先通孔，中通孔，后通孔；转接板或直接键合；等等。
- 异构集成供应链：与所有多芯片封装一样，一个零件的延迟会延迟整个产品的交付，从而延迟每个 3D IC 零件供应商的收入。
- 缺乏明确界定的所有权：不清楚谁拥有 3D IC 集成和封装 / 组装，以及铸造厂、组装厂和产品原始设备制造商的角色是什么。

4.5 晶圆级 3D 集成

由于独特的晶圆凸块 / 封装工艺，并不是所有的 3D 封装和 3D IC 选项都适用于 WLCSP。例如，引线键合芯片堆叠只有在模块基板上与 WLCSP 芯片并排共封装时才有意义。PoP 对通过模具通孔（Through Mold Via，TMV）的扇出型 WLCSP 来说可能是一个增值的选择；它几乎不是扇入型 WLCSP 的一个选项。此外，由于所需的额外空间和市场对 WLCSP 组件成本的敏感性，TSV 对于通用扇入型 WLCSP 来说是一个难以接受的选择。

作为唯一的裸芯片集成电路封装，WLCSP 上的 3D 很可能会采取值得深入讨论的独特方向。在此之前，需要了解一下 WLCSP 的独特特性：① WLCSP 是一种基于全晶圆工艺的封装技术；②适用于低 IO 计数（<400 个凸点）集成电路，通常尺寸小于 10mm × 10mm，更典型的尺寸小于 6mm × 6mm；③ WLCSP 通常采用细间距（等于或小于 0.5mm）焊料凸点阵列，这仅受现有 PCB 技术的限制。由于扇入型 WLCSP 的体积小、全硅特性，其 3D 技术主要应用于 CMOS 图像传感器或 MEMS 封装等特殊应用领域。对于扇出型 WLCSP，其将封装尺寸限制（由于 CTE 失配热机械应力）极大地扩展到 BGA 基板封装尺寸范围，可以参考 / 转移早期在 BGA 基板上开发的 3D 概念，如图 4.13 所示，这是一个基于 TMV 扇出的 PoP。

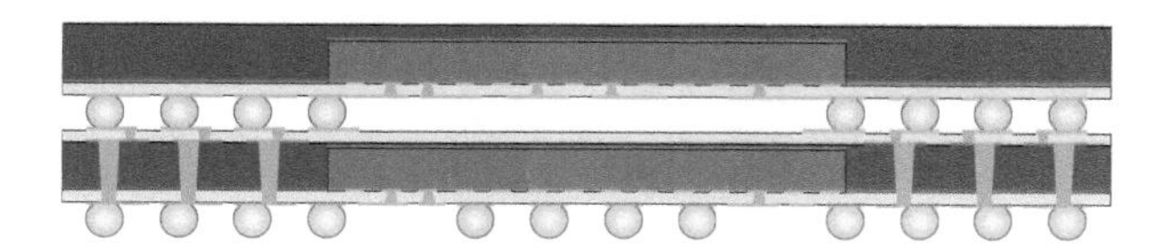

图 4.13　基于扇出型 WLCSP 的概念性 PoP，穿模通孔（TMV）穿过底部扇出封装，以形成正面（有源侧）到背面的垂直互连，连接顶部芯片需要背面重新布线，在全面积阵列的情况下，可以在底部封装的背面进行扇入布线

4.5.1　3D MEMS 和传感器 WLCSP

早在 TSV 之前，WLCSP 上的 3D 技术是由 Shellcase 公司发明的，这是一家以色列公司，从事开发、制造和销售先进的微电子集成电路封装技术。2005 年 12 月，Tessera 完成了对 Shellcase® 某些知识产权和相关资产的收购。这次收购使公司得以进入消费光学市场。

3D 的关键是垂直或正面（有源侧）到背面的互连。Shellcase® 通过在芯片边缘触点上暴露前侧后，在倾斜的芯片 / 封装侧壁上重新布线来实现这一目标。扇入型再分布允许在封装的背面形成面阵，使得前图像传感器侧由玻璃屏蔽保护，并且没有封装级互连干扰。在 CMOS 图像传感器的成品中，有 3 种基本形式的外壳封装——ShellOP、ShellOC 和 ShellBGA（见图 4.14）——每种设计都满足半导体图像传感器的独特需求。ShellOP 光学封装是该系列的基本形式，提供前后边缘布线和敏感的有源侧传感区域的全面保护。ShellOC 增加了一个光学腔，可以通过去除玻璃和传感器区域之间的黏合剂来提高光接收。ShellBGA 是为背照式（BSI）CMOS 传感器设计的，在这种传感器中，光穿过急剧变薄的硅基板照射到光电池上。该设计避免了芯片上金属层的散射，从而增加了光的捕获量，提高了传感器的微光性能。图 4.15 说明了 ShellOP 封装工艺流程。ShellOC 只是需要一个特殊的层压过程来创建光学

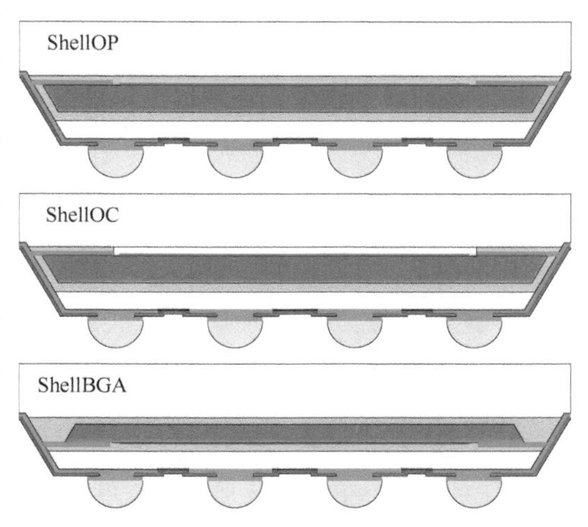

图 4.14　壳状光学封装的 3 种基本形式

腔。另一方面，ShellBGA 采用完全不同的顺序来完成封装。但是基本概念与 ShellOP 没有太大变化。

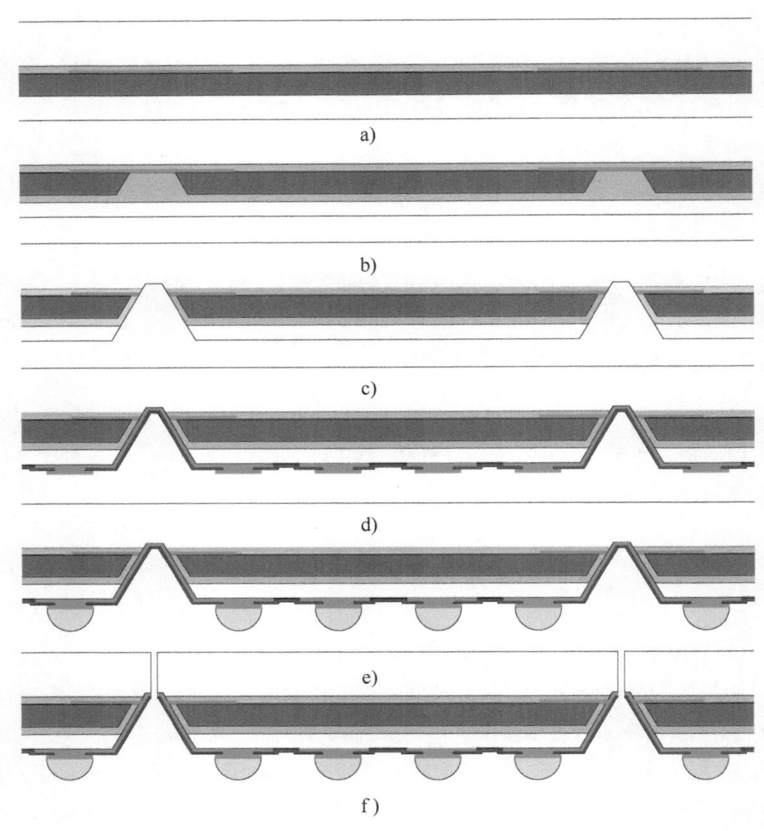

图 4.15　ShellOP 的工艺流程示意

a）将硅与玻璃载体结合并进行背面研磨　b）形成 V 形沟槽并附上底部玻璃　c）V 形贯穿焊盘金属
d）背面金属化和再分布 +UBM　e）印刷焊料或球滴和回流　f）单一化

Shellcase® 工艺是一种全晶圆级封装工艺。该工艺从硅 IC 晶圆开始，该硅 IC 晶圆将焊盘延伸到切割道中，并将其黏接到玻璃晶圆上。图像传感器在此步骤中应用光学黏合剂。玻璃基板随后用作机械载体，允许硅片减薄到 50 ~ 100μm，并在焊盘延伸部下方形成沟槽。然后将第二玻璃基板黏合，从而形成被黏合剂完全封装的硅岛。在这个阶段，在未来的焊料凸点下面形成一个柔顺的聚合物层，增强了封装的机械可靠性。随后使用 V 形划片在切割道区域内进行刻槽。然后，在每个芯片外围暴露的焊盘扩展被重新分布到底部玻璃基板上的焊球阵列区域。这是通过溅射和形成 Al 层的图案来完成的，随后是使用焊膏沉积或预制焊料球的附着来沉积焊料掩模和形成焊料凸点。该过程是通过使用划片锯将成品晶圆切成单独的模具来完成的。

自知名半导体封装 IP 巨头 Tessera 收购 IP 以来，基本的 Shellcase® 封装概念已有许多改进，主要致力于减小整体封装尺寸和高度，以及采用更高效的制造技术。成本效益高的 Shellcase® RT 低剖面封装直接受益于底部玻璃的消除和 300mm（12in）晶圆上的封装。Shellcase®MVP 采用 TSV 进行垂直前后互连。与传统的外壳边缘连接相比，TSV 封装设计对晶圆直径、焊盘尺寸、间距或位置的限制较少，使其直接与现有的大多数 CMOS 成像器兼容。切割道可以在硅设计规则允许的范围内尽可能窄，这有助于最大限度地增加每个晶圆的芯片数量并降低单位成本。封装的图像传感器厚度约为 500μm，适合要求极薄的移动电子产品。

图 4.16 所示的 OmniVision®OV14825，在 2010 年推出，是应用 Shellcase®3D 封装技术的图像传感器的真实例子。OV14825 有一个 4416 × 3312 个背面照明像素的有源阵列，以 15frame/s 的全分辨率工作，同时以 60frame/s 的速度提供完整的 1080p 高清视频，使用装箱功能来实现更高的灵敏度。在全高清视频模式下，传感器还提供用于电子图像稳定（Electronic Image Stabilization，EIS）的额外像素。该传感器采用 116 针芯片级封装，硅背面朝上。外壳封装独特的边缘连接是显而易见的。

图 4.16　OmniVision®OV14825 图像传感器，采用 Shellcase 封装（来源：OmniVision®Technology）

除了图像传感器，MEMS 是 3D 晶圆封装找到独特价值的另一个领域。当传统的半导体制造可能感到挑战时，MEMS 制造依赖于 DRIE 来形成复杂的三维机械结构以满足各种传感需求。因此，尽管仍然需要 MEMS 和 ASIC 设计师 / 封装人员的努力才能以经济有效的方式实现，但 3D 对 MEMS 来说是自然的。

3D MEMS WLP 不必是仅使用 TSV 作为互连的 MEMS 和其他类型半导体的晶圆堆叠，只要是 CoW 或 WoW 的晶圆格式堆叠以及在单独封装之前的互连和 / 或测试处理即可。

与专有的 MEMS 设计、制造和封装非常相似，3D MEMS WLP 可以采取许多独特的方向。图 4.17 给出了一个三维 MEMS 封装的概念堆叠的例子，该封装采用 ASIC 倒装芯片面对面结合到 MEMS 芯片上，然后在分割成单独的封装之前用焊球对其进行连接。

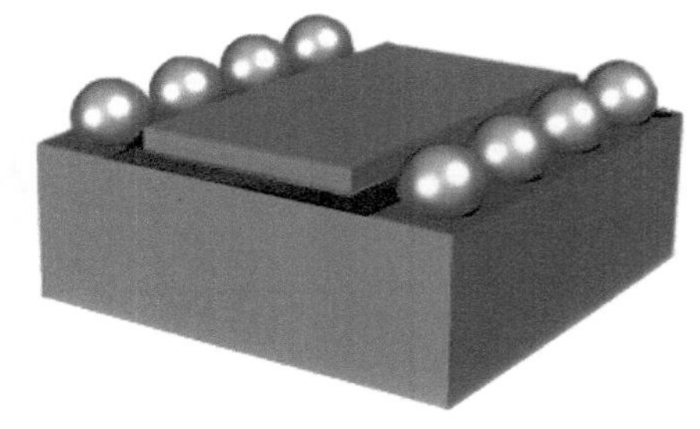

图 4.17　一种概念性的 3D MEMS 封装

对于通用 WLCSP 3D 堆叠，成本似乎是采用该技术的一个主要障碍。WLCSP 设备通常体积很小，应用场景也较为单一，因此对纵向集成的需求并不紧迫。然而，这并不意味着该领域缺乏创新。

图 4.18 显示了 3D WLCSP 概念的横截面。在这里，不需要 TSV 钻孔和电镀。互连是用成熟的微型凸点倒装

芯片附件制成的。铜柱、前侧晶圆成型和再分布都是 WLCSP 上经过验证的技术，但它们被集成在一起，就为特殊应用提供了独特的封装解决方案（见图 4.18）。

图 4.18　一种不使用 TSV 的晶圆级 3D 封装

4.6　嵌入式 WLCSP

嵌入式 WLCSP 实际上是一种利用基本 WLCSP 芯片和其他有源和 / 或无源元件的 3D 封装。它不被认为是 3D WLCSP，因为它与晶圆格式处理无关。相反，PCB 面板处理被用于嵌入式 WLCSP 模块的生产。

选择 WLCSP 进行嵌入是有充分理由的。首先，考虑到 PCB 激光器通孔工艺的能力，WLCSP 凸点间距是合适的。第二，带铜 UBM 的 WLCSP 是典型 PCB 种子金属加工（化学镀铜）和后续电解镀铜的正确金属化。第三，WLCSP 上的铜 UBM 尺寸通常大于 200μm，这使得它非常适合激光钻孔接触焊盘的尺寸。另一方面，当结合正确的工具和工艺时，仅 UBM WLCSP 晶圆的背面研磨和晶圆锯切至嵌入厚度范围（>50μm）是现成的技术。所有这些都使得 WLCSP 在硅侧嵌入变得非常容易。

将 WLCSP 嵌入 PCB 基板也有明显的动机。在一项带有 USB-OTG 升压调节器模块的充电器的实物模型研究中，当将设计从全表面安装 WLCSP 和无源转换为嵌入式 WLCSP 加表面安装无源时，尺寸节省了 44% 以上，所有这些都不会改变封装高度和影响散热（见图 4.19）。

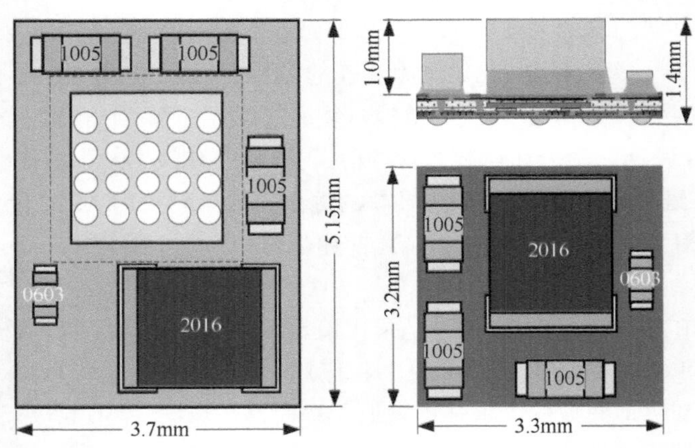

图 4.19　从所有的 SMT 解决方案（左）到嵌入式 WLCSP 解决方案（右）改变设计，模块尺寸节省了超过 44 %（由于硅的大幅减薄，整体封装高度保持不变）

嵌入式 WLCSP 模块的可靠性较高。即使包含额外的无源元件，其在板级跌落测试和 TMCL 性能测试中的表现仍优于相同尺寸的 WLCSP 模块。主要原因有以下几点：①硅片的逐渐减薄和嵌入使得模块基板的有效 CTE 与模块安装在电路板上进行板级测试的 PCB 的有效 CTE 相似。因此，焊料上的应力实际上比安装在 PCB 上的 WLCSP 要小。②嵌入还使硅离 PCB 更远，这相当于两个 CTE 不匹配元件的分离距离增加。因此，在两个 CTE 失配元件和连接这两个元件的互连上的应变和应力减小。在这种情况下，是通过焊点连接模块基板和 PCB 的。

嵌入技术是封装开发中的一个重要方向。嵌入的硅片或无源元件会占用部分空间，这些空间原本可用于穿层通孔，这使得它在 3D 模块封装设计中成为了一项限制因素。因此，嵌入技术并不适合所有应用。虽然嵌入模块的热性能通常不被广泛关注，但在需要散发大量热量的情况下，应对其进行仔细评估。不过，由于模块内存在埋入的铜层、通孔和焊点构成的热路径，这些结构可以有效地将芯片的热量传导至模块安装的 PCB 上，热管理问题在某些应用中可能并不显著。

4.7　总结

微型化、高效性、集成度和低成本一直是推动微电子技术发展的关键因素。封装的微型化已经从 TSOP、CSP 和 WLP 逐渐发展到了更强调系统级集成的 PoP 和 SiP。3D 封装技术从 MCM 发展至堆叠封装和堆叠芯片封装已有长足进展。3D IC 则是基于同样的目标，即在尽可能小的面积内最大化系统功能，这是多年追求高水平集成的最终成果。TSV、晶圆键合和极致的晶圆减薄是实现片上系统（SoC）3D IC 的核心技术；其中，TSV 在技术进步中处于领先地位，而电气 / 热设计、晶圆减薄及处理、晶圆键合、良率管理和测试等因素将共同影响 3D IC 技术在市场上的广泛接受度。

TSV 的未来发展要求 MEMS 和 TSV 的深度特征刻蚀的吞吐量大幅增长。目前相对较慢的 DRIE 速度仍然是实现低成本大批量生产的瓶颈。根据暴露面积的不同，当今先进的工具刻蚀速率可能不超过 50μm/min，这对于汽车设备来说已经足够了，但对于面向大规模消费电子产品的传感器和半导体来说却是一个限制因素。3D 互连工艺特别有限，通常能够以仅几个晶圆 /h 的不切实际的速率刻蚀 TSV。由于 IC 刻蚀市场可能远大于 MEMS 市场，因此需要更高产量的工具来满足该市场的需求。这些更快的批量生产速度不仅将降低 MEMS 器件的成本，以扩大其在消费应用和晶圆级封装中的使用，而且将使与 TSV 的 3D 互连的生产变得切实可行。最近对 Bosch 基本工艺的改进有望显著提高吞吐量，刻蚀速率可达 100μm/min。

TSV 并不是 3D 封装 /3D IC 进步的唯一因素。它们只是一系列材料、加工和封装 / 组装发展的一部分。超薄晶圆研磨和处理是 TSV 和 3D IC 封装成功的其他关键领域。

3D IC 需要超薄晶圆。TSV 从两个方面受益于小的垂直尺寸：①缩短了通孔钻 / 刻蚀时间；②在小长径比通孔中更容易实现无空隙通孔填充。晶圆减薄是为了暴露已经在晶圆中形成的通孔（先通孔，中通孔）或者用于制备用于通孔钻孔的晶圆（后通孔）。与传统的集成电路封装相比，引线键合垂直 MOSFET 的最薄硅厚度仅为 4 mil（100μm），3D IC 堆叠要求硅厚度通常低于 100μm，更高的应用要求甚至可以达到 30μm 甚至 15μm。在这个小于纸张（>2mil/50μm）的厚度下，半导体晶圆变得透明（见图 4.20）。鉴于这种非常薄的晶圆的脆弱性，需要高度专业化的临时晶圆键合和脱黏设备来确保晶圆结构的完整性，特别是在刻蚀和金属化过程中的高加工温度和应力下。在键合之后，晶圆经历 TSV 背面工艺，随后是脱黏步骤。这些典型的步骤导致更高的产量水平，从而实现更具成本效益的大规模生产。

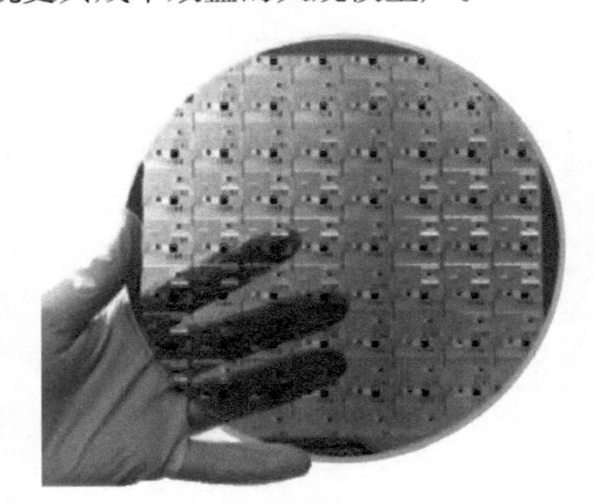

图 4.20 纸薄硅片透明

继 TSV 和晶圆减薄之后，键合是另一个寻求发展投资的重要领域。业界的共识是，WoW 提供最佳的吞吐量，但要求非常高的每片晶圆产量来确保整体堆叠成品率。CoW 只允许采用已知质量良好的晶圆，从而提高堆叠率。CoW 的吞吐量小于 WoW，但这是一个出于产量考虑的选择过程。随着 TSV 尺寸的进一步减小，在未来几年对齐可能会更有挑战性。此外，键合是与 3D IC 形成堆叠层互连的步骤，这只是需要关注这一领域的另一个原因。

3D IC 是半导体行业一个令人兴奋的发展领域。随着大众消费市场转向移动甚至可穿戴电子产品，将会有更多的低功耗需求，但更强大的计算能力将集成到越来越小的封装尺寸或终端产品中。智能和连接电子的趋势也将增加更多的传感和通信功能以及更小但更环保的封装。所有这些都表明，3D 封装 / 集成电路技术刚刚起步，未来还没有到来。这对半导体封装行业来说是个好消息。

参 考 文 献

1. Moore, G.E.: Cramming more components onto integrated circuits. Electronics Magazine, p. 4. (1965). Retrieved 2006-11-11
2. Doe, P.: Bosch: deep etch tools on target for 100μm/min throughput in 2-3 years. Solid State Technology (2013)
3. Allan, R.: 3D IC technology delivers the total package. Electronic Design (2012)
4. Katske, H., Damberg, P., Bang, K.M.: Next generation PoP for processor and memory stacking. ECN, March 2010
5. Solberg, V., Gary, G.: Performance evaluations of stacked CSP memory modules. Electronics Manufacturing Technology Symposium (2004). IEEE/CPMT/SEMI 29th International, August 1, 2010
6. Leng, R.J.: The secrets of PC memory, December 2007. www.bit-tech.com
7. JEDEC Publication 95-4.22. Package-on-package design guide standard
8. Solberg, V.: Achieving cost and performance goals using 3D semiconductor packaging. Solid State Technology, August 1, 2010
9. IFTLE 24 IMAPS National Summary Part 1—3D Highlights. Solid State Technology, November 20, 2010
10. Tummala, R.R., Swaminathan, M.: System on Package: Miniaturization of the Entire System pp. 127~137 (2008)

11. Christensen, C., Kersten, P., Henke, S., Bouwstra, S.: Wafer through-hole interconnects with high vertical wiring densities. IEEE Trans. Compon. Packaging Manuf. Technol. A **19**, 516 (1996)
12. Gupta, S., Hilbert, M., Hong, S., Patti, R.: Techniques for producing 3DICs with high-density interconnect. In: Proceedings of the 21st International VLSI Multilevel Interconnection Conference, Waikoloa Beach, HI, pp. 93–97 (2004)
13. Hsu, D., Chan, J., Yen, C. (2010) TSV manufacturing technology integration. Semiconductor Technology (Taiwan), May 2010
14. Mannava, S.R., Cooper Jr. E.B.: Laser-assisted chemical vapor deposition, US Patent 5,174,826, December 1991
15. Williams, K.L.: Laser-assisted CVD fabrication and characterization of carbon and tungsten microhelices for microthrusters, Acta Universitatis Upsaliensis, Uppsala. ISBN 91-554-6480-7
16. Greenberg, M., Bansal, S.: Wide I/O driving 3-D with through-silicon vias. EE Times, February 2012
17. Euronymous: 3D integration: a revolution in design. Real World Technologies, May 2007
18. Dally, W.J.: Future directions for on-chip interconnection networks, p. 17. Computer Systems Laboratory Stanford University (2006) http://www.ece.ucdavis.edu/~ocin06/talks/dally.pdf
19. Woo, D.H., Seong, N.H., Lewis, D.L., Lee, H.S.: An optimized 3D-stacked memory architecture by exploiting excessive, high-density TSV bandwidth. In: Proceedings of the 16th International Symposium on High-Performance Computer Architecture, Bangalore, India, pp. 429–440, January, 2010.
20. Kim, D.H., Mukhopadhyay, S., Lim, S.K.: Through-silicon-via aware interconnect prediction and optimization for 3D stacked ICs. In: Proceedings of International Workshop on System-Level Interconnect Prediction, pp. 85–92 (2009)
21. SEMI International Standards Program Forms 3D Stacked IC Standards Committee. SEMI press release December 7, 2010
22. Bartek, M., Sinaga, S.M., Zilber, G., et al.: Shellcase-type wafer-level-packaging solutions: RF characterization and modeling, IWLPC, October 2004
23. Humpston, G.: Setting a new standard for through-silicon via reliability, Electronic Design, October 2009
24. Robert, D., Gilleo, K., Kuisma, H.: 3D WLP of MEMS: market drivers and technical challenges. Advanced Packaging, February 2009

第 5 章

晶圆级分立式功率 MOSFET 封装设计

分立式功率器件是各种场合中电源管理和转换的基本单元之一。典型的产品包括各种二极管、双极型晶体管、金属氧化物半导体场效应晶体管（MOSFET）和绝缘栅双极型晶体管（IGBT）。随着小型化的需要，分立式功率 MOSFET 封装的一个趋势是将分立式功率器件转移到各种晶圆级芯片级封装中，以获得更高的封装效率。由于不同类型的终端设备（如个人计算机、服务器、网络和电信系统）的功率水平和功率密度要求不断增加，因此对组成电源管理系统的组件提出了更高的性能要求。本章介绍分立式功率封装的设计，并对晶圆级分立式功率封装的性能进行了分析。

5.1 分立式功率 WLCSP 的介绍与发展趋势

从分立式功率产品开始之时，其大部分都是模制封装。典型的模制分立式功率封装包括 3 种端子封装，如小型晶体管（Small Outline Transistor，SOT）家族 [1]；TO 系列包括 DAP（TO-252）、D2PAK（TO-263）；双列式封装，如小型（SO）家族包括薄型小型封装（TSOP）家族和薄型窄间距小型封装（TSSOP）家族；以及四线直插式封装，如四线扁平无引线（Quad Flat No-lead，QFN）封装系列、带外露散热器电路板的功率四线扁平无引线（PQFN）封装系列，以及模制无引线封装（Molded Leadless Package，MLP）系列。图 5.1 给出了一个 8 引线 SO（SO8）功率封装。8 引线 SO 封装包括一个引线框架，带一个连接四引线和功率 MOSFET 芯片漏极的芯片连接焊盘。功率半导体芯片的源极通过键合线连接到 3 个源引线上。一个栅极线连接 MOSFET 栅极和栅极引线。整个封装采用环氧模复合（Epoxy Mold Compound，EMC）材料。EMC 材料是主要的分立式功率封装材料。这是因为 EMC 材料可以提供实质性的保护和机械完整性，以便在各种各样的拾取和放置设备中放置组件。然而，EMC 材料的一个主要缺点是其热导率远低于金属。因此，当需要更大的电流密度和更小的尺寸时，如便携式应用，EMC 技术不足以满足这些要求。为此，近年来出现了用于分立式功率器件的 MOSFET 球栅阵列（BGA）和晶圆级芯片封装（WLCSP）。图 5.2 给出了分立式功率器件的发展过程。图 5.2a 是功率器件 TO-263 的最早封装形式之一，至今仍广泛用于分立器件。图 5.2b、c 是带键合线或不带键合线的 8 引线 SO 功率封装。在没有键合线的 SO8 情况下，封装形式使用了金属夹以提高电气性能和热性能。图 5.2d 展示了仙童半导体公司的 MOSFET BGA，它直接将功率 MOSFET 的漏极附着在折叠的引线框架上，而不需要环氧树脂成型化合物。然后可以通过引线框架的引脚找到 MOSFET 的漏极，由于折叠引线框架设计，引线框架位于 MOSFET 的前端。图 5.2e 展示了各种产品中典型的分立式功率 WLCSP。从图 5.2 中可以看出，图 5.2d、e 所示的设计由于减小了晶圆尺寸和封装尺寸，并且易于作为表面封装来组装，因此具有非常好的电气性能。WLCSP 由于其高集成度、高自动化程度、高性价比和优异的电气性能，已成为分立式功率封装的发展趋势之一。

图 5.2 还给出了从早期 DPAK（TO-252）到 SO8 再到 MOSFET BGA 和 MOSFET WLCSP 的代表性分立式功率晶体管封装的发展。成型化合物的体积百分比下降，直到它与 MOSFET BGA 和 WLCSP 一样降到零。

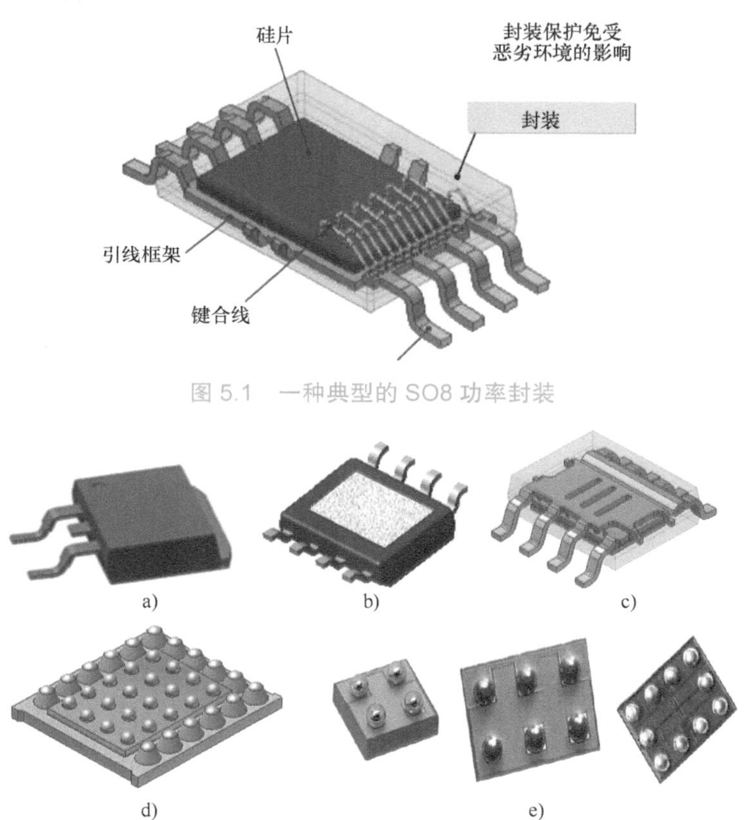

图 5.1　一种典型的 SO8 功率封装

图 5.2　分立式功率封装的发展过程

a）TO-263 封装　b）SO8 带引线型封装　c）SO8 带金属夹封装　d）MOSFET BGA　e）功率型 MOSFET WLCSP

5.2　分立式功率 WLCSP 设计结构

在本节中，介绍了 3 种典型的分立式功率 WLCSP 设计结构。第一种是标准的分立式功率 WLCSP 设计。第二种是 MOSFET BGA，它是将分立式 WLCSP 与 LF 集成在一起的设计，将 MOSFET 漏极带到具有相同栅极和源极侧的 WLCSP 前沿。第三种是铜柱凸点 WLCSP（见 5.4 节）。

5.2.1 典型的分立式功率 WLCSP 设计结构

图 5.3 所示为基于 VDMOSFET 源的分立式功率凸点系统设计结构。背面是 MOSFET 的漏极。栅极凸点的结构与图 5.3 相似。在图 5.3 中，焊料凸点的高度通常为 150 ~ 300μm，其中包括有 Pb 和无 Pb 材料。它将 MOSFET 源极连接到外部表面安装应用中。UBM 黏附在金属 Al 上，并为钎焊连接提供可焊接的界面。双苯并环丁烯（BCB）在热漂移过程中起钝化和应力消除层的作用。SiON 决定了焊盘的开口，并防止了铝腐蚀。铝焊盘通常为 2.5 ~ 5μm 厚，提供从 MOSFET 硅源到凸点的电流路径。MOSFET 硅的厚度一般为 200 ~ 300μm。在本设计中，栅极和源极位于 WLCSP 的前面，而 MOSFET 的漏极位于 WLCSP 的后面。

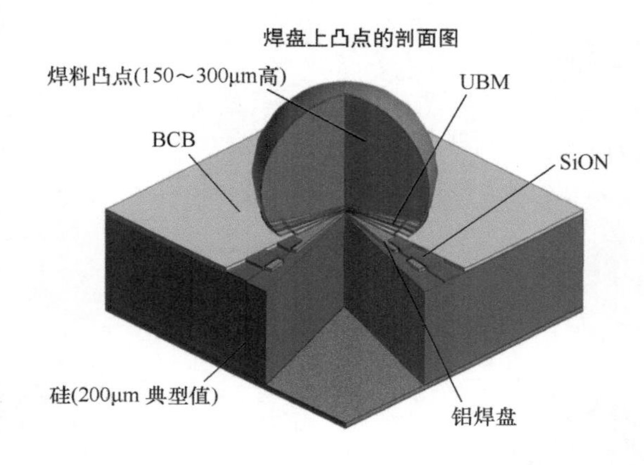

图 5.3 分立式功率 WLCSP 设计结构

5.2.2 功率 MOSFET BGA

在大多数情况下，VDMOSFET 的漏极与标准的分立式功率 WLCSP MOSFET 一样，位于 MOSFET 的背面，这使得 WLCSP MOSFET 很难在表面贴装环境中工作。为了将 WLCSP VD-MOSFET 背面的漏极带到前面的有源侧，使用了一个压印或刻蚀引线框架来连接 WLCSP 的背面。这就是 MOSFET BGA 的概念。MOSFET BGA 的设计结构包括带凸点的 MOSFET 芯片、引线框架载体、焊球和膏体，如图 5.4 所示。

MOSFET BGA 的典型组装过程如图 5.5 所示。第一步是在引线框架上做钎剂。然后将焊锡球贴在其上并回流（见图 5.5a）。第二步是将锡膏涂在引线框架贴板上，并贴附 MOSFET 芯片（见图 5.5b）。第三步是进行条带测试，然后进行激光打标（见图 5.5c）。最后一步是通过冲孔从引线框架中分离出 MOSFET BGA，并制作磁带和卷轴（见图 5.5d）。MOSFET BGA 设计的好处在于它不仅提供了一种将标准分立式功率 WLCSP 改为表面贴装的方法，同时还提供了从多个方向散热的思路。

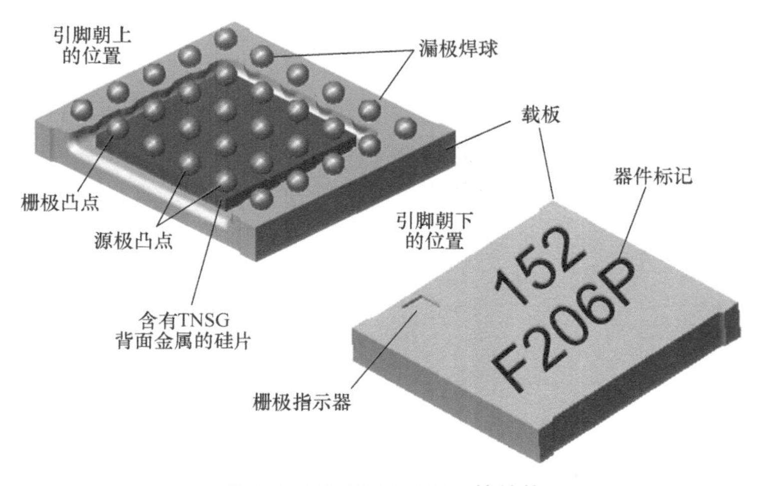

图 5.4　MOSFET BGA 的结构

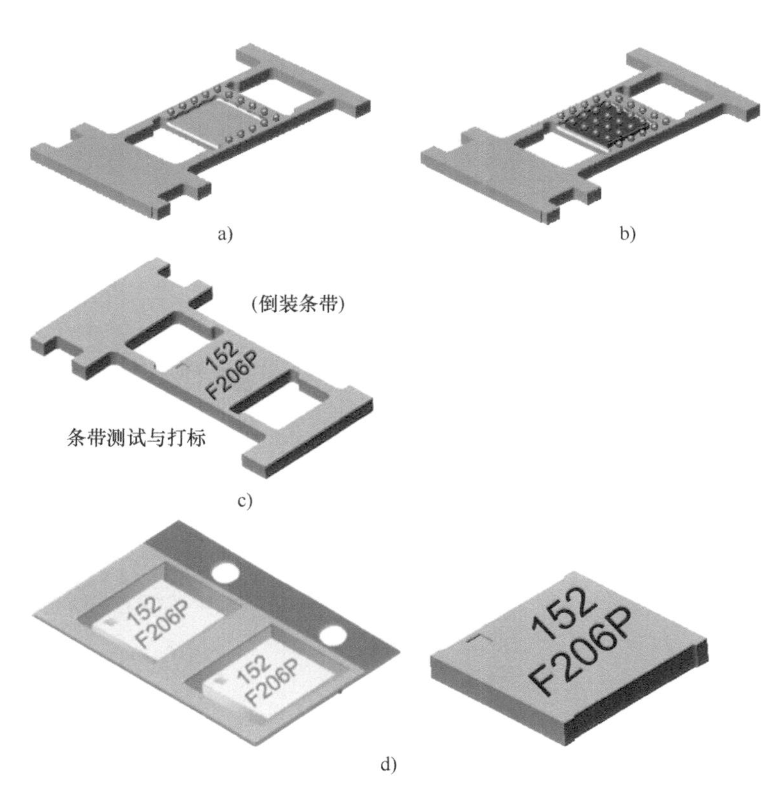

图 5.5　MOSFET BGA 的组装过程

a）涂钎剂，植入焊球并回流　b）MOSFET 芯片贴附并进行再次回流焊接
c）条带测试与打标　d）分离，制作磁带和卷轴

5.2.3　在分立式功率 WLCSP 中将 MOSFET 漏极移到前侧

对于晶圆级分立式 MOSFET，另一个得到业界关注的趋势是在晶圆工艺中将 MOSFET 的漏极直接移到芯片的正面，使漏极、源极和栅极在同一侧，与使用 LF 基板的 MOSFET BGA 方法相比具有更好的电气性能。这也将有助于在各种 PCB 的表面贴装中应用。

图 5.6 所示为 LDMOSFET WLCSP 漏极的横向布局之一。由于漏极位于横向位置，因此与 VDMOSFET 相比，其应用限制在相对较低的功率和较低的电压区域。

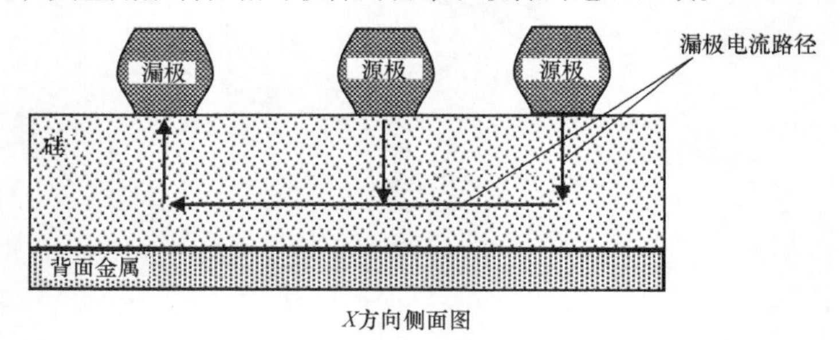

图 5.6　将 LDMOSFET 中的漏极移至前端

如今，功率技术可以通过硅通孔（TSV）将 VDMOSFET 的背面漏极发展到 MOSFET 的前端；以图 5.7 为例，将背面金属通过沟槽连接到前部。图 5.8 所示为一个分立式功率 WLCSP 引脚图，所有漏极、源极和栅极都在同一个前端有源侧。这对于表面贴装应用非常有利，特别是在移动设备中。

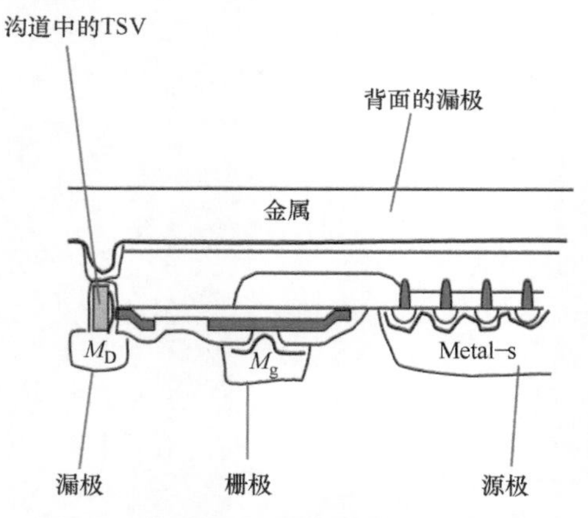

图 5.7　将 MOSFET 中的漏极移至前端

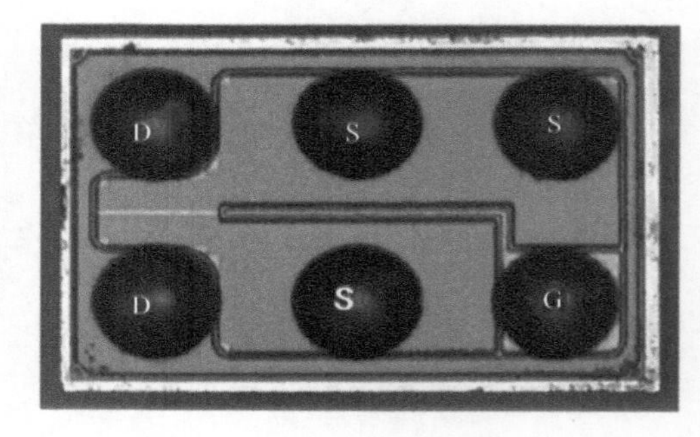

图 5.8　2×3 分立式功率 WLCSP 的引脚图

5.3　晶圆级 MOSFET 的直接漏极设计

在标准的 VDMOSFET WLCSP 中，漏极位于 WLCSP 的背面。为了将 MOSFET 漏极移到前面，一种方法是将其直接连接到前面。与 LDMOSFET WLCSP（见图 5.6）不同，直接接触式漏极设计是基于 TSV 连接 VDMOSFET 背面漏极的金属。

5.3.1　直接漏极 VDMOSFET WLCSP 的构建

背面漏极与前面漏极直接连接的优点是电气性能好、$R_{ds(on)}$ 低。由于采用了垂直 DMOS 结构，因此与图 5.6 中的结构相比，其适用的功率范围更广。图 5.9 为分立式功率 WLCSP 直接漏极连接的设计结构，由硅基板、背面厚的漏极金属、TSV、前面漏极以及漏极、源极和栅极的凸点组成。在图 5.9 中，漏极已通过 TSV 移动到前面。分立式 WLCSP 的组装过程包括以下步骤：①常规的 MOSFET 前端源极和栅极的活化过程；②部分通孔工艺；③金属电镀工艺形成非通孔及基于布线的前排漏极金属区；④在硅基板上进行背面研磨工艺，形成硅通孔；⑤镀背面漏极金属；⑥焊球落在漏极、源极和栅极上；⑦对晶圆进行分离得到分立式 VDMOSFET WLCSP。

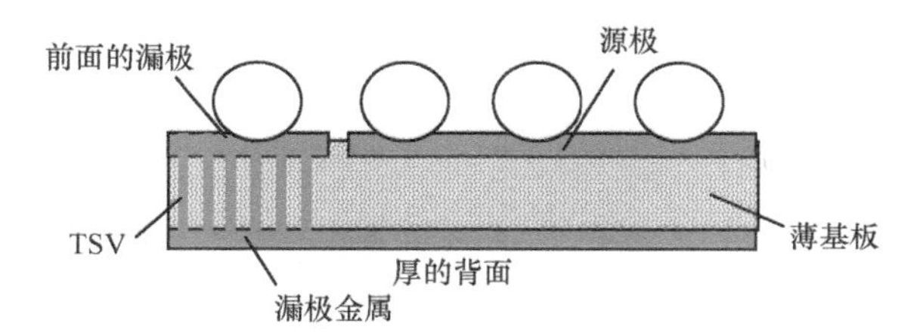

图 5.9　分立式 VDMOSFET WLSCP 中背面漏极的直接连接

5.3.2　直接漏极 VDMOSFET WLCSP 的其他结构

VD 晶圆级 MOSFET 包括硅基板，基板的前表面有源极金属层和栅极金属层，其连接功率 MOSFET 器件的源极和栅极，基板底部有背金属层，其连接 VDMOSFET 的漏极，如图 5.10 所示。

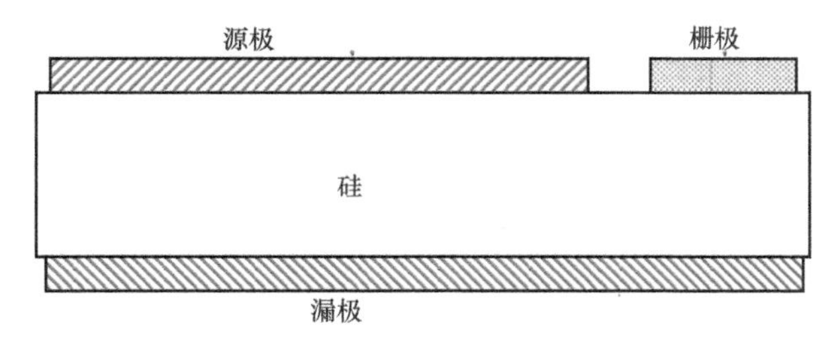

图 5.10　一种 VDMOSFET 的金属层布局

除了图 5.9 中直接漏极 VDMOSFET WLCSP 的设计结构外，还有一种结构是在硅基板的上表面包含空腔，其深度足以暴露背面金属层。漏极空腔的布局如图 5.11 所示。图 5.12 展示了该设计理念的构建：图 5.12a 为设计的前视图，包括源、栅极和两个漏极凸点；图 5.12b 为新结构截面图。腔壁包含在金属壁和所述硅基板之间形成介电层的金属壁。焊料微凸点在腔内自对准，使其底部接触背面金属层（漏极），微凸点的侧面接触空腔的金属壁。由于焊料微凸点与背面金属层接触，它可以作为分立式功率 VDMOSFET WLCSP 的漏极。直接接触式 WLCSP 的这种结构可以制造超薄器件，并降低器件的导通电阻以及寄生电感和电容。由于大部分源极可以直接贴装在 PCB 上，因此散热能力也将得到提高。这是一项非常有前途的功率技术，它将缩小到尽可能薄的程度，并可以实现高频率下的高效运行。

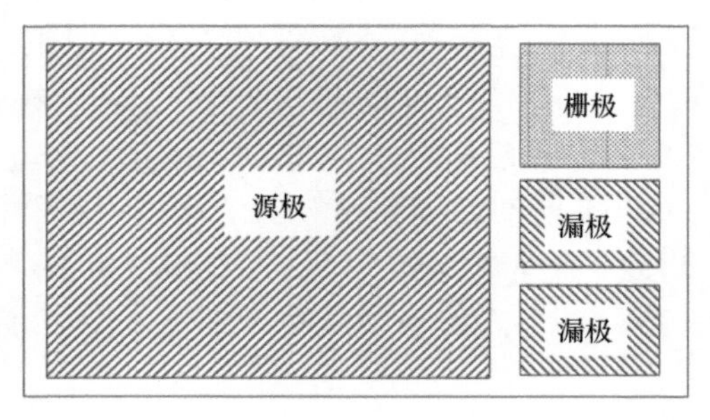

图 5.11 一种新型 VDMOSFET 的前面布局

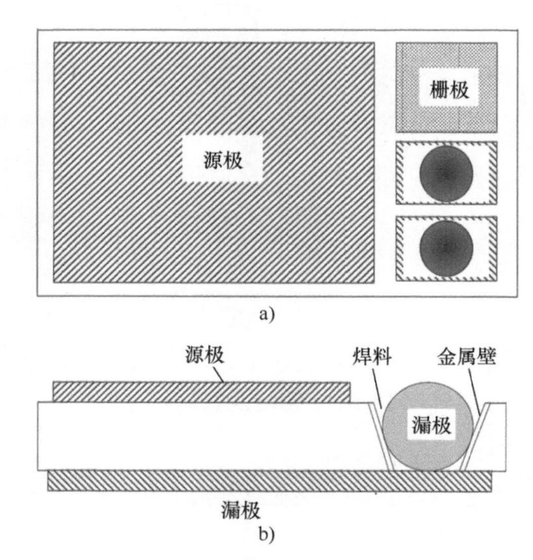

图 5.12 一款新型 VDMOSFET WLCSP 的构建

a）填满焊球的漏极空腔 b）新型 VDMOSFET 的截面图

5.4 带有铜柱凸点的功率 VDMOSFET WLCSP

5.4.1 在功率 WLCSP 上进行铜柱凸点构建

凸点构建技术主要有两种（见图 5.13）：如图 5.13a 所示，一种是基于常规 UBM 的凸点构建方法，通常选择高铅焊料来保持回流下的凸点高度，其构建如图 5.3 所示。如图 5.13b 所示，另一种方法是铜柱凸点法，该方法在铜柱凸点上使用焊料。基于常规 UBM 的凸点构建方法比铜柱凸点工艺昂贵得多。此外，由于铜柱凸点工艺使用无铅型 SAC 焊料，符合客户的要求，这也是无铅焊料功率 WLCSP 的发展趋势。功率芯片金属上的铜柱凸点结构的构建如图 5.14 所示，包括焊料球、铜柱、SiON 钝化、金属铝和硅基板。图 5.14a 所示为结构的剖面图，图 5.14b 所示为没有焊料的铜柱凸点。

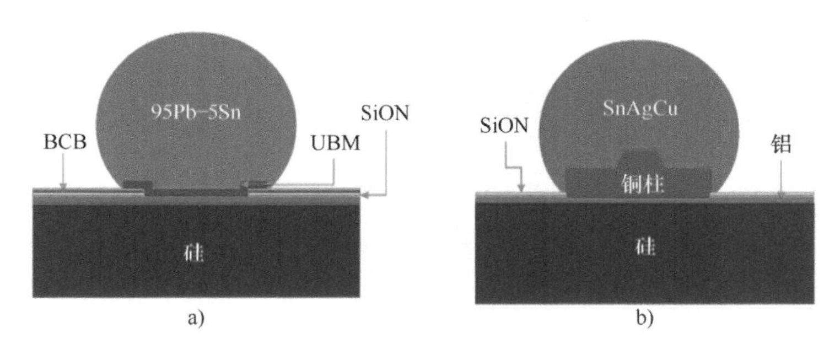

图 5.13　功率 WLCSP 凸点选择：UBM 与铜柱对比

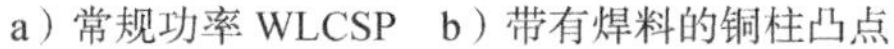

a）常规功率 WLCSP　b）带有焊料的铜柱凸点

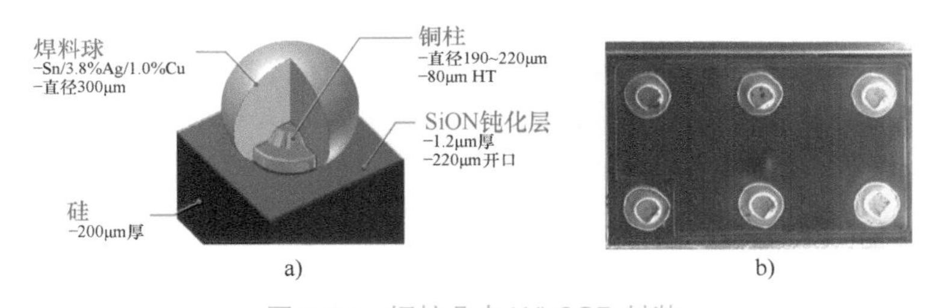

图 5.14　铜柱凸点 WLCSP 封装

a）铜柱凸点的构建　b）源极和栅极处的铜柱布局

5.4.2　铜柱凸点过程中铝层下的 BPSG 剖面

铜柱凸点的好处之一是成本较低。然而，由于铜柱凸点过程和铜较硬的材料性质，它会在硅上诱发潜在的凹坑以及器件层上的裂纹，例如硼磷硅酸盐玻璃（BPSG）的剖面（见图 5.15）。

在铜柱凸点过程中，焊丝机在从毛细管中伸出的焊丝顶端形成一个自由空气球（Free Air Ball，FAB）。然后毛细管下降到工作表面并键合球。在典型的金属丝键合过程中，毛细管不是继续形成一个金属丝环，而是在形成一个新球之前，将球上方的金属丝剪掉。由于设备上需要许多凸点，因此重复该过程。铜柱凸点过程包括两个不同的步骤，一个是铜丝键合过程，另一个是剪切过程，如图 5.16 所示。铜柱凸点明显比金属丝键合快，因为不需要普通金属丝键合的所有循环运动。将引线键合技术作为倒装芯片铜柱凸点工艺的一部分是有前景的，因为现有的设备都可以使用，而无须承担传统倒装芯片工艺中不可避免的更昂贵的溅射 / 电镀设施所需的高成本。该技术有如下优点：不需要 UBM 工艺，凸点成本低，可以实现细间距和芯片级凸点。

在铜柱凸点过程中，可能会产生微观孔洞。孔洞意味着铜柱脱落并在键合焊盘下的硅或层间电介质中产生局部变形区域[2]。利用商业有限元软件 ANSYS 对铜柱的键合和剪切过程进行了数值分析。研究了 3 种 BPSG 形状（圆球形、方形和 M 形）和两种 FAB 直径（190μm 和 145μm）对 BPSG 的影响。讨论了这 3 种不同的 BPSG 结构下的晶圆键合孔洞试验结果。

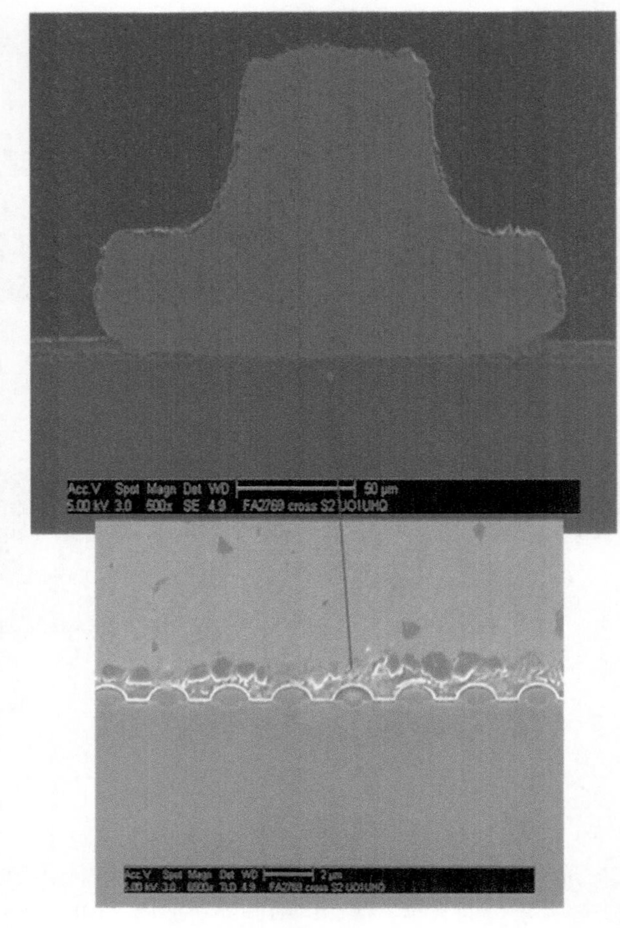

图 5.15 铜柱凸点下的 BPSG 剖面图

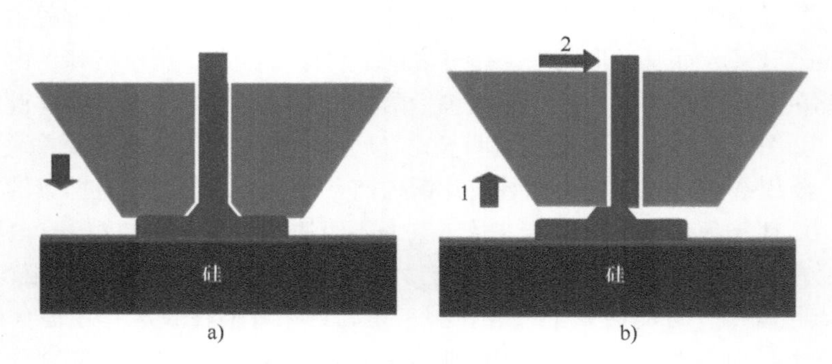

图 5.16 铜柱凸点制作过程

a）毛细管向下移动实现引线键合 b）毛细管抬升与剪切

5.4.2.1　凸点模型[3-5]

二维有限元凸点模型如图 5.17 所示，该模型包括功率芯片、铜线和毛细管。功率器件包括硅层、BPSG 层、TiW 层和 Al 金属层（见图 5.18 所示的 Al 金属层下的局部结构）。在铜柱凸点过程中，超声功率作用于毛细管以形成球键合。

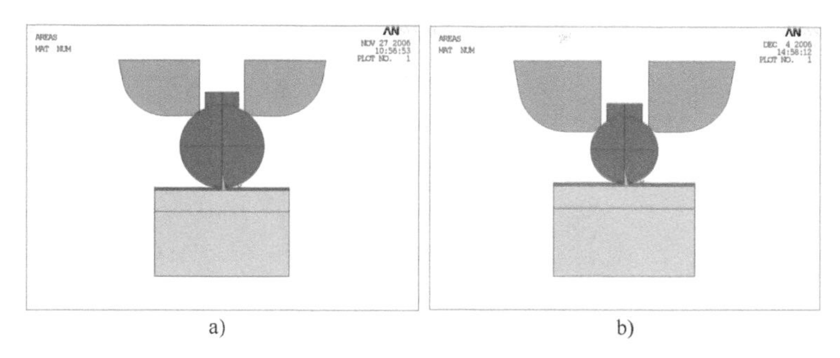

图 5.17　一种二维有限元模型，包括硅、铜线和不同 FAB 尺寸的毛细管

a）190μm　b）145μm

采用 190μm 和 145μm 两种不同 FAB 尺寸的二维有限元模型如图 5.17 所示。图 5.19 所示为 3 种不同 BPSG 剖面的硅结构：方形、圆球形和 M 形，以及 BPSG 的实际 SEM 图片。

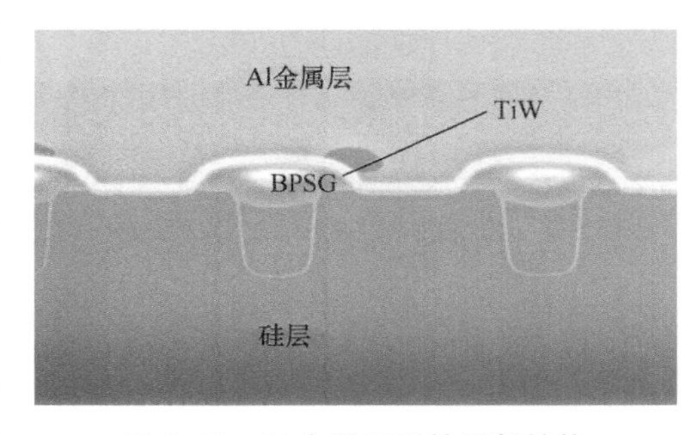

图 5.18　Al 金属层下的局部结构

铜柱凸点过程包括键合和剪切。下面将分别介绍模拟过程和结果讨论。

5.4.2.2　键合过程仿真

在键合过程中，毛细管受超声功率作用产生横向振动；同时，将 FAB 向下挤压形成球键。3 种不同剖面的 BPSG 有限元模型网格如图 5.20 所示。

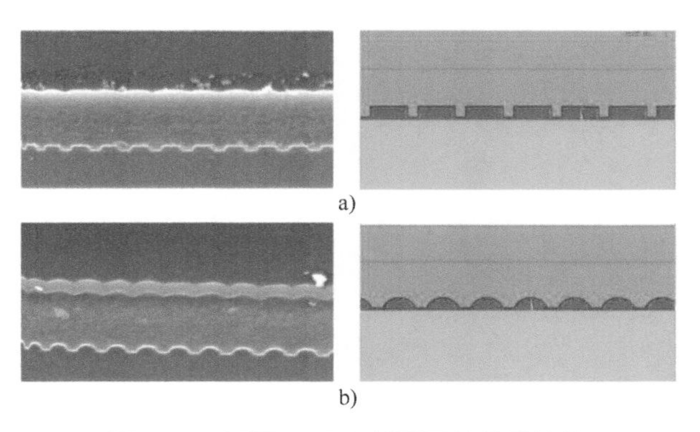

图 5.19　不同 BPSG 剖面下的晶圆结构

a）方形　b）圆球形

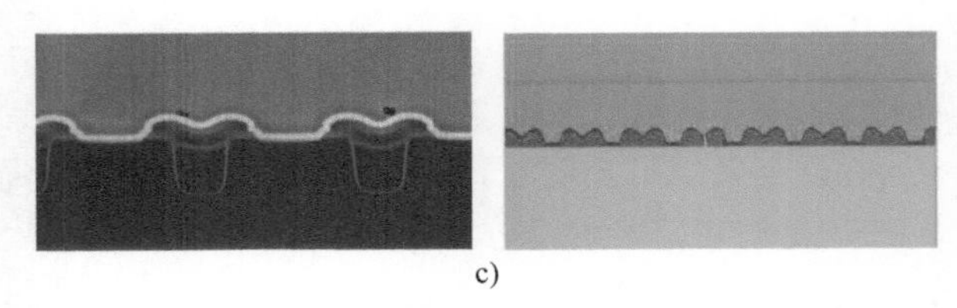

c)

图 5.19 不同 BPSG 剖面下的晶圆结构（续）

c）M 形

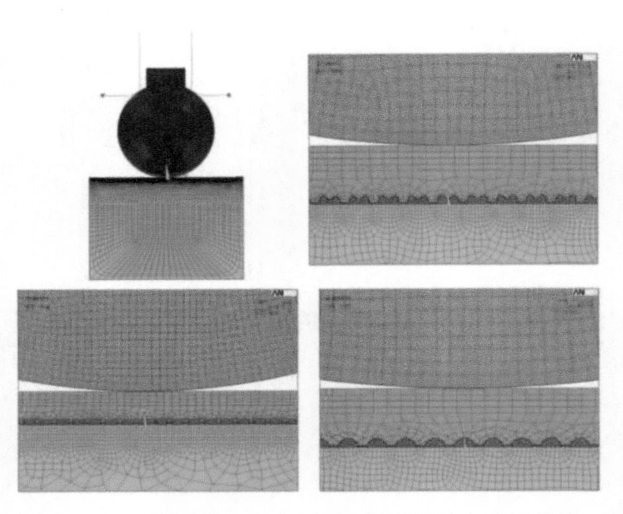

图 5.20 不同剖面 BPSG 键合模型下的有限元网格

1. FAB 尺寸对 BPSG 剖面的影响

当 FAB 尺寸分别为 190μm 和 145μm 时，模型键合后的变形模型如图 5.21 所示。仿真结果表明，190μm 的 FAB 需要更大的变形才能获得最终合适的球键合形状。

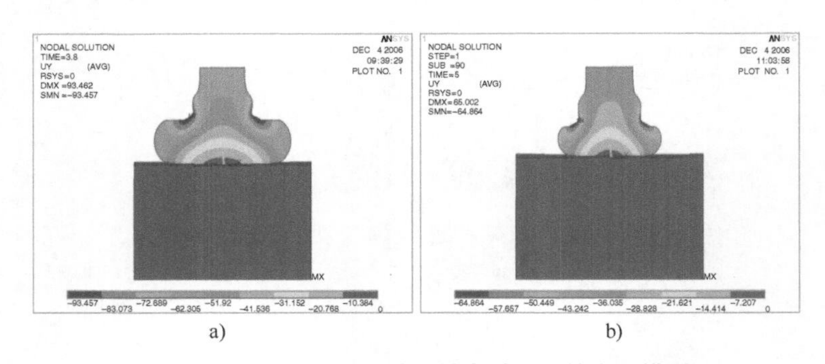

a) b)

图 5.21 不同 FAB 尺寸下键合过程后的变形模型

a）190μm b）145μm

BPSG/TiW 层剪切应力分布如图 5.22 所示。可以看出，FAB 尺寸越小，BPSG/TiW 层的应力越小，因此在键合过程中对这些层的破坏越小。

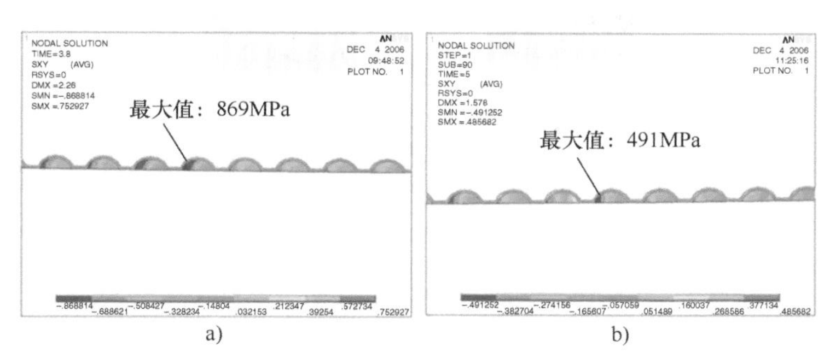

图 5.22 不同 FAB 尺寸下 BPSG/TiW 层的剪切应力分布

a）190μm b）145μm

2. BPSG 剖面的影响

在铜 FAB 直径为 145μm 时方形和 M 形的 BPSG 剖面中 BPSG/TiW 层的剪切应力分布如图 5.23 所示。通过对比图 5.23a、b 中半球形 BPSG 剖面可以看出，在 BPSG/TiW 层中，M 形 BPSG 在键合过程中产生的应力最大。

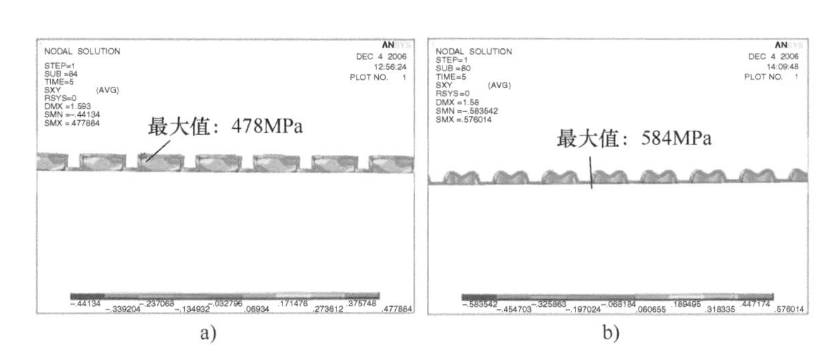

图 5.23 不同 BPSG 剖面下 BPSG/TiW 层的剪切应力分布

a）方形 b） M 形

5.4.2.3 剪切过程仿真

在铜柱凸点过程中，首先如 5.4.2.2 节所述的键合过程中形成球键，然后毛细管上升，将球键上方的金属丝剪切掉，这就是剪切过程。剪切过程的有限元模型如图 5.24 所示。剪切高度依据图 5.24b 所示的铜柱实际成品图。对毛细管施加 75μm 的水平位移作为剪切载荷。假设球键与 Al 金属层连接良好，剪切仿真过程中不发生分离。

1. FAB 尺寸对 BPSG 的影响

剪切过程中，两种不同 FAB 尺寸的 BPSG/TiW 层剪切应力等值线图如图 5.25 所示。可以看出，FAB 直径为较小的 145μm 时，剪切过程中产生的应力较大。

2. BPSG 剖面的影响

图 5.26 给出了铜 FAB 直径为 145μm 时方形和 M 形 BPSG 剖面中 BPSG/TiW 层和 BPSG 层的剪切应力。对比图 5.25b 中圆球形 BPSG 剖面可以发现，圆球形 BPSG/TiW 层的剪切应力最小。

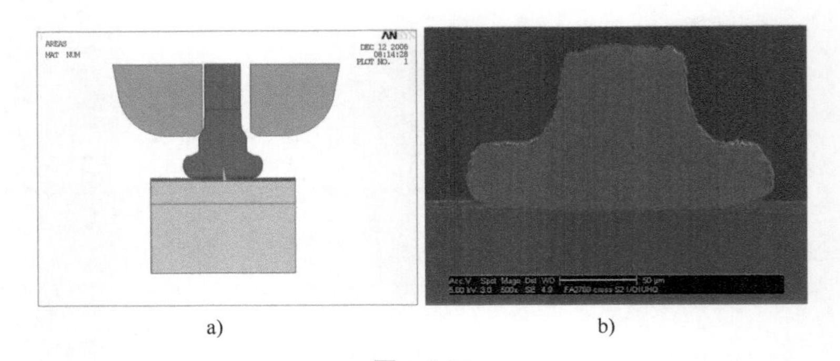

a)　　　　b)

图 5.24

a）剪切过程的有限元模型　b）植入铜柱后的实际 SEM 图片

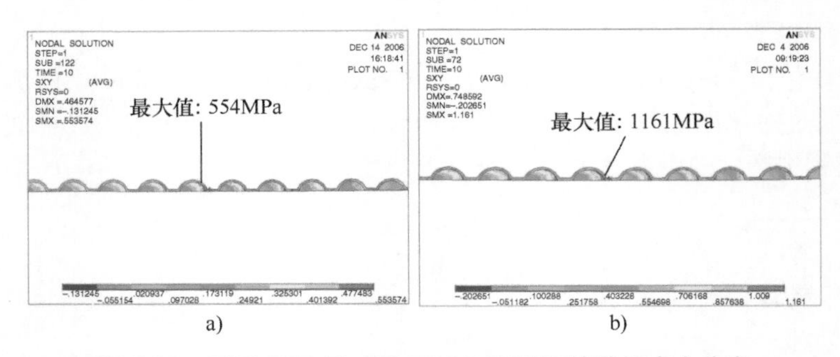

a)　　　　b)

图 5.25　不同 FAB 尺寸下 BPSG/TiW 层的剪切应力分布

a）190μm　b）145μm

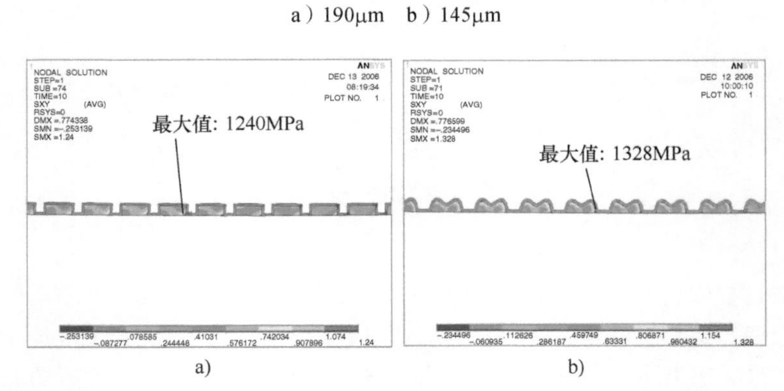

a)　　　　b)

图 5.26　不同 BPSG 剖面下 BPSG/TiW 层的剪切应力分布

a）方形　b）M 形

5.4.2.4　试验结果与讨论

通过试验研究了 BPSG 的剖面对硅中孔洞形成的影响。

试验结果见表 5.1。在铜柱凸点和焊球回流后，对 BPSG 的三种设置进行检查。表 5.1 中不同 BPSG 剖面和设置的所有样品均未发生键合孔洞。这表明使用该工艺，BPSG 剖面可能对铜柱工艺中硅孔洞的产生影响不大。这一结果与有限元仿真结果一致，结果表明，在 FAB 直径均为 145μm 的情况下，不同形状的 BPSG 硅片对铜柱凸点的应力没有显著差异（见图 5.22b 和

图 5.23a、b），而 M 形状的 BPSG 硅片的应力最大。然而，对于相同设置的 BPSG 剖面的可靠性测试表明，剪切测试和 72h HTSL（High Temperature Storage Life，高温存储寿命）测试中均发生失效（见表 5.2）。这说明 M 形 BPSG 即使能够通过铜柱凸点后的键合裂纹检验，其可靠性测试中检测出的强度也不够。

表 5.1　键合孔洞检验的试验结果

BPSG 剖面测试	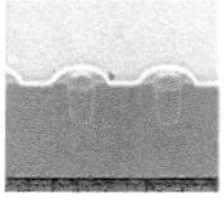	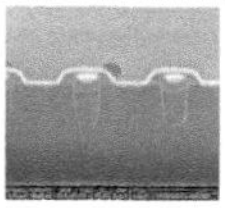	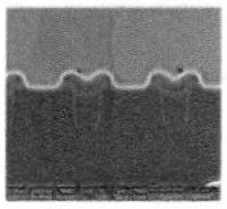
植入铜柱后的弹坑测试	0/128	0/128	0/128
焊料球回流后的弹坑测试	0/128	0/128	0/128

表 5.2　可靠性测试结果

BPSG 剖面测试	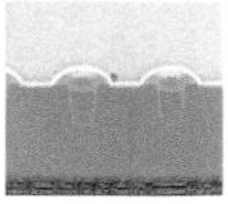	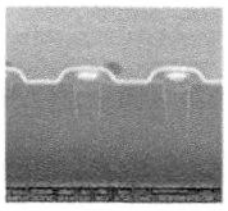	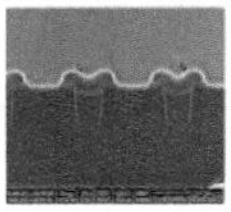
铜柱凸点剪切测试	通过	通过	通过
焊料凸点剪切测试	通过	通过	通过
72h HTSL	0/248	0/244	1/247

5.5　带嵌入式 WLCSP 的 3D 功率模块

本节介绍一种 3D 扇出功率模块，该模块集成了分立式功率 WLCSP 或混合模拟 WLCSP 和无源器件。本章分享一款 2×3 和 7×7 的嵌入式 WLCSP 功率模块的特性。

2×3 模块建立在一个开关电压调节器上，具有 3 个无源元件和 1 个嵌入式 WLCSP（2×3 模块的间距为 0.4mm）。芯片与模块的尺寸比为 18.1%。7×7 模块建立在 7×7 且间距为 0.4mm 的 WLCSP 菊花链测试芯片和 5 个无源器件上。硅与模块的尺寸比为 52.4%。2×3 模块和 7×7 模块均进行了跌落测试和温度循环（Temperature Cycling，TMCL）测试。此外，功能性 2×3 模块还进行了更多的器件级可靠性测试，如动态选择性寿命（Dynamic Optional Life，DOPL）、温度湿度偏置测试（Temperature Humidity Bias Test，THBT）、高温存储寿命（HTSL）、TMCL 等。芯片到模块、无源到模块的互连可靠性与模块板级可靠性一起得到了验证。

由于采用了 PCB 组装技术，嵌入式 WLCSP 模块提供了 3D 封装的思路，对于那些需要在小封装中实现全部功能且对成本要求较高的客户来说，这很容易实现[6]。与其他 3D 封装方式相比，嵌入式模块的灵活性和强大的互连可靠性是显著的优势。预计未来几年将有更多利用这种封装技术的设计思路出现。

5.5.1　引言

随着市场对便携式电子产品尺寸缩小的要求逐渐强烈，对更小的封装和更小的子系统封装的需求变得至关重要。为了减小整体封装尺寸，即长度和宽度，3D 堆叠是必需的。将嵌入式 WLCSP 和表面贴装无源元件集成到单个器件中的 SiP 技术是这一趋势的必然方向。小的 3D SiP 面积提供了一个独立的功率提供平台，将功率密度和封装密度都提升到一个新的水平。

尽管将半导体或无源器件嵌入 PCB 这个思路在最近的文献中十分常见[7-9]，但这并不是一个新的概念。当不再关注内层布线时，与所有表面贴装解决方案相比，使用嵌入式 WLCSP 模块可以轻松节省横向尺寸。在一项关于 20 引脚集成开关模式充电器和潜在减小 5 个无源器件模块尺寸的研究中，当将设计从全表面贴装方案改为嵌入式 WLCSP 模块时，估计模块横向尺寸减小超过 37%，而不会影响整体封装高度（见图 5.27）。

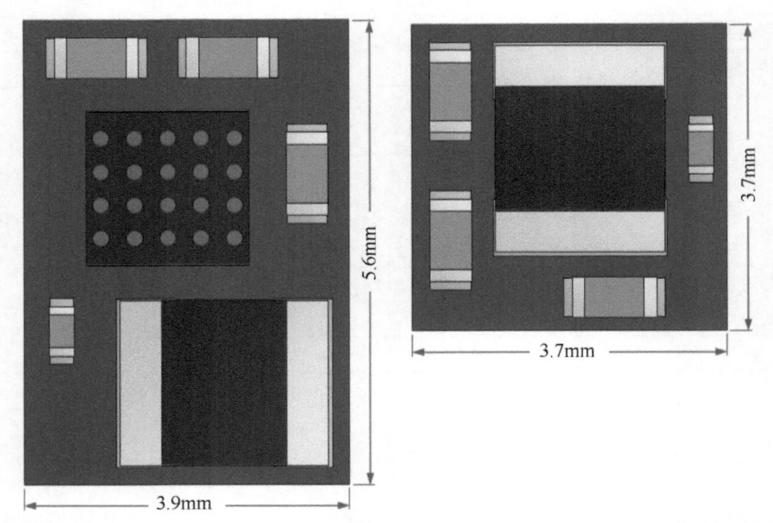

图 5.27　从全表面贴装模块设计（左）切换到嵌入式模块设计（右），可以实现超过 37% 的尺寸缩小

嵌入式 WLCSP 确实对半导体器件有独特的要求。例如，芯片到封装的互连是通过典型的 PCB 盲孔工艺形成的，这意味着紫外激光通过开放、铜种子层沉积、镀铜和痕量图案刻蚀。由于 PCB 尺寸和层配准精度的限制，片上焊盘的最小尺寸要求直径大于 150μm。由于目前几乎所有的 WLCSP 技术的 UBM 尺寸都大于嵌入中通过接触所需的最小尺寸，因此这种焊盘尺寸要求使 WLCSP 成为自然而然的选择。此外，为了与标准 PCB 激光开孔工艺和铜种工艺兼容，片上焊盘的铜金属化厚度必须大于 5μm，以适应激光开孔、通孔制备过程中铜的厚度损失，并在自催化种子层沉积之前将铜表面清洁干净。在原生半导体钝化之上的聚合物再钝化并不是嵌入所必需的。事实上，聚合物再钝化（如 PI 或 PBO）与典型的 PCB 层压板材料之间的界面附着力可能比 SiN 钝化与 PCB 层压板之间的附着力差。然而，对于源自 WLCSP 的嵌入器件，聚合物的再钝化通常保持完整，以实现工艺过程中最小的改变量。真正使嵌入成为一项挑战的是所需硅的厚度——对于传统的 WLCSP，超过 200μm 的硅厚度对于晶圆背面研磨、背面层压、晶圆锯、磁带和卷轴等强大的制造操作来说是常见的。对于嵌入式 WLCSP，为了不增加模块基板厚度，通常要求硅厚度小于 120μm 甚至 50μm。嵌入所需的薄硅厚度对于 WLCSP 背面研磨和切割，以及在胶带和卷轴上拾取和放置都具有一定难度。

一旦嵌入，需要充分了解连接硅到模块的铜过孔的可靠性，以及从无源器件到模块的焊点可靠性和从模块到 PCB 的焊点可靠性。由于模块预期应用在移动电子产品中，因此在电路板级跌落和温度循环过程中模块焊点可靠性也特别值得关注，因为人们认为来自无源器件的额外质量会给模块 /PCB 焊点带来额外的压力，特别是在跌落测试中。所有这些都将在本文中进行研究。

5.5.2　嵌入式 WLCSP 模块

构建了两个不同晶圆尺寸和模块尺寸的嵌入式 WLCSP 模块，并对 WLCSP 嵌入式模块的板级可靠性和组件（模块）级可靠性进行了研究。第一个模块是建立在一个 6 引脚（2×3）WLCSP 同步降压调节器与 3 个无源器件上。在该模块上进行了传统的组件可靠性［即动态使用寿命（DOPL）、温度湿度偏置测试（THBT）、高温存储寿命（HTSL）、温度循环（TMCL）等］测试。为了在这个模块尺寸上进行跌落测试，一个相同尺寸的 2×3 菊花链测试芯片取代了功能硅，以便在跌落测试期间连续监测菊花链电阻。第二个模块旨在将嵌入式 WLCSP 技术扩展到更大的尺寸和更多的引脚数。在本设计中，7×7 菊花链测试芯片嵌入到一个模块中，5 个无源器件通过表面贴装在安在顶部。这两个模块都采用 4 层基板结构，硅被磨至 50μm 厚度，然后嵌入到厚度小于 350μm 的模块基板中（见图 5.28 和图 5.29）。为了监测表面贴装的无源器件和模块基板之间的焊点，电容器被类似尺寸和质量的电感器取代，以便在板级可靠性测试期间使用事件检测器。

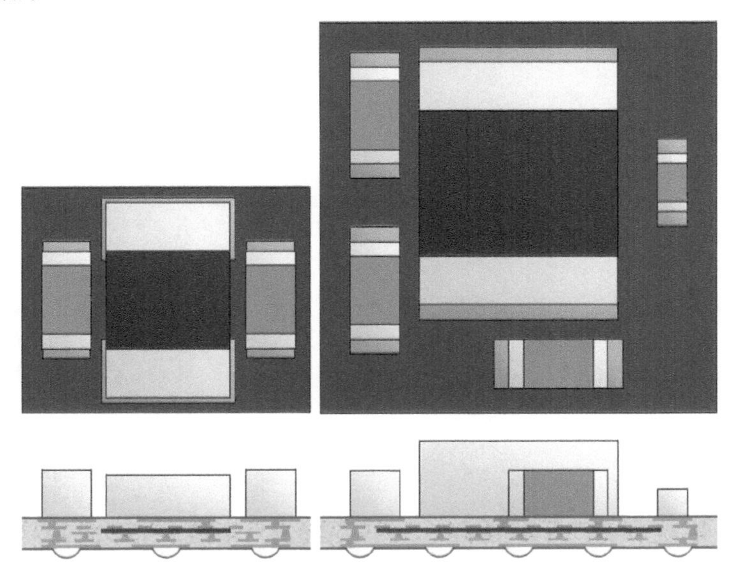

图 5.28　本书中研究的两款嵌入式 WLCSP 模块的俯视图和截面图

对于跌落测试和 TMCL 测试，根据客户特定的 PCB 和 JESD22-B111 中定义的 PCB 进行设计和制造。然后对组件（模块）进行了安装和测试。由于测试板布线和事件检测器通道的限制，在测试期间每个组件只有一个通道（通过每个盲孔 / 埋孔和所有焊料连接）被连续监测。然而，

PCB 是专门设计的，无论是 WLCSP 还是无源器件都可以在选定的时间点手动探测单个（组件）模块，以帮助确认或隔离故障位置。7 × 7 WLCSP 模块的 PCB 单元设计原理图如图 5.30 所示。例如，虽然只使用一个事件检测器通道来连续监测模块内以及模块与 PCB 之间的所有互连，但可以在 PIN C2 和 D2 之间手动探测连接模块到嵌入式 WLCSP 的 49 个盲孔。同样，当大电感器和模块之间的焊料有问题时，C1 和 D1 之间的手动探头可以有效解决这些问题。

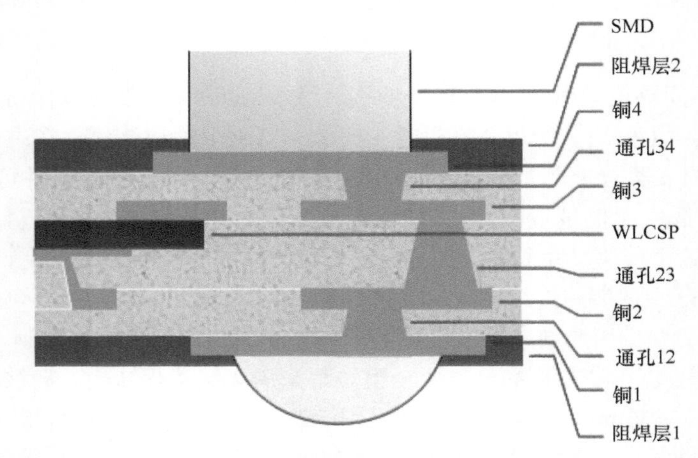

图 5.29　嵌入式 WLCSP 模块堆叠

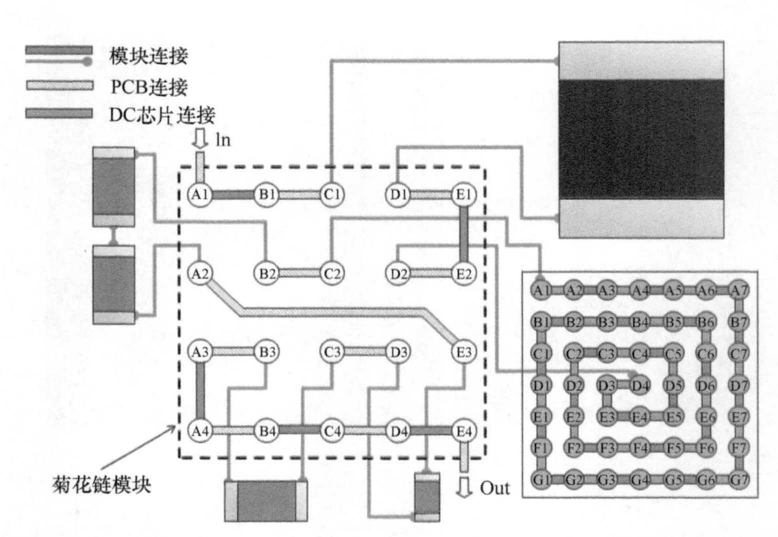

图 5.30　模块电气连接原理图，突出显示了嵌入式 WLCSP 模块各个组件的手动探测点

5.5.3　可靠性测试

2 × 3 菊花链模块的跌落测试和 TMCL 测试在客户特定的 PCB 上依据客户特定的条件进行。JEDEC 跌落测试条件 B（1500 G，0.5ms 持续时间，半正弦脉冲），如 JESD22-B110 所列，

应用于安装在 JEDEC 跌落 PCB 上的 7×7 嵌入式 WLCSP 模块。IPC9701 循环条件 TC3（−40～125℃，52min/ 循环）和 JESD22-B113 定义的循环弯曲试验（2mm 位移，20 万次循环）也应用于 7×7 模块的跌落 PCB/ 模块组装中。表 5.3 总结了 2×3 和 7×7 菊花链模块的板级可靠性测试结果。图 5.31 也给出了 7×7 模块跌落的 Weibull 图，虽然没有记录足够数量的失效；当停止在 1000 次跌落时，很明显 7×7 菊花链模块在 JEDEC 跌落测试中表现良好。第一次失效只发生在 616 次跌落之后，与 150 次的最低要求相比还有很大的余量。

表 5.3　2×3 和 7×7 菊花链嵌入式 WLCSP 模块的板级可靠性测试结果

模块	跌落①	TMCL②
2×3 菊花链	1000 次跌落时 6/108	1000 次循环时 0/48
7×7 菊花链	1000 次跌落时 17/60	1000 次循环时 0/60

① 1500G，0.5ms，1000 次跌落时测试停止。
② −45～125℃，1000 次循环时测试停止。

由于当测试停止在 1000 次循环时，任何模块都没有记录到故障。对跌落测试中选定的失效单元进行了失效分析，同时也在随机选择的 TMCL 单元上进行。

在 2×3 菊花链模块上，失效分析在一个单元上发现了两种失效模式，最初在 559 次跌落时失效，然后继续在 1000 次跌落时失效。第一种失效模式是两个角焊点位置的 PCB 铜布线裂纹（见图 5.32a～c）。考虑到 PCB 布局的布线平行于跌落板的主要弯曲方向，这并不奇怪。第二种失效模式是组件（模块）侧的典型焊点裂纹（见图 5.33a、b）。根据之前在这两种失效模式中的经验和知识，我们推测 PCB 布线裂纹首先发生，并在 559 次时引发初始失效。从 559 次增加到 1000 次时，焊点出现裂纹。众所周知，扇出型铜布线有助于减少 PCB 布线处裂纹的概率[10, 11]，因此改变扇出型铜布线的方向可以获得更好的抗跌落性能。然而，由于 2×3 模块板级性能已经远远高于客户的要求，因此没有再进行深入研究。

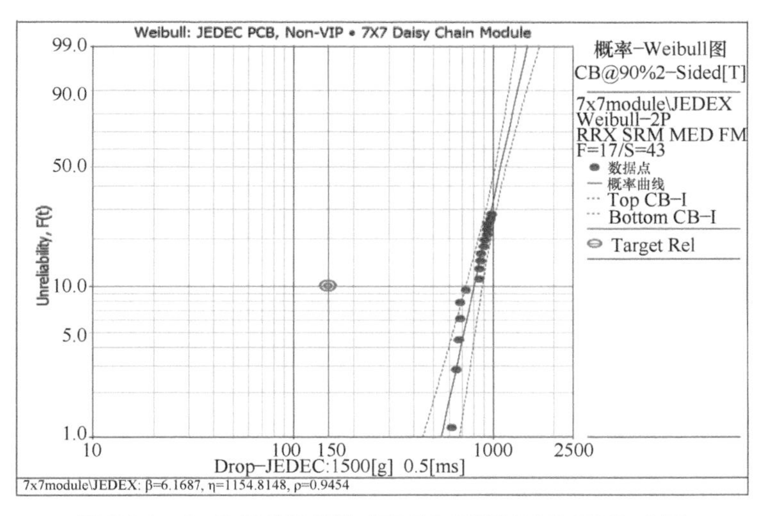

图 5.31　7×7 菊花链模块 JEDEC 跌落测试的 Weibull 图

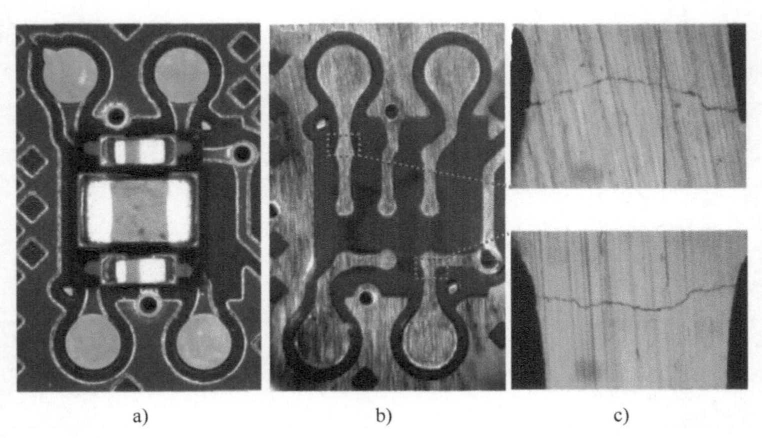

图 5.32　2 × 3 模块 559 次跌落测试中失效时的分析

a）在测试 PCB 上组装的模块　b）、c）在两个角焊点处的铜布线裂纹

在温度循环测试停止时，2 × 3 菊花链模块为零故障。通过所有模块 /PCB 焊点的横截面均未发现裂纹萌生；通过埋藏的 2 × 3 通链和无源 / 模块焊点的横截面也没有发现故障迹象（见图 5.34a、b）。所有这些都证实了模块强大的抗温度循环性能。

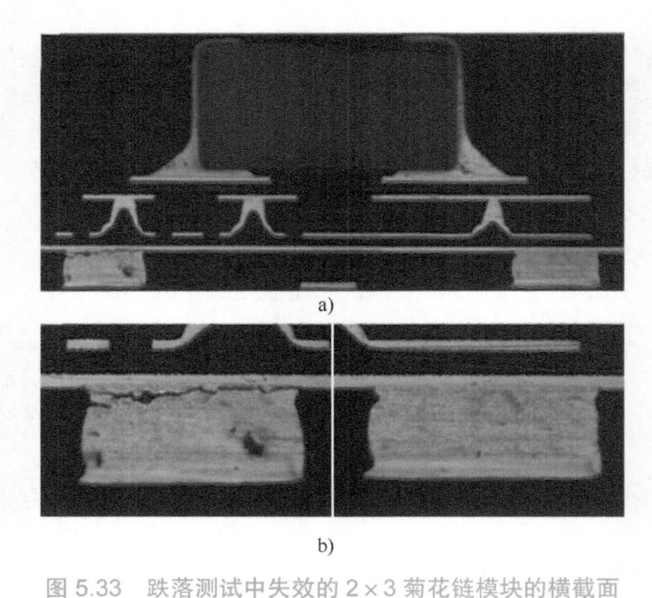

图 5.33　跌落测试中失效的 2 × 3 菊花链模块的横截面

a）总图显示了模块 /PCB 焊点，埋设模块通孔 23，以及在模块顶部钎焊的无源器件

b）特写图显示了一个失效的模块 /PCB 焊点和另一个角落处的完整焊点

对于 7 × 7 菊花链模块，测试 PCB 经过精心设计从而避免了跌落测试中可能出现的布线裂纹（见图 5.35）。因此，在失效分析中没有发现 PCB 布线裂纹。唯一确认的失效模式是焊点裂纹，并且只发生在 619 次温度循环之后。

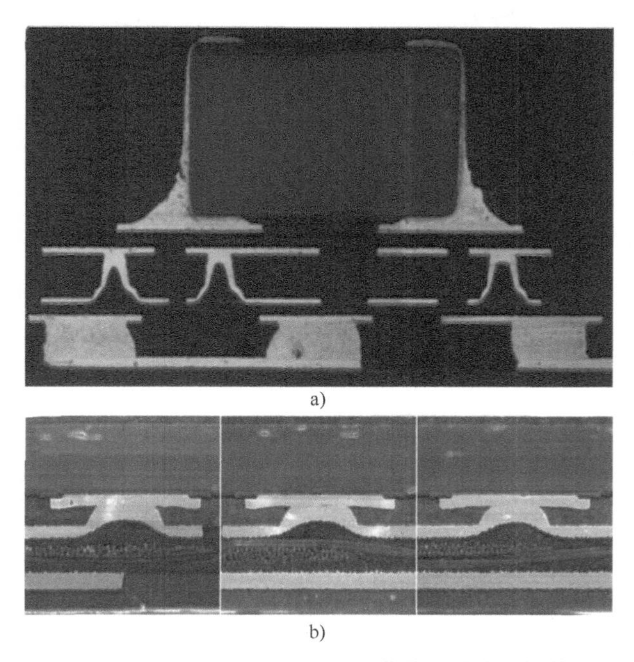

a)

b)

图 5.34　温度循环失效的 2×3 菊花链模块的横截面

a）总图显示了模块 /PCB 焊点，铜层 2 和 3 之间的通孔，以及无源器件和模块之间的焊点

b）特写图显示了连接芯片和模块的盲孔

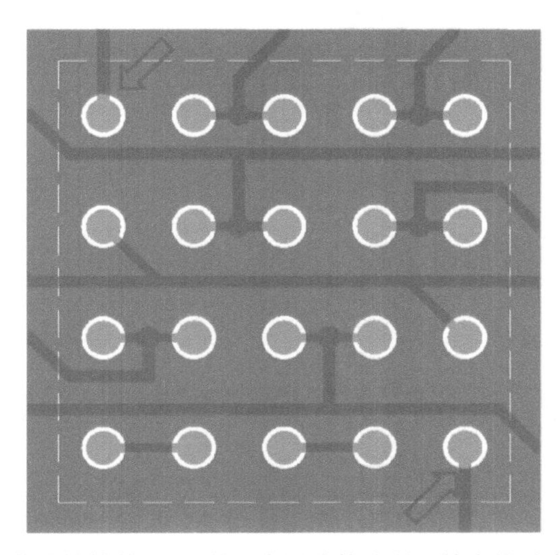

图 5.35　7×7 菊花链模块的 PCB 单元布局（箭头所示的布线垂直于主要弯曲方向以避免跌落测试中出现布线裂纹）

图 5.36 给出了两个早期跌落失效组件的焊点失效情况，以及相邻焊点的裂纹产生情况。除了第一个失效模块上看到的非期待的焊点形状（在 619 次跌落时失效），裂纹起裂位置与我们通常在 WLCSP 上看到的一致。

在 7×7 菊花链模块上进行从 −40～125℃的温度循环，在 1000 次循环后没有发现失效。随机选择单元的横截面，在无源器件 / 模块焊点处没有发现异常，在连接嵌入式芯片和模块的 49 个盲孔处也没有发现异常迹象（见图 5.37a、c）。然而，在模块基板和测试 PCB 之间的两个角焊点上发现了早期裂纹的产生（见图 5.37）。与 2×3 模块相比，没有显示模块 /PCB 焊点裂纹诱发的迹象，它清楚地表明 7×7 模块上的应力水平高于 2×3 模块。另一个有趣的观察结果是，裂纹萌生始于组件侧焊点的内侧。这与传统的 WLCSP 完全不同。在 WLCSP 中，温度循环下的裂纹是从焊点的外侧开始的。这种不寻常的裂纹萌生的一个可能的解释是，温度循环应力是由组件和 PCB 的热膨胀系数不匹配引起的，这与 WLCSP 不同。对于 WLCSP，硅的低 CTE（$2 \sim 3 \times 10^{-6}$/℃）和 PCB 的高 CTE（17×10^{-6}/℃）总是从组件侧角焊点的外侧引发焊点裂纹。对于 WLCSP 嵌入式模块，我们认为基板 CTE 与 PCB 的 CTE 非常匹配。然而，焊接在基板上的无源器件，以及无源器件的额外质量，可能会导致不寻常的应力分布和焊点裂纹的产生。解决这一问题的工作正在进行中。

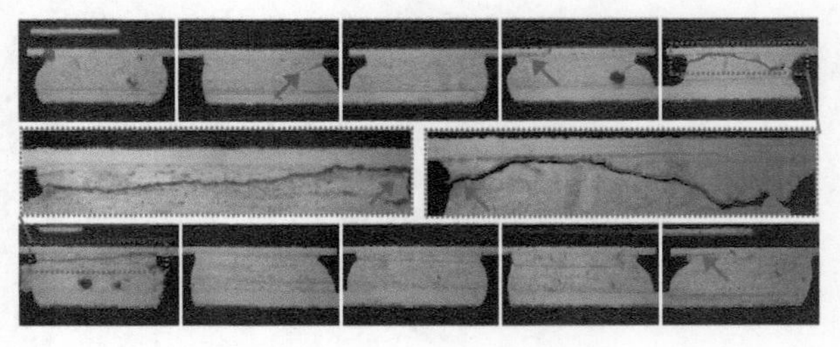

图 5.36　7×7 菊花链模块的横截面。顶部：组件在 610 次跌落测试后 PCB 上的失效；底部：组件在经过 731 次跌落后基板上的失效。箭头突出显示了焊点裂纹和起始位置

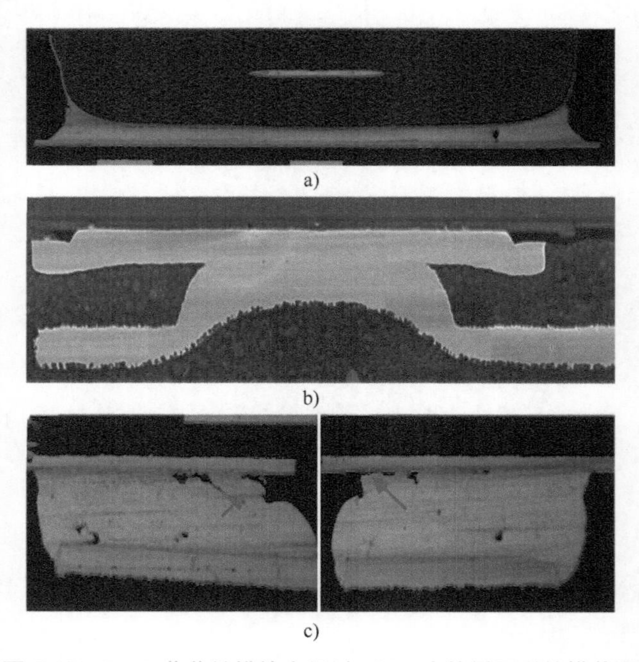

图 5.37　7×7 菊花链模块在经过 1000 次热循环后的横截面

a）通过一个无源器件的横截面　b）横截面显示连接模块的盲孔没有损坏
c）两个角模块 /PCB 焊点在 1000 次热循环后显示出裂纹萌生迹象

除了在 2×3 和 7×7 菊花链模块上进行板级可靠性测试外，6 引脚间距为 0.4mm 的嵌入式 WLCSP 功能模块也在 2mm 厚、2 个铜层多个读取点的试片 PCB 上进行了系列可靠性测试（见表 5.4）。合格 / 不合格标准是基于目视检查、电气试验和 CSAM（Critical Scan Acoustic Microscopy，关键扫描声学显微镜）。根据以往的经验，在板级可靠性评估中，片状 PCB 比典型的 JEDEC PCB 对 SMT 器件表现出更高的应力水平。然而，在试片板可靠性测试中，没有出现单个组件失效的情况。此外，该模块还通过了单独的 ESD 测试。

表 5.4　2×3、0.4mm 间距的嵌入式 WLCSP 功能模块的可靠性测试结果

测试	条件	读取点	结果
DOPL	85℃，4.2V	168，500，1000	77×3 通过
HTSL	150℃	168，500，1000	77×3 通过
THBT	85% RH，85℃，4.2V	168，500，1000	77×3 通过
TMCL	−40 ~ 125℃	100，500，1000	77×3 通过
HAST	85% RH，110℃	264	77×3 通过

5.5.4　讨论

首先构建了不同尺寸的表面贴装无源器件和嵌入式菊花链 WLCSP 模块，并进行了板级可靠性测试；同时也构建了嵌入有源 WLCSP 和无源 WLCSP 的模块，并进行了组件级可靠性测试。模块在高跌落次数（500 ~ 600 次）后出现失效，属于典型的焊点裂纹类型失效。另一方面，所有模块都通过了 1000 次 TMCL，没有检测到失效。模块 / 嵌入的 WLCSP 通过连接，无论是跌落测试还是 TMCL 测试都没有出现失效，这是大家主要关注的结果之一。无源器件 / 模块焊料互连在所有检查 / 横截面单元中也没有显示出现问题的迹象。结果表明，嵌入式 WLCSP 的模块具有良好的可靠性。

卓越的可靠性并不是一个意外之喜，尽管顶部无源器件的额外质量最初确实引起了一些争论。可能有两个因素在这里发挥了重要作用。第一个因素是嵌入式硅的厚度。从 WLCSP 研究中，我们知道在典型的板级可靠性测试中，硅的厚度决定了钎焊在测试 PCB 上的硅的依从性。无论器件尺寸和间距如何，更薄的硅提高了 WLCSP 的跌落寿命和 TMCL 寿命。然而，由于加工过程方面的挑战，实际限制下焊料凸点 WLCSP 的硅厚度约为 200μm（8mils）。在本研究中，将无焊料凸点的 WLCSP 研磨至 50μm，大大提高了跌落测试和 TMCL 中硅的依从性。另一个因素是硅与测试 PCB 的分离。对于安装在 PCB 上的 WLCSP，这相当于隔高，并且更高的隔高有望对应更高的可靠性寿命。在所研究的嵌入式模块中，硅通过电介质、盲孔和模块焊点与测试 PCB 相距约 200μm。它有效地从高应变位置解耦，而这些位置是将模块连接到测试 PCB 的焊点，因此获得了良好的板级可靠性寿命。

5.6 总结

本章介绍了晶圆级分立式功率芯片封装的发展趋势。介绍了标准的分立式功率 VDMOSFET WLCSP 的设计结构和 LD MOSFET WLCSP。提出了具有 TSV 漏极连接和漏极空腔的直接接触式 VDMOSFET WLCSP 的新设计概念和结构。基于 WLCSP TSV 的直接接触式 VDMOSFET 具有优异的电气性能，而带空腔的直接接触式 VDMOSFET 具有最薄的晶圆级分立式芯片封装。然后研究和讨论了低成本的铜柱凸点 WLCSP 的设计、结构和工艺技术。模拟了铜柱凸点制造过程，研究了自由球直径和 BPSG 剖面对分立式功率 MOSFET WLCSP 的影响。为验证仿真结果，设计了可靠性测试。在本章的最后一节，介绍了一种集成有源晶圆级芯片封装和功率无源器件的嵌入式 WLCSP 模块，并展示了封装技术中 3D 扇出系统的新概念。该技术采用成熟的 PCB 制造技术，提供灵活的布线，实现了真正的三维系统封装，以满足客户的需求。从嵌入技术中可以期望在所有层次上实现较高的互连可靠性。与其他 3D 方式相比，如传统的扇出型 3D 封装，嵌入式 WLCSP 模块封装的成本更具竞争力，预计未来几年将在系统级应用中占据更多份额。

参考文献

1. Liu, Y.: Power Electronic Packaging: Design, Assembly Process, Reliability and Modeling. Springer, New York (2012)
2. Harman, G.: Wire Bonding in Microelectronics. McGraw Hill, New York (2010)
3. Liu, Y., Liu, Y., Luk, T., et al.: Investigation of BPSG Profile and FAB Size on Cu Stud Bumping Process by Modeling and Experiment, Eurosime (2008)
4. Liu, Y., Irving, S., Luk, T.: Thermosonic wire bonding process simulation and bond pad over active stress analysis. IEEE Trans. Electron. Packaging Manuf. **31**, 61–71 (2008)
5. Daggubati, M., Wang, Q., Liu, Y.: Dependence of the fracture of power trench Mosfet device on its topography in cu bonding process. IEEE Trans. Compon. Packaging Technol. **32**, 73–78 (2009)
6. Qu, S., Kim, J., Marcus, G., Ring, M.: 3D Power Module with Embedded WLCSP, ECTC63, Las Vegas, NV, June, 2013
7. Manessis, D., Boettcher, L., et al.: Chip Embedding Technology Development Leading to the Emergence of Miniaturized System-in-Packages. 60th ECTC, Las Vegas, NV, June 2010
8. Braun, T., Becker, K.F., et al.: Potential of Large Area Mold Embedded Packages with PCB Based Redistribution. IWLPC, San Jose, CA (2010)
9. Ryu, J., Park, S., Kim D., et al.: A Mobile TV/GPS Module by Embedding a GPS IC in Printed-Circuit-Board. 62nd ECTC, San Diego, CA (2012)
10. Syed, A., et al.: Advanced analysis on board trace reliability of WLCSP under drop impact. Microelectron. Reliab. **50**, 928–936 (2010)
11. Tee, T.Y., et al.: Advanced Analysis of WLCSP Copper Interconnect Reliability under Board Level Drop Test. 58th ECTC, Orlando, FL, June 2008

第 6 章

用于模拟和功率集成解决方案的晶圆级 TSV/ 堆叠芯片封装

模拟和功率集成电路封装是一个不断发展的技术。部分由于晶圆级芯片封装（WLCSP）电子封装设计的进步，几年前无法实现的模拟集成电路（analog IC）和功率集成电路（power IC）如今已经十分普遍。从移动通信等便携式应用到消费电子产品，每种应用场景都对 WLCSP 的发展提出了特定的技术要求。为了满足如此多样的应用需求，WLCSP 的范围涵盖了从纯模拟应用、电源应用，到模拟、逻辑、混合信号和功率器件的 SoC 集成，以及包括各个的模拟、逻辑和功率器件的系统级封装。这些器件大多进一步细分为多种外形版本的晶圆级封装。模拟和功率 WLCSP 具有良好的散热能力，使模拟和功率 IC 能够在一些最苛刻的应用领域使用，这些应用领域将模拟、逻辑和功率 MOSFET 与硅通孔（TSV）、堆叠芯片技术集成[1,2]在了一起。本章将介绍使用硅通孔和堆叠芯片实现模拟和功率集成的先进的晶圆级封装概念的发展。

6.1 模拟和功率集成的设计理念

20 世纪 80 年代早期和中期，功率集成电路技术从垂直扩散金属氧化物半导体（VDMOS）离散技术和双极集成电路技术发展到双极、互补金属氧化物半导体（CMOS）和双扩散金属氧化物半导体（DMOS）与双极基技术（BCD）相结合的混合功率技术。当时，CMOS 技术采用 2.5μm，EEPROM（电可擦除可编程只读存储器）技术采用 1.2μm，FLASH 技术采用 0.6μm。从 2000 年至今，混合功率技术以 CMOS 技术为基础不断发展。主要有 3 个功能：

1）兼容 0.35μm、0.18μm、0.13μm 及 90nm 以下功率 IC 的主流 CMOS；2）多功能集成的模块方法；3）在单芯片（SoC）上集成许多小型系统的能力。图 6.1 显示了功率 IC 技术的演变。图 6.2 显示了基于功率 IC 主应变 CMOS 离子注入技术和技术中工艺模块的灵活性，该技术被设计成高度模块化，因此可以根据 IC 设计所需的组件添加或省略掩模步骤。大约 96 个功率模拟器件可以集成到该模块中。一个工艺模块路径创建系统可以为各种应用需求提供更经济高效的流程。该过程可以根据应用程序需求进行简化、区分或专门化。因此，模块化功率 IC 技术有可能为目标应用生成各种各样的非常不同的功率和模拟 IC。

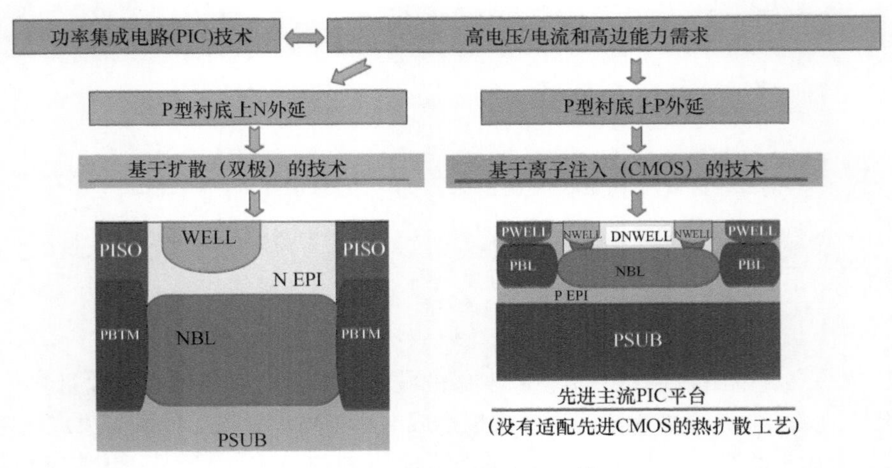

图 6.1　功率 IC 技术发展[4]

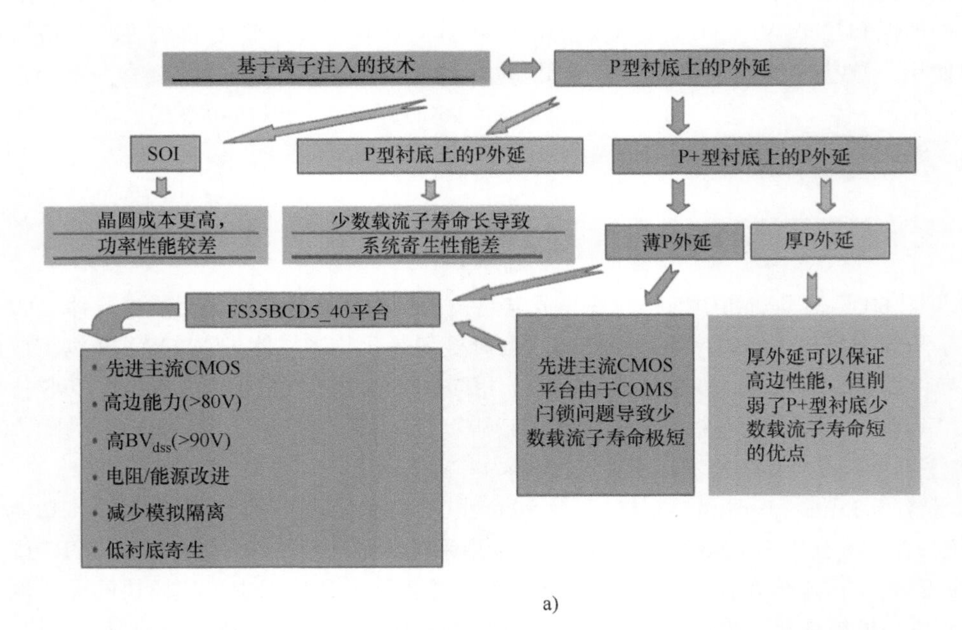

图 6.2　基于功率 IC 主应变 CMOS 离子注入技术[3, 4]

a）基于植入技术

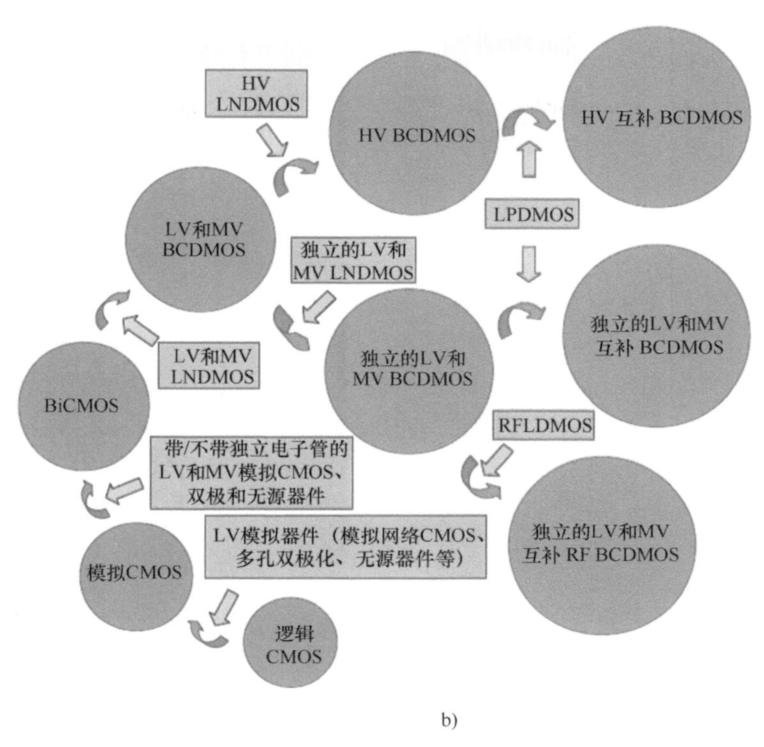

b)

图 6.2　基于功率 IC 主应变 CMOS 离子注入技术 [3, 4]（续）

b）工艺模块灵活性

功率 IC 技术的主要应用之一是移动电话、PDA、数码相机、MP3 播放器和便携式条码阅读器等便携式设备。Fairchild 的产品 IntelliMAX™ 系列 [5] 集成负载开关支持最新一代的移动和消费电子设备，它将传统的 MOSFET 性能与保护，控制和故障监测功能的独特组合相结合，以增强电源管理设计。这种集成水平可以帮助设计人员保证效率和可靠性的同时最大限度地减少电路板空间要求。晶圆级芯片封装具有体积小、电气性能优异的特点，特别适用于便携式设备。图 6.3 给出了用于此类应用的两种典型 WLCSP。

图 6.3　用于集成 MOSFET 和保护 / 控制 IC 的晶圆级芯片封装

图 6.4 所示为将控制逻辑和 MOSFET 及其中有 1 个引脚未被使用的 6 引脚 WLCSP 集成在一起的电路图。该器件有三大功能：1）过电流限制保护（Over Current limit Protection，OCP），2）过热保护（Thermal Shutdown Protection，TSP），3）欠电压锁定（Under Voltage Lock Out，UVLO）。OCP 防止电流过大，并触发三种故障情况之一：1）自动重启：部件将自动关机，并在设定的“自动重启时间”间隔内尝试重启，直到故障清除。2）关机：部件将自动关机，需要在“ON”引脚上进行一次电源循环以清除故障。3）恒流：该部分将电流限制为固定值或用户自定义值。TSP 保护部件免受热事件的损坏，其阈值为 140℃，滞后量为 10℃。当输入电压低于保证设备稳定运行的阈值时，UVLO 将关闭开关。图 6.5 显示了另一个电路图，该电路将逻辑控制和 MOSFET 与 4 引脚 WLCSP 功率 IC 器件集成在一起。该 4 引脚 WLCSP 功率 IC 有两个主要功能：静电放电（Electro Static Discharge，ESD）保护和导通压转率控制，使开关在规定的时间内导通，从而限制通过器件进入负载的电流。当与负载容量平衡时，该特性有助于防止负载上的电流尖峰，并最大限度地减少输入端的电压下降。该 WLCSP 还具有输出放电可选功能，当主开关关闭时，该功能会打开，从而提供快速安全的负载容量放电。

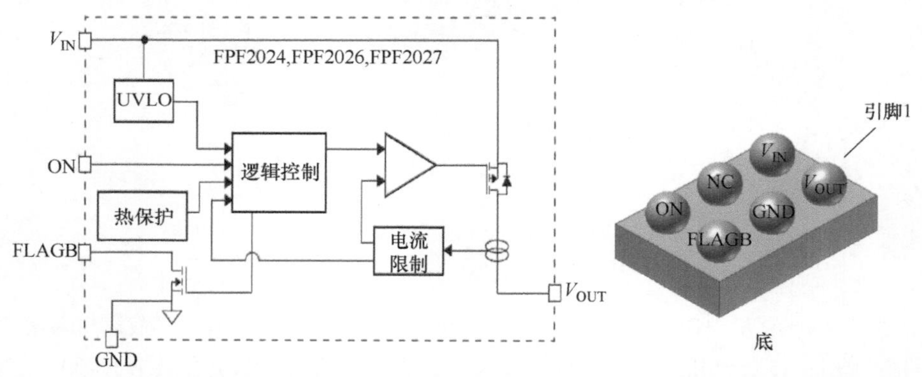

图 6.4　集成了逻辑控制和 MOSFET 的电路，该 MOSFET 具有限流和热保护功能

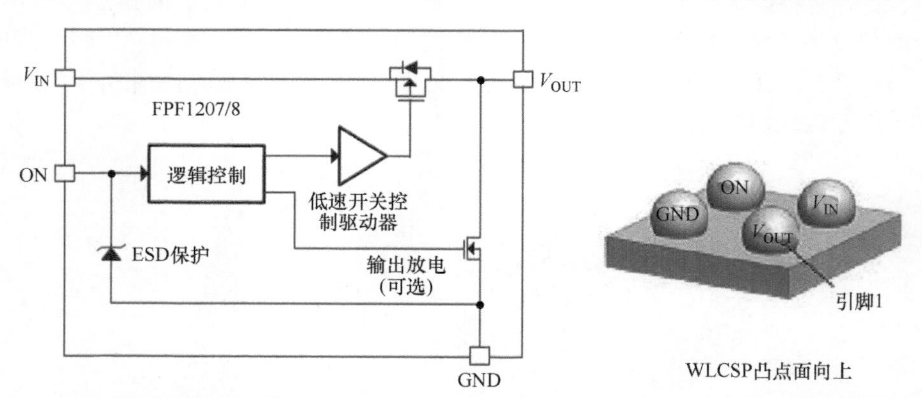

图 6.5　集成逻辑控制和 MOSFET 的电路，该 MOSFET 具有 ESD 保护和输出放电功能

对于功率 IC 在具有功率、模拟和逻辑集成的多功能智能模块平台中的应用，可以在高值电阻器、电容器、二极管、可扩展的 HV/LV CMOS、双极和匹配镜像器件中添加不同电压额定

值的隔离管，从而允许将隔离的模拟袋集成在一起，实现高压电平移位功能、精确的参考电压及电流传感器精度、噪声隔离，并消除基板载流子注入。在 PIC 平台中也可以使用经过修整的组件，使功率模拟产品设计高度精确，从而提供竞争优势。平台中的金属系统可以支持多个薄 Al/Cu 金属层（4LM）进行高密度互连，并支持带有焊盘重叠有源（Bond Pad Overlap Active，BPOA）的额外厚功率金属层，以提供额外的高电流路由层和增强的能量能力。具有 BPOA 的厚功率金属很容易与 WLCSP 兼容，其中这种模块化功率 IC 平台的高密度特性可以提供功率模拟技术，对缩小芯片尺寸有很大贡献（见图 6.6）。

图 6.6　功率 IC 集成的 WLCSP

在过去的 20 年中，模拟和功率半导体技术随着应用功率密度的增加取得了令人印象深刻的进步 [1, 2, 4]。在功率相对较大的应用领域，系统级芯片（SoC）技术不足以满足高功率密度的需求。因此，利用 TSV 和堆叠芯片技术的晶圆级封装系统成为更高功率密度应用的必要条件，其发展的主要驱动力来自于负载点降压转换器等应用场景，在这些应用中，采用 TSV 和堆叠芯片技术的晶圆级功率系统级封装（SiP）将从单一模拟功能 WLCSP[6-8] 演变为模拟和功率的异构功能集成 [9, 10]。有几种方法可以构建负载点降压转换器。典型的方法是使用 QFN 或其他标准封装将芯片并排放置在单级模块中设计产品，但这种方法无法缩小封装尺寸。另一种方法是采用 TSV 和堆叠芯片概念构建晶圆级负载点降压转换器 [9, 10]，这可以显著减少寄生电冲击和封装尺寸，以满足便携式应用的功率管理。

6.2　模拟和功率 SoC WLCSP

6.2.1　模拟和功率 SoC WLCSP 设计布局

图 6.7 展示了 SoC WLCSP 凸点设计布局，典型的工业标准凸点金属堆叠方式为 Al0.5Cu 焊盘，以及 Ni 层下镀有 Cu 和 Ti 的 Au/Ni 金属凸点。在 UBM 和金属焊盘之间，有一层聚酰亚胺。图 6.8 为微凸点高度为 80μm 的 WLCSP 设计版图。本设计中的金属堆叠为在 Al0.5Cu 焊盘

的 Cu 层下加入镀 To 的 Ni/Cu UBM。聚酰亚胺层被放置在 UBM 和金属焊盘之间。这两种设计可用于6引脚 WLCSP 和4引脚 WLCSP，用于模拟和功率IC技术的集成，如图6.4和图6.5所示。

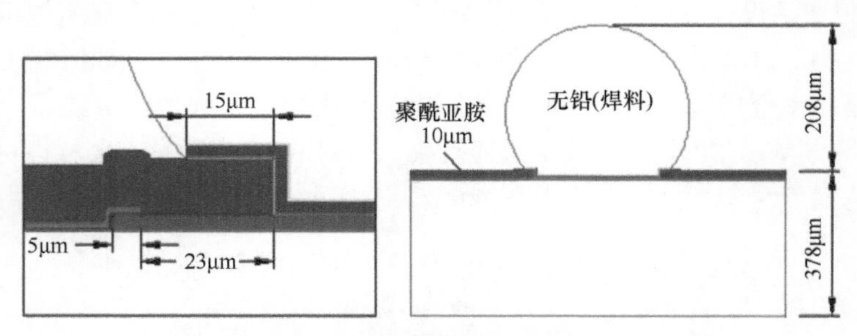

图 6.7　遵从典型行业标准的 WLCSP 凸点设计

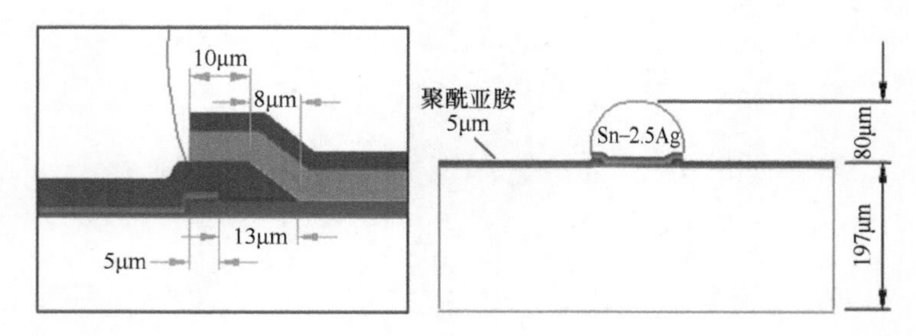

图 6.8　高度为 80μm 的 WLCSP 凸点设计

6.2.2　焊点应力和可靠性分析

从设计角度看，焊点对产品的可靠性起着至关重要的作用。本节从设计理念角度比较了热循环（TMCL）中 6 引脚 WLCSP 的微凸点和标准凸点的应力和焊点寿命。1 个循环的 TMCL 范围为 −40 ~ 125℃，30min 为 1 个循环的时间。图 6.9 给出了 6 引脚 WLCSP 的测试板布局和模型。图 6.10 为微凸点和标准凸点结构的两种模型：两个凸点均采用无铅 SAC405 焊料。

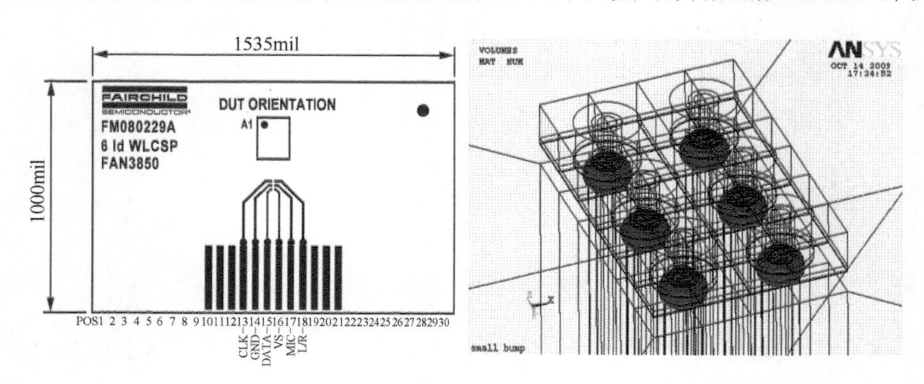

图 6.9　热循环板和 6 引脚 WLCSP 模型

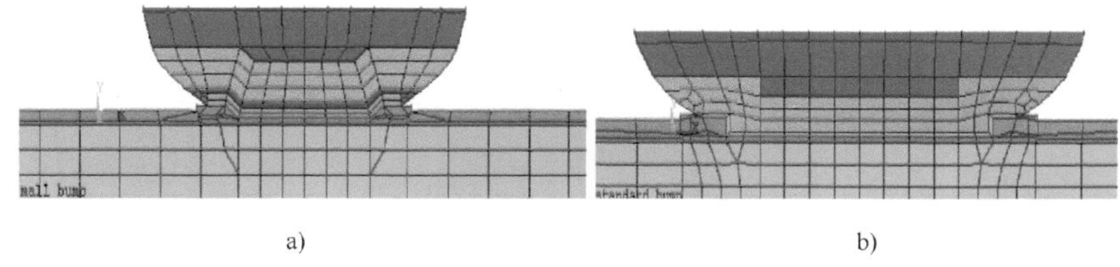

a)　　　　　　　　　　　　b)

图 6.10　微凸点和标准凸点立体矩阵的两种模型

a）微凸点模型　b）标准凸点模型

图 6.11 给出了微凸点和标准凸点在热循环中温度为在 −40℃下的冯米赛斯（von Mises）应力对比。最大应力出现在芯片侧转角焊点处，微凸点的 von Mises 应力比标准凸点大 10% 左右。表 6.1 列出了 Al0.5Cu 金属焊盘、聚酰亚胺 PI 和焊料凸点的最大应力比较。在金属焊盘中，微凸点与标准凸点的最大 von Mises 应力相等，但标准凸点中金属焊盘的最大 von Mises 塑性应变、塑性应变能密度、最大剪切应力和应变均明显小于微凸点下的金属焊盘。标准凸点的应力应变和塑性能密度均小于微凸点。在标准凸点中聚酰亚胺的 von Mises 应力和剪切应力略小于微凸点。

表 6.2 为微凸点与标准凸点的焊点寿命对比。由表 6.2 可以看出，标准凸点的首次失效焊点寿命（52.6%）和特征寿命（68.2%）要比微凸点长得多。这是由于微凸点中的塑性应变能密度比标准凸点大得多。因此，在热循环分析中从焊点可靠性的设计角度来看，标准凸点 WLCSP 优于微凸点 WLCSP。然而，随着芯片尺寸的缩小，功率集成电路技术的微凸点设计更能满足下一代产品的要求，一定会有更多关于微凸点功率集成电路的鲁棒性设计的研究和探讨。

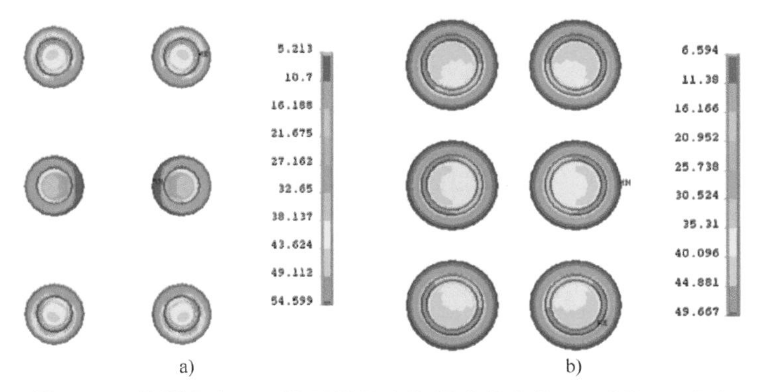

a)　　　　　　　　　　　　b)

图 6.11　热循环中 −40℃时微凸点和标准凸点的 von Mises 应力

a）微凸点（最大 54.6MPa）　b）标准凸点（最大 49.7MPa）

表 6.1　6 引脚 WLCSP 微凸点与标准凸点的应力对比

结构	焊盘（Al0.5Cu）		聚酰亚胺		焊点（SAC405）	
	微凸点	标准凸点	微凸点	标准凸点	微凸点	标准凸点
von Mises 应力 /MPa	199.4	199.5	103.6	101.2	54.6	49.7
von Mises 塑性应变（%）	0.77	0.45	—	—	2.1	1
最大剪切应力 /MPa	100.3	74.1	34.1	33.8	30	28.3
最大剪切塑性应变（%）	1.1	0.29	—	—	3.4	1.8
塑性应变能密度 /MPa	2.6	1.1	—	—	3.6	1.4

表 6.2 微凸点与标准凸点焊点寿命比较

热循环寿命	微凸点	标准凸点
首次失效	612	1924（长 52.6%）
特征循环数	995	3129（长 68.2%）

6.3 带 TSV 的晶圆级功率堆叠芯片 3D 封装

本节涉及晶圆级功率堆叠芯片的概念与硅通孔（TSV），特别是晶圆级堆叠芯片同步降压转换器。

同步降压转换器主要用于降压电源电路，通常包括两个开关场效应晶体管（FET）和一个串联电感，以实现对 FET 的数字控制，而不是模拟控制，FET 要么向电感提供电流，要么从电感提取电流，如图 6.12 所示。与模拟电源相比，具有 FET 开关晶体管的同步降压转换器体积小，架空电流很小。因此，它们通常用于移动电子设备：由于空间是此类器件的重要考虑因素，同步降压转换器的尺寸在市场上很重要。采用 TSV 技术的晶圆级堆叠芯片 3D 封装是实现更小封装尺寸同时保持更小厚度的有效途径 [4]。

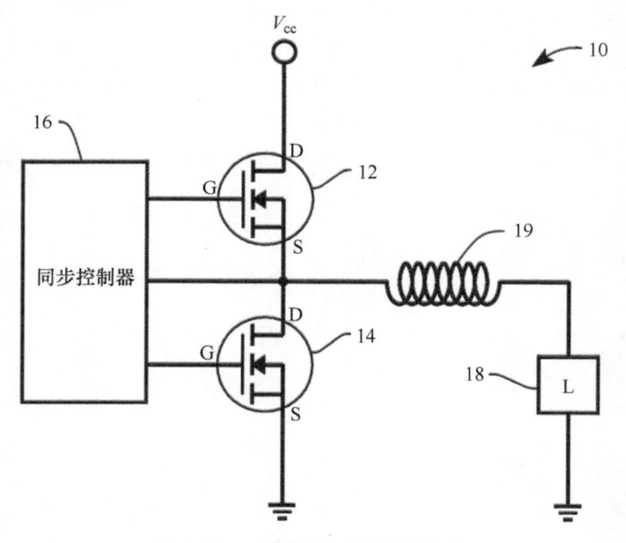

图 6.12 同步降压转换器电路

由于铜通孔与硅的热膨胀系数存在较大的失配，当 TSV 结构经受后续装配温度载荷时，会在铜 / 介电层（通常为 SiO_2）和介电层 / 硅的界面处产生显著的热应力，从而影响互连的可靠性和电气性能。因此，本节将讨论具有 TSV、热载荷的晶圆级功率堆叠封装的设计理念，以及在集成过程中热机械应力对封装设计变量的影响。

6.3.1 晶圆级功率堆叠芯片封装的设计理念

该设计概念的一种形式包括：具有堆叠芯片 3D 封装的晶圆级降压转换器，该封装包括高边（HS）MOSFET 芯片，该高边（HS）MOSFET 芯片在 HS 芯片的正面制有源极、漏极和栅极键合焊盘：具有多个硅通孔（TSV）的低边（LS）MOSFET 芯片，硅通孔从 LS 芯片的背面延伸到正面：LS 芯片具有源极、漏极和栅极键合焊盘，位于其正面：还有电连接到 LS 芯片背面的漏极键合焊盘。HS 芯片与 LS 芯片被直接键合在一起，这样 HS 芯片的带铜柱凸起的源极键合焊盘通过各向异性导电膜（Anisotropic Conductive Film，ACF）与 LS 芯片背面漏极电连接，HS 芯片的漏极和栅极键合焊盘分别与 LS 芯片内单独的 TSV 电连接。图 6.13a 为该结构的四分之一模型，其中 TSV 填充导电聚合物，图 6.13b 为铜质 TSV 结构布局。图 6.14 为分离前 HS 晶圆（晶圆 1）堆叠在低边晶圆（晶圆 2）上的晶圆级降压转换器的截面图。

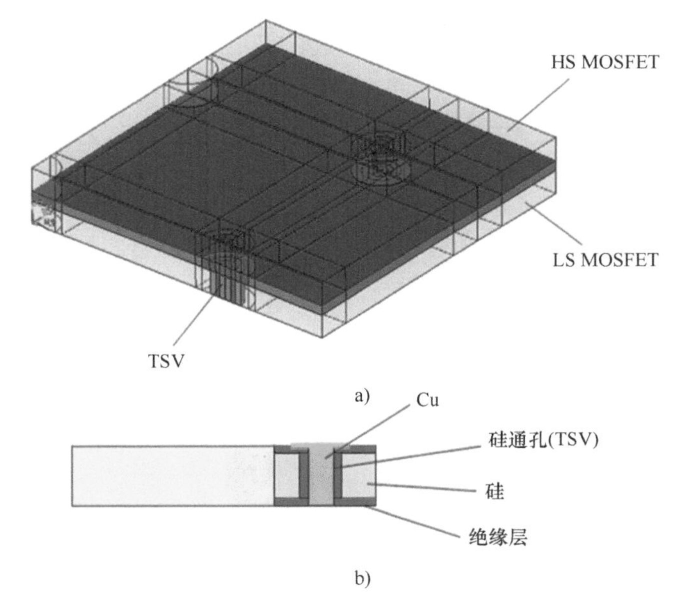

图 6.13　采用堆叠芯片 3D TSV 技术的晶圆级降压转换器概念图

a）四分之一模型的晶圆级降压转换器概念图　b）LS 芯片的 TSV 图

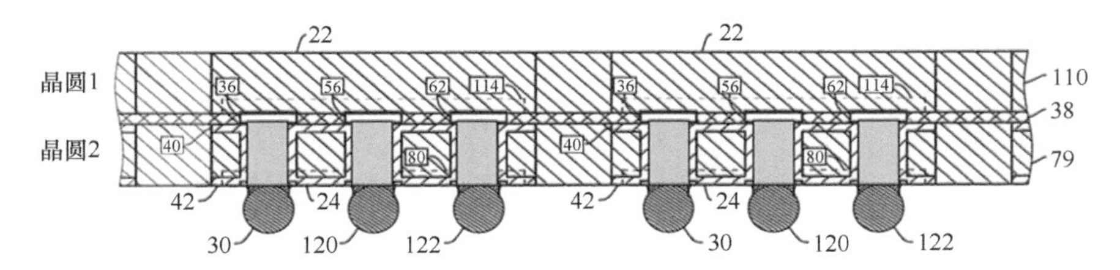

图 6.14　建模之前两个堆叠晶圆（晶圆 1 为 HS，晶圆 2 为 LS）的晶圆级降压转换器的截面图

6.3.2　热分析

本节介绍了晶圆级功率堆叠封装的热仿真分析。该封装安装在大小为 76.2mm × 114.3mm × 1.6mm 的 JEDEC 1s0p 板上，并带有 PCB 通孔。假设在仿真中采用自然对流。图 6.15 给出了带有堆叠封装和 PCB 的系统的四分之一模型，封装尺寸为 1.5mm × 1.5mm × 0.12mm。

图6.16a给出了带有输入功率为0.1W的HS MOSFET芯片的系统中堆叠芯片和PCB的温度分布。堆叠封装温度分布如图6.16b所示。表6.3列出了$R_{\theta_{JA}}$结对环境的热阻随芯片尺寸的变化，该表中包含了耦合热效应。$R_{\theta_{JA11}}$是由于施加在HS芯片上的功率而导致的HS芯片的热阻，$R_{\theta_{JA12}}$是由于施加在HS芯片上的功率而导致的LS芯片的热阻，$R_{\theta_{JA21}}$是由于施加在LS芯片上的功率而导致的HS芯片的热阻，$R_{\theta_{JA22}}$是由于施加在LS芯片上的功率而导致的LS芯片的热阻。由表6.3可以看出，随着芯片尺寸的增大，堆叠芯片功率封装的热阻略有减小。表6.4给出了不同TSV直径对晶圆级功率封装热阻的影响。结果没有显示出明显的变化。从表6.3和表6.4可以看出，晶圆级堆叠芯片功率封装具有优异的热性能和低热阻。

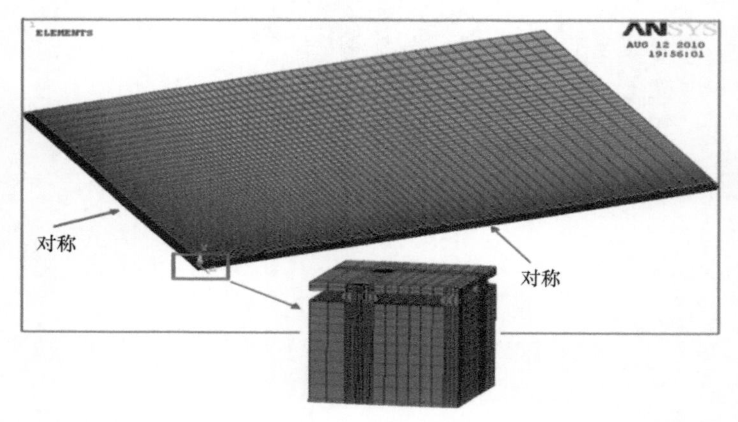

图6.15 带通孔的JEDEC 1s0p PCB上的晶圆级降压转换器的四分之一模型

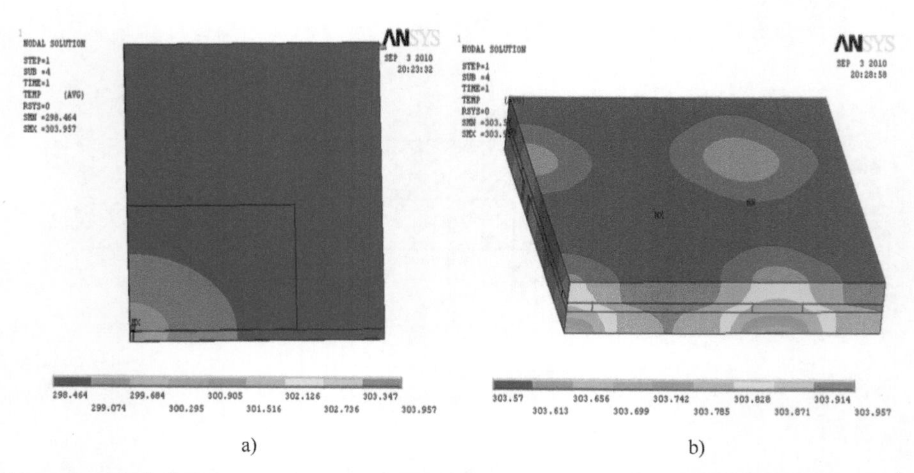

图6.16 当功率为0.1W时，HS芯片的温度分布（最高温度为304K，约为30.9℃）

a）PCB和芯片的温度 b）堆叠封装上的温度分布

表 6.3　在自然对流和输入功率为 0.1W 的情况下，结 - 环境的热阻与芯片尺寸的关系

芯片尺寸 /mm	$R_{\theta_{JA11}}$ /(℃/W)	$R_{\theta_{JA12}}$ /(℃/W)	$R_{\theta_{JA21}}$ /(℃/W)	$R_{\theta_{JA22}}$ /(℃/W)
1.2 × 1.2	60.85	60.5	60.28	60.57
1.3 × 1.3	60.29	59.99	59.79	60.05
1.4 × 1.4	59.89	59.64	59.46	59.69
1.5 × 1.5	59.57	59.35	59.2	59.4

表 6.4　在自然对流和输入功率为 0.1W 的情况下，结 - 环境的热阻与 TSV 直径的关系

TSV 直径 /μm	$R_{\theta_{JA11}}$ /(℃/W)	$R_{\theta_{JA12}}$ /(℃/W)	$R_{\theta_{JA21}}$ /(℃/W)	$R_{\theta_{JA22}}$ /(℃/W)
20	59.49	59.26	59.11	59.31
40	59.56	59.34	59.19	59.39
50	59.57	59.35	59.2	59.40
60	59.58	59.36	59.21	59.41

6.3.3　组装过程中的应力分析

在堆叠芯片功率封装中有两个主要的组装过程。一种是带有金属（铜或金）凸块的 HS 芯片通过 ACF 与 LS 芯片经过热压堆叠热工艺后的冷却应力。另一个是将晶圆级堆叠芯片功率封装安装在 PCB 上的回流工艺。本节给出了两个组装过程中关键设计参数变量的应力分析。

6.3.3.1　HS 芯片在 LS 芯片上堆叠后的残余应力

通过 ACF 的热压缩和固化，完成 HS 芯片与 LS 芯片的堆叠。假设 ACF 的固化温度为 175℃，在固化过程中此温度下应力为零。将 HS 芯片堆叠在 LS 芯片上后，系统将从 175℃冷却到室温，如图 6.17 所示。

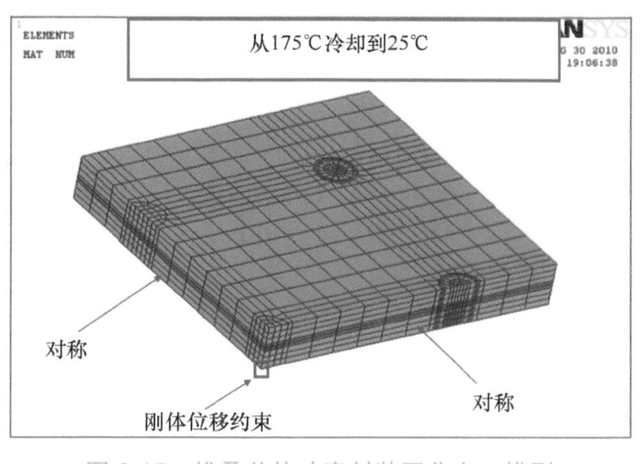

图 6.17　堆叠芯片功率封装四分之一模型

图 6.17 采用有限元方法分析了 TSV 的应力状态和可靠性。表 6.5 给出了材料的力学性能。可以看出，TSV 的 SiO_2 与铜之间存在较大的 CTE（热膨胀系数）失配。传统的介电层 SiO_2 会在铜 /SiO_2 界面和硅 /SiO_2 界面产生较大的应力失配。为了解决这一问题，提出了一种改进的硅通孔。薄的 SiO_2 介电层被厚的聚对二甲苯（帕利灵）聚合物隔离层所取代。在本节中，我们将介绍聚对二甲苯材料作为堆叠芯片功率封装中 TSV 的隔离层。

表 6.5 材料力学性能

材料	铜	硅	二氧化硅	帕利灵	环氧树脂	ACF
弹性模量 / GPa	127.7	131.0	60.1	3.2	3.0	3.56（在 223K） 2.76（在 298K） 1.52（在 423K） 1.44（在 523K）
泊松比	0.34	0.28	0.16	0.4	0.4	0.35
热膨胀系数 /（$\times 10^{-6}$/K）	17.1	2.8	0.6	35	65	74（在 223K） 75（在 268K） 100（在 278K） 109（在 283K） 119（在 288K） 143（在 298K） 144（在 473K）

图 6.18 显示了 HS MOSFET 芯片热堆叠在 LS MOSFET 芯片上后的晶圆级功率封装的拉应力（第一主应力 S_1）和压应力（第三主应力 S_3）。最大拉应力出现在铜 TSV 与隔离层的界面处。最大压应力出现在铜凸块处，即 TSV 铜的正上方。图 6.19 显示了 HS 芯片和 LS 芯片的压应力（第三主应力 S_3）。两个最大应力均发生在 TSV 区域。这些压应力远低于硅的抗压强度。图 6.20 显示了铜凸块、TSV 铜、TSV 隔离层和 ACF 层的应力分布。从图 6.20 可以看出，在 LS 芯片上堆叠 HS 芯片后，铜凸块在 TSV 位置承受的 von Mises 应力最大。在 TSV 铜上，较大的应力也出现在与铜凸块的连接处。TSV 隔离层的最大拉应力出现在与 TSV 铜的界面处，靠近铜凸块

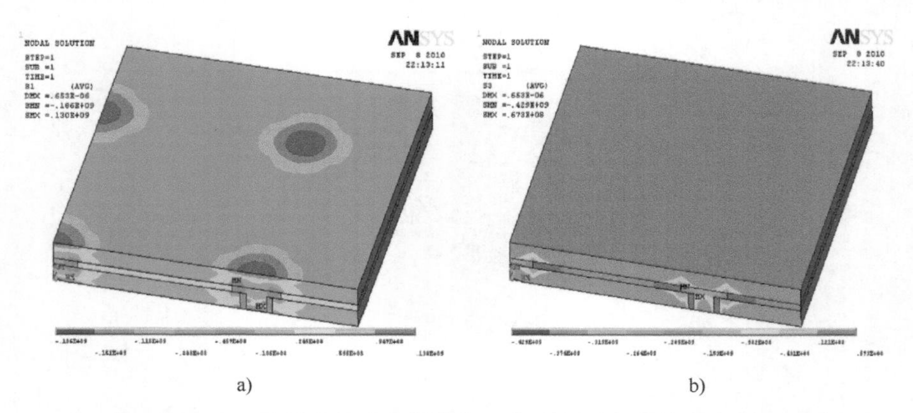

a) b)

图 6.18 堆叠芯片功率封装在 25℃堆叠过程后的主应力

a）第一主应力 S_1（拉伸）（最大 130MPa） b）第三主应力 S_3（压缩）（最大 429MPa）

的连接处。ACF 层的最大 von Mises 应力出现在与铜凸块交界面转角的 TSV 位置。因此，晶圆级堆叠芯片功率封装的最大应力与 TSV 的设计、位置及其材料有关。由图 6.21 可知，HS 芯片叠加在 LS 芯片上后，HS 芯片和 LS 芯片的压应力 S_3、TSV 铜的 von Mises 应力、铜凸块、ACF 层、隔离层的拉应力 S_1 随 TSV 直径设计参数的变化而变化 TSV 直径对 HS 芯片和 LS 芯片的应力、铜凸块和 TSV 铜有显著影响。增加 TSV 直径的可以显著降低 TSV 铜内部的 von Mises 应力，同时 ACF 层和 TSV 隔离层没有明显变化，但会导致铜凸块的 von Mises 应力增大，HS 芯片和 LS 芯片的压应力 S_3 增大。

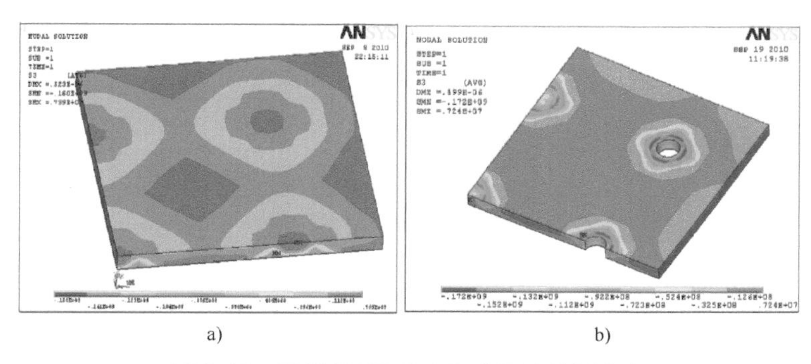

图 6.19　堆叠后 HS 和 LS 芯片处的压应力

a）HS 芯片处的压应力 S_3（最大 160MPa）　b）LS 芯片处的压应力 S_3（最大 172MPa）

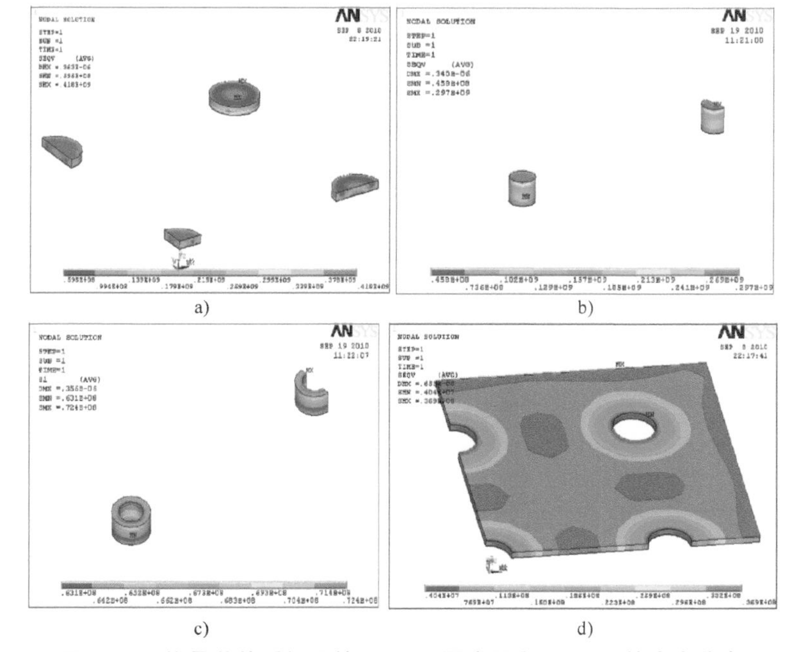

图 6.20　堆叠芯片后铜凸块、TSV/ 隔离层和 ACF 层的应力分布

a）铜凸块的 von Mises 应力（最大 418MPa）　b）铜 TSV 的 von Mises 应力（最大 297MPa）

c）隔离层的拉应力（最大 72.4MPa）　d）ACF 层的 von Mises 应力（最大 36.9MPa）

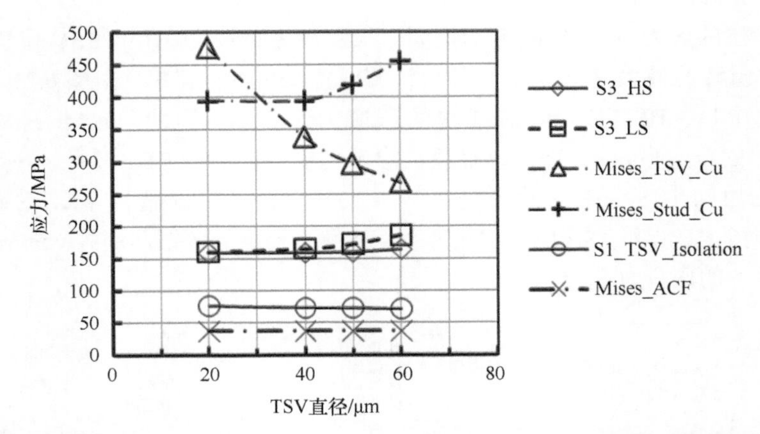

图 6.21 HS、LS、铜凸块、TSV 铜、ACF 层和隔离层的应力随 TSV 直径的变化

图 6.22 显示了 HS MOSFET 芯片与 LS 芯片的压应力 S_3、TSV 铜的 von Mises 应力、铜凸块、隔离层的拉应力 S_1，以及 HS MOSFET 芯片叠加在 LS MOSFET 芯片后 ACF 层的 von Mises 应力与 ACF 层厚度的关系。随着 ACF 层厚度的增加，各应力均增大，其中包括 ACF 层的 von Mises 应力，其中比较突出的现象是它可以显著增加 HS 和 LS 芯片的第三主应力，以及铜凸块和 TSV 铜的 von Mises 应力。这表明，对于带有铜凸块的厚 ACF，在堆叠过程中会产生更大的应力。

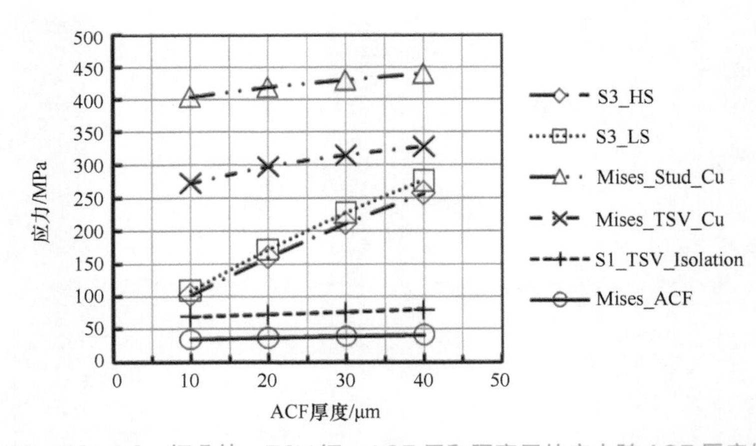

图 6.22 HS、LS、铜凸块、TSV 铜、ACF 层和隔离层的应力随 ACF 厚度的变化

图 6.23 给出了 HS 芯片和 LS 芯片的压应力 S_3、TSV 铜的 von Mises 应力、铜凸块、隔离层的拉应力 S_1 以及 ACF 层的 von Mises 应力随 HS 芯片厚度的变化情况。随着 HS 芯片厚度的增加，HS 芯片的压应力 S_3 减小，在 HS 芯片厚度超过 80μm 后趋于稳定。所有静应力在 LS 芯片和 TSV 中均有所增加。TSV 隔离层和 ACF 层的应力变化不明显，其中 TSV 隔离层的应力略有增加。图 6.24 给出了 HS 芯片和 LS 芯片的压应力 S_3、TSV 铜的 von Mises 应力、铜凸块、隔离层的拉应力 S_1 以及 ACF 层的 von Mises 应力随 LS 模厚度的变化情况。随着 LS 芯片厚度

的增加，HS 芯片和 LS 芯片的压应力 S_3 以及铜凸块的 von Mises 应力均增大，并在 LS 芯片厚度大于 150μm 后趋于稳定。随着 LS 芯片厚度的增加，TSV 铜的 von Mises 应力开始急剧增大，然后立即减小。当 LS 芯片厚度超过 100μm 时，TSV 隔离层的拉应力 S_1 略有下降，并趋于稳定。ACF 层的 von Mises 应力几乎没有变化。

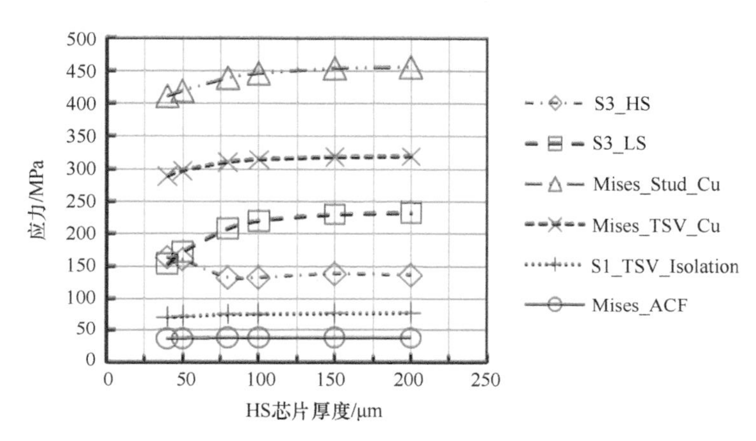

图 6.23　HS、LS、Cu 凸块、TSV 铜、ACF 和隔离层的应力随 HS 芯片厚度的变化

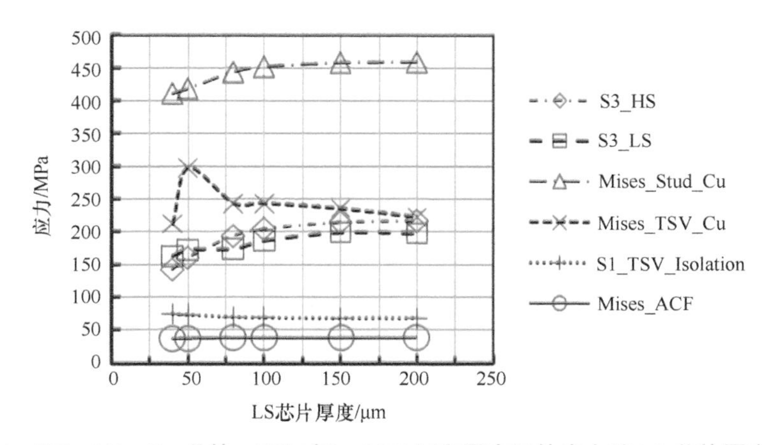

图 6.24　HS、LS、Cu 凸块、TSV 铜、ACF 层和隔离层的应力随 LS 芯片厚度的变化

6.3.3.2　回流应力分析

回流工艺用于在 PCB 上安装晶圆级堆叠芯片功率封装。在此过程中，晶圆级堆叠芯片功率封装中的焊点在 260℃环境下连接到 PCB 上，这会在封装内部和焊点处产生高应力。同时，高温对材料性能的影响也是回流工艺的重点。堆叠芯片功率封装的四分之一模型如图 6.25 所示。表 6.6 和表 6.7 列出了焊料 SAC385 和 PCB 材料的相关性能。表 6.7 中，焊料在高温下的黏塑性行为由 ANAND 材料模型描述。其他材料的所有性能见表 6.5。

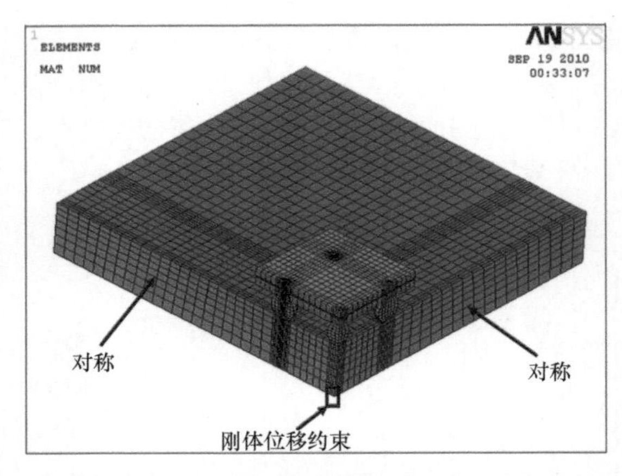

图 6.25 安装在 PCB 上的晶圆级堆叠芯片功率封装四分之一模型

表 6.6 焊料和 PCB 的材料性能

材料	焊球	PCB
弹性模量 /GPa	75.8−0.152T①	EX：25.4 EY：11 EZ：25.4
泊松比	0.35	XY：0.39 YZ：0.39 XZ：0.11
热膨胀系数 /（$\times 10^{-6}$/K）	24.5	XZ：16 Y：84

① T 为温度。

表 6.7 钎料回流时的黏塑性性能

描述	符号	单位	Sn-Ag-Cu385
s 的初始值	s_0	MPa	16.31
活化能	Q/R	K	13982
指前因子	A	1/s	49601
应力乘子	ξ	—	13
应力应变率敏感性	m	—	0.36
硬化系数	h_0	MPa	8.0×10^5
变形阻抗系数的饱和值	$\hat{s}$	MPa	34.71
饱和值的应变率敏感性	n	—	0.02
硬化系数的应变率敏感性	a	—	2.18

在回流过程中，大多数体系都受到拉应力的影响。因此，对 HS 芯片和 LS 芯片的拉伸应力进行了校核。图 6.26 为 HS 芯片和 LS 芯片的第一主应力（拉伸）。最大应力出现在 TSV 区域。LS 芯片的拉伸应力比 HS 芯片大。HS 芯片和 LS 芯片的拉伸应力均在硅的抗拉强度范围内。

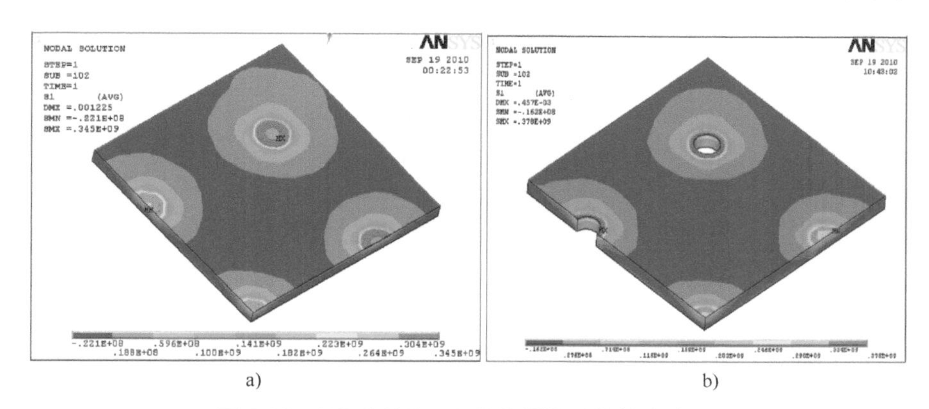

a) b)

图 6.26 HS 芯片和 LS 芯片回流时的拉应力 S_1

a）HS 芯片回流时的拉应力 S_1（最大 345MPa） b）LS 芯片回流时的拉应力 S_1（最大 378MPa）

图 6.27 为铜凸块和回流时 ACF 层的 von Mises 应力。铜凸块的最大应力（939MPa）出现在 TSV 下方的凸角处。在晶圆级堆叠芯片封装内部，铜凸块应力最高，而 ACF 层的 von Mises 应力在回流时很低。图 6.28 显示了 TSV 铜的 von Mises 应力和回流时隔离层的压应力 S_3。TSV 铜的最大应力出现在芯片角和与焊料凸点连接的界面处，而隔离层的最大压应力（S_3）出现在其与铜凸块的界面处。图 6.29 为回流时焊球的 von Mises 应力和塑性应变能密度。最大 von Mises 应力和最大塑性应变能密度均出现在拐角节点处。图 6.30 给出了填充环氧树脂的 TSV 的应力分布。环氧树脂填充 TSV 的设计理念是为了减小 TSV 和功率堆叠芯片封装中的应力。图 6.30a 为 TSV 环氧树脂芯的 von Mises 应力，图 6.30b 为 TSV 铜的 von Mises 应力，图 6.30c 为 TSV 隔离层的压应力。与全铜 TSV 情况（见图 6.28）和填充环氧芯的 TSV 铜相比，填充环氧芯的 TSV 铜的 von Mises 应力略有增大，隔离层的压应力 S_3 略有减小。

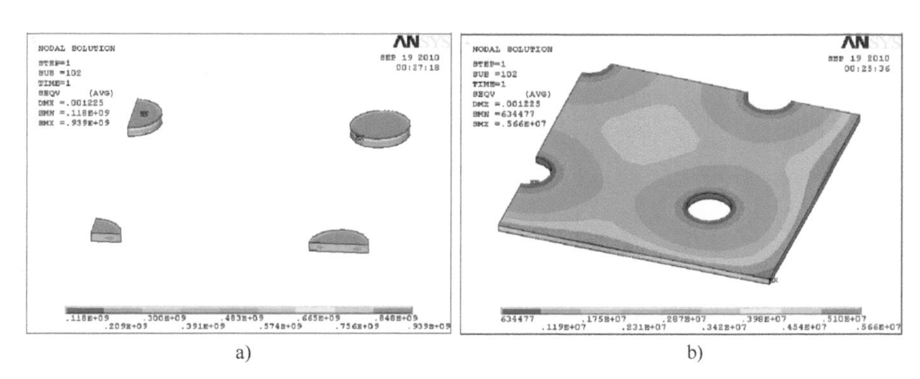

a) b)

图 6.27 回流时铜凸块与 ACF 层的 von Mises 应力

a）铜凸块的 von Mises 应力（最大 939MPa） b）ACF 层的 von Mises 应力（最大 5.66MPa）

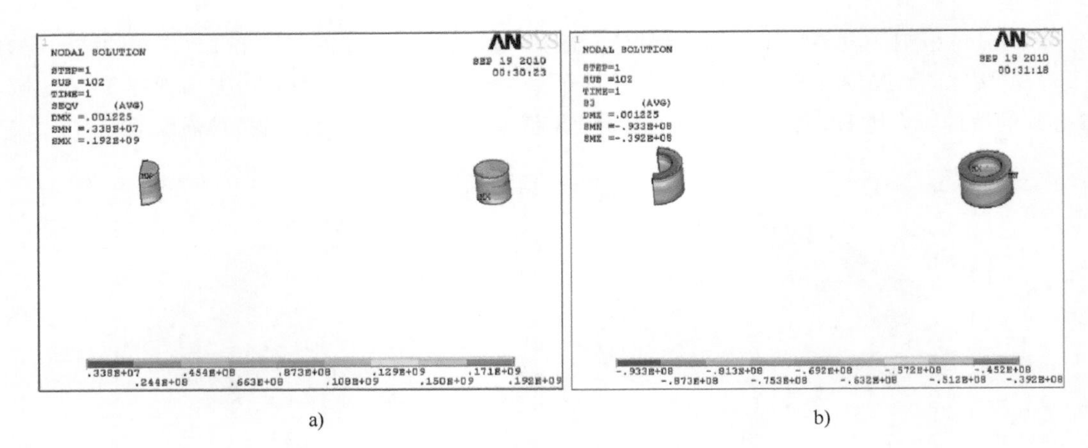

a) b)

图 6.28 铜和隔离层中 TSV 的回流应力

a）TSV 铜的 von Mises 应力（最大 192MPa） b）隔离层的压应力 S_3（最大 93.3MPa）

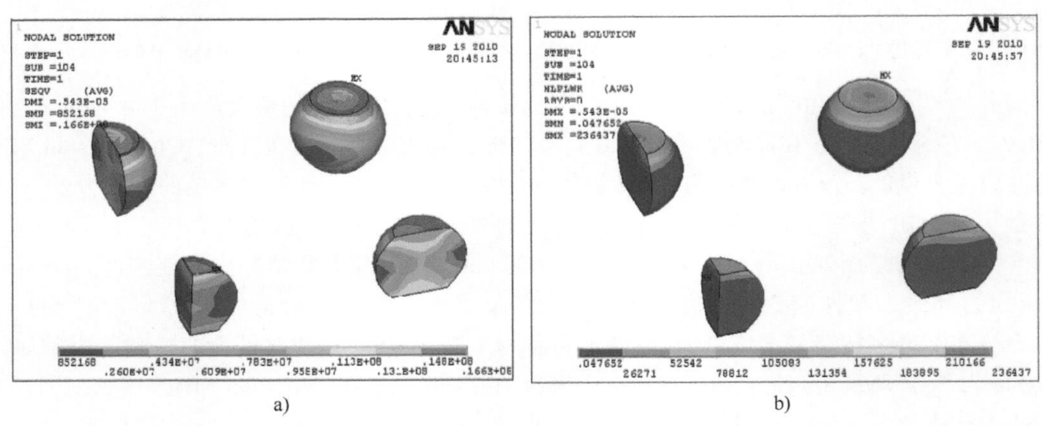

a) b)

图 6.29 回流时焊球的 von Mises 应力和塑性应变能密度

a）凸点 von Mises 应力（最大 16.6MPa） b）凸点塑性应变能密度（最大 0.236MPa）

由图 6.31 可知，回流时 HS 芯片和 LS 芯片的拉应力 S_1、TSV 铜的 von Mises 应力、铜凸块、ACF 层、隔离层的压应力 S_3、焊球的 von Mises 应力随 TSV 直径设计参数的变化而变化。TSV 直径对铜凸块的 von Mises 应力以及 HS 和 LS 芯片的 TSV 铜和拉伸应力 S_1 有显著影响。随着 TSV 直径的增大，铜凸块的 von Mises 应力显著增大，而 TSV 铜的 von Mises 应力先略有增大，在 TSV 直径大于 50μm 后，呈衰减趋势。TSV 隔离层的压应力 S_3 也随之增大。而 ACF 层和焊球的应力变化不明显。图 6.32 给出了 HS 芯片和 LS 芯片的拉应力 S_1、TSV 铜的 von Mises 应力、铜凸块、ACF 层、隔离层的压应力 S_3 以及回流时焊球的 von Mises 应力与 ACF 厚度的关系。随着 ACF 厚度的增加，HS 芯片和 LS 芯片的拉伸应力 S_1 均显著增大（LS 芯片应力增大较快），而凸块的 von Mises 应力显著减小。TSV 铜的 von Mises 应力呈波状减小。TSV 隔离层的压应力 S_3 略有增大。ACF 层和焊球的 von Mises 应力无明显变化。

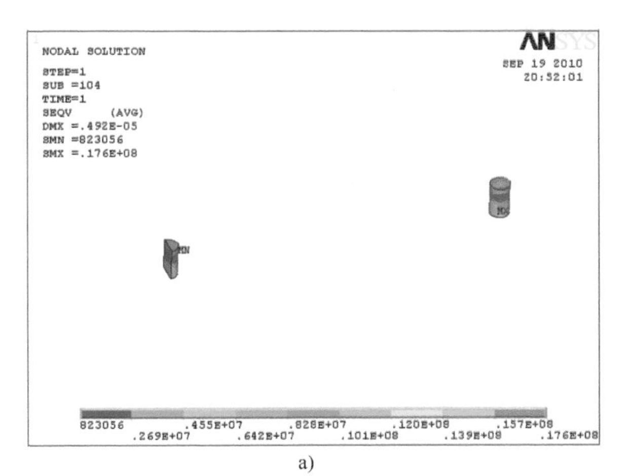

a)

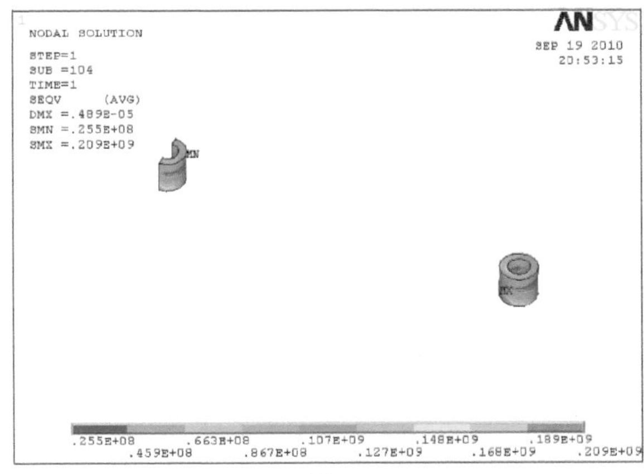

b)

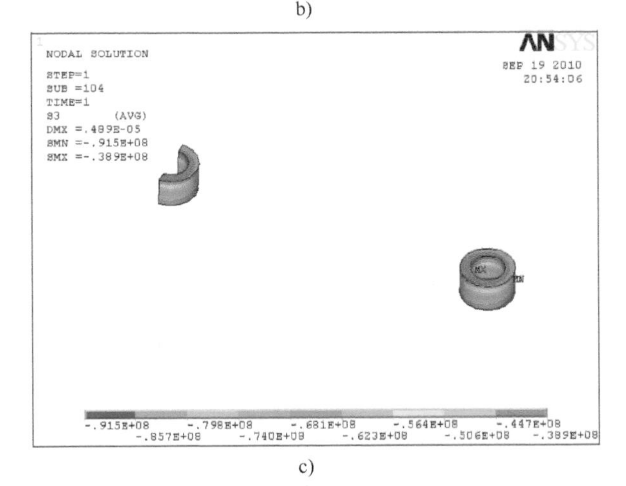

c)

图 6.30　环氧树脂填充 TSV 回流时的应力分布

a）TSV 中环氧树脂芯的 von Mises 应力（最大 17.6MPa）　b）TSV 铜的 von Mises 应力（最大 209MPa）
c）隔离层的压应力 S_3（最大 91.5MPa）

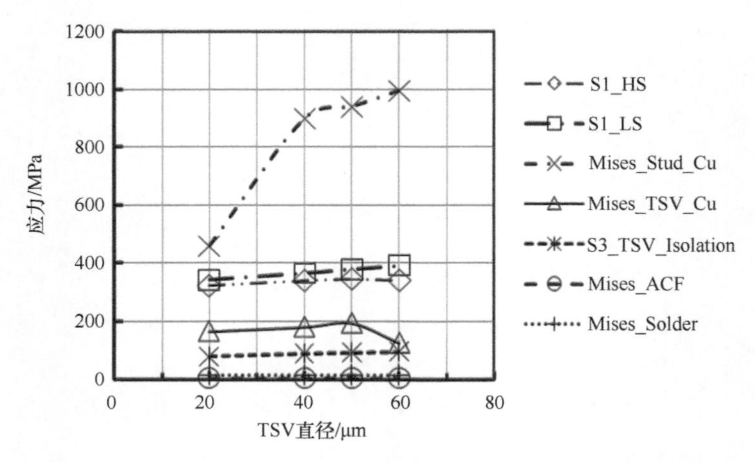

图 6.31 回流时 HS 芯片、LS 芯片、铜凸块、TSV 铜、ACF、隔离层和焊料的应力随 TSV 直径的变化

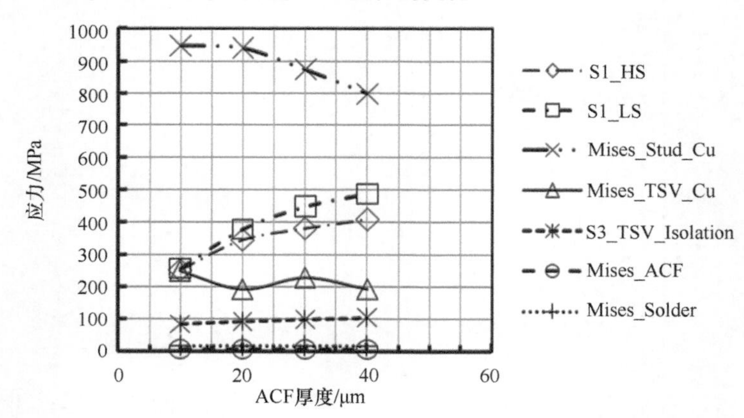

图 6.32 回流时 HS 芯片、LS 芯片、铜凸块、TSV 铜、ACF、隔离层和焊料的应力随 ACF 厚度的变化

图 6.33 给出了回流时 HS 芯片和 LS 芯片的拉应力 S_1、TSV 铜的 von Mises 应力、铜凸块、ACF 层、隔离层的压应力 S_3、焊球的 von Mises 应力与 HS 芯片厚度的关系。随着 HS 芯片厚度的增加，HS 芯片厚度超过 100μm 后，LS 芯片的拉应力 S_1 和 TSV 铜的 von Mises 应力略有增加并趋于稳定，而 HS 芯片厚度大于 100μm 后，HS 芯片的拉应力 S_1 减小并趋于稳定。所有其他的应力没有显著的变化。图 6.34 给出了回流时 HS 芯片和 LS 芯片的拉应力 S_1、TSV 铜的 von Mises 应力、铜凸块、ACF 层、隔离层的压应力 S_3、焊球的 von Mises 应力与 LS 芯片厚度的关系。随着 LS 芯片厚度的增加，铜凸块和 TSV 铜的 von Mises 应力增大。HS 和 LS 芯片的拉伸应力 S_1 略有增加，而 TSV 隔离层、ACF 层和焊球的其余应力基本保持不变。因此，通过回流过程的应力分析，我们了解到 ACF 层、焊球和 TSV 隔离层的应力对晶圆级堆叠封装的设计变量不敏感。表 6.8 列出了 TSV 铜与环氧树脂填充 TSV 的应力对比。结果表明，两种情况下均无显著差异，但环氧树脂填充的铜 TSV 的 von Mises 应力略高于铜 TSV（高 8%）。

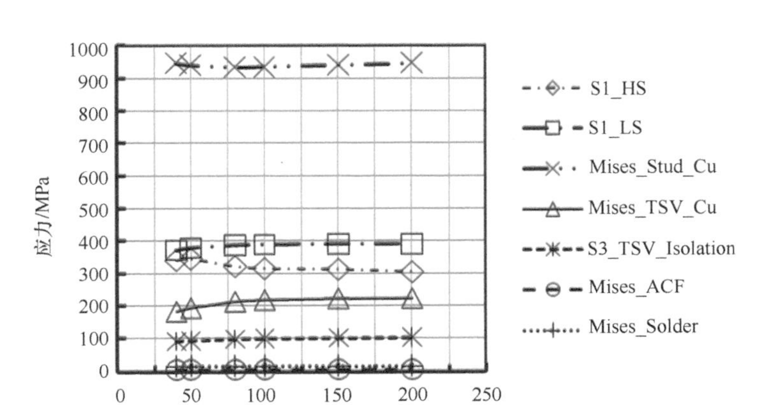

图 6.33　回流时 HS 芯片、LS 芯片、铜凸块、TSV 铜、ACF、隔离层和焊料的应力随 HS 芯片厚度的变化

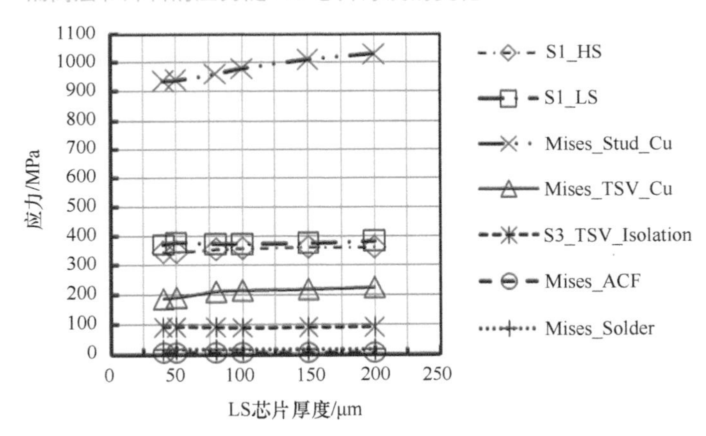

图 6.34　回流时 HS 芯片、LS 芯片、铜凸块、TSV 铜、ACF、隔离层和焊料的应力与 LS 芯片厚度的关系

表 6.8　TSV 铜与环氧树脂填充 TSV 的应力对比

比较的对象	TSV 铜 /MPa	环氧树脂填充 TSV/MPa
HS 芯片的拉应力 S_1	345	344
LS 芯片的拉应力 S_1	378	377
ACF 的 von Mises 应力	5.66	5.62
铜凸块的 von Mises 应力	939	940
焊球的 von Mises 应力	16.5	16.6
TSV（铜）的 von Mises 应力	192	209
TSV 隔离层的压应力 S_3	93.3	91.5

6.4 用于模拟和功率集成的晶圆级 TSV/ 堆叠芯片概念

在 6.3 节中，我们在图 6.12 中介绍了采用 TSV 技术的降压转换器堆叠晶圆。在该设计概念中，有堆叠的LS MOSFET和HS MOSFET。然而，模拟IC控制器并未被包括在6.3节的结构中。在本节中，我们将介绍一个新的概念，即使用 TSV 技术在一个晶圆上构建 LS 和 HS MOSFET，然后将模拟 IC 芯片堆叠在 MOSFET 晶圆上，以完成模拟和功率器件的集成，用于负载点降压转换器。图 6.35[11] 展示了模拟 IC 与功率 MOSFET 器件的集成概念，其中模拟 IC 芯片与第一、第二 MOSFET 芯片堆叠在晶圆上。

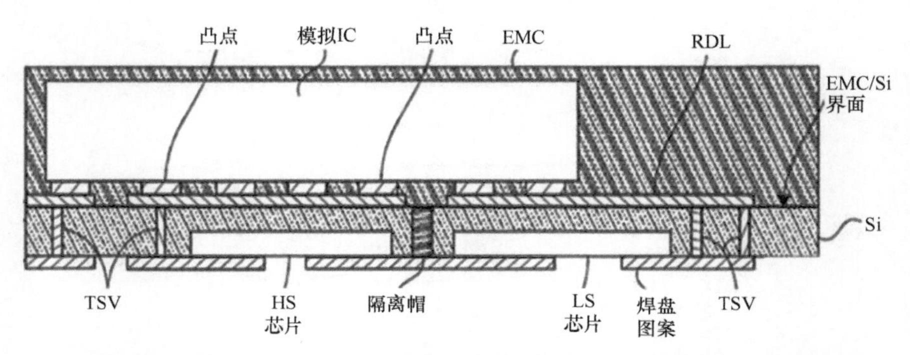

图 6.35 集成有两个具有 MOSFET 功率器件晶圆的堆叠模拟 IC 芯片原理图

本设计概念引出了一个模拟和功率器件封装的集成封装，其中包括一个模拟 IC 芯片堆叠在两个功率 MOSFET 上。功率 MOSFET 包括在彼此相邻的半导体基板中制造的 HS MOSFET 和 LS MOSFET。模拟 IC 芯片安装在半导体基板的背面，并通过多个 TSV 耦合到两个 MOSFET。晶圆级堆叠封装被设计为在封装的正面有源侧上具有连接盘图形的焊盘。HS 电源通过金属地连接到 LS 漏极。在半导体基板的 LS 和 HS MOSFET 之间存在隔离间隙。半导体基板中的 TSV 通过再分布层（RDL）将 HS 源极和 LS 漏极连接至模拟 IC 控制器。模拟 IC 被设计成 WLCSP 或倒装芯片，可以安装在具有两个 MOSFET 的半导体基板上。整个堆叠芯片封装采用晶圆级塑封（wafer-level molding）技术。制造过程的基本程序包括：①制作具有 LS MOSFET 的功率晶圆和具有 TSV、RDL 和焊盘图案的 HS MOSFET：②刻蚀出 HS 和 LS MOSFET 器件之间的隔离槽，然后用隔离材料填充凹槽；③在功率晶圆的 RDL 上堆叠 WLCSP 模拟 IC 芯片；④采用压模成型法封装堆叠了模拟 IC 芯片的整个晶圆；⑤用锯圆法将整体封装分离为单个。

这一概念将整个解决方案缩小到给定特定功率半导体技术的最小可能空间。此外，它具有较薄的结构设计。栅极驱动环路的电感和电阻可以非常低，使纳秒切换和进入 MHz 范围的高效率工作频率成为可能。功率 MOSFET 结直接耦合到 PCB 上，因此热阻最小。没有引线框架、陶瓷或有机基板，因此该解决方案可能非常具有成本效益和优异的电气性能。它适用于智能功率级模块（smart power stage）、降压转换器或集成控制器 / 驱动器和两个或多个 MOSFET 的任何组合。

6.5　带有有源和无源芯片的集成功率封装

6.3 节介绍了降压转换器的 LS MOSFET 晶圆和 HS MOSFET 晶圆堆叠的设计概念。6.4 节提出了在 LS MOSFET 和 HS MOSFET 晶圆上堆叠模拟 IC 晶圆的想法，然后用环氧模塑料（EMC）对堆叠 IC 晶圆进行塑封。然而，在工业中为了减少寄生效应，同时采用有源器件（如 MOSFET、IC 控制器）和无源器件（如电阻器、电容器和电感器）的电路越来越受欢迎。如图 6.36 所示，该电路具有两个 MOSFET、一个输入电容器、一个输出电容器和一个输出电感器。

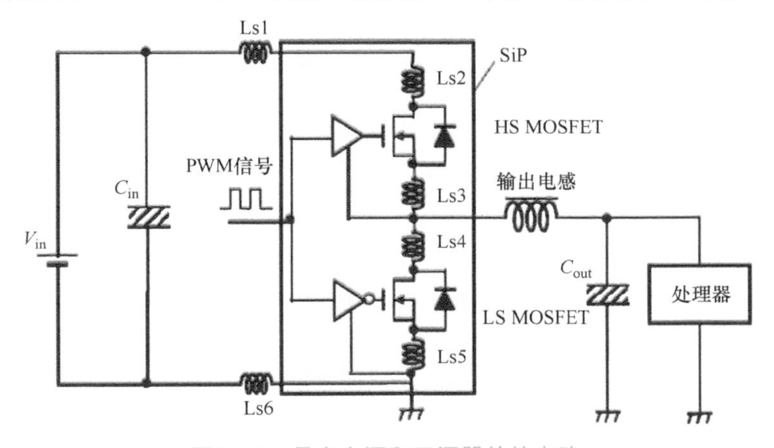

图 6.36　具有有源和无源器件的电路

本设计理念为将晶圆级嵌入式有源功率 IC 芯片和功率系统堆叠无源芯片置入一个封装，如图 6.37 所示 [12]。有源功率 IC 芯片嵌入在具有 TSV 和 RDL 的玻璃或硅基板中。无源器件（电感器、输入电容器和输出电容器）之后被堆叠在 RDL 上。通常的制造方法包括制造具有阵列通孔和阵列通腔的玻璃或半导体基板。可用凝胶或环氧树脂将有源功率 IC 器件固定在基板框架的空腔上。所述基板框架的背面可以通过刻蚀去除，以形成从所述基板框架的正面延伸出来的通孔。然后可以将基板框架和所附组件从载体上移除，以便金属化 RDL 可以分布在晶圆的背面。然后将无源器件（电感器和电容器）通过拾取法附着在带有有源芯片的基板的 RDL 上。然后在有源晶圆上堆叠无源晶圆，进行晶圆级塑封。最后，采用晶圆锯切或激光切割的方法对封装好的晶圆级功率系统进行分割。

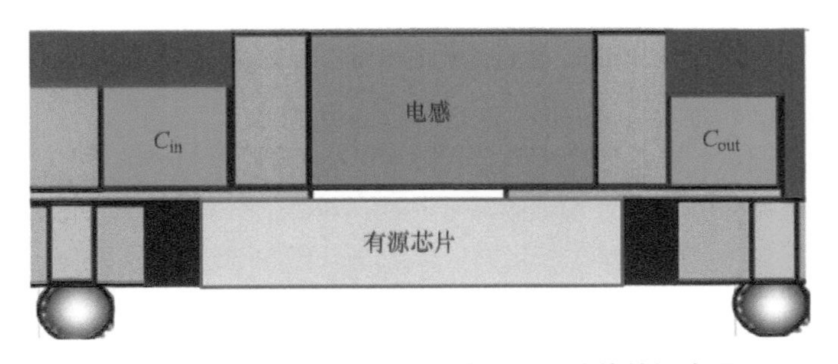

图 6.37　晶圆级堆叠有源器件和无源芯片的概念图

该概念集成了有源功率 IC 芯片和无源器件，由于采用了堆叠芯片技术、使用片级 RDL 且有源和无源之间的距离较短，因此可以极大地改善寄生电阻、电感和电容。由于寄生效应很低，也有利于高开关频率。

6.6 总结

本章介绍了模拟与功率解决方案集成的设计理念，其中包括两种晶圆级集成：一种是将功率场效应管与模拟IC集成在一个晶圆上的系统级芯片（SoC）。也有人称之为“智能功率集成”。这种集成技术可以使 SoC 芯片具有优异的电气性能，高效率和低导通电阻（$R_{ds(on)}$）。它还可以使 SoC 易于通过常规的 WLCSP 技术组装。这种技术的挑战在于其在高功率应用场景中难以实现，特别是在负载点便携式应用中。另一种晶圆级集成是芯片堆叠技术，其中我们引入了 LS MOSFET 晶圆与 TSV 一起堆叠在 HS MOSFET 晶圆上，引入了 TSV 和晶圆成型技术在 MOSFET 晶圆上的模拟 IC 芯片堆叠，以及有源芯片和无源芯片堆叠的晶圆级嵌入式技术。本章中 LS MOSFET 晶圆叠加在 HS MOSFET 晶圆上的概念中不包括模拟 IC 芯片以及无源器件。虽然晶圆级 TSV/ 堆叠芯片封装概念是将单个模拟IC芯片与LS/HS MOSFET芯片一起堆叠到晶圆上，但它不包括输入、输出电容器和电感器等无源器件。为了集成有源芯片（如 MOSFET 和 IC 芯片）和无源芯片（如电容器和电感器），引入了晶圆级嵌入式芯片的概念，用于堆叠有源和无源器件，从而允许在一个晶圆级封装中实现完整的负载点电源应用。

参考文献

1. Liu, Y.: Trends of power wafer level packaging. Microelectron. Reliab. **50**, 514–521 (2010)
2. Liu, S., Liu, Y.: Modeling and Simulation for Packaging Assembly: Manufacturing, Reliability and Testing. Wiley (2011)
3. Cai, J., Szendrei, L., Caron, D., Park, S.: A novel modular smart power IC technology platform for functional diversification. 21st International Symposium on Power Semiconductor device & IC's, Barcelona ISPSD 2009 (2009)
4. Liu, Y.: Power electronic packaging: design, assembly process, reliability and modeling. Springer, New York (2012)
5. Fairchild application report, IntelliMAX™ advanced load switches (2009)
6. Liu, Y., Qian, R.: Reliability analysis of next generation WLCSP, EuroSimE (2013)
7. Liu, Y.M., Liu, Y., Qu, S.: Prediction of board level performance of WLCSP, ECTC63, Las Vegas (2013)
8. Liu, Y.M., Liu, Y., Qu, S.: Bump geometric deviation on the reliability of BOR WLCSP, ECTC64, Orlando (2014)
9. Liu, Y., Kinzer, D.: (Keynote) Challenges of power electronic packaging and modeling, EuroSimE (2011)
10. Liu, Y.: (Keynote) Trends of analog and power packaging, ICEPT (2012)
11. Kinzer, D., Liu, Y., Martin, S.: Wafer level stack die package, US Patent 8,115,260, 14 Feb 2012
12. Liu, Y.: Wafer level embedded and stacked die power system-in-package packages, US patent 8,247,269, 21 Aug 2012

第 7 章

WLCSP 的热管理、设计和分析

晶圆级半导体器件的运行对结温较敏感。当结温超过功能极限时，该器件则无法正常运行。众所周知，半导体器件的失效率会随着结温的上升呈指数增加。图 7.1 所示为智能手机内部温度分布的 FLIR 相机图像，显示了安装在电路板上的 WLCSP 的散热热源。WLCSP 的设计师和应用工程师非常重要的是要了解 WLCSP 热阻的定义、特性和应用，以确保器件正常运行 [1-6]。在半导体器件运行过程中，功耗会导致结温升高，这取决于功耗的大小以及结与 WLCSP 引脚、环境和其他指定参考点之间的热阻。本章介绍了 WLCSP 的热管理、设计、分析和冷却方法。

图 7.1　智能手机内部的温度分布

7.1　热阻及其测量方法

7.1.1　热阻的概念

这些热性质之间的关系，如热阻、功耗和结温，在式（7.1）中被定义 [7, 11]：

$$R_{\theta_{jx}} = \Delta T/P = (T_j - T_x)/P \tag{7.1}$$

式中，P 是每个器件的功耗；T_j是结温；T_x 是参考温度（℃ /W）。

热阻是指每单位功耗引起的结和特定参考点之间的温度差。它是表征封装热性能的简化参数。参考点的选择是任意的，典型点及其缩写总结如下：

1）结点至环境温度（$R_{\theta_{ja}}$）

$$R_{\theta_{ja}} = \frac{T_j - T_a}{P} \tag{7.2}$$

通向空气的主要路径有 3 种：第一种是通过封装顶部到空气，第二种是通过封装底部到空气或通过底部板上的凸点到空气，最后一种是通过封装侧到空气。在大多数情况下，主要路径是从凸点到基板。

2）结点至封装外壳（$R_{\theta_{jc}}$）

$$R_{\theta_{jc}} = \frac{T_j - T_c}{P} \tag{7.3}$$

$R_{\theta_{jc}}$仅适用于所有或几乎所有热量通过散热器从 WLCSP 顶部或凸点底部流出的情况。低 $R_{\theta_{jc}}$意味着热量将容易流入封装顶部或底部的外部散热器。这里，情况 3）可以是 WLCSP 顶部中心或凸点底部，其可以被设置为室温 25℃。

3）结点至元件凸点（$R_{\psi_{jl}}$）

$$R_{\psi_{jl}} = \frac{T_j - T_l}{P} \tag{7.4}$$

$R_{\psi_{jl}}$不是真正的热阻。在式（7.4）中使用总功率，因为它是已知的。在标准环境中，大部分但非全部的功率通过凸点流到电路板。

4）结点到组件顶部（$R_{\psi_{jt}}$）：

$$R_{\psi_{jt}} = \frac{T_j - T_t}{P} \tag{7.5}$$

这用于在实际应用中从 WLCSP 顶部的测量来估计结温。$R_{\psi_{jt}}$不是热阻。在式（7.5）中使用总功率，因为它是已知的。它不是结和封装顶部之间的功耗。通常只有少量的功率从封装顶部流出。

通常，这里 3）和 4）被称为热参数而不是热阻。根据上述定义，$R_{\theta_{ja}}$（结 - 环境热阻）和 $R_{\theta_{jc}}$（结 - 外壳热阻）通常是 WLCSP 封装中最常用的定义。

7.1.2 结温敏感参数法

因为在测试期间可直接测量外壳或环境温度和功耗，因此唯一的未知参数是热阻测试中的结温。结温的直接测量是不可能的，除非在某些封装中，这些封装具有暴露在空气中的裸片。然而，在给定的温度和电流条件下，器件的 PN 结会表现出特定的正向电压降。结的这种正向电压降被称为温度敏感参数（Temperature Sensitive Parameter，TSP），并且也被称为“二极管正向电压降”方法，来自使用功率二极管或双极功率晶体管的原始应用。因为结温是通过电气关系间接测量的，因此这种测试方法被称为电气测试方法（Electrical Test Method，ETM）。目前，ETM 是最流行的结温测量技术。

正向电压降与结温之间的关系是半导体结的固有电热特性。该关系的特征在于当施加恒定的正向偏置电流（此后也称为感测电流）时，正向偏置电压降与结温之间的关系接近线性。图 7.2 是描述二极管结的压降与结温关系的测量测试装置的示意图。

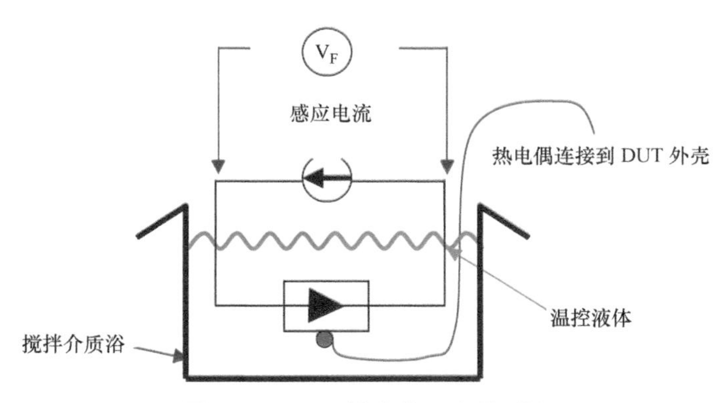

图 7.2　T.S.P. 校准浴示意图测量

在该测试中，在热浴中将被测器件（DUT）加热到热平衡温度，并且将感测电流施加到器件上以测量在该温度下的正向偏置电压降。取决于 DUT 的操作特性，感测电流的量足够小以不加热 DUT，诸如 1mA 和 10mA。通过在不同温度下重复相同的测试，可以得到图 7.3。

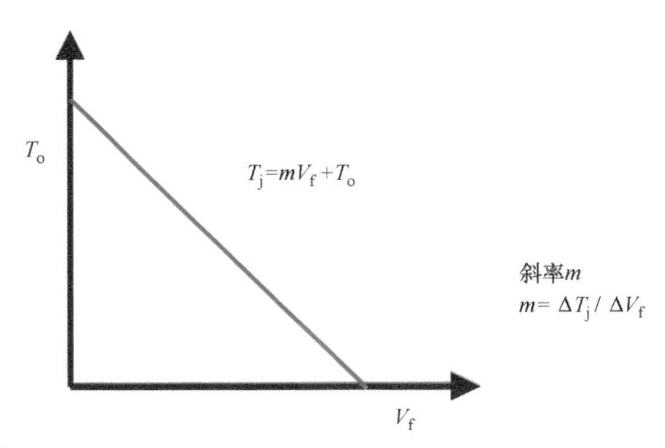

图 7.3　T.S.P. 的典型示例案例

图 7.3 中所示的关系可以用各种数学方程来表示，典型的线性方程公式由方程式（7.3）通过曲线拟合给出。

$$T_j = mV_f + T_o \tag{7.6}$$

式中，斜率“m”（℃/V）和温度坐标截距“T_o”用于量化该直线关系。斜率的倒数通常被称为“K因子”，单位为mV/℃。在这种情况下，V_f是二极管结的“温度敏感参数（TSP）”，并且温度-电压校准线的斜率总是负的，即，正向导通电压随着结温的增加而降低。

7.1.3 热阻测量

一旦校准了器件，就可进行热阻测量测试。图7.4所示为热阻测量测试电路的原理图。它由两个子电路组成，即加热和感测电路。加热电路用于通过调整功率将DUT加热至数据表中给出的T_{jmax}，而感测电路用于使用器械校准中使用的感测电流测量TSP。在热阻测量测试期间，电气开关自动地改变用于加热电路或感测电路的操作。

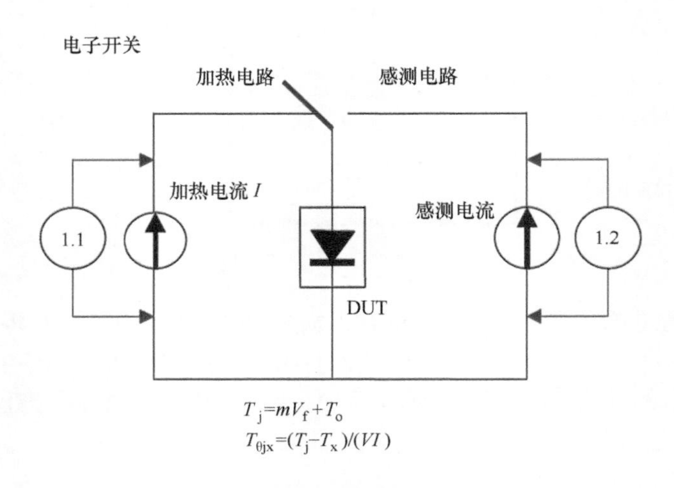

图7.4 热阻测量电路示意图

当在封装外壳处测量参考温度T_x时，则T_x被称为T_C，热阻记为$R_{\theta_{jC}}$，称为结-壳热阻。这表示封装从结到外壳的散热能力。这通常用于安装在无限大或温控散热器上的封装。

当参考温度T_x是环境温度时，则T_x被称为T_A，热阻写为$R_{\theta_{jA}}$，称为结-环境热阻。这表示封装从结到环境的功耗能力。这通常用于安装在没有散热器的PCB上的封装。$R_{\theta_{jA}}$和$R_{\theta_{jC}}$的详细测试环境如下所述。

7.1.4 热阻测量环境：结-环境热阻

7.1.4.1 自然对流环境

图7.5a所示为自然对流条件下结-环境热阻测试的示意图，也称为θ_{jA}测量测试。主要部件是静止空气室，用于封装安装的PCB以及热电偶。该室封闭1ft^3（1ft = 0.3048m）体积的静止空气，并遵循JEDEC标准建议。PCB水平安装（或垂直安装，如果需要）在腔室中，并测量腔室内部和外部的参考温度。

7.1.4.2 强制对流环境

图 7.5b 给出了在强制对流条件下进行结 - 环境热阻测试的风洞，也称为$R_{\theta_{jA}}$测量试验。测试设置类似于自然对流环境，但静止空气室除外。风洞尺寸为 12 × 12 × 74in^3（1in=0.0254m），测试管道为 6in 宽。温度和空气速度分别在通道中心与测试板和封装前 6in 处测量。板和封装沿着气流方向放置。用热线风力计探头测量空气速度，用热电偶测量温度。

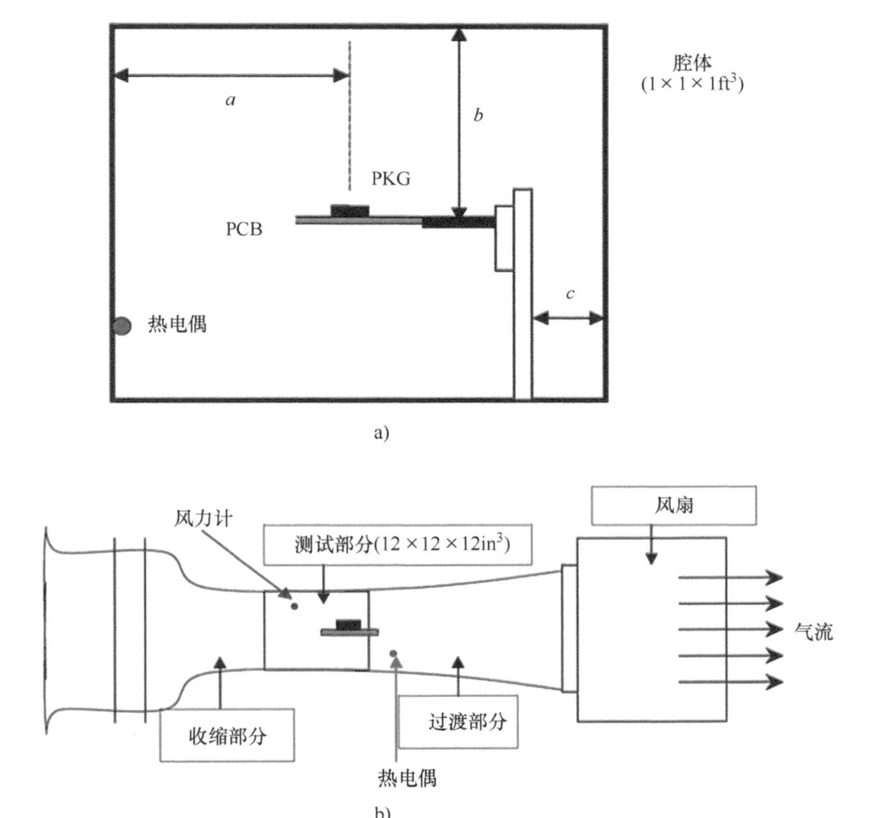

图 7.5 自然对流和强制对流热阻测量系统原理图

a）用于结 - 环境热阻测量测试的静止空气室示意图（a 为 6.0in，b 为 6.5in，c 为 3.0in，体积 12 × 12 × 12in^3）
b）用于结 - 环境热阻测量试验的强制空气风洞示意图

7.2 WLCSP 导热测试板

对于结 - 环境热阻测量测试，选择用于封装安装的导热测试板或 PCB 对于热性能表征至关重要。在工业中，JEDEC 标准 JESD51-3 [8] 和 JESD51-7 [9] 中推荐了具体尺寸和材料。这些标准提供了由各种半导体公司提供的封装热阻表示的一致性。基本材料为 FR-4，总厚度为 1.6mm，测试板的基本尺寸如图 7.6 和图 7.7 所示（参考 JESD51-3）。

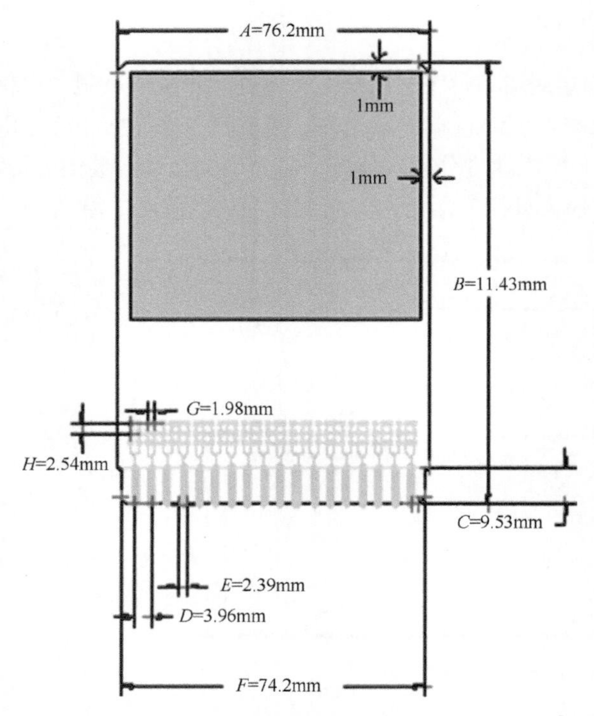

图 7.6　PCB 用于 <27.0mm 长封装的 74.20 × 74.20（mm^2）埋平面

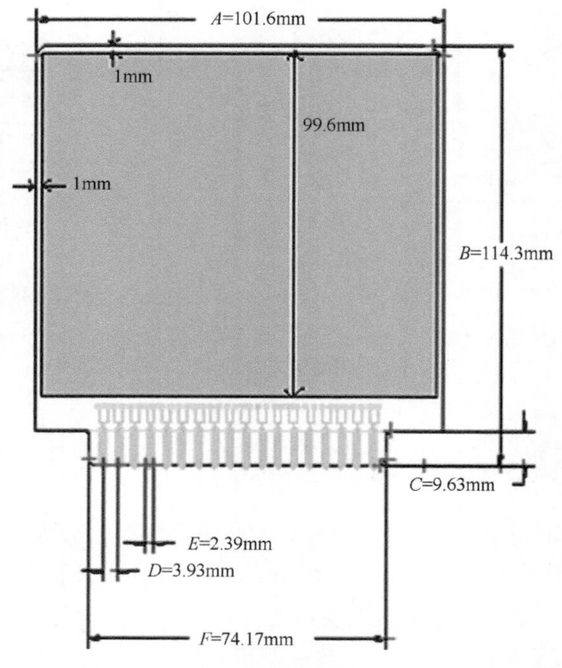

图 7.7　PCB 用于 >27.0 mm 长封装的 99.60 × 96.60（mm^2）埋平面

7.2.1　低效导热测试板

低效导热测试板 [8] 设计用于从基于 JEDEC 标准的热性能角度模拟最差的板安装环境。这些测试板没有内部铜层，被称为 1S0P 测试板或两层板。这些是两层板，具有从每个封装电连接到边缘连接器之一的最少铜布线。两个 1 盎司 [1 盎司（oz）= 28.35g] 铜层覆盖在测试板的两侧。

7.2.2　高效导热测试板

高效导热测试板 [9] 被制造成具有两个均匀间隔的内部平面。这些电路板更接近地反映了在 PCB 中使用接地层或电源层的应用。图 7.8 所示为高效导热测试板的布线层数和层厚。

此测试板称为 2S2P（2 个信号层和 2 个电源层和接地层）测试板或 4 层或多层板。

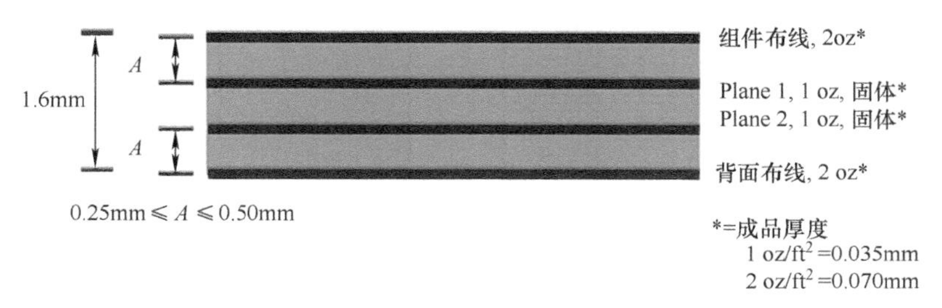

图 7.8　JEDEC 标准中的多层 PCB 的截面

7.2.3　WLCSP 的典型 JEDEC 板

JEDEC 标准可以用于 WLCSP，一个典型的 JEDEC 板的顶部布线布局如图 7.9 所示 [10]。当然，客户可以设计适合他们自己产品应用的特殊布线布局，这可能不同于 JEDEC 标准。

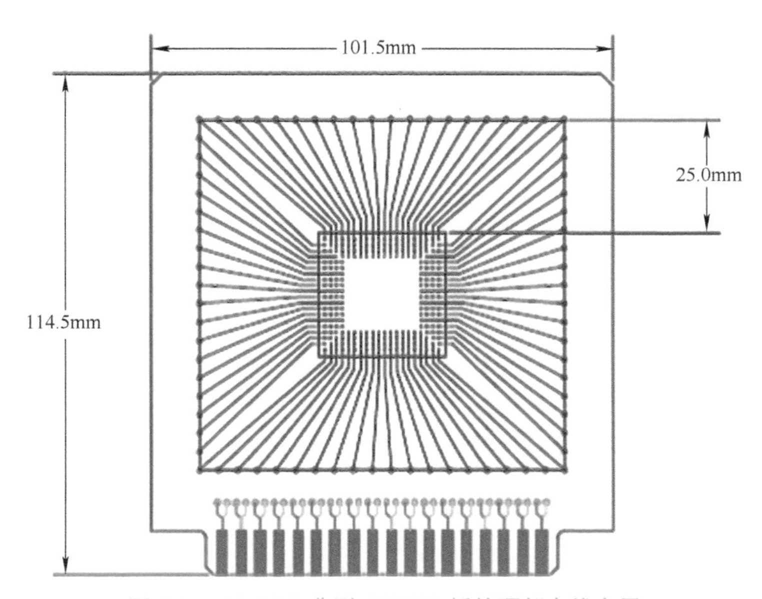

图 7.9　WLCSP 典型 JEDEC 板的顶部布线布局

7.3 WLCSP 的热分析与管理

模拟和功率 WLCSP 由于其小尺寸和优异的电气性能而在半导体行业中越来越受欢迎。然而，型材收缩也导致了较高的热集中，这引起了整个行业的广泛关注。因此，在设计初期进行热仿真并分析其发展趋势，对于 WLCSP 的良好热管理和鲁棒性设计至关重要。

参数化设计和建模是一种有效的方法，用于预测热阻、温度分布以及 WLCSP 设计变化的趋势。根据 JEDEC 标准 [7-10]，热阻 θ_{JA} 以及包括 ψ_{JB} 和 ψ_{JC} 在内的热参数被作为本节的主要关注点，用于表征 WLCSP 的热性能。在传统的热分析中，当封装建模工程师进行热仿真时，需要构建热板的实物模型，这项工作占用了大部分项目时间，从而延迟了产品设计周期。

此外，虽然每个工程师都遵循 JEDEC 标准，但由于 JEDEC 提供的指定参数的容差（这在实际制造散热板时似乎是不可避免的，但在参数设计和仿真中可以避免）以及个人对通用规范的理解，不同的人会设计出不同的散热板。与传统的热设计和热分析相比，热参数化设计和建芯片有两个突出的优点。

1）它大大提高了建模工程师的工作效率。通过参数化模型的使用，建模人员不必花费太多时间去理解 JEDEC 标准，也不必费力地建模和网格划分。他们所需要做的只是根据需要设置参数，然后整个热仿真，包括网格划分，加载 / 边界条件，求解和后处理，将通过 ANSYS APDL 编码进行处理和自动化。

2）该参数化模型可以避免 JEDEC 热测试板特别是布线布局时由于声明不明确或不详细而导致的变化。这将消除研究者跟踪变化的需要，并允许专注于主要关注的因素。

本节介绍了 WLCSP 设计的全参数模型的构建，并将最差和最佳内部布线布局作为极端情况，以评估内部布线布局对热阻或热参数的影响。模型中包括低效导热率（1S0P）和高效导热率（2S2P，带热通孔的 2S2P）JEDEC 板。然后，实验验证的经验热对流系数被应用到参数化模型，进行了大量的建模工作，研究了焊球数量、芯片尺寸和端子间距对热阻或参数的影响，并对相关结果进行了系统的研究。作为验证，最后将对一个 6 焊球的 WLCSP 进行实际测试。

7.3.1 参数化模型的构建

如上所述，参数化模型由封装和热测试板组成。对于特定封装，根据 JEDEC 标准存在 3 种类型的热板，包括 1S0P、2S2P 和具有通孔的 2S2P。由于 1S0P 是一个简单的情况，所以我们将从它开始，并以 49 球 WLCSP 为例介绍如何构建参数化模型 [11]。

图 7.10 所示为安装在 JEDEC 1S0P 热测试板上的 49 球 WLCSP 的结构。如图 7.10 所示，该模型由硅芯片（灰色）、焊球（紫色）、铜焊盘（红色）、布线（红色）和 FR4 板（绿色）组成。右下方的硅芯片设置为透明，以清楚地显示球阵列。1S0P 参数化模型的所有参数见表 7.1。

表 7.1 中的大多数参数都很容易理解，因此不会进一步解释。但图 7.11 中给出了一些可能会给读者带来困惑的布线布局相关参数。

根据 JESD 51-9，到外部球排的布线应向外展开，距离封装体 25mm，如图 7.9 所示。从封装体到四周边界的距离被参数化为“lt”。

参数“l_i”指示布线的最大步长的长度（见图 7.11）。如果球的间距更细，则应将参数“l_i”指定为更大的值，这样布线就不会相互接触，从而具有更好的间距。参数“s_inc”代表相邻跟踪步长之间的长度差。出于同样的原因，“s_inc”也应该被适当地定义。

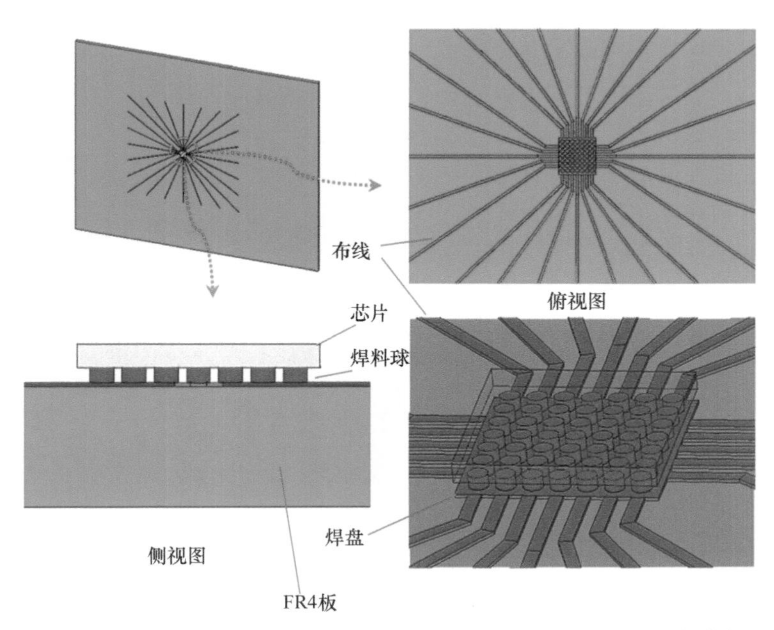

图 7.10　安装在 JEDEC 1S0P 热测试板上的 WLCSP（49 个球）

表 7.1　指定参数及其说明

参数	描述	备注
l_si	硅片长度	
w_si	硅片宽度	
h_si	硅片高度	
h_ball	焊料球高度	
d_ball	焊料球直径	
n1	WLCSP 长边中的引线数	需要输入（n1 ≥ 2）
n2	WLCSP 宽边中的引线数	需要输入（n1 ≥ 2）
p	间距	
l_board	板长	114.5mm [PKG ≤ 40mm] 139.5mm[40< PKG ≤ 65mm] 165.0 mm [65 < PKG ≤ 90mm]
w_board	板宽	101.5mm [PKG ≤ 40mm] 127.0mm[40< PKG ≤ 65mm] 152.5mm [65 < PKG ≤ 90mm]
h_board	板高	1.6-h_trace
w_trace	布线宽度	p>0.5mm 时为 p 的 40%，p ≤ 0.5 mm 时为 p 的 50%
h_trace	布线高度	p>0.5mm 时为 70μm，p ≤ 0.5mm 时为 50μm
lt	最小布线长度	25mm
s_inc	布线步长差	可根据球数和间距进行调整
l_i	布线初始收缩长度	可根据球数和间距进行调整

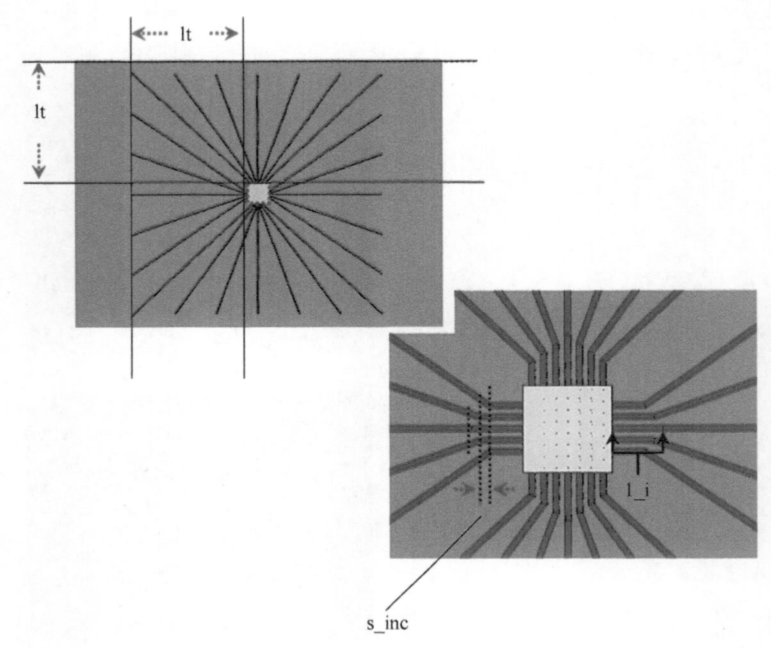

图 7.11　布线布局相关参数图示

应当注意的一点是，“l_i”和“s_inc”两者都未在 JEDEC 标准中指定。本文参数化模型的一个优点是，我们可以自己定义用于指定上述两个参数的值或规则。这导致我们消除了由于不可控因素引起的模型变化。

对于参数化模型，主要的挑战是如何参数化热测试板的铜布线。对于电路板的任何一面，引线编号应该是奇数或偶数。对于奇数情况，使用“*do...”首先生成除中央布线外的右侧布线的一半，然后沿着水平对称轴反射，再生成中央布线。此时，已经生成了布线的所有右侧。最后，沿着垂直对称轴反射所有右侧的布线，作为这样的结果，沿着长边取向制备所有布线。而对于偶数情况，则与奇数情况类似。不同之处在于，中央布线不应特别关注（见图 7.12）。

在沿着长边方向生成布线之后，隐藏所有当前布线并且使用相同的规则来沿着短边方向构建布线。应该注意的一点是，边界布线（见图 7.12，奇数情况下，布线数为 4、7、11、14；偶数情况下为 4、8、12、16）属于两个相邻边，因此在构建短边方向布线时，对于奇数情况，使用“*do，i，1，（n2 - 1）/2-1”代替“* do，i，1，（n2-1）/2”，对于偶数情况，使用“*do，i，1，n2/2-1”代替“*do，i，1，n2/2”，以避免在同一边界中的布线重复（见图 7.12）。

根据 JEDEC，内部焊盘应连接到外部布线，以便具有简化的模型以提高效率。这里设计了内部布线布局的两种极端情况，并利用这两种极端情况对内部布线布局对封装热阻的影响给予了评估。一种是为了最好的情况，它使用一个薄块（厚度与布线相同，面积与芯片相同）连接所有焊盘（见图 7.13a）。另一种是针对最坏的情况，其仅将外部焊盘连接到布线，并且使内部焊盘隔离（见图 7.13b）。

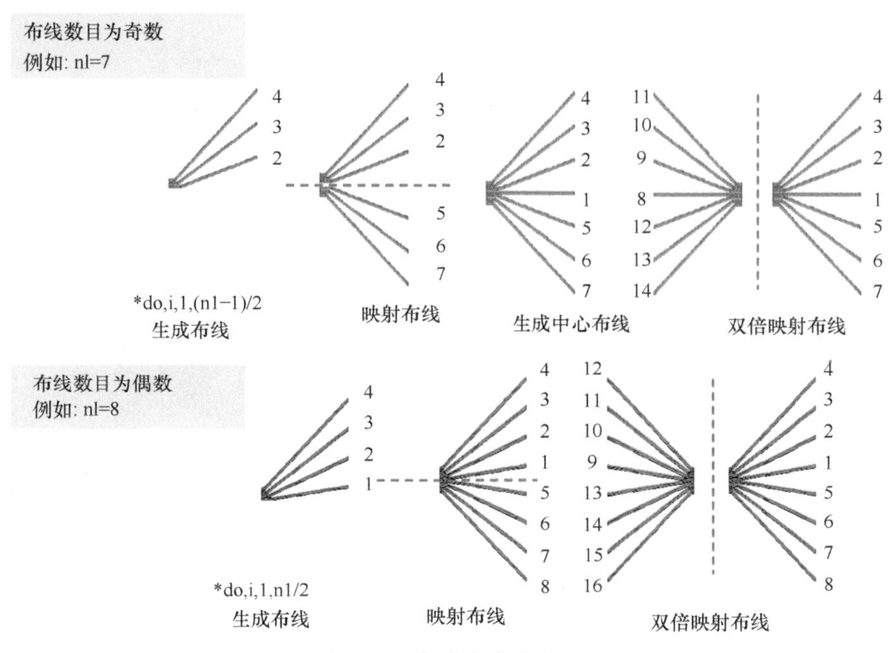

图 7.12 布线生成流程图

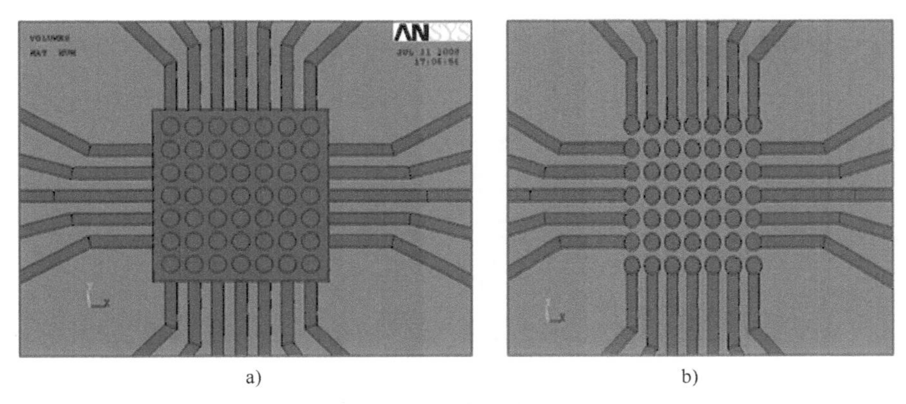

图 7.13 极端内部布线布局

a）最好的情况 b）最差的情况

其他部件，包括硅芯片、焊球和 FR4 板，由于其简单的几何形状，很容易参数化。所以这部分工作就不详细给出了。

JEDEC 2S2P 热板在 1S0P 热板的基础上增加了底部信号层和两个埋层，而对于带通孔的 2S2P 热板（见图 7.14），在每个球的焊盘下方设计一个热通孔。这些模型采用相同的跟踪生成方法和相同的内部跟踪设计规则。到目前为止，所有三种类型的热板都已建造和安装。

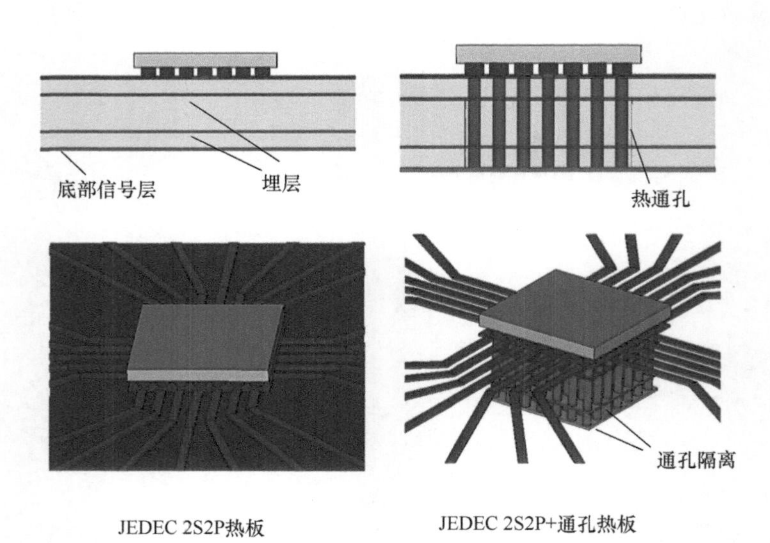

图 7.14 JEDEC 高效板

7.3.2 参数化模型的应用

利用所建立的参数化模型对自然对流条件下 WLCSP 的热性能进行了数值仿真。表 7.2 列出了 WLCSP 中所有材料的热导率。

表 7.2 材料性能

材料	热导率 /[W/（m · ℃）]
硅芯片	145
焊料球	33
铜布线和焊料	386
FR4	0.4

使用 3 种类型的热板对于热阻 θ_{JA} 进行评估，使用 1S0P 和 2S2P 热板对于热参数 ψ_{JB} 进行评估。系统研究了焊球数目、芯片尺寸和间距对这些热阻和参数的影响。图 7.15 给出了不同温度的定义，包括环境温度（T_A）、外壳温度（T_C）和布线温度（T_B）。

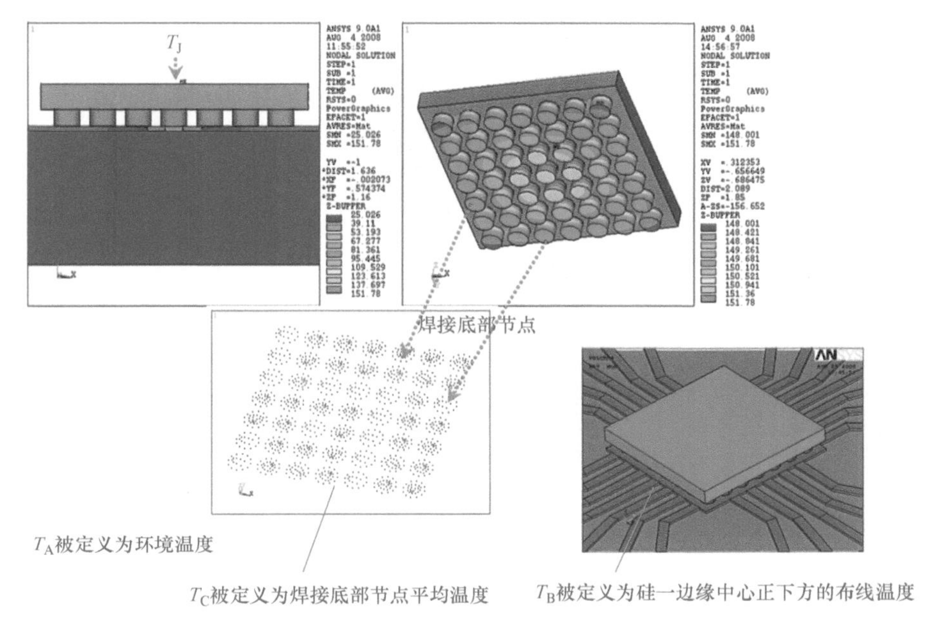

图 7.15　不同温度定义

7.3.3　热仿真分析

7.3.3.1　焊球数量的影响

为了研究焊球数量对 WLCSP 热性能的影响，选择 3mm × 3mm 芯片尺寸和 0.4mm 间距，功率设置为 1W 并施加在硅芯片上。然后将球阵列设计为 2 × 2、3 × 3、4 × 4、5 × 5、6 × 6、7 × 7，并通过热测试板将这些值输入到包括 1S0P、2S2P 和 2S2P+ 通孔的参数化模型中。图 7.16 给出了 1S0P 散热板采用最佳内部布线设计的所有 WLCSP 封装的温度分布。

1S0P、2S2P 和 2S2P + 通孔的两种极端情况的所有结果也总结在图 7.17 中，它清楚地表明：

1）焊球数量对散热至关重要。对于所有 3 种类型的板，封装将通过更多的球以更高的效率散热。因此，更多的球将导致更小的 θ_{JA}。因此，从热的角度来看，设计足够多的焊球来散热，保证芯片在安全温度下工作，对于一个特定的封装是非常重要的。

2）1S0P 的 θ_{JA} 曲线远高于 2S2P 和 2S2P+ 通孔的 θ_{JA} 曲线，说明 θ_{JA} 实际上是板相关的；显然，高效板以更高的效率将热量从封装件散发到周围环境。

3）对于某一电路板，极端情况下的两条曲线之间的差距反映了内部布线布局设计作为散热功能的作用。比较有无通孔的情况，判断内部布线布局设计对提高散热效果是有效还是无效。热测试板是否有垂直传热设计，视情况而定。在热通孔存在的情况下，热量从封装垂直传递到热板。在这种情况下，内部布线布局由于其在水平方向而不能有效地工作。因此，对于客户的应用，我们应该建议他们关注没有有效的垂直传热设计的 PCB 内部布线布局，特别是对于较低球密度的封装。

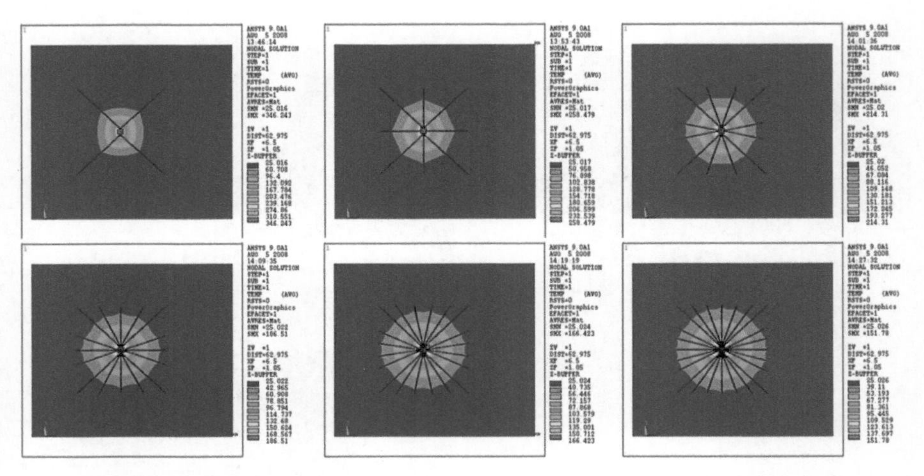

图 7.16　不同球阵列的温度分布（最佳内部布线设计，1S0P）

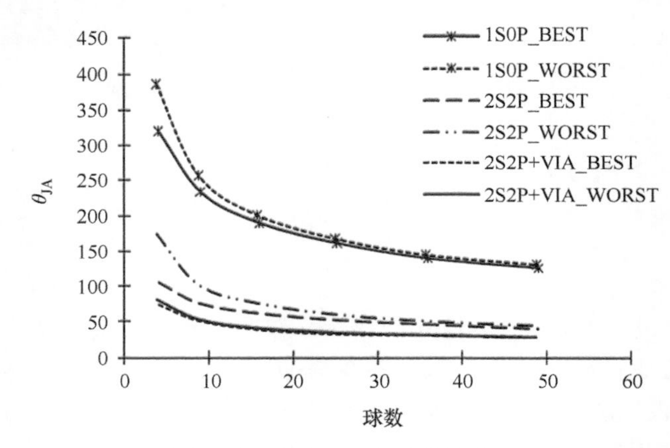

图 7.17　热阻 θ_{JA} 与球数的关系

7.3.3.2　芯片尺寸的影响

为了获得芯片尺寸对 WLCSP 热性能的影响，选择了两组球阵列，包括 2×2 和 4×4。对于 2×2（4 球）外壳，设计芯片尺寸包括 $0.85\times0.85\text{mm}^2$、$1.25\times1.25\text{mm}^2$、$1.65\times1.65\text{mm}^2$、$2.05\times2.05\text{mm}^2$、$2.4\times2.4\text{mm}^2$ 和 $3\times3\text{mm}^2$，而 4×4（16 球）外壳，设计芯片尺寸包括 $1.65\times1.65\text{mm}^2$、$2.05\times2.05\text{mm}^2$、$2.4\times2.4\text{mm}^2$ 和 $3\times3\text{mm}^2$。对于所有这些情况，间距和功率保持不变，间距为 0.4mm，功率为 1W。图 7.18 给出了 2S2 P 散热板采用最佳内部布线设计时所有情况下的温度分布。

上述所有情况的结果总结在图 7.18 中。4 球情况下的 6 点曲线和 16 球情况下的 4 点曲线如图 7.19 所示。由图 7.19 得出的结论如下：

1）对于所有最差的内部布线布局设计，唯一的变化是芯片尺寸。从曲线中我们可以看到，这些曲线序列几乎是平坦的，这表明芯片尺寸增加带来的表面积增大对散热贡献很小，因此 θ_{JA} 对芯片尺寸不敏感。

2）对于最佳的内部布线布局设计（通孔除外），θ_{JA} 将随着芯片尺寸的增大而减小。为什么会发生这种情况？为什么最差内部布线设计的情况不一样？如果我们回顾模型的构造，会发现随着芯片尺寸的增加，热测试板也发生了变化。由于硅芯片正下方的铜块与芯片的面积相同，所以随着芯片尺寸的增加，铜块也会相应增加，从而增强了散热。这解释了为什么在这种情况下，θ_{JA} 似乎对芯片尺寸敏感。

3）内部布线布局作为散热功能作用的规则由图 7.19 所示来统一。对于具有热通孔的热测试板，内部布线布局对 θ_{JA} 的影响非常有限，对于尺寸较大且焊球密度较低的 WLCSP，当它们安装在没有有效垂直传热路径的板上时，应考虑内部布线布局。

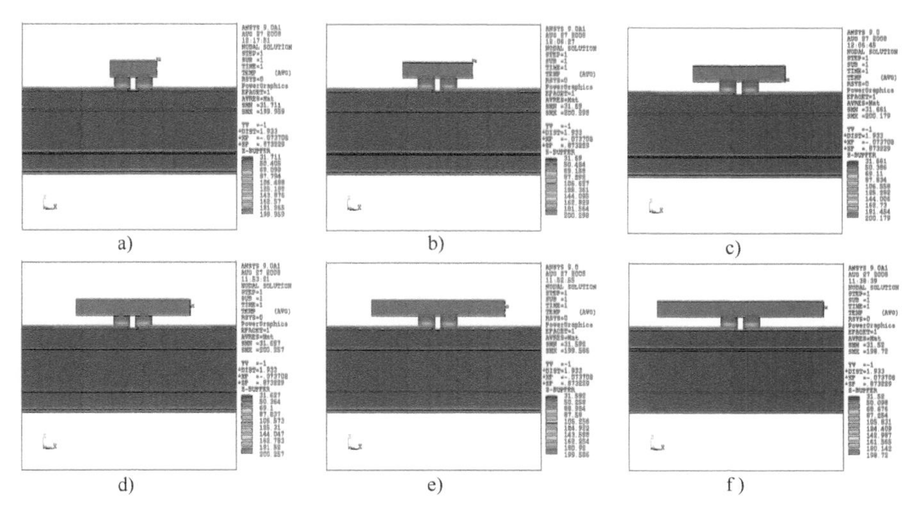

图 7.18　不同芯片尺寸时的温度分布（采用 2S2P PCB 的最佳内部布线设计）

a）芯片尺寸 $0.85\times0.85\text{mm}^2$　b）芯片尺寸 $1.25\times1.25\text{mm}^2$　c）芯片尺寸 $1.65\times1.65\text{mm}^2$
d）芯片尺寸 $2.05\times2.05\text{mm}^2$　e）芯片尺寸 $2.4\times2.4\text{mm}^2$　f）芯片尺寸 $3\times3\text{mm}^2$

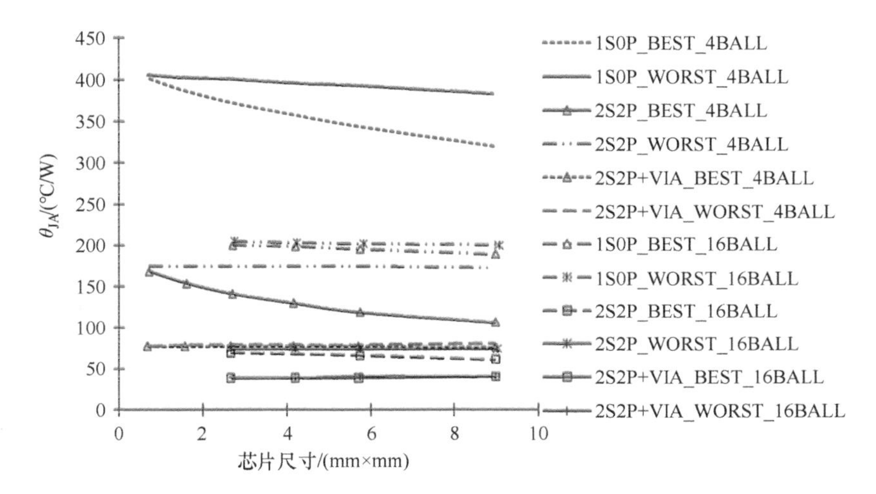

图 7.19　θ_{JA} 与芯片尺寸的关系

7.3.3.3 间距的影响

为了评估间距对 WLCSP 热性能的影响，准备了 5 种间距设计，包括 0.35mm、0.4mm、0.5mm、0.6mm 和 0.7mm，具有 3 种类型的热板。对于每个实验，将芯片尺寸固定为 3mm × 3mm，球数为 16（4 × 4），功率为 1W。θ_{JA} 与间距的关系如图 7.20 所示。

结果表明，间距越大，θ_{JA} 越小：这可能是由于两个原因：

1）根据 JEDEC 标准，更大的间距也将需要更宽的布线，因此这使得 PCB 以更高的效率散热；

2）对于所有 5 种设计的间距，较大的间距使焊球空间更加均匀，因此避免了热量聚集并导致更好的散热。

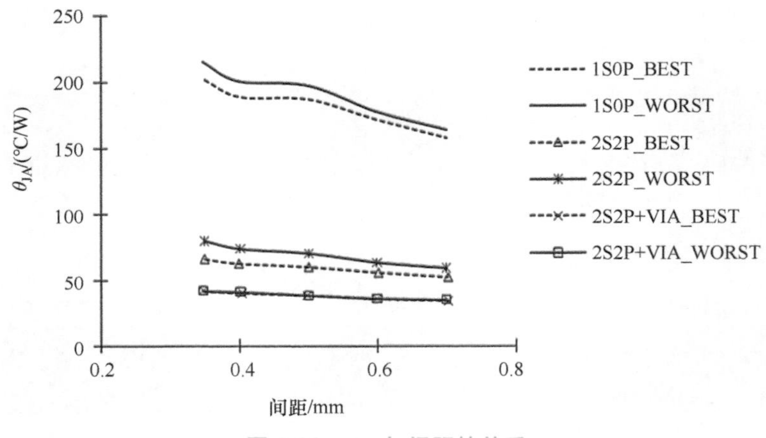

图 7.20 θ_{JA} 与间距的关系

7.3.3.4 6 焊球的 WLCSP 的实际测量

为了将仿真结果与实际测量结果相关联，在 6 球 WLCSP、详细封装、热测试板和测试设备上进行实际测试（见图 7.21）。这是一款 6 引脚 WLCSP，间距为 0.65mm，芯片尺寸为 1.92 mm × 1.44mm。根据结果制备并测试 3 个样品。θ_{JA} 在 289 ~ 309℃ /W 范围内变化（见表 7.3）。

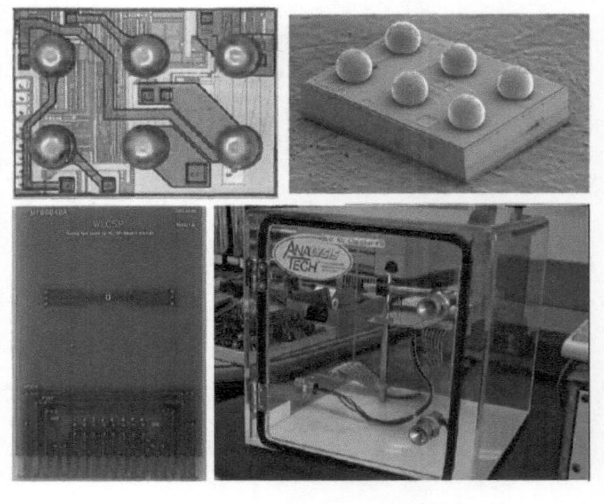

图 7.21 实际 θ_{JA} 测量设置

根据热测试板的实际结构和尺寸，进行了 θ_{JA} 的仿真计算。结果表明，最差内部布线设计的仿真 θ_{JA} 为 290℃ /W，最佳情况为 283℃ /W。图 7.22 给出了最坏情况下的温度等值线分布。表 7.4 给出了仿真值和实际测量值的比较。如表 7.4 所示，从仿真到测量的偏差约为 3.41%，这证明它非常适合测量。

$$\theta_{JA} = 290℃ /W$$

表 7.3　6 焊球 WLCSP 的实测值

样品 1	样品 2	样品 3	θ_{JA} 平均值
291.18	309.48	289.02	296.56

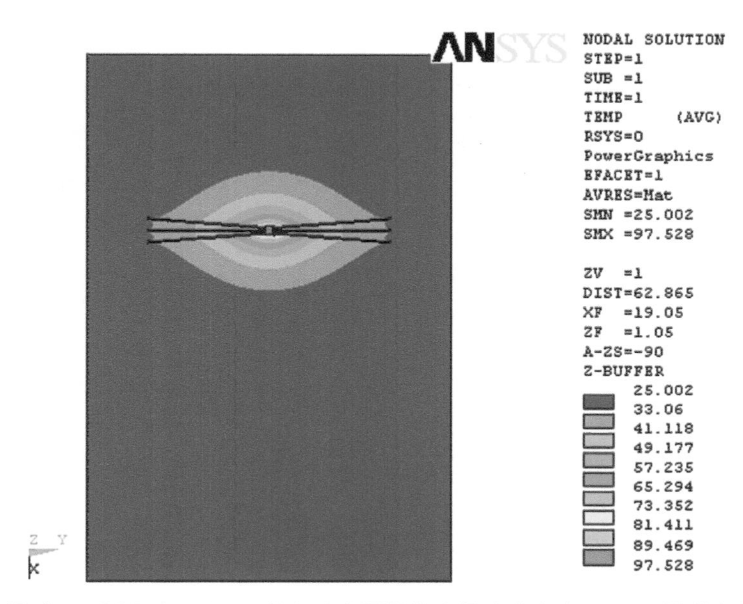

图 7.22　6 焊球 WLCSP 在 0.25 W 输入功率下的仿真温度分布（1S0P，最差内部布线布局）

表 7.4　6 焊球 WLCSP 的仿真 θ_{JA} 与实际测量 θ_{JA} 对比（单位：℃ /W）

	仿真	实际测量
最小值	283	289
最大值	290	309
中位数或平均数	286.5[中位数]	296.6[平均数]
变化	比测量值减少了 3.41%	

7.4　WLCSP 的瞬态热分析

一块 4 × 5 WLCSP（Fairchild FAN53555）芯片安装在非 JEDEC 标准的 PCB 上，带有输入电容、输出电容和电感，如图 7.23 所示。其瞬态热性能如何影响 PCB 上的无源器件？它的温度是如何传播的？本节将对一个 4 × 5 WLCSP 进行瞬态热分析。

7.4.1　4 × 5 WLCSP 的概述和瞬态材料特性

图 7.24 显示了 4 × 5 WLCSP 的轮廓布局。焊料材料为 SAC 405，封装尺寸为 1.6 × 2.0；硅厚度为 0.387mm，焊料间距为 0.4mm，焊料高度为 0.15mm。表 7.5 列出了瞬态热材料特性。

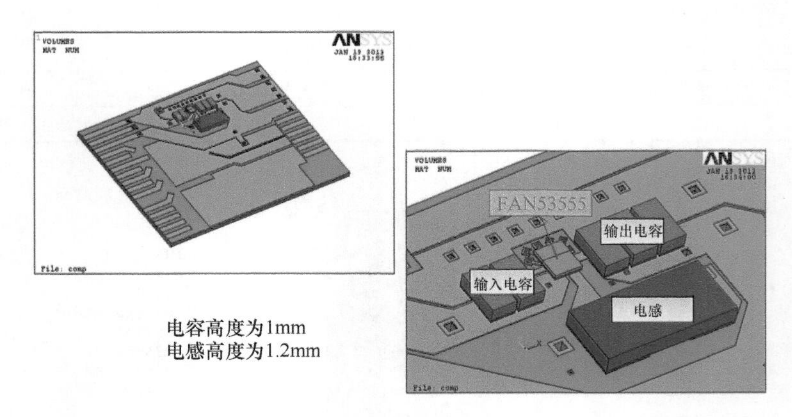

图 7.23 安装在非 JEDEC PCB 上的 4×5 WLCSP

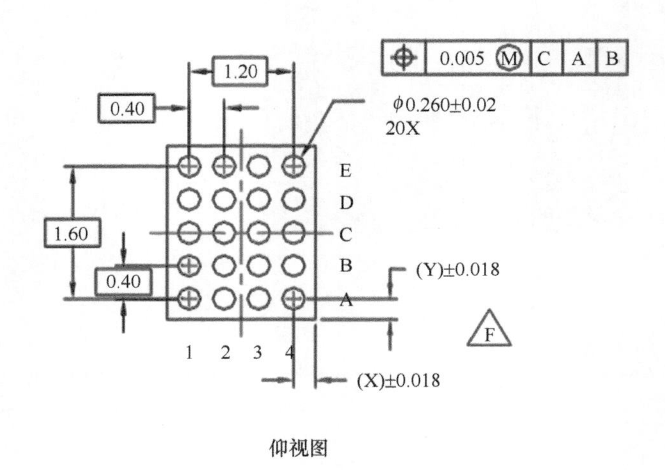

图 7.24 4×5 WLCSP 的布局

表 7.5 安装在非 JEDEC 板上的 4×5 WLCSP 的瞬态材料性能

材料	类型	热导率 /[W/(m・K)]	密度 /(kg/m^3)	比热 /[J/(kg・K)]	来源
硅	—	146	2330	708	MatWeb
电感器	—	17.6	5400	767	混合法
电容器	—	59	7210	481	混合法
焊料	SAC405	33	7400	236	—
FR4	—	0.4	1910	600	—
铜布线	—	386	8940	385	MatWeb

图 7.25 显示了 4 × 5 WLCSP 的有限元网格采用金属布线安装在非 JEDEC PCB 上。在仿真中选择自然对流。对于系统中的热传递系数，封装顶面和焊料凸点表面的对流热传递系数为 1×10^{-5}W/（mm^2℃），封装侧、底表面和 PCB 顶部布线的对流热传递系数为 7.5×10^{-6} W/（mm^2℃），所有剩余的 PCB 表面的对流热传递系数为 7.5×10^{-6} W/（mm^2℃）。环境温度为 25℃。

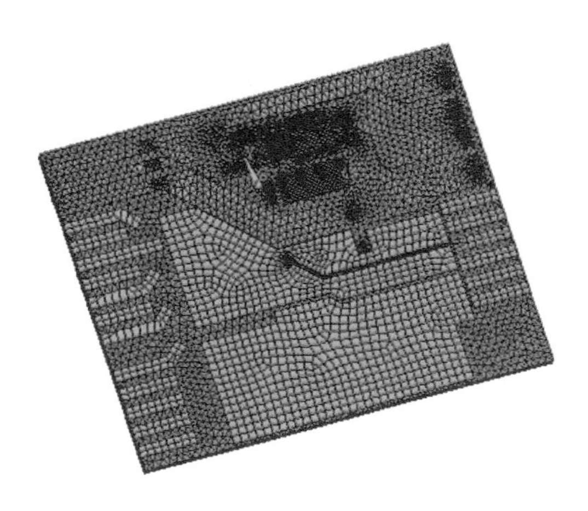

图 7.25　4 × 5 WLCSP 和 PCB 的有限元网络

图 7.26 给出了时间 1s 时的温度分布，它显示了散热的信息。

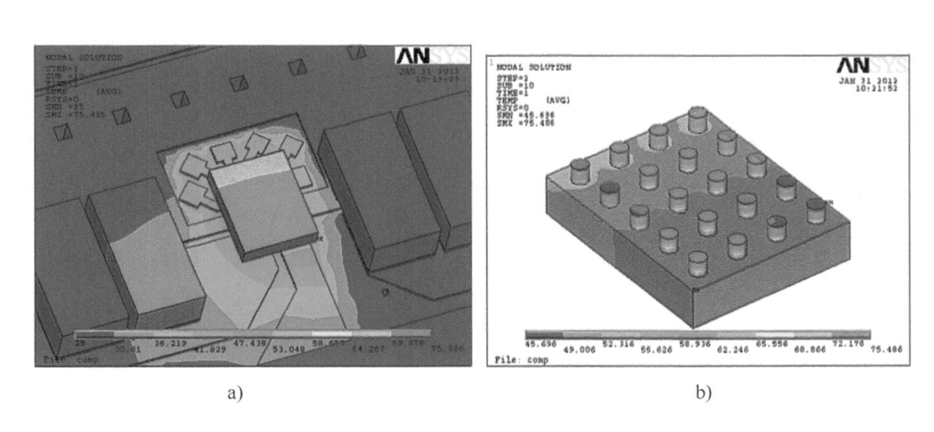

a)　　　　b)

图 7.26　板上 WLCSP 在 1 s 时的温度分布（芯片上功率为 1.5W）

a）系统温度　b）WLCSP 的温度（最大 75.5℃）

图 7.27 显示了在芯片上施加 1.5W 功率时，不同时间的瞬态散热和动态温度分布。图 7.28 给出了系统不同位置的温度随时间的变化曲线，设计人员可以从中估计系统中的散热速度和感兴趣点的温度分布。这将有助于了解 WLCSP 的散热方式以及热量传递到 PCB 中感兴趣的点的速度。当然，改变 PCB 的设计和布局会影响散热和温度分布 [8]。

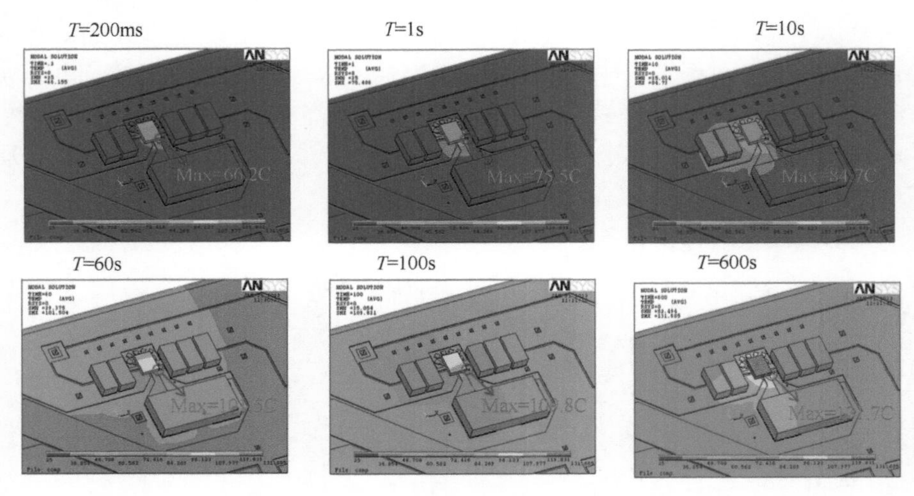

图 7.27　芯片功率为 1.5W 时系统的瞬态温度增长

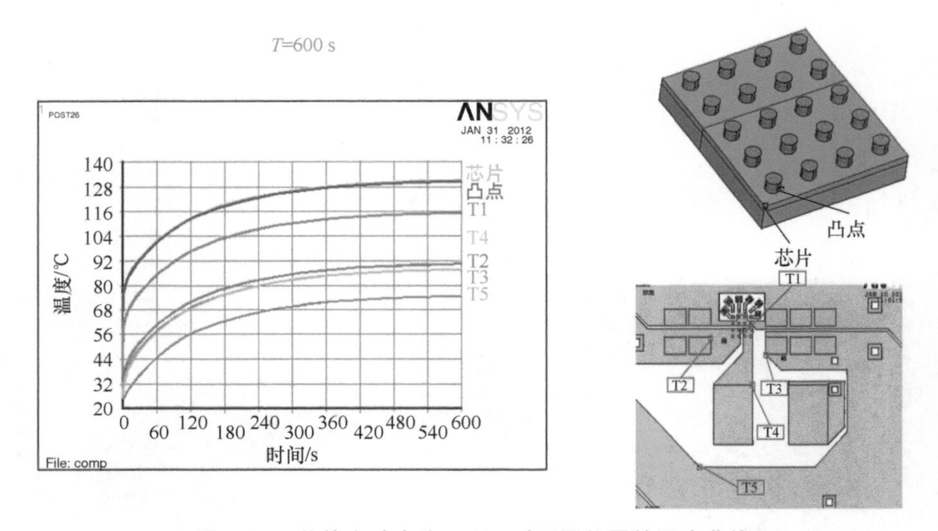

图 7.28　芯片上功率为 1.5W 时不同位置的温度曲线

7.5　总结

本章讨论了 WLCSP 的热管理、设计和分析。7.1 节给出了 WLCSP 热阻的定义和测量方法；7.2 节介绍了 WLCSP 和 JEDEC 标准的热测试板；7.3 节开发了 WLCSP 封装的热参数化模型，其中包括参数化 WLCSP 及其自适应参数化 JEDEC 热测试板。该参数化模型可以方便地设置封装的几何参数，并根据 WLCSP 的要求对 PCB 的布线布局进行相应的改变，从而可以方便地研究整个 WLCSP 系列的各个几何参数对热性能的影响。

研究了焊球数量、芯片尺寸和间距对 WLCSP 热性能的影响，结果表明：①焊球数量对 WLCSP 的热性能影响很大：球数越多，热阻越小。因此，设计合适的球并确保芯片在安全温度下工作是很重要的。②内部布线布局对没有有效的垂直传热设计的电路板的热阻有很大的影响，因此应该考虑设计一个合适的内部布线布局，以实现更好的热性能，并充分利用硅片正下方的区域，特别是对于具有较大的芯片尺寸和较低的球密度的 WLCSP。③在芯片上均匀分布焊球可以避免热拥挤，实现 WLCSP 更好的性能。6 球 WLCSP 从仿真到测量的相关性也在一定程度上证明了全热参数化模型的有效性。7.4 节给出了安装在非 JEDEC 板上的 WLCSP 的瞬态热分析。它显示了沿着电路板的散热和传播速率。温度分布在不同的时间和不同的位置。这有助于产品工程师在板上布置组件和设计坚固的产品。

参考文献

1. Liu, Y.: Reliability of power electronic device and packaging. International Workshop on Wide-Band-Gap Power Electronics 2013 (ITRI), Taiwan, April, (2013)
2. Liu, Y.: Trends of power wafer level packaging. Microelectron. Reliab. **50**, 514–521 (2010)
3. Liu, Y., Liang, L., Qu, J.: Modeling and simulation of microelectronic device and packaging (Chinese). Science Publisher. (2010)
4. Hao, J., Liu, Y., et al.: Demand for wafer level chip scale package accelerates. 3D Packaging. 22. (2012)
5. Fan, X. J., Aung, K. T., Li, X.: Investigation of thermal performance of various power device packages. EuroSimE, (2008)
6. Liu, Y., Kinzer, D.: Challenges of power electronic packaging and modeling. EuroSimE, (2011)
7. JEDEC standard-JESD51-2, Integrated Circuits thermal Test Method Environment Conditions-Natual Convection (Still Air), (1995)
8. JEDEC standard-JESD51-3, Low Effective Thermal Conductivity Test Board for Leaded Surface Mount Packages, (1996)
9. JEDEC standard-JESD51-7, High Effective Thermal Conductivity Test Board for Leaded Surface Mount Packages, (1999)
10. JEDEC standard-JESD51-9 Test Boards for Area Array Surface Mount Package Thermal Measurements, (2000)
11. Liu, Y.: Power electronic packaging: Design, assembly process, reliability and modeling. Springer, New York (2012)

第 8 章

模拟和功率 WLCSP 的电气和多物理仿真

电性能（如电阻、电感和电容）是 WLCSP 产品的关键因素。为了提高产品的电气性能，人们进行了许多研究，如不同器件的电气性能、组装回流工艺对电气性能的影响、焊点电阻等[1-3]。近年来，由于光电管的广泛应用，对其电气性能的研究越来越受到重视。寄生电阻、电感和电容（RLC）会影响 WLCSP 电路的效率和开关速度。WLCSP 的电迁移问题是一个多物理问题，由于模拟电子和电力电子的高电流密度而变得更加重要。本章将介绍用于 WLCSP 和晶圆级互连的电寄生 RLC 仿真和电迁移仿真方法。

8.1 电气仿真方法：提取电阻、电感和电容

本节介绍了利用 ANSYS®Multiphysics 从 WLCSP 中提取自感、互感、电阻和电容的方法。更通用的方法可以在 *Power Electronic Packaging*[1] 一书中找到。研究结果将用于生成 SPICE 仿真中 WLCSP 的电气模型。

8.1.1 提取电感和电阻

8.1.1.1 电阻和电感的理论背景

在交流电下，特性阻抗可以用实分量“电阻”和虚分量“电抗”[1] 表示

$$Z_0 = R + \mathrm{j}X \tag{8.1}$$

R 和 X 可以用交流电压和电流来描述

$$R = \frac{V_{\text{real}} \times I_{\text{real}} + V_{\text{imag}} \times I_{\text{imag}}}{I_{\text{real}}^2 + I_{\text{imag}}^2} \tag{8.2}$$

$$X = \frac{V_{\text{imag}} \times I_{\text{real}} - V_{\text{real}} \times I_{\text{imag}}}{I_{\text{real}}^2 + I_{\text{imag}}^2} \tag{8.3}$$

只要知道频率，就可以由电抗求出电感

$$L = \frac{X_L}{2\pi f} \tag{8.4}$$

互抗可以用

$$X_{ab} = \frac{V_{b_{imag}} \times I_{a_{real}} - V_{b_{real}} \times I_{a_{imag}}}{I_{a_{real}}^2 + I_{a_{imag}}^2} \tag{8.5}$$

互感可以由互抗得到

$$L_{ab} = \frac{X_{ab}}{2\pi f} \tag{8.6}$$

耦合系数可以根据自感和互感推导出来

$$K_{ij} = \frac{L_{ij}}{\sqrt{L_{ii} + L_{jj}}} \tag{8.7}$$

注：当 $K_{ij} < 10\%$ 时，互感系数 L_{ij} 可以忽略不计。

8.1.1.2　仿真过程

电气仿真单元以 MKS 系统为基础。CAD 的几何结构尺寸必须精确。检查图纸，以确保从 CAD 导入中没有微小的尺寸误差。封装系统中的所有部件必须连接良好，无初始缺陷。对于材料的数据要求，包括电阻率和相对磁导率。三维单元选用 Solid97：三维 8 节点磁性固体和 infin111：三维无限边界单元。在下面的仿真过程中，我们将使用一个 WLCSP 作为仿真示例。

1）定义单元类型。

2）定义物料属性数据。

3）定义谐波分析：ANTYPE，3。

4）生成 / 导入封装的实物模型。

图 8.1 显示了一个典型的 3×4 WLCSP 的布局。焊接凸点是引起寄生电气性能（RLC）的引脚。对于引脚的 *L/R* 提取，实体模型只包含焊锡引脚，芯片前端没有 RDL 金属线 / 痕迹。图 8.2 显示了 3×4 WLCSP 的引脚图和编号列表。

5）增加导体和绝缘体周围的空气量。

“空气”体积指的是任何相对磁导率为“1”的非导电材料。空气体积的长、宽、高应大于封装的长、宽、高的 3～5 倍，如图 8.3 所示。这将允许网格从扫掠块过渡到四面体留出空间。

6）使用斜接体积将无限边界添加到空气的外表面。

在空气体积周围，有一个外部尺寸为空气体积两倍的有限边界（见图 8.4）。

7）创建网格。

尝试用扫掠操作将导体与六角形 / 楔形相啮合。如果导体的几何形状不允许这样做，可以使用自由四面体网格。导线和空气体积的网格划分如图 8.5 所示。

对于 6 个斜接无限边界体中的每一个，通过从空气体积中挤出一个棱镜网格来生成网格。对于无限边界，只需要一层元素。网格划分结果如图 8.6 所示。

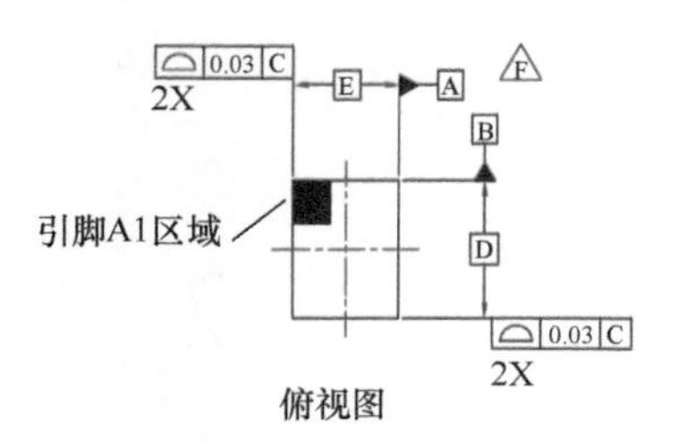

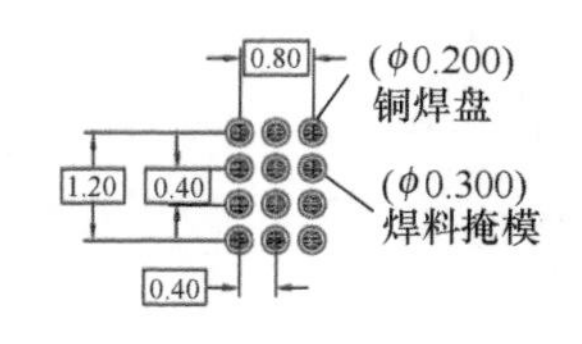

0.03 C
2X
E
A
F
B
引脚A1区域
D
0.03 C
2X
俯视图
0.80
(ϕ0.200)
铜焊盘
1.20
0.40
(ϕ0.300)
焊料掩模
0.40
推荐的焊盘图案（NSMD焊盘类型）
0.05 C
0.539
0.461
0.06 C
C
D
底座面
0.292±0.018
0.208±0.021
侧视图
0.005 M C A B
0.80
0.40
ϕ0.260±0.02
12X
D
C
1.20
0.40
B
A
(Y)±0.018
F
1 2 3
(X)±0.018
仰视图
备注:
A.不适用JEDEC注册。
B.尺寸单位为毫米（mm）。
C.尺寸和公差符合ASME Y14.5M，1994。
D 基准面C是由球的球冠定义的。
E.封装标称高度为500μm±39μm（461 ~ 539μm）。
F 尺寸D、E、X和Y参见产品数据表。
G.图样文件名：MKT-UC012Drev1。

图 8.1 典型的 3×4 WLCSP 布局

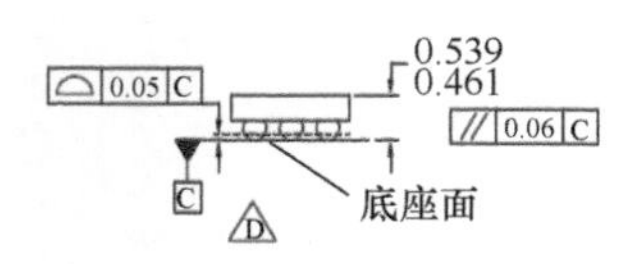

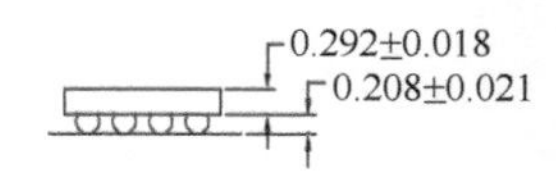

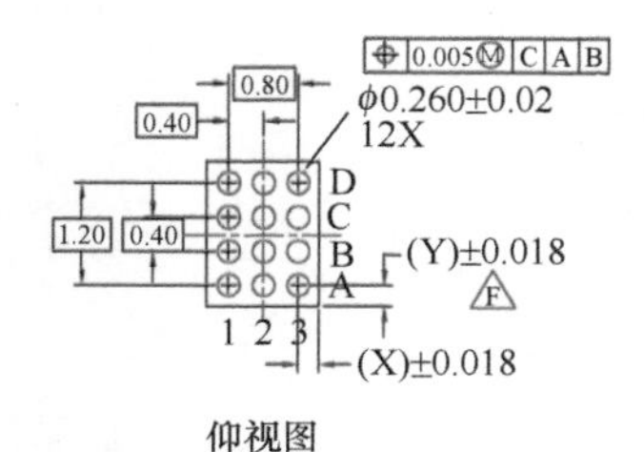

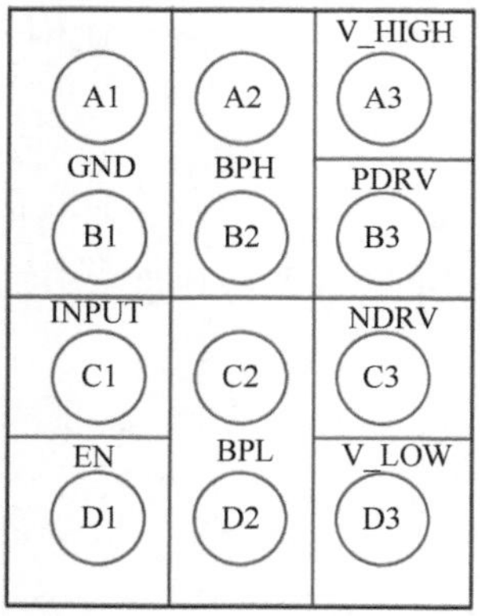

V_HIGH
A1
A2
A3
GND
BPH
PDRV
B1
B2
B3
INPUT
NDRV
C1
C2
C3
EN
BPL
V_LOW
D1
D2
D3

a)

引脚	名称	焊球
1	GND	A1
2	BPH	A2
3	V_HIGH	A3
4	PDRV	B3
5	BPH	B2
6	GND	B1
7	INPUT	C1
8	BPL	C2
9	NDRV	C3
10	V_LOW	D3
11	BPL	D2
12	EN	D1

b)

图 8.2 3×4 WLCSP 引脚图和编号列表

a）3×4 WLCSP 引脚映射 b）引脚编号

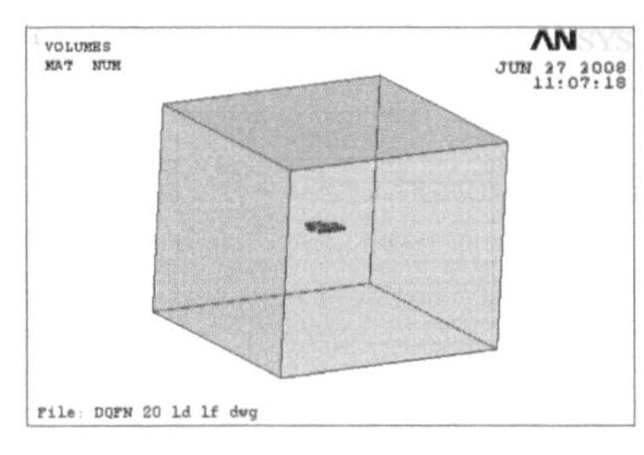

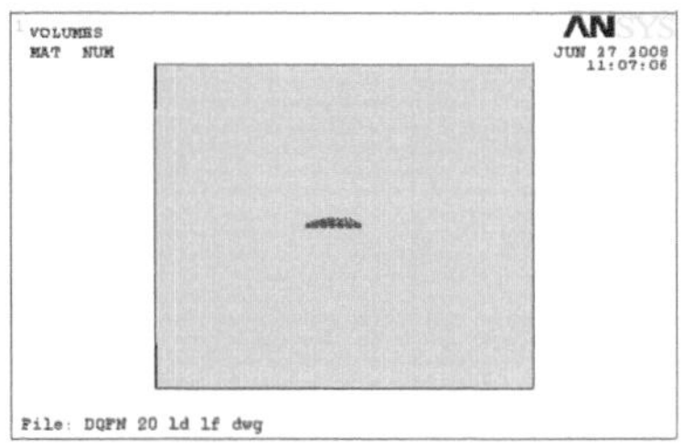

图 8.3　封装内导体和绝缘体周围的空气体积

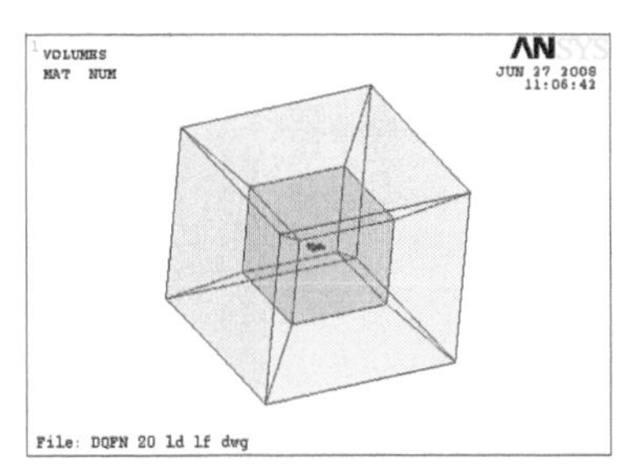

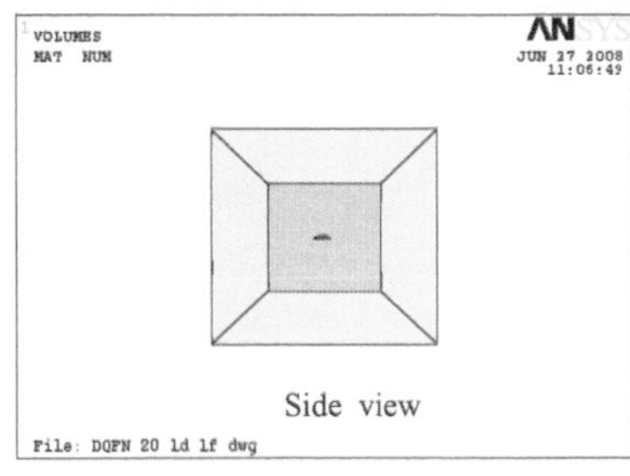

图 8.4　无限边界

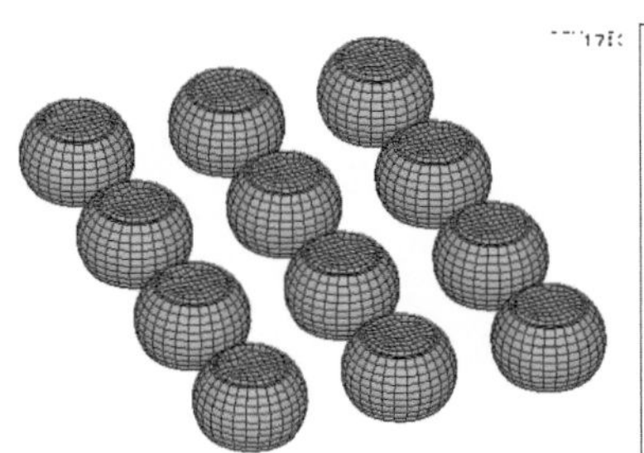

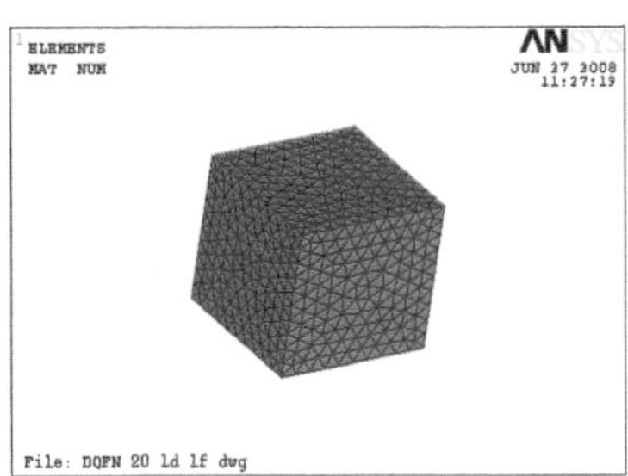

图 8.5　导线与空气体积的网格划分

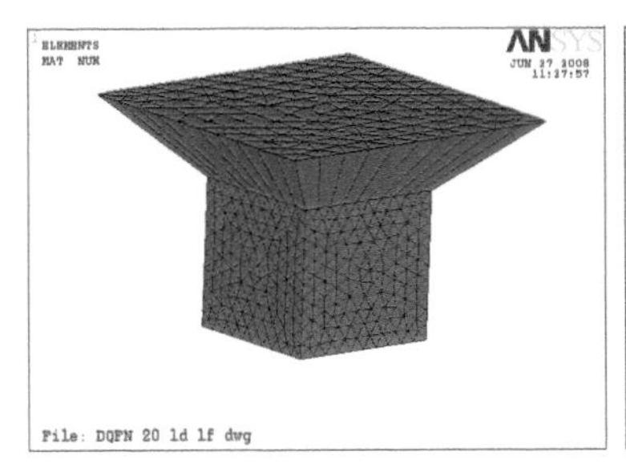

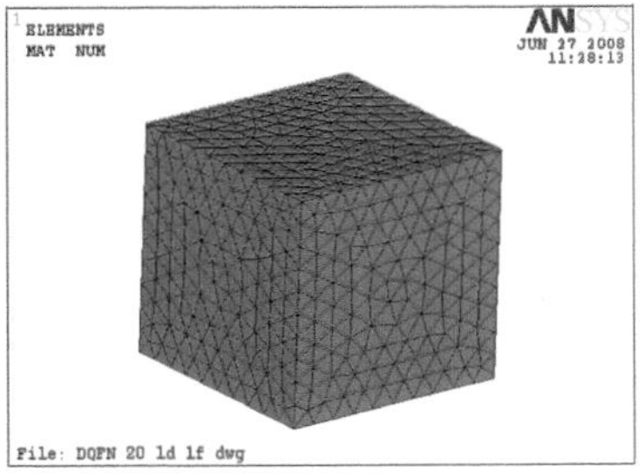

图 8.6　无限边界的网格划分

8）应用电气边界条件。

将 0V 负载施加到导体凸点的一端（如凸点顶部）。将导体（凸点）的相对两端与电压自由度（Degree of Freedom，DoF）耦合，在其中可以施加电流负载。耦合组数应与封装引脚数一致（见图 8.7）。

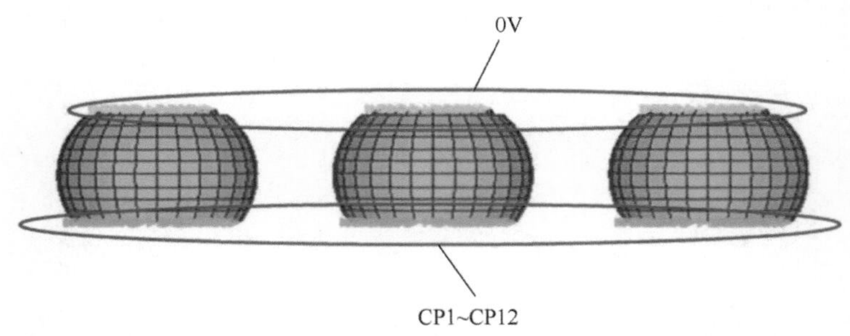

图 8.7　将 0V 负载施加在凸点的一端，并将凸点的另一端与伏特 DoF 耦合

9）对 6 个外部区域应用无限边界标志。

6 个外部区域的无限边界标志设置如图 8.8 所示。

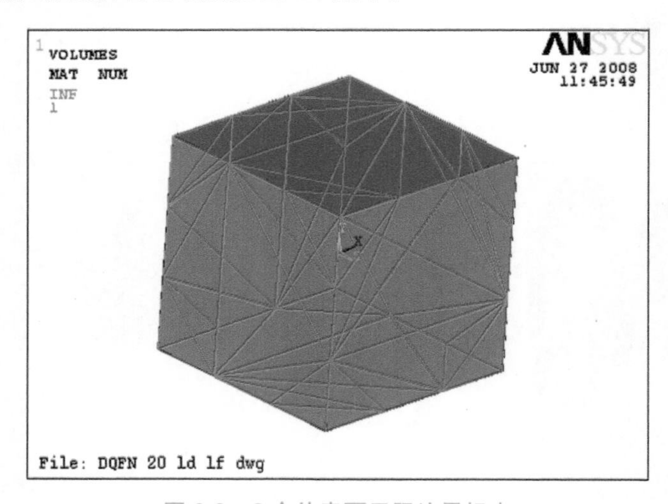

图 8.8　6 个外表面无限边界标志

10）设置分析频率。

提取可以在各种频率下执行，包括执行频率“扫描”以提取 *R* 和 / 或 *L* 对频率的影响。默认情况下，分析频率设置为 1Hz，提取静态电感和电阻。对于高频分析，可以设置为 1MHz 或更高。

11）进行仿真并检查结果。

仿真可以通过 ANSYS 软件的接口进行，也可以通过一个宏程序进行，该宏程序可以分配电流负载，运行磁场解算，并进行电感和电阻的计算。仿真完成后，检查结果。在 ANSYS 中，可以运行 *STAT 来显示结果。

特定条件下，互感可能为负值，表示电流方向相反。

8.1.1.3　趋肤效应

趋肤效应是指交流电流在导体内部分布的趋势，使导体表面附近的电流密度大于导体核心处的电流密度。也就是说，电流倾向于在导体的“表皮”处流动。趋肤效应使导体的有效电阻随着电流频率的增加而增加。趋肤效应是由交流电流产生的涡流引起的。趋肤效应在无线电设计中具有实际意义。频率和微波电路的电气和多重物理仿真在交流输配电系统中占有重要地位。在设计放电管电路时，它也具有相当重要的意义。

如果分析是在高频率下进行的，在网格划分之前必须考虑导体的趋肤深度。为了正确地建模趋肤效应，最大单元间距应该等于或小于趋肤深度的一半。

$$\delta=\sqrt{\frac{\rho}{\pi f\mu}} \tag{8.8}$$

式中，δ 是趋肤深度（m）；ρ 是电阻率（Ω・m）；f 是频率（Hz）；μ 是绝对磁导率（H/m），$\mu=\mu_0\mu_r$，其中 μ_0 为自由空间磁导率（$4\pi\times10^{-7}\mathrm{N/A^2}$），$\mu_r$ 为相对磁导率。

8.1.1.4　生成 Spectre 网表

提取的电感、电阻和电容将用于生成 Spice 模型，包括一个 Spectre 网表和一个 Cadence 符号。

当对导体建模时，有两种常用的结构。它们被称为 LCL 和 CLC。我们使用 CLC 结构是因为它使得网表中的总器件更少。

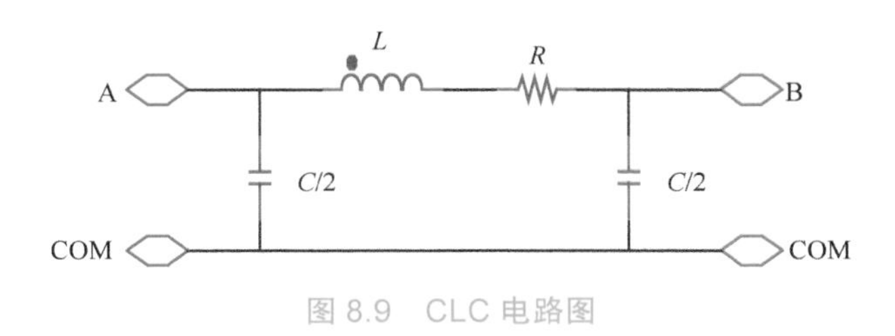

图 8.9　CLC 电路图

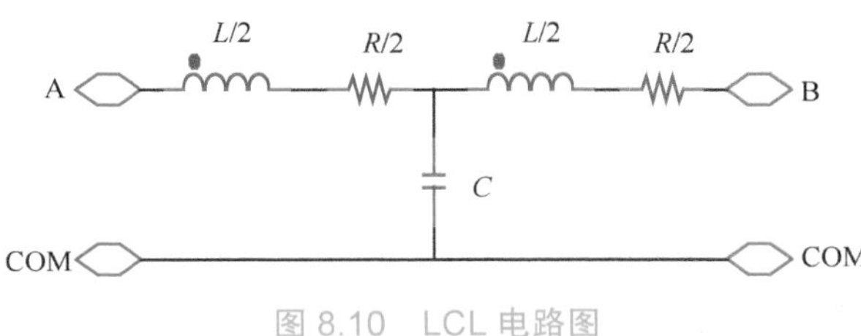

图 8.10　LCL 电路图

对于高频建模，我们可以将一个导体分为几个 CLC 单元，如图 8.11 所示。有时这些单元是相同的，有时它们会随着导体的特性阻抗随信号传播速度的变化而变化。

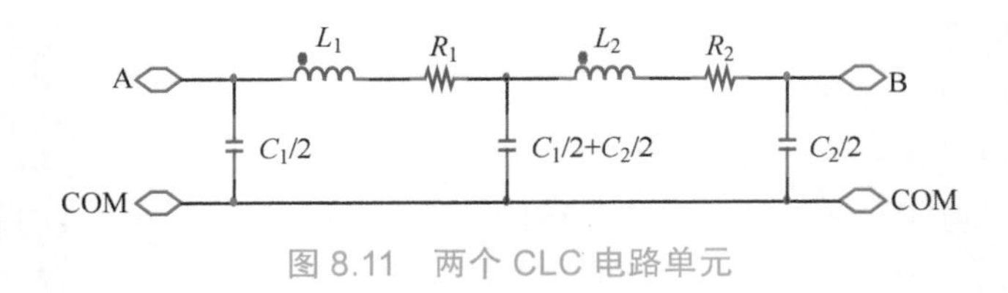

图 8.11　两个 CLC 电路单元

8.1.2　电容提取方法

电容器是储存电荷的装置。它通常由两片被称为电介质的薄绝缘材料隔开的极板组成。电容是电容器所能储存的电荷量的量度，这是由电容器的几何形状和板之间的介质类型决定的。对于面积为 A、距离为 d 的两块板与介电常数为 k 的介质材料组成的平行平板电容器，电容为 $C = k\varepsilon_0 A / d$，其中 ε_0 为自由空间介电常数。

8.1.2.1　接地电容和集总电容

有限元仿真可以很容易地计算和提取电容值的“接地”电容矩阵，该矩阵将一个导体上的电荷与导体（对地）的电压降联系起来。图 8.12 所示的三导体系统（一导体接地）用来说明接地和集总电容矩阵。下面两个方程将电极 1 和电极 2 的电荷 Q_1 和 Q_2 与电极 U_1 和 U_2 的电压降联系起来：

$$\begin{aligned} Q_1 &= (C_g)_{11}(U_1) + (C_g)_{12}(U_2) \\ Q_2 &= (C_g)_{12}(U_1) + (C_g)_{22}(U_2) \end{aligned} \tag{8.9}$$

式中，C_g 是接地电容矩阵。

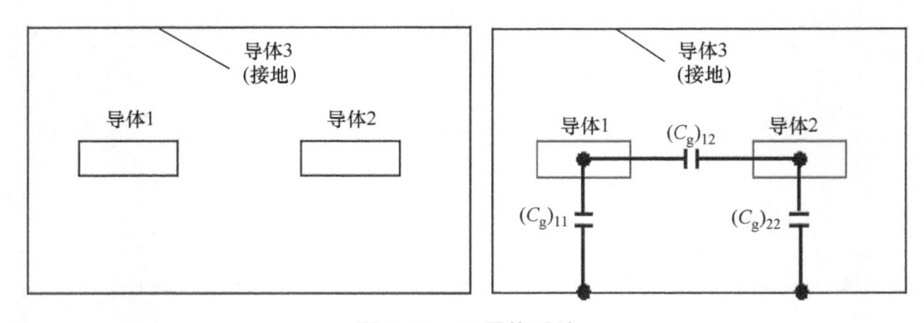

图 8.12　三导体系统

ANSYS 中的 CMATRIX 命令可以将接地电容矩阵转换为集总电容矩阵，通常用于 Spice 等电路仿真器中。导线间的集总电容如图 8.12 所示。下面两个方程将电荷与电压降联系起来：

$$\begin{aligned} Q_1 &= (C_1)_{11}(U_1) + (C_1)_{12}(U_1 - U_2) \\ Q_2 &= (C_1)_{12}(U_1 - U_2) + (C_1)_{22}(U_2) \end{aligned} \tag{8.10}$$

式中，C_1 是集总电容矩阵。

8.1.2.2　仿真过程

为了提取 WLCSP 的电容，将采用 h 法静电分析。CMATRIX 命令将用于求解分析并提取集总电容矩阵。本节中使用的单位是 μMKS（电容单位为 pF，长度单位为 μm）。CAD 的几何结构尺寸必须精确。检查图纸，以确保没有微小的尺寸误差从 CAD 导入。PKG 系统中的所有部件必须连接良好，无初始缺陷。材料数据要求：介电常数 k，即需要所有材料的相对介电常数。三维单元被选择为 Solid122（3D 20 节点静电固体），Solid123（3D 10 节点四面体静电固体），以及 Infin111（3D 无限边界单元）。

1）定义单元类型。

2）电磁单位设置为 μm 和 pF。

3）定义物料属性数据。

4）生成 / 导入封装的实体模型。

3D 模型如图 8.13 所示。图中自电容为 C_{ii}，互电容为 $C_{i,\ i+1}$ 和 $C_{i,\ i+2}$。

5）生成测试板。

WLCSP 凸点阵列和测试板用于厚度为 152μm 的封装电测试（JEDEC EIA/JEP 126），如图 8.14 和图 8.15 所示。

图 8.13　WLCSP 3D 焊接凸点模型

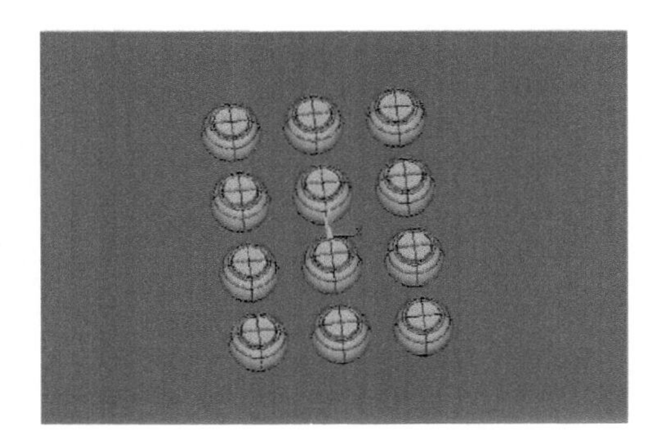

图 8.14　3×4 WLCSP 凸点

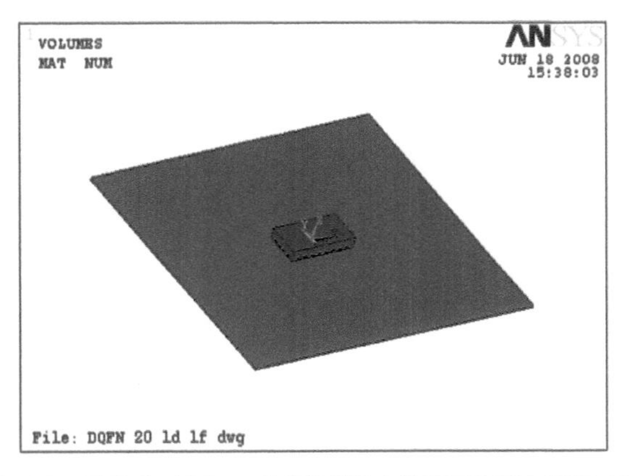

图 8.15　厚度为 152μm 的测试板（JEDEC EIA/JEP 126）

6）增加导体和绝缘体周围的空气体积。

空气体积的长、宽、高应大于封装长、宽、高的 3 ~ 5 倍（见图 8.16）。

7）使用斜接体在空气的外部表面添加无限边界。

无限边界的外部尺寸应大于空气体积的两倍（见图 8.17）。

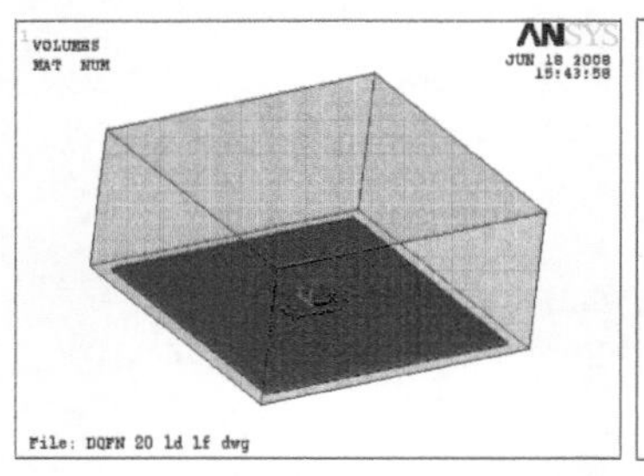

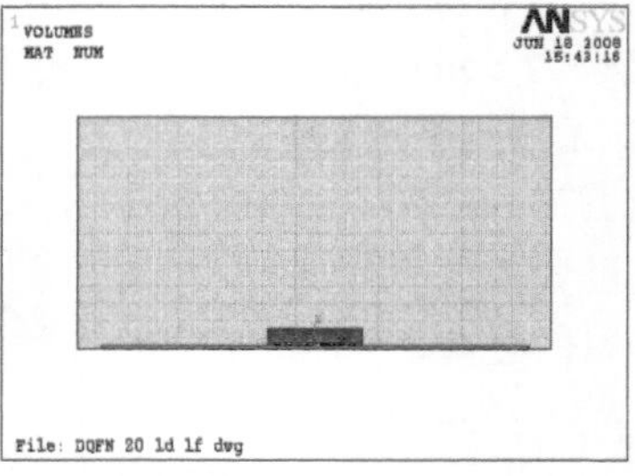

图 8.16　在封装件导体和绝缘体周围增加空气体积

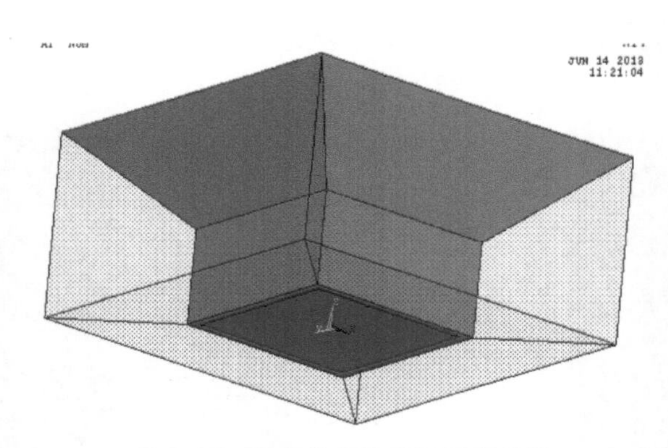

图 8.17　空气体积外表面无限边界

8）网格生成。

除无限边界外，对所有体积使用自由 tet 网格（见图 8.18），无限边界使用带六角 / 楔形的扫描网格（见图 8.19）。没有必要将导体相互啮合。但我们通常将它们网格化，因为这有助于定义组件。对于无限边界，只需要一层单元。

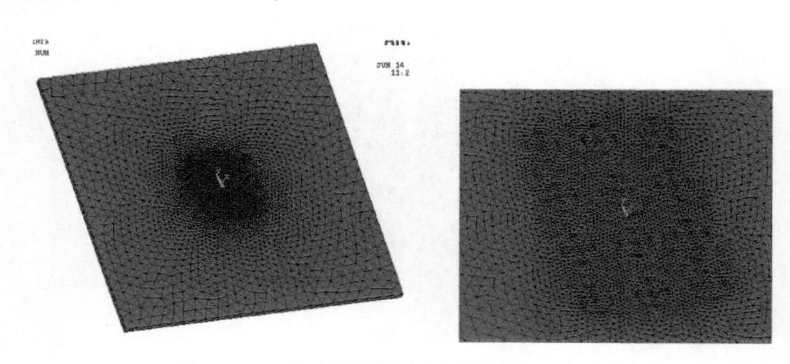

图 8.18　电容器模型测试板及凹凸网格

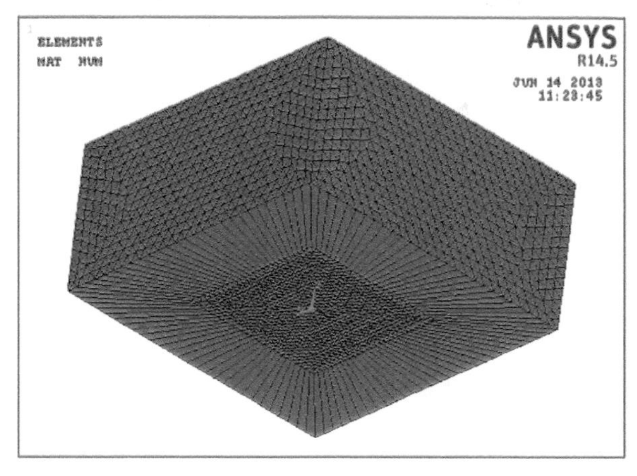

图 8.19　电容器无限边界网格

9）从导体创建组件。

选择与该体积相关的所有单元，并使用 ANSYS 中的 EXT（外部）选项选择与单元相关的节点。使用 NODE 选项创建一个名为“cond1”的组件。对每个凸点重复操作，并使用封装引脚 # 和“cond”前缀作为每个例子中的组件名称，如图 8.20 所示。

对于接地平面，选择连接到 PCB 的底面区域的节点和凸点的外部节点，使用这些节点创建一个组件。该组件必须赋值到最大值（例如，“cond13”如果有 12 个引脚，则定义为组件），如图 8.21 所示。在其他情况下，如果凸点是浮动的，凸点的外部节点不能定义为地。

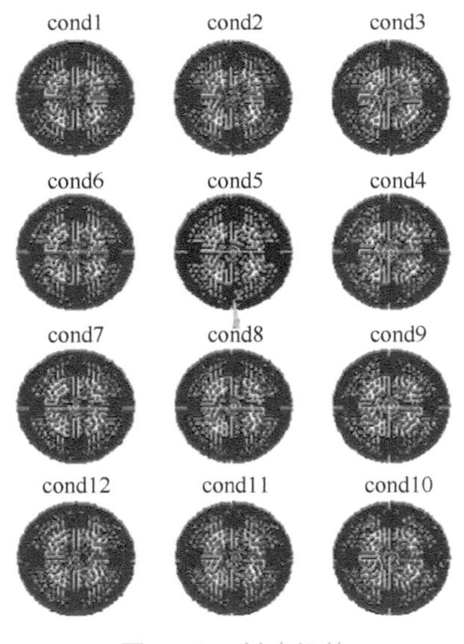

图 8.20　创建组件

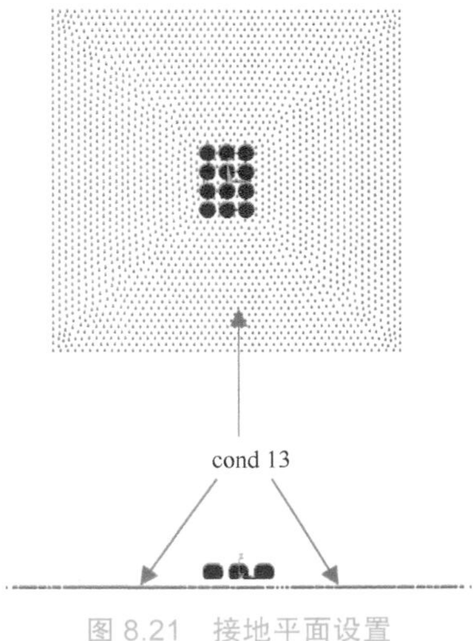

图 8.21　接地平面设置

10）将无限表面边界条件应用于 5 个外部区域（第 6 个外部区域为接地平面）。

图 8.22 所示为 5 个外表面的边界布局。

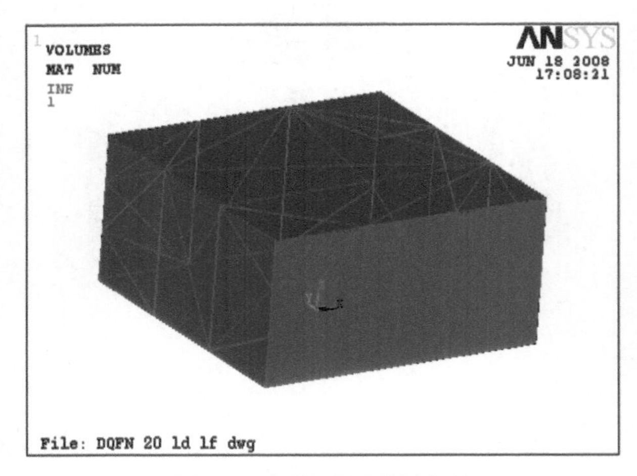

图 8.22 无限表面边界条件

11）运行分析并检查结果。

对于 ANSYS，使用以下命令来运行它：

cmatrix,symfac,'condname',numcond,grndkey

symfac: geometric symmetry factor. Defaults to 1.0

Condname: conductor name

Grndkey = 0 if ground is one of the components or 1 if ground is at infinity

Numcond: total number of components.

例子是：

```
/SOLU
CMATRIX,1,'cond',9,0
```

分析结果将以电容矩阵的形式以“接地”和“集总”两种格式写入 ANSYS 工作目录下名为 cmatrix.txt 的文件中。

12）扇入型 3 × 4 WLCSP RLC 的提取

扇入型 3 × 4 WLCSP 的几何尺寸见表 8.1 和图 8.23，WLCSP 的材料性能见表 8.2，10MHz

表 8.1 3 × 4 WLCSP 的几何形状

WLCSP	间距	芯片尺寸	PI 通孔直径	铝焊盘直径	UBM 直径	SiN 直径	PCB 焊盘直径
3 × 4	0.4mm	1.2mm × 1.6mm	170μm	225μm	205μm	215μm	200μm
WLCSP	UBM 厚度	SiN 钝化厚度	铝焊盘厚度	PI 厚度	PI 通孔侧壁角	焊点直径	焊点高度（$H_1 + H_2$）
3 × 4	2.75μm	1.45μm	2.7μm	10μm	60°	289.55μm	206.93μm

以下凸点的电阻、电感和电容见表 8.3；互感和电容见表 8.4 和表 8.5。

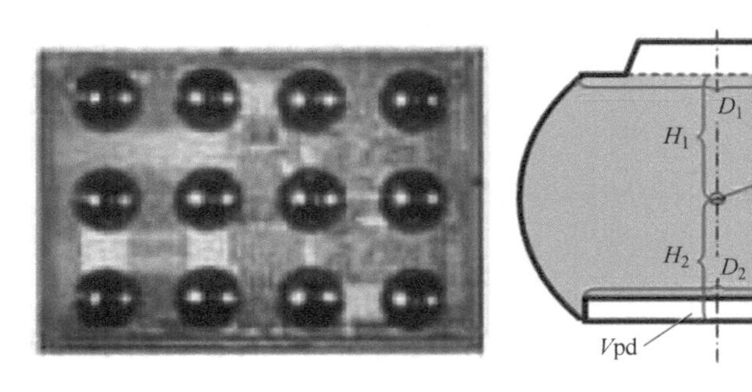

图 8.23　扇入型 3×4 WLCSP 中凸点的几何定义

表 8.2　3×4 WLCSP 的材料性能

材料	焊球	空气	无限边界	PCB
材料类型	SAC396	—	—	FR4
电阻率 /(Ω·m)	12.5×10^{-8}	—	—	—
磁导率	I	I	I	4.2

表 8.3　凸点在 10MHz 以下的电阻、电感和电容

引脚号	R/mΩ	L_{ii}/nH	C_{ii}/pF
1	0.6	0.032	0.037
2	0.6	0.032	0.034
3	0.6	0.032	0.037
4	0.6	0.032	0.034
5	0.6	0.032	0.030
6	0.6	0.032	0.034
7	0.6	0.032	0.034
8	0.6	0.032	0.030
9	0.6	0.032	0.034
10	0.6	0.032	0.037
11	0.6	0.032	0.034
12	0.6	0.032	0.037

表 8.4 10MHz 以下凸点的互感

引脚号	引脚号	L_{ij}	K_{ij}
i	j	nH	—
1	2	0.009	0.29
2	3	0.009	0.29
3	4	0.009	0.29
4	5	0.009	0.29
5	6	0.009	0.29
6	7	0.009	0.29
7	8	0.009	0.29
8	9	0.009	0.29
9	10	0.009	0.29
10	11	0.009	0.29
11	12	0.009	0.29

引脚号	引脚号	L_{ij}	K_{ij}
i	j	nH	—
1	3	0.005	0.15
1	5	0.006	0.20
1	6	0.009	0.29
1	7	0.005	0.15
2	4	0.006	0.20
2	5	0.009	0.29
2	6	0.006	0.20
2	8	0.005	0.15
3	5	0.006	0.20
3	9	0.005	0.15
4	6	0.005	0.15
4	8	0.006	0.20
4	9	0.009	0.29
4	10	0.005	0.15

引脚号	引脚号	L_{ij}	K_{ij}
i	j	nH	—
5	7	0.006	0.20
5	8	0.009	0.29
5	9	0.006	0.20
5	11	0.005	0.15
6	8	0.006	0.20
6	12	0.005	0.15
7	9	0.005	0.15
7	11	0.006	0.20
7	12	0.009	0.29
8	10	0.006	0.20
8	11	0.009	0.29
8	12	0.006	0.20
9	11	0.006	0.20
10	12	0.005	0.15

表 8.5 凸点的互电容

引脚号	引脚号	C_{ij}
i	j	pF
1	2	0.004
1	6	0.004
2	3	0.004
2	5	0.004
3	4	0.004
4	5	0.004
4	9	0.004
5	6	0.004

引脚号	引脚号	C_{ij}
i	j	pF
5	8	0.004
6	7	0.004
7	8	0.004
7	12	0.004
8	9	0.004
8	11	0.004
9	10	0.004
10	11	0.004
11	12	0.004

8.2 扇出型模制芯片级封装的电气仿真

8.2.1 MCSP 简介

图 8.24 所示为模制倒装芯片封装（MCSP）的结构，其中包括用金 - 金互连（GGI）黏结到基板上的细间距倒装芯片、以铜布线作为再分布层（RDL）的 PCB 基板、通孔、用环氧模料封装倒装芯片的模盖，以及用于连接 MCSP 到外部世界的 PCB 基板和焊料凸点。对于晶圆级的 MCSP，基板可由具有 TSV 和 RDL 的硅片制成。芯片通过 GGI 工艺附着后，进行晶圆级成型。最终的晶

圆 MCSP 可通过晶圆切割等晶圆加工过程获得。MCSP 是一种扇出型芯片级封装，与带有小金凸点的倒装连接芯片相比，MCSP 的凸点间距和尺寸要大得多。本节研究了两种类型的 MCSP：一种是基于基板上 RDL 的倒装芯片 GGI 工艺；另一种是基于引线键合工艺，利用引线将细间距芯片连接到 RDL 基板。通过比较，我们可以发现 GGI 和引线键合这两种技术的显著差异是什么。

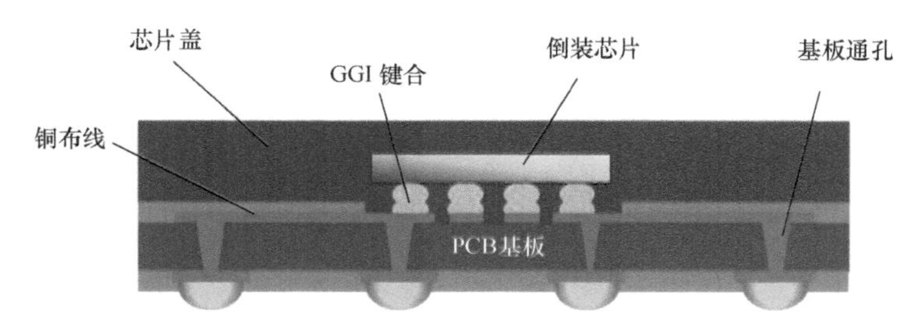

图 8.24　典型的 MCSP 结构

8.2.2　带 GGI 工艺的 40 引脚 MCSP 的 RLC 仿真

图 8.25 给出了 40 引脚 MCSP 的轮廓，它显示了顶部、侧面、底部视图和封装的几何轮廓。图 8.26 和表 8.6 给出了 GGI 连接中 MCSP 引脚对应的引脚图、RDL 和信号引脚。

图 8.27 为电阻电感模型，其中图 8.27a 为 MCSP 的 40 个凸点处的空气体积；图 8.27b 显示了连接小间距 WLCSP 芯片到 40 扇出型引脚的 RDL。图 8.27c 为空气体积和无限边界的部分网格。表 8.7 给出了 40 引脚 MCSP 电气材料的特性，其中列出了电阻率和磁导率。

图 8.28a、b 为带 GGI 技术的 40 引脚 MCSP 的电阻和电感仿真的电气边界条件，其中 GGI 的顶表面施加 0V。引脚 1 ~ 40 的底部节点分别耦合为 CP1 ~ CP40，电流负载分别应用于耦合集。表 8.8 列出了整个 40 引脚的寄生电阻和电感。表 8.9 给出了带 GGI 技术的整个 40 引脚 MCSP 的互感系数，其中还列出了耦合因子 K_{ij}。

图 8.29 为带板的 40 引脚 MCSP 电容仿真的有限元模型和材料的介电常数特性。cond1 ~ cond41 组件编号如图 8.30 所示，其中 cond1 ~ cond40 组件为引脚 1 ~ 40 外表面节点，组件 cond41 由测试板底表面的节点构成（见表 8.10）。

表 8.11 列出了带 GGI 技术的 MCSP 的整个 40 引脚的寄生自电容。表 8.12 给出了带有 GGI 技术的 40 引脚 MCSP 的互电容。

8.2.3　引线键合 MCSP 及其与 GGI 型 MCSP 的电气性能比较

图 8.31 所示为具有引线键合的 40 引脚 MCSP 的引脚映射和引线键合图。代替 GGI，采用引线键合工艺将信号芯片连接到 RDL 和封装引脚。图 8.32 给出了引线键合型 MCSP 的互连结构。采用引线键合工艺的 MCSP 的好处是降低了 MCSP 的制造成本。然而，引线键合型 MCSP 的寄生电气性能肯定不如 GGI 型 MCSP 好。图 8.33 给出了 GGI 型和引线键合型 MCSP 之间的寄生电阻的比较。图 8.34 显示了 GGI 型和引线键合型 MCSP 之间寄生电感的比较。从图 8.33 和图 8.34 中可以看出 GGI 型 MCSP 的电阻和电感远低于引线键合型 MCSP。

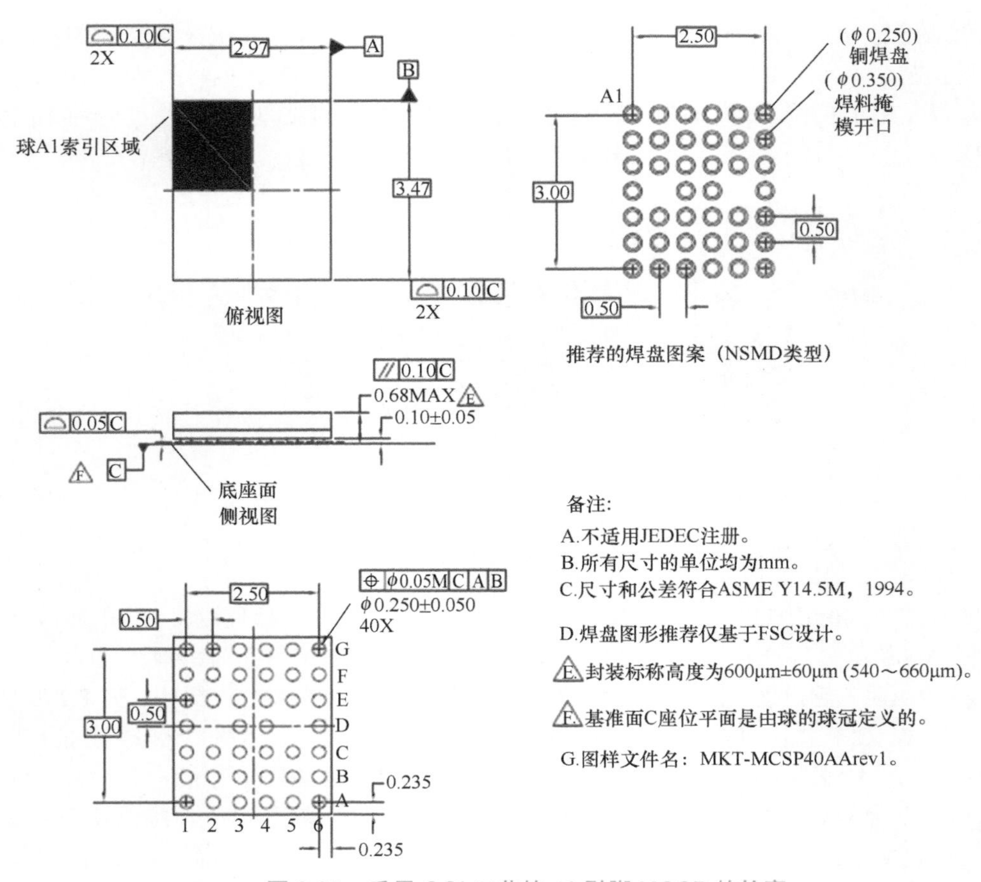

图 8.25　采用 GGI 工艺的 40 引脚 MCSP 的轮廓

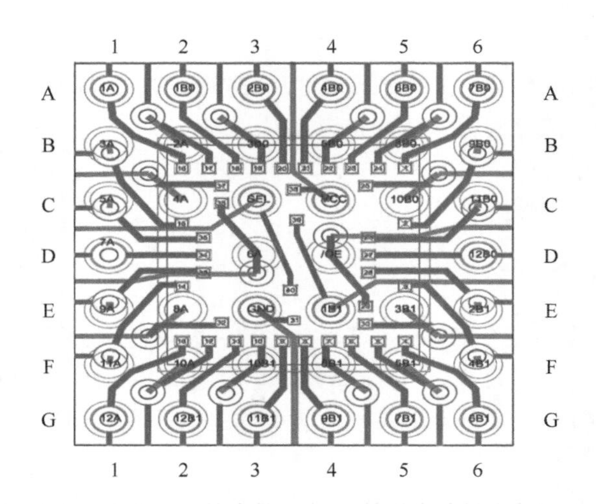

图 8.26　采用 GGI 技术的 MCSP 的引脚映射分布和 RDL

表 8.6　芯片和封装之间的 40 引脚 MCSP 的引脚映射列表

芯片引脚	信号	封装引脚	芯片引脚	信号	封装引脚	芯片引脚	信号	封装引脚
1	7B0	A6	16	1A	A1	31	GND	E3
2	9B0	B6	17	2A	B2	32	8A	E2
3	4B1	F6	18	1B0	A2	33	9A	E1
4	6B1	G6	19	3B0	B3	34	7A	D1
5	5B1	F5	20	2B0	A3	35	5A	C1
6	7B1	G5	21	4B0	A4	36	6A	D3
7	8B1	F4	22	5B0	B4	37	4A	C2
8	9B1	G4	23	6B0	A5	38	VCC	C4
9	11B1	G3	24	8B0	B5	39	1B1	E4
10	10B1	F3	25	10B0	C5	40	SEL	C3
11	12B1	G2	26	11B0	C6			
12	10A	F2	27	12B0	D6			
13	12A	G1	28	2B1	E6			
14	11A	F1	29	/OE	D4			
15	3A	B1	30	3B1	E5			

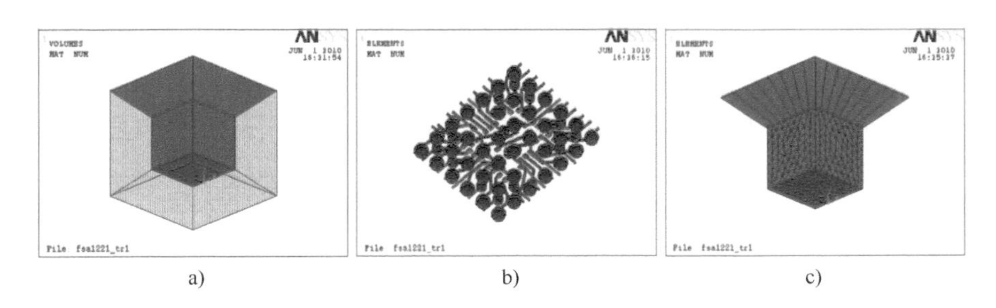

图 8.27　40 引脚 MCSP 的电阻和电感有限元模型
a）空气和无限体积　b）40 个带 RDL 的凸点　c）部分网格

表 8.7　材料电气性能

材料	铜	金	焊球	空气	无限边界
材料类型	—	金凸点	SAC305	—	—
电阻率 /（Ω · m）	1.73×10^{-8}	3.02×10^{-8}	1.3×10^{-7}	—	—
磁导率	1	1	1	1	1

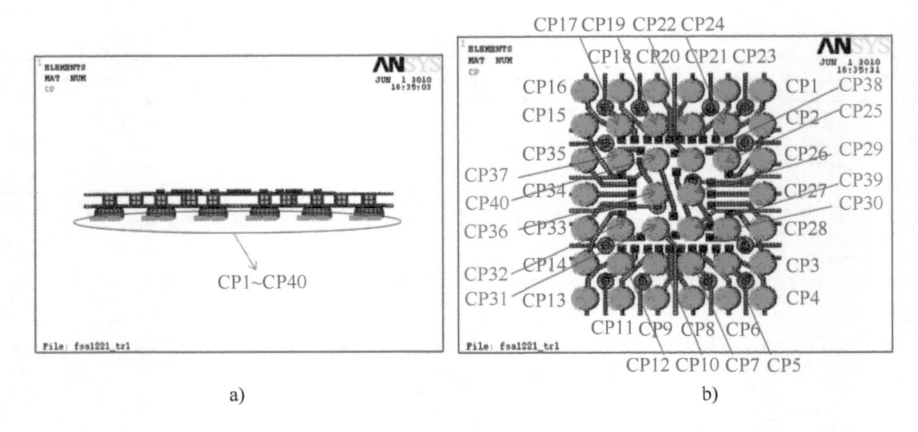

图 8.28　40 引脚 MCSP 电阻和电感的电气边界条件

a）耦合引脚 1 ~ 40　b）40 个耦合引脚的仰视图

表 8.8　带 GGI 的 40 引脚 MCSP 的寄生电阻和电感（1MHz）

引脚号	R	L_{ii}	引脚号	R	L_{ii}	引脚号	R	L_{ii}
	mΩ	nH		mΩ	nH		mΩ	nH
1	17.5	0.623	15	16.9	0.595	29	9.8	0.408
2	16.9	0.595	16	17.5	0.623	30	9.9	0.298
3	16.9	0.594	17	13.5	0.351	31	3.7	0.170
4	17.8	0.630	18	15.0	0.551	32	10.3	0.299
5	13.5	0.351	19	12.2	0.308	33	13.1	0.509
6	15.0	0.551	20	13.6	0.501	34	10.7	0.422
7	11.5	0.293	21	13.6	0.500	35	13.0	0.509
8	13.6	0.501	22	12.2	0.307	36	9.8	0.408
9	13.6	0.500	23	15.0	0.551	37	9.8	0.298
10	11.5	0.294	24	13.5	0.355	38	3.6	0.164
11	15.0	0.552	25	9.8	0.301	39	11.9	0.579
12	13.5	0.354	26	14.4	0.588	40	11.8	0.577
13	17.8	0.629	27	12.1	0.500			
14	16.9	0.594	28	14.4	0.589			

表 8.9　带 GGI 的 40 引脚 MCSP 的互感

引脚号	引脚号	L_{ij}	K_{ij}
i	j	nH	—
1	2	0.126	0.21
1	24	0.086	0.18
1	25	0.025	0.06
2	24	0.043	0.09
2	25	0.023	0.05
2	26	0.185	0.31
2	29	0.017	0.03
3	4	0.128	0.21
3	5	0.043	0.09
3	28	0.186	0.31
3	30	0.023	0.05
3	39	0.046	0.08
4	5	0.084	0.18
4	30	0.026	0.06
5	6	0.128	0.29
5	7	0.030	0.09
5	30	0.026	0.08
6	7	0.064	0.16
7	8	0.079	0.21
7	31	0.007	0.03
8	9	0.163	0.32
8	31	−0.002	−0.01
9	10	0.079	0.21
9	31	0.005	0.02
10	11	0.064	0.16
10	12	0.030	0.09
10	31	0.010	0.04
11	12	0.128	0.29
12	13	0.083	0.18
12	14	0.043	0.09
12	32	0.026	0.08
13	14	0.128	0.21
13	32	0.026	0.06
14	32	0.024	0.06
14	33	0.177	0.32
15	16	0.126	0.21
15	17	0.043	0.09
15	35	0.177	0.32
15	37	0.022	0.05
15	40	0.045	0.08
16	17	0.086	0.18
16	37	0.025	0.06
17	18	0.128	0.29
17	19	0.031	0.09
17	37	0.026	0.08
18	19	0.066	0.16
19	20	0.078	0.20
19	38	0.007	0.03
20	21	0.163	0.32
20	38	−0.002	−0.01
21	22	0.078	0.20
21	38	0.005	0.02
22	23	0.066	0.16
22	24	0.031	0.09
22	38	0.010	0.04
23	24	0.128	0.29
24	25	0.026	0.08
25	26	0.034	0.08
25	38	0.025	0.11
26	27	0.200	0.37
26	29	−0.003	−0.01
27	28	0.200	0.37
27	29	−0.018	−0.04
27	39	0.024	0.04
28	29	−0.035	−0.07
28	30	0.034	0.08
28	39	0.039	0.07
29	30	0.007	0.02
29	38	0.007	0.03
29	39	−0.106	−0.22
30	39	0.014	0.03
31	32	0.025	0.11
31	36	0.007	0.03
31	39	−0.003	−0.01
32	33	0.031	0.08
33	34	0.159	0.34
33	36	0.002	0.01
34	35	0.159	0.34
34	36	−0.011	−0.03
34	40	0.020	0.04
35	37	0.031	0.08
35	40	0.035	0.06
36	37	0.007	0.02
36	40	−0.109	−0.22
37	40	0.014	0.03
38	40	−0.003	−0.01
39	40	−0.179	−0.31

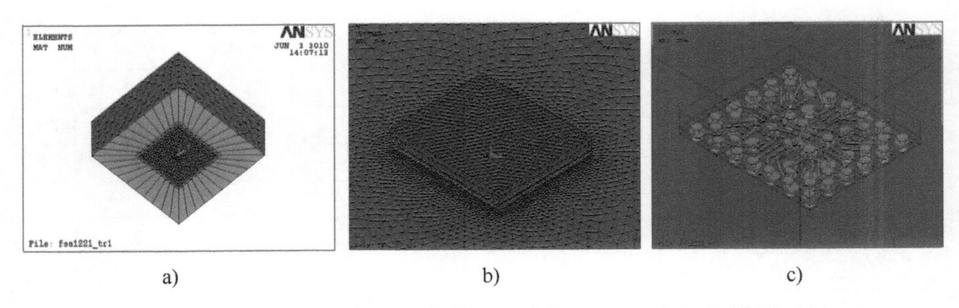

图 8.29 用于电容仿真的 40 引脚 MCSP 有限元模型

a）空气网格和无限体积 b）40 引脚 MCSP c）RDL 和凸点

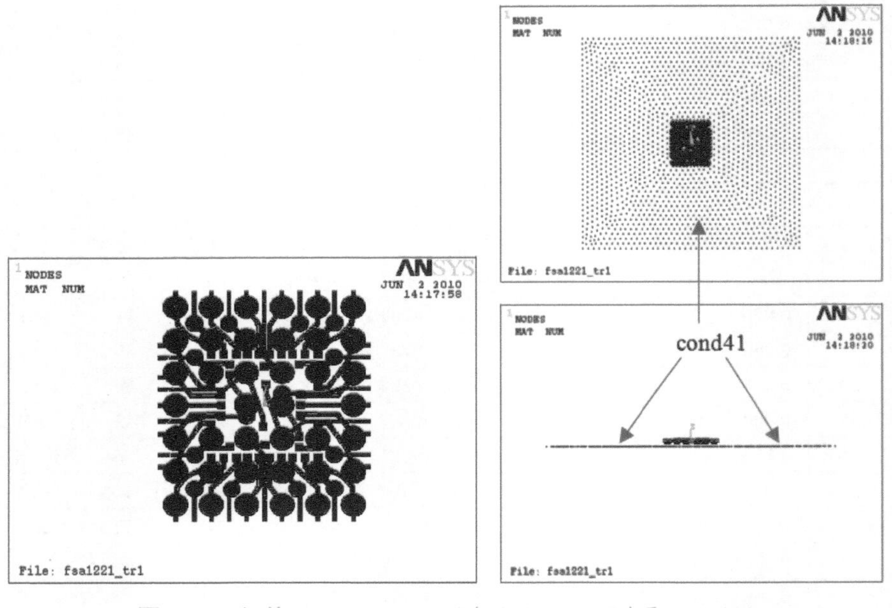

图 8.30 组件 cond1 ~ cond40（pin1 ~ pin40）和 cond41

表 8.10 电容仿真材料特性

材料	导体	EMC	BT 核	焊料掩模	FR4	空气	无限边界
磁导率	1	3.5	4.7	4.3	4.2	1	1
类型	—	CEL9700ZHF 10(V80,c30)	MCL-E-679FG	AUS320	—	—	—

表 8.11　带 GGI 技术的 MCSP 的 40 个凸点的寄生自电容

引脚号	C_{ii}	引脚号	C_{ii}	引脚号	C_{ii}
	pF		pF		pF
1	0.054	15	0.046	29	0.051
2	0.047	16	0.054	30	0.045
3	0.047	17	0.046	31	0.047
4	0.053	18	0.044	32	0.049
5	0.047	19	0.047	33	0.048
6	0.046	20	0.044	34	0.047
7	0.045	21	0.044	35	0.047
8	0.044	22	0.045	36	0.051
9	0.044	23	0.046	37	0.046
10	0.046	24	0.046	38	0.047
11	0.047	25	0.048	39	0.051
12	0.046	26	0.046	40	0.050
13	0.053	27	0.045		
14	0.048	28	0.046		

表 8.12　带 GGI 技术的 MCSP 的 40 凸点的寄生互电容

引脚号	引脚号	C_{ij}	引脚号	引脚号	C_{ij}	引脚号	引脚号	C_{ij}
i	j	pF	i	j	pF	i	j	pF
1	2	0.028	5	7	0.012	12	32	0.022
1	24	0.074	5	30	0.023	13	14	0.031
1	25	0.022	6	7	0.057	13	32	0.023
2	24	0.011	7	8	0.062	14	32	0.064
2	25	0.064	7	31	0.013	14	33	0.046
2	26	0.045	8	9	0.026	15	16	0.028
2	29	0.010	8	31	0.036	15	17	0.011
3	4	0.031	9	10	0.063	15	35	0.045
3	5	0.011	9	31	0.037	15	37	0.061
3	28	0.045	10	11	0.058	15	40	0.013
3	30	0.062	10	12	0.012	16	17	0.074
3	39	0.013	10	31	0.021	16	37	0.022
4	5	0.070	11	12	0.068	17	18	0.066
4	30	0.023	12	13	0.071	17	19	0.015
5	6	0.067	12	14	0.011			

（续）

引脚号 i	引脚号 j	C_{ij} pF
17	37	0.023
18	19	0.066
19	20	0.058
19	38	0.013
20	21	0.026
20	38	0.036
21	22	0.058
21	38	0.037
22	23	0.066
22	24	0.015
22	38	0.021
23	24	0.066
24	25	0.023
25	26	0.026
25	38	0.014
26	27	0.037
26	29	0.054
27	28	0.038
27	29	0.029
27	39	0.019
28	29	0.015
28	30	0.024
28	39	0.038
29	30	0.013
29	38	0.020
29	39	0.061
30	39	0.021
31	32	0.014
31	36	0.019
31	39	0.016
32	33	0.026
33	34	0.034
33	36	0.044
34	35	0.035
34	36	0.028
34	40	0.019
35	37	0.025
35	40	0.037
36	37	0.014
36	40	0.063
37	40	0.021
38	40	0.015
39	40	0.029

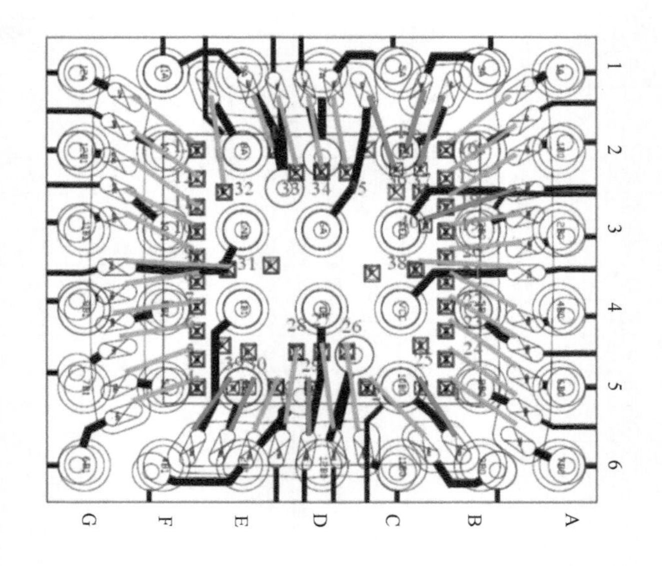

图 8.31　引线键合型 40 引脚 MCSP 的引脚映射分布及 RDL

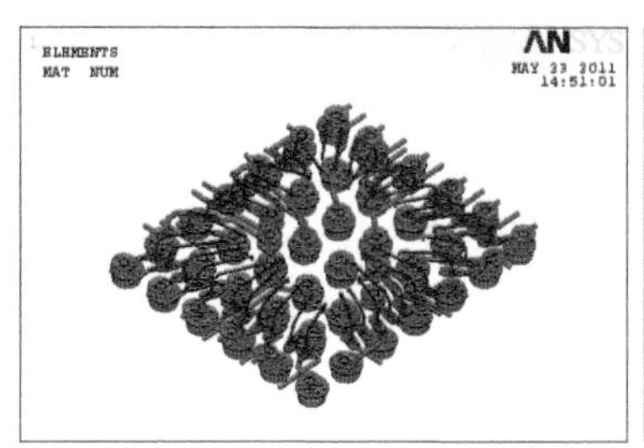

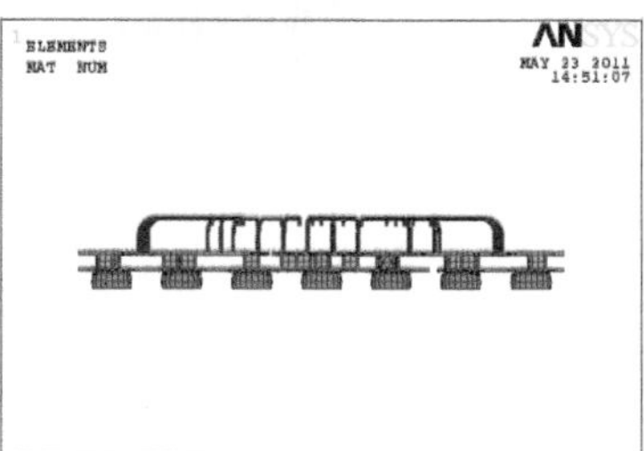

图 8.32　40 引脚 MCSP 引线键合接线

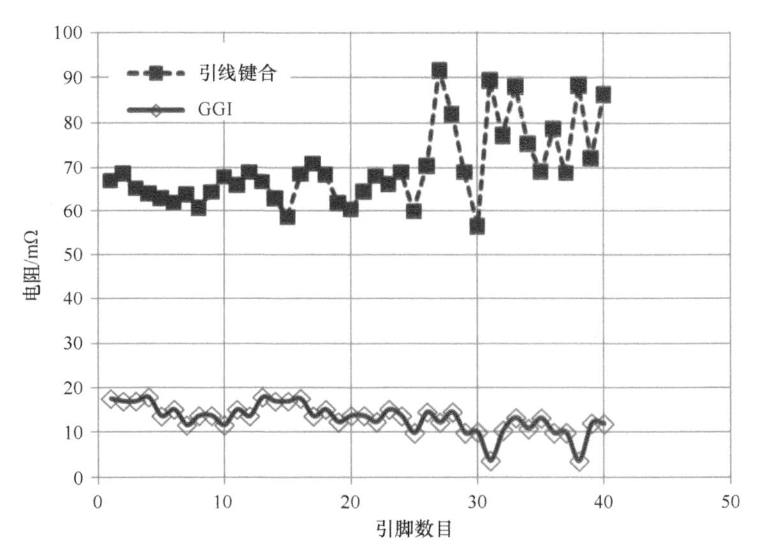

图 8.33　40 引脚 MCSP（1MHz）下 GGI 与引线键合的寄生电阻

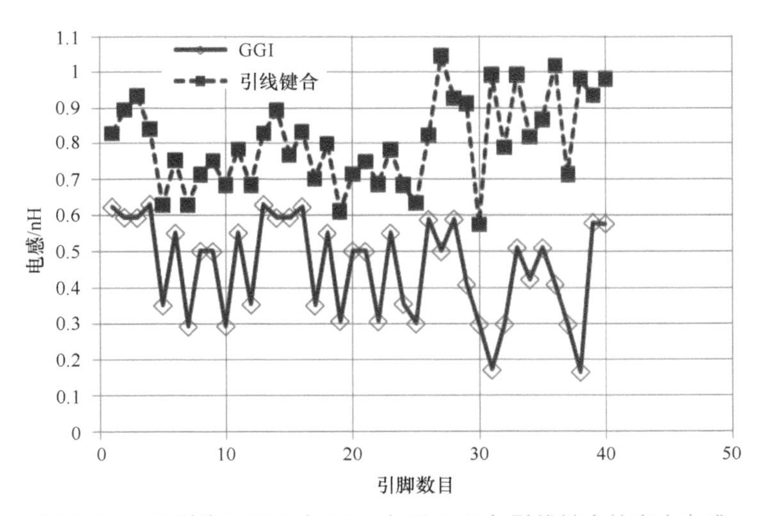

图 8.34　40 引脚 MCSP（1MHz）下 GGI 与引线键合的寄生电感

8.3 0.18μm 晶圆级功率技术的电迁移预测和测试

本节研究晶圆级可靠性互连结构中 0.18μm 功率技术的电迁移预测和测试。本书考虑的电迁移失效的驱动力包括电子风力、应力梯度、温度梯度和原子密度梯度。对化学-机械平坦化（Chemical-Mechanical Planarization，CMP）和非 CMP 功率器件的电迁移预测和测试进行了研究。研究了不同阻挡层金属厚度的参数。结果表明，预测的电迁移失效前平均时间（Mean Time To Failure，MTTF）与 0.18μm 功率技术的实验测试数据具有良好的相关性。

8.3.1 简介

电迁移（EM）是在高电流密度作用下金属化结构中的物质迁移现象。它会对功率集成电路（IC）中的金属互连造成渐进的损害。通常情况下，在电流应力作用下，阴极侧附近的孔洞形核和阳极侧附近的小丘形成，表明阴极向阳极有偏扩散。

为了发展计算电迁移模型，人们做了大量的工作 [1-3]。迁移驱动力包括电子 - 风力诱导迁移（EWM）、温度梯度诱导迁移（TM）和应力梯度诱导迁移（SM）。Tan 等人 [4,5] 指出，传统的原子通量散度（Atomic Flux Divergence，AFD）公式在预测非常薄膜结构孔洞成核方面并不准确。因此，他们提出了一种改进的原子通量散度公式。在现实中，原子质量的传输是由相互作用的驱动力的组合引起的，这可以在不同的位置产生孔洞。这些驱动力是由不同的物理现象引起的，如与载流体的动量交换（电子风）、温度梯度、机械应力梯度和原子密度梯度（或更普遍的化学势）[6]。然而，传统的 AFD 方法忽略了原子密度梯度（Atomic Density Gradient，ADG）的影响，在参考文献 [7] 建模时产生了较大的误差。在本节中，我们将首先研究考虑 ADG 的电迁移预测方法。然后，针对不同的失效模式和失效时间，研究了 0.18μm 功率技术在不同 SWEAT（标准晶圆级电迁移加速测试）结构布局下的晶圆级电迁移测试。详细的 EM 测试安排如下：在不同的氧化物 / TEOX 形貌上制备了不同厚度的 TiN/Ti 势垒金属的 AlSiCu 线，以研究 0.18μm 功率 IC 的机械应力、势垒金属厚度和热膨胀系数（CTE）失配的影响。利用 JEDEC 标准应力方法对 SWEAT 结构进行了 EM 测试 [12]。最后，将 EM 测试数据与预测的 MTTF 进行了关联。通过本研究，我们将更好地了解 0.18μm 晶圆级功率互连上的电迁移现象。

8.3.2 电迁移模型的建立

电迁移是互连结构中扩散控制的物质传输过程。由外加电流引起的局部原子密度随时间变化的演化方程为质量平衡（连续性）方程：

$$\nabla \cdot q + \frac{\partial c}{\partial t} = 0 \tag{8.11}$$

式中，c 是归一化原子密度，$c = N/N_0$，N 是实际原子密度，N_0 是无应力场时初始（平衡态）原子密度；t 是时间；q 是总的标准化原子通量。

考虑到原子流的驱动力包括电子风力、热梯度驱动力、静水应力梯度驱动力和原子密度梯度驱动力，则归一化的原子流可表示为 [7,8]

$$\vec{q}=\vec{q}_{\mathrm{ew}}+\vec{q}_{\mathrm{Th}}+\vec{q}_{\mathrm{S}}+\vec{q}_{\mathrm{c}}=\frac{cD}{kT}Z^{*}e\rho\vec{j}-\frac{cD}{kT}Q^{*}\frac{\nabla T}{T}-\frac{cD}{kT}\Omega\nabla\sigma_{\mathrm{m}}-D\nabla c=c\cdot F(T,\sigma_{\mathrm{m}},\vec{j},\cdots)-D\nabla c \tag{8.12}$$

其中

$$F(T,\sigma_{\mathrm{m}},\vec{j},\cdots)=\frac{D}{kT}Z^{*}e\rho\vec{j}-\frac{D}{kT}Q^{*}\frac{\nabla T}{T}-\frac{D}{kT}\Omega\nabla\sigma_{\mathrm{m}} \tag{8.13}$$

k 是玻尔兹曼常数；e 是电荷；Z^* 是实验确定的有效电荷；T 是绝对温度；ρ 是电阻率，按 $\rho=\rho_0[1+\alpha(T-T_0)]$ 计算，其中 α 是金属材料的温度系数，ρ_0 是 T_0 时的电阻率；$\vec{j}$ 是电流密度矢量；Q^* 是传递热；Ω 是原子体积；$\sigma_{\mathrm{m}}=(\sigma_1+\sigma_2+\sigma_3)/3$ 是局部静水应力，其中 σ_1、σ_2、σ_3 是主应力的分量；D 是有效原子扩散系数，$D=D_0\exp(-E_{\mathrm{a}}/kT)$，其中 E_{a} 是活化能，D_0 是有效热活化扩散系数。

对于任意边界为 Γ 的封闭域 V 上的 EM 演化方程 [见式（8.11）]，金属互连的原子通量边界条件可表示为

$$qn=q_0\quad \text{on}\ \Gamma \tag{8.14}$$

对于阻塞边界条件

$$qn=0\quad \text{on}\ \Gamma \tag{8.15}$$

初始时刻，假设所有节点的归一化原子密度为

$$c_0=1 \tag{8.16}$$

在 EM 模型中同时且自洽地考虑了用于原子输运的所有上述驱动力，以便充分描述连续的原子重新分布，并捕捉作为互连结构、段几何形状、材料特性和应力条件的函数的空穴成核和生长的实际动力学。

电迁移现象是一个包含热电耦合、热机械耦合和质量扩散的复杂物理耦合问题。为了预测电迁移失效，研究了基于 ANSYS® 的热 - 电 - 结构场间接耦合分析方法。EM 孔隙演化仿真包括潜伏期和孔隙生长期的仿真部分。在潜伏期的仿真中，首先通过基于 ANSYS 平台的三维有限元分析，获得了互连结构中电流密度和温度的初始分布。然后，利用用户自定义的 FORTRAN 代码解决了互连结构中原子密度的再分布问题。原子密度再分布算法及其计算过程可在我们之前的著作 [7] 中找到。

8.3.3　电迁移晶圆级实验测试

对 0.18μm 功率技术进行了不同 SWEAT 布局的晶圆级电迁移测试。SWEAT 布局中详细的 EM 测试安排如下：为了研究 0.18μm 功率集成电路电气性能的影响，制备了不同厚度的 TiN/Ti 屏障金属 AlSiCu 在不同形貌的氧化物 /TEOX 上的金属线。利用 JEDEC 的 SWEAT 应力法对两种结构（CMP 和非 CMP）进行了 EM 测试 [12]。该方法将固定电流注入金属线路，测量线路电阻的变化，通过电阻温度系数（Temperature Coefficient of Resistance，TCR）和失效时间（Time To Failure，TTF）得到线路温度的反馈。由金属线的电阻变化所测得的温度就是线的平均温度。该测试利用这一信息来强迫恒定应力条件，应力使用布莱克方程中的电流密度和温度项来计算，

以满足加速度因子。加速度因子为

$$(t_{50use}/t_{50stress}) = (j_{stress}/j_{use})^n \mathrm{e}^{E_a/k(1/T_{use}-1/T_{stress})} \quad (8.17)$$

式中，t_{50use} 是使用工况下的 MTTF；$t_{50stress}$ 是应力工况下的 MTTF；j_{stress} 和 j_{use} 是测试电流密度；k 是玻尔兹曼常数；E_a 是激活能；n 是电流密度指数；T_{use} 和 T_{stress} 分别是使用工况和应力工况下的绝对温度。

典型的加速度因子范围是 $10^5 \sim 10^9$。确定加速度因子是非常重要的。建立一个合适的加速度水平通常需要牺牲一些测试结构进行实验。失效条件由电阻变化百分比来表示。测试继续进行，直到满足失效条件或测试时间超过某些指定的最大应力时间。

图 8.35 所示为具有不同阻挡金属的 CMP 和非 CMP 金属线的晶圆级测试的 TTF。图 8.36 所示为 SWEAT 结构的金属线在 EM 测试中观察到的孔洞。

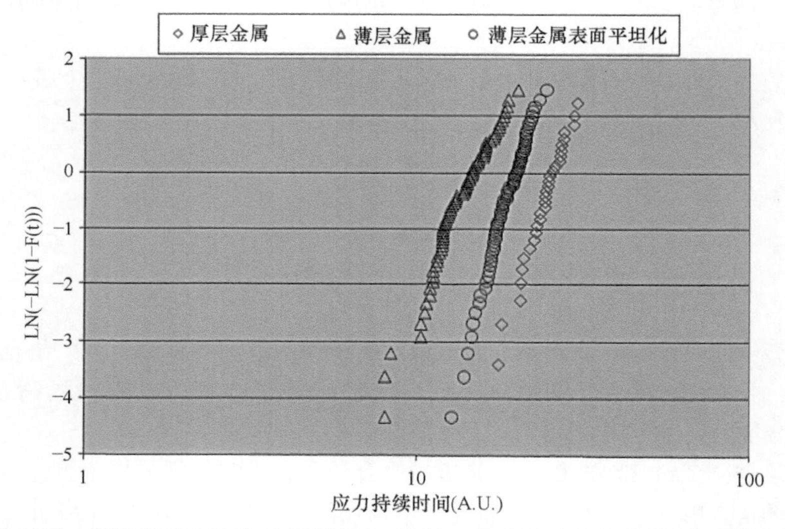

图 8.35　晶圆级 EM 测试 TTF 数据与 CMP、非 CMP 及不同阻挡金属的比较

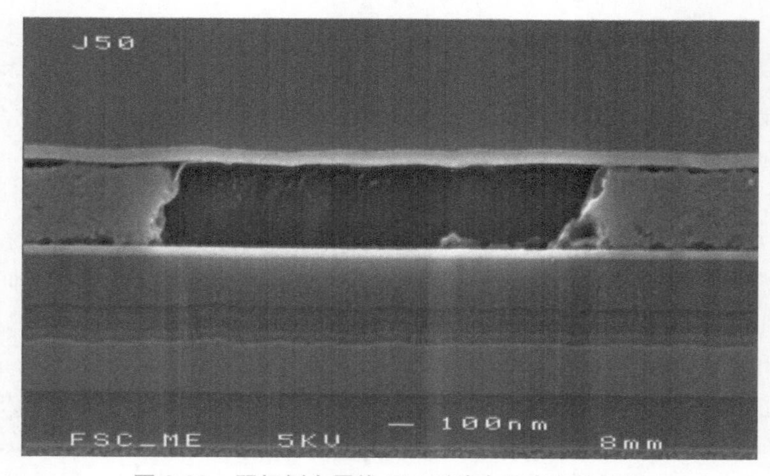

图 8.36　阴极侧金属线 EM 测试中观察到的孔洞

8.3.4　有限元仿真

8.3.4.1　有限元模型

CMP 工艺后 SWEAT 结构的三维有限元模型如图 8.37 所示。全局热电耦合场模型采用 Solid-69 单元，全局应力模型采用 Solid-45 单元。将线性正六面体单元映射网格化，节省了计

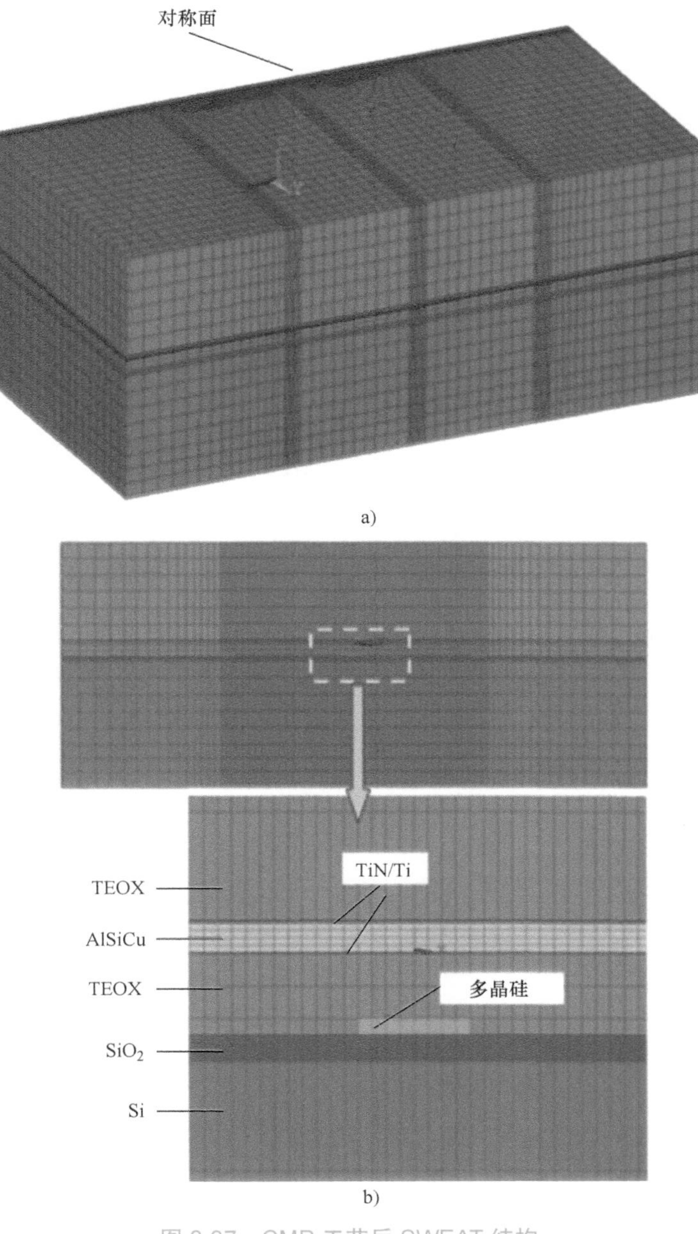

图 8.37　CMP 工艺后 SWEAT 结构

a）整体模型　b）截面

算时间，提高了计算精度。由于对称性，只有一半的结构被建模。SWEAT 结构的相关热、机械、电、电迁移参数见表 8.13 和表 8.14。

表 8.13 SWEAT 结构的材料性能 [7-11]

材料		AlSiCu	SiO_2	Si
弹性模量 /GPa		50	71	130
泊松比		0.30	0.16	0.28
热导率 /[W/(m·K)]		100	1.75	80
电阻率 /(Ω·m)	200K	2.139×10^{-8}	1×10^{10}	4.4
	800K	9.194×10^{-8}		
CTE/($\times10^{-6}$1/K)	200K	20.3	0.348	2.24
	300K	23.23	0.498	2.64
	400K	25.1	0.61	3.2
	500K	26.4	0.63	3.5
	600K	28.4	0.59	3.7
	700K	30.9	0.53	3.9
	800K	34	0.47	4.1
屈服应力 /MPa	293K	190	—	—
	800K	12.55		
材料		TiN/Ti	TEOX	多晶硅
弹性模量 /GPa		80.6	59	170
泊松比		0.208	0.24	0.22
热导率 / [W/(m·K)]		26.1	2	12.5
电阻率 /(Ω·m)		110×10^{-6}	1×10^{10}	1.75×10^{-5}
CTE/($\times10^{-6}$1/K)		9.35	1	9.4×10^{-6}
屈服应力 /MPa		—	—	—

表 8.14 AlSiCu[1] 的电迁移参数

参数	符号	数值
激活能 /eV	E_a	0.9
有效电荷数	Z^*	−14
有效自扩散系数 /(m^2/s)	D_0	5×10^{-8}
输运热 /eV	Q^*	−0.08
原子体积 /(m^3/atom)	Ω	0.166055×10^{-28}
电阻率 /(Ω·m)	ρ	见表 8.1

在 0 ~ 600 A 范围内建立了 3 种不同 TiN/Ti 屏障厚度的有限元模型。这些模型的电流密度为 16MA/ cm^2。此外，这些结构在 400℃（制造工艺温度）下仿真时被认为是无应力的。所有节点的初始原子密度设置为 $c_0 = 1$。

对于 TiN/Ti 为 300A 的模型，图 8.38 为初始时刻的温度分布和电流密度分布。由于焦耳热的作用，最高温度发生在 AlSiCu 线的中间段。因此，原子在中间段迅速扩散，在中间段很容易产生空隙。图 8.39 为室温和应力电流负荷初始时间下的静水应力分布。当温度从室温升高到加应力电流的初始时间时，静水应力释放。

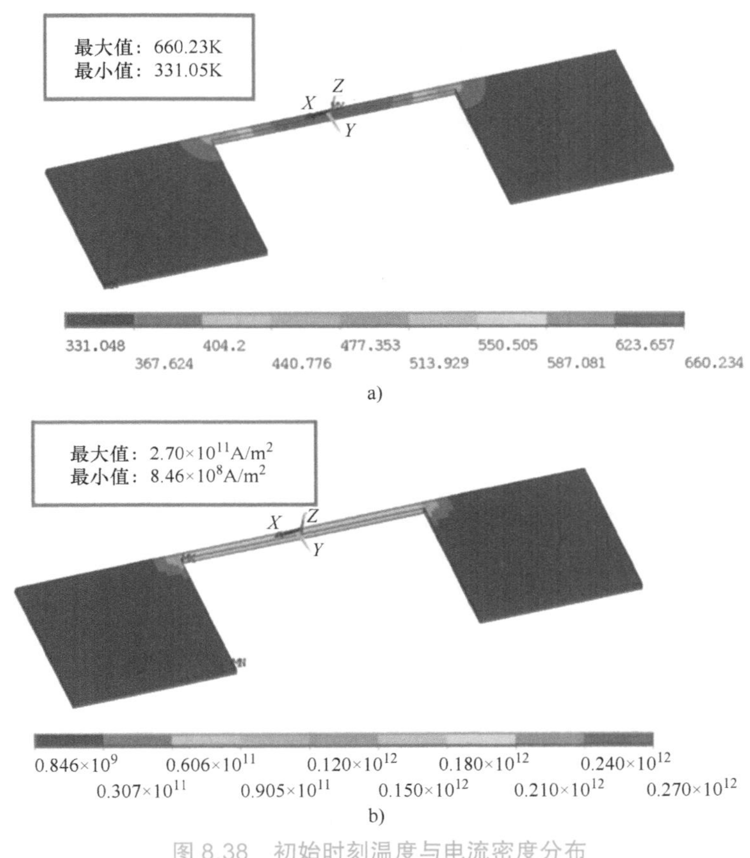

图 8.38　初始时刻温度与电流密度分布

a）温度分布　b）电流密度分布

假设在分析中没有产生 EM 孔洞（静态分析）。图 8.40 显示了 AlSiCu 线在不同时间的归一化原子密度分布。从图 8.40a 可以看出，在 10s 时，最小的归一化原子密度位于最小应力区，应力梯度很大（见图 8.39b）。从图 8.40c 中可以看出，在 40s 时，原子密度最小的区域从左边开始扩大到了整个铝金属化的四分之一区域。这可能是由于静水应力在开始时主导了 EM 扩散，而随着时间的增加，电流密度和原子密度梯度逐渐主导了 EM 扩散。根据归一化原子密度的再分布，可以仿真孔洞的形成，如图 8.41 所示。结果与实验中观察到的图像相一致，如图 8.36 在阴极侧所示。

为了研究在考虑和不考虑原子密度梯度的情况下电迁移的影响，我们检查了金属线中一个节点（编号 1512）的归一化原子密度重新分布。图 8.42 展示了在 AlSiCu 线中考虑和不考虑 $\bar{q}_c$ 时归一化原子密度分布的对比，其中被检查节点 1512 列在图 8.42a 中。可以看出，在不考虑 $\bar{q}_c$ 的情况下，归

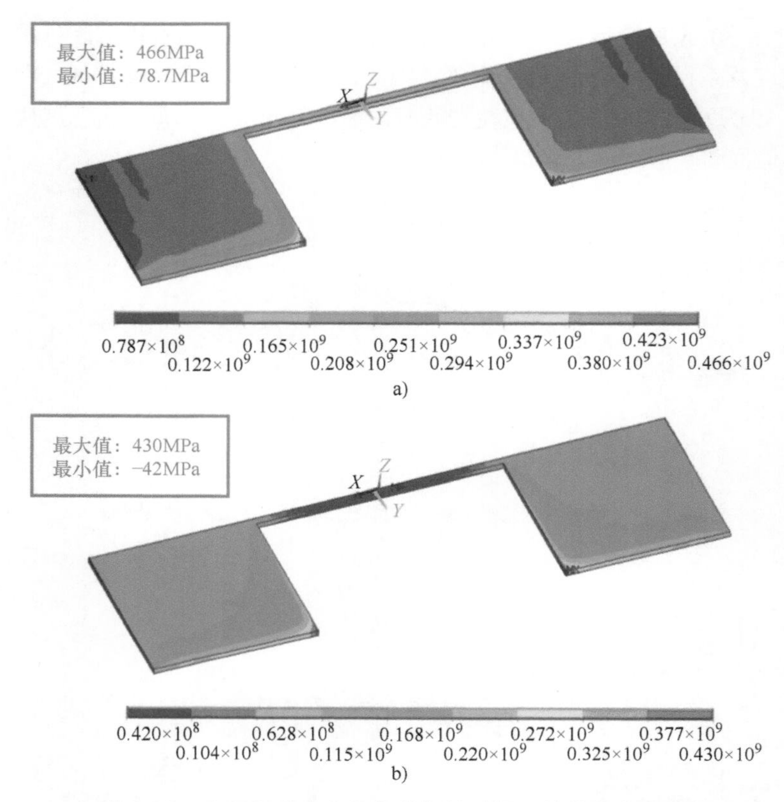

图 8.39　室温和应力电流负荷初始时间下的静水应力分布

a）室温时的静水应力　b）应力电流负荷初始时间下的静水应力

一化原子密度随时间线性快速下降。当考虑 $\bar{q}_c$ 时，归一化原子密度随时间变化缓慢。这意味着在随时间变化的电迁移演化过程中，由于原子密度梯度的影响，原子密度的变化将受到阻碍。这将延迟空洞的产生和生长，并增加失效时间（TTF）。因此，在不考虑 $\bar{q}_c$ 的情况下使用随时间变化的电迁移演化方程会低估 AlSiCu 线的电迁移失效。

8.3.4.2　CMP 和非 CMP 工艺对 TTF 的影响

为了研究 CMP 和非 CMP 过程的影响，我们建立了如图 8.43 所示的非 CMP SWEAT 模型。图 8.44 所示为非 CMP SWEAT 结构的孔隙形成。图 8.45 给出了 CMP 和非 CMP 过程下 SWEAT 结构的 MTTF 的测试和建模比较。仿真结果与测试数据吻合较好。晶圆级的 EM 测试数据表明，MTTF 在平坦的氧化物 /TEOX 层上提高了 35% 的 CMP 工艺金属线。

8.3.4.3　TiN/Ti 厚度对 TTF 的影响

对于具有 CMP 工艺的 SWEAT 结构，不同 TiN/Ti 厚度的 MTTF 仿真结果与实验测试结果的对比如图 8.46 所示。在图 8.46 中，测试数据表明，在相同的电流密度和温度条件下，TiN/Ti 厚度增加了两倍，金属线上的 MTTF 增加了 30%。在较厚的屏蔽层中，MTTF 较长是由于在 AlSiCu 金属线中出现薄弱点时，应力电流通过 TiN 层分流所致。屏蔽金属越厚，分流的电流就越大。此外，屏障层金属与 AlSiCu 金属之间的界面金属也可能对阻挡层金属的厚度起重要作用。

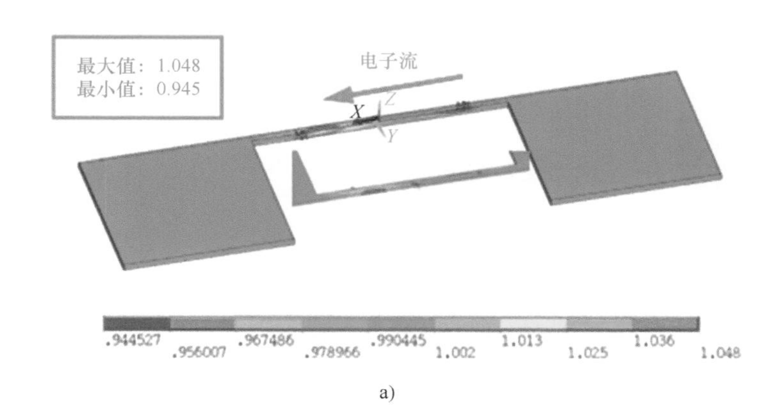

a)

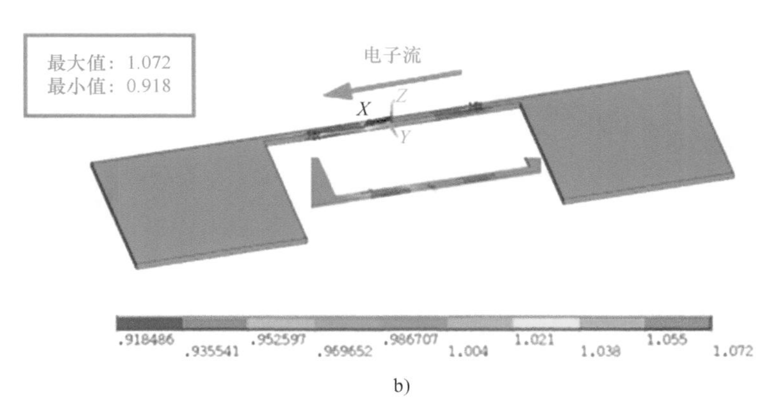

b)

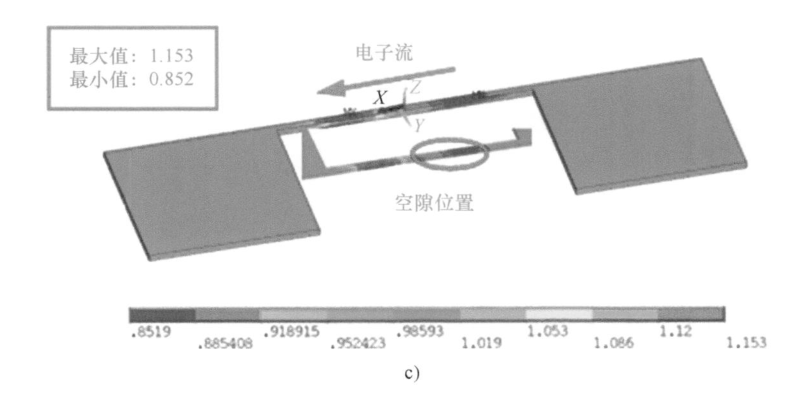

c)

图 8.40　不同时间 AlSiCu 线的归一化原子密度分布

a）10s　b）20s　c）50s

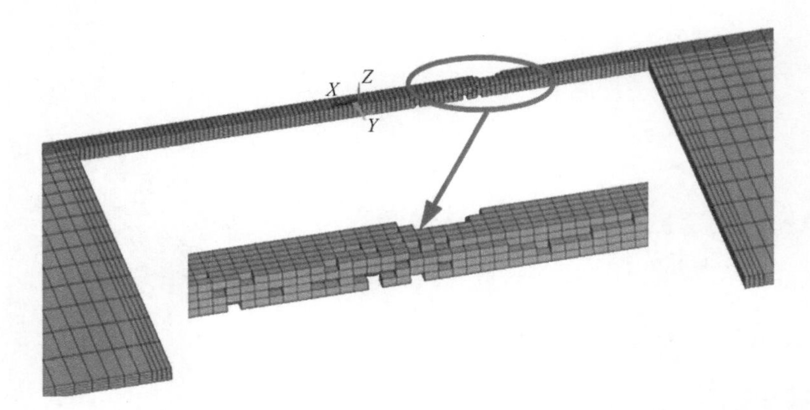

图 8.41 阴极侧 18.8s 时 AlSiCu 线孔洞的形成

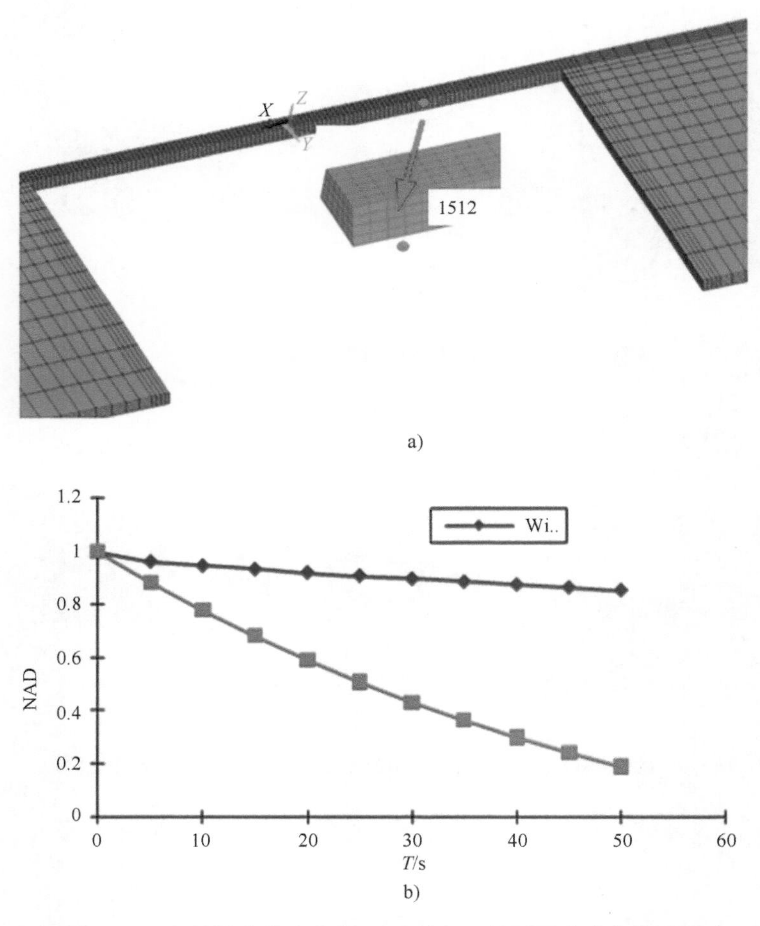

图 8.42 在被检查节点上有无 $\bar{q}_c$ 的归一化原子密度分布比较

a）节点位置 b）有无 $\bar{q}_c$ 的归一化原子密度分布比较

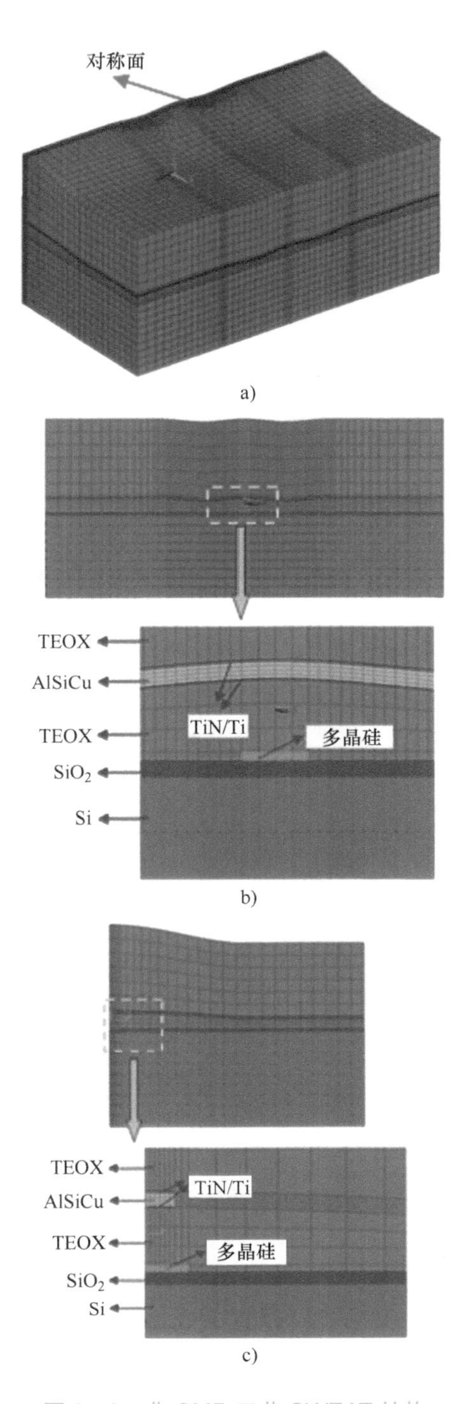

图 8.43　非 CMP 工艺 SWEAT 结构

a）整体模型　b）金属线长截面　c）沿金属线宽截面（中间）

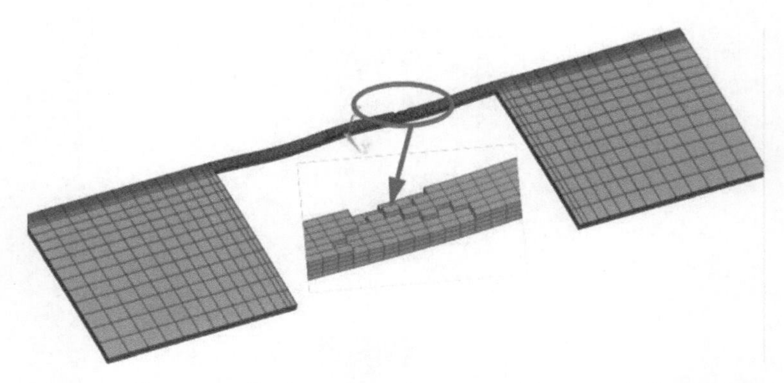

图 8.44 非 CMP 工艺下，13.9 s 时 SWEAT 中 AlSiCu 线的孔洞形成

25
20
15
10
5
0
TTF/s
19.6
14.5
18.8
13.9
非CMP
CMP
测试
仿真

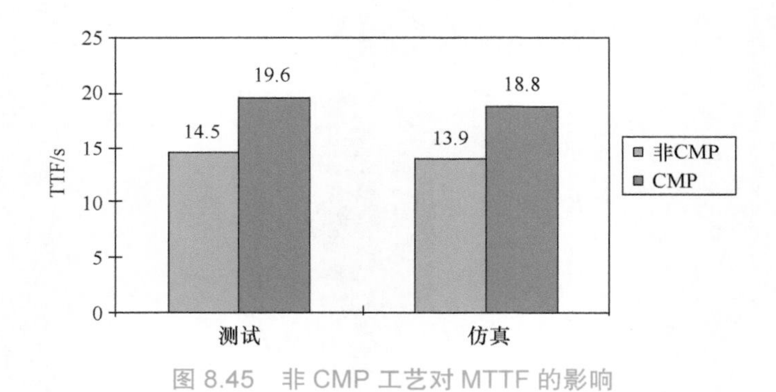

图 8.45 非 CMP 工艺对 MTTF 的影响

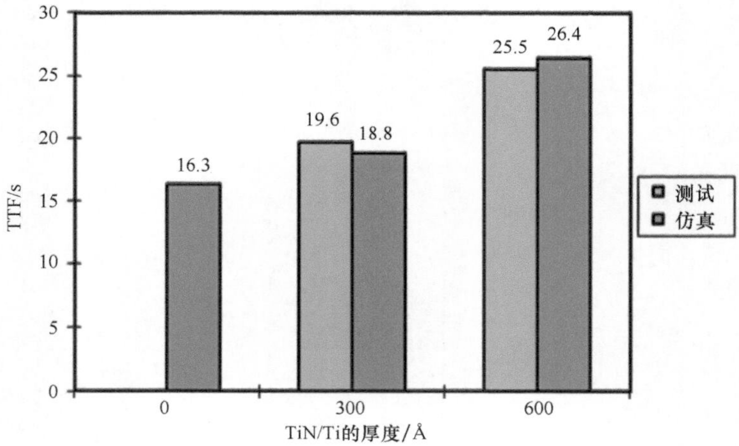

30
25
20
15
10
5
0
TTF/s
16.3
19.6
18.8
25.5
26.4
测试
仿真
0
300
600
TiN/Ti的厚度/Å

图 8.46 TiN/Ti 厚度对 MTTF 的影响

8.3.5　讨论

本节研究了化学机械平坦化（CMP）和非 CMP 0.18μm 功率器件的电迁移预测和测试。研究了不同屏障层金属厚度的参数。仿真结果对比了考虑原子密度梯度和不考虑原子密度梯度的效果。结果表明，预测的电迁移 MTTF 与实验测试数据吻合较好。测试和建模结果都表明，CMP 和屏障层金属厚度对电迁移 MTTF 有显著影响。CMP 工艺与非 CMP 工艺相比，MTTF 提高了 35%。较厚的屏障金属层（600 Å）比薄的屏障金属层（300 Å）能提高 30% MTTF。

8.4　模拟无铅焊点中微观结构对电迁移的影响

本节[13]研究了晶圆级芯片封装（WLCSP）中无铅焊点电迁移的微观结构效应。它是原始各向同性模型[14]的扩展。建立了不同晶粒结构焊点的三维有限元模型，并在 ANSYS 中进行了分析。利用子建模技术，可以得到更精确的焊接凸点仿真结果。进行了电、热、应力场的间接耦合分析。对 4 种常见的焊接凸点组织进行了建模，并使用了各向异性的弹性、热和扩散特性数据。对 4 种不同微观结构的结果进行了比较。从原子通量散度（AFD）和失效时间（TTF）图中得出了微观结构对电迁移的影响。

8.4.1　简介

微电子行业继续推动更高的性能和设备尺寸的缩减，导致必须通过金属互连和焊接凸点来实现电流密度的增加。随着电流密度的增加，电迁移引起的失效成为一个主要的可靠性问题。电迁移是一个质量扩散过程，归因于从导电电子到原子的动量转移。这逐渐导致阴极上形成空洞，从而导致电阻增加，并可能最终导致由于连接丢失而失效。已经进行了许多实验和仿真来研究互连和焊料凸点中的电迁移。由于环境问题，锡基焊料现在已经取代了微电子器件中的铅基焊料。Sn-Ag-Cu 因其具有竞争力的价格和良好的力学性能而成为最有前途的候选材料之一。在晶圆级芯片封装（WLCSP）中，焊锡凸点在芯片侧具有 UBM，在基板侧具有凸点，而凸点的复杂几何形状导致了电流拥挤。在非均匀温度和热应力的作用下，产生了与电作用力[15]相互作用的热力和机械力。

近共晶 Sn-Ag-Cu 焊点的 Sn 含量超过 95 at.%，并且由非常有限的 β-Sn 晶粒组成[16]。无铅焊点中细小晶粒的形成是由于 β-Sn 成核困难和凝固过程中过冷度大所致。β-Sn 具有体心四方（Body Centered Tetragonal，BCT）晶格结构，参数为 a=b=583pm 和 c=318pm。方向 [001]（c 边）几乎是基面边（[100] 和 [010]）长度的一半，这导致了力学、热学、电学和扩散特性的各向异性。因此，Sn-Ag-Cu 焊点 Sn 晶粒的微观组织对电迁移过程有显著影响，有报道称无铅锡基焊点的各向异性会导致早期异常失效[17]。然而，对于无铅焊点电迁移过程中微观组织影响的研究还非常有限。因此，本节将讨论微观结构效应。

结合 WLCSP 无铅焊点的常见微观组织，进一步建立了三维电迁移模型。在 ANSYS 多物理仿真平台上进行了间接电 - 热 - 结构耦合场分析，并利用子建模技术对焊点的临界凸点区域进行了更精确的仿真。在原子通量散度的计算中考虑了 3 种机制，即电迁移、热迁移和应力迁移。采用各向异性材料特性对 4 种常见的微观组织进行了建模和分析。采用 ANAND 黏塑性材料模型。比较了 4 种微观结构的电流分布、温度分布、热梯度分布和静水应力分布。计算了原子通量散度，并利用 ANSYS 中的单元生 / 死函数来显示凸点中的孔洞位置。研究了晶粒取向和晶粒尺寸对电迁移的影响，并对仿真结果进行了讨论。

8.4.2 迁移的直接积分法

如果我们忽略原子密度梯度的影响，只考虑原子迁移的 3 种驱动力，即电迁移、热梯度和机械应力梯度，局部原子浓度 N 随时间的演化由质量平衡（连续性）式（8.11）给出，非归一化原子通量 J：

$$\mathrm{div}(\vec{J}_{\mathrm{Tol}})+\frac{\partial N}{\partial t}=0 \tag{8.18}$$

电迁移、热迁移和应力迁移的原子通量的散度可以表示为

$$\mathrm{div}(\vec{J}_{\mathrm{Em}})=\left(\frac{E_{\mathrm{a}}}{kT^2}-\frac{1}{T}+\alpha\frac{\rho_0}{\rho}\right)\vec{J}_{\mathrm{Em}}\cdot\nabla T \tag{8.19}$$

$$\mathrm{div}(\vec{J}_{\mathrm{Th}})=\left(\frac{E_{\mathrm{a}}}{kT^2}-\frac{3}{T}+\alpha\frac{\rho_0}{\rho}\right)\vec{J}_{\mathrm{Th}}\cdot\nabla T+\frac{NQ^*D_0}{3k^3T^3}j^2\rho^2e^2\exp\left(-\frac{E_{\mathrm{a}}}{kT}\right) \tag{8.20}$$

$$\begin{gathered}\mathrm{div}(\vec{J}_{\mathrm{S}})=\left(\frac{E_{\mathrm{a}}}{kT^2}-\frac{1}{T}\right)\vec{J}_{\mathrm{S}}\cdot\nabla T+\frac{2EN\Omega D_0\alpha_1}{3(1-\nu)kT}\exp\left(-\frac{E_{\mathrm{a}}}{kT}\right)\left(\frac{1}{T}-\alpha\frac{\rho_0}{\rho}\right)\nabla T\cdot\nabla T+\\ \frac{2EN\Omega D_0\alpha_1}{3(1-\nu)kT}\exp\left(-\frac{E_{\mathrm{a}}}{kT}\right)\frac{j^2\rho^2e^2}{3k^2T}\end{gathered} \tag{8.21}$$

式中，E 是弹性模量；ν 是泊松比；α_1 是热膨胀系数。

然后将这 3 个散度值相加，总原子通量的散度可表示为

$$\mathrm{div}(\vec{J}_{\mathrm{Tol}})=N\cdot F(,\vec{j},T,\sigma_{\mathrm{m}},E_{\mathrm{a}},D_0,E,\cdots) \tag{8.22}$$

由上式可知，原子通量的散度与原子浓度成正比，与包含不同物理参数的函数 F 成正比。这样，式（8.22）就等于

$$NF+\frac{\partial N}{\partial t}=0 \tag{8.23}$$

原子浓度的理论演化可以通过

$$N=N_0\mathrm{e}^{-F\Delta t} \tag{8.24}$$

由式（8.24）可以得到 Δt 的表达式为

$$\Delta t = -\frac{1}{F}\ln\left(\frac{N}{N_0}\right) \tag{8.25}$$

我们假设当元素达到原子浓度为初始浓度的 10% 这一标准时，它就变成了一个孔洞。

8.4.3　WLCSP 中焊料凸点微观结构的有限元分析建模

参考文献 [18] 中的 WLCSP 是在商用有限元分析软件 ANSYS 中建模的。整个结构有 36 个焊点，间距为 500μm。假设外部的 20 个焊点以菊花链相互连接。由于结构的对称性，它的四分之一实际上是建模的。利用 ANSYS 中的子建模技术，可以得到更精确的关键焊接凸点区域的结果。首先，采用图 8.47 所示的较粗网格对四分之一全局结构进行建模和分析。然后，将具有 UBM（Al/Ni/Cu）层的焊接凸点细化子模型建模如图 8.48 所示。对子模型进行热电耦合仿真得到电流密度和温度场，然后对结构子模型进行仿真得到应力分布。本文采用黏塑性 ANAND 本构材料模型。在此基础上，通过附加方程式（8.19）~ 式（8.21）计算出原子通量散度的分布。由于最大的散度值对应于孔洞的成核位置，因此将在 ANSYS 中使用生 / 死函数删除原子通量散度最大的 30 个元素。通过设置 N/N_0 = 10%，可以由式（8.25）计算出元素被删除的时间。然后，对结构进行自动修改、分析和计算，直到达到失效状态。图 8.49 显示了分析过程的流程图。

8.4.3.1　材料参数

采用纯 β-Sn 的各向异性材料性能数据对无铅焊接凸点进行了研究。β-Sn 单晶的弹性行为可以用工程常数 $E_x = E_y$ = 76.20GPa，E_z = 93.33GPa，G_{xy} = 26.75GPa，$G_{yz} = G_{xz}$ = 2.56GPa，ν_{xy} = 0.473，ν_{xz} = 0.170，ν_{yz} = 0.208[19] 描述。SnAgCu 的黏塑性 ANAND 模型参数见表 8.15。各向异性的热、电和扩散特性见表 8.16。

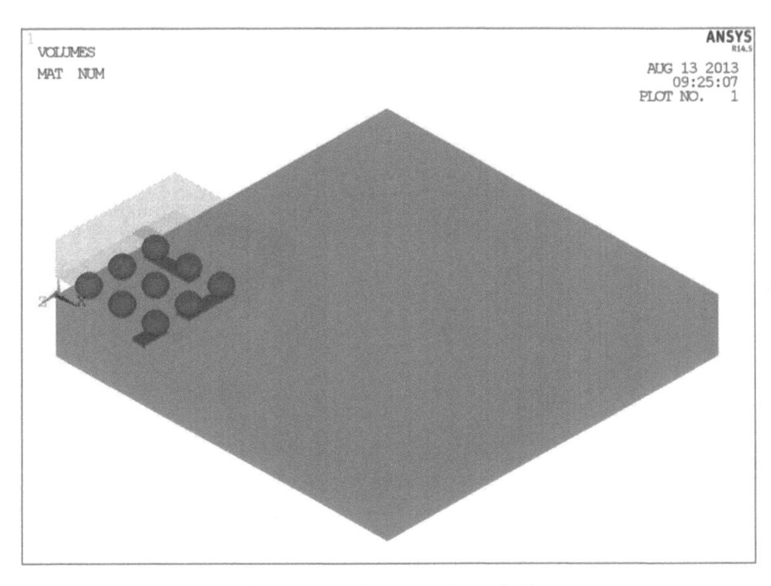

图 8.47　四分之一全局模式

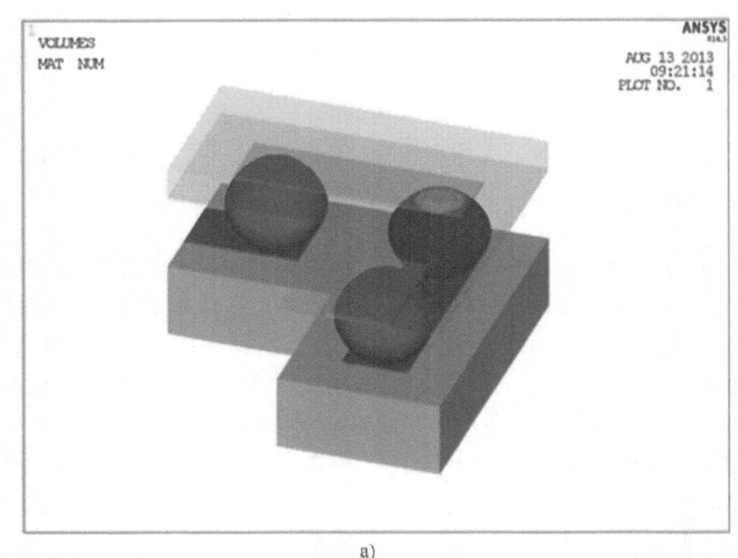

a)

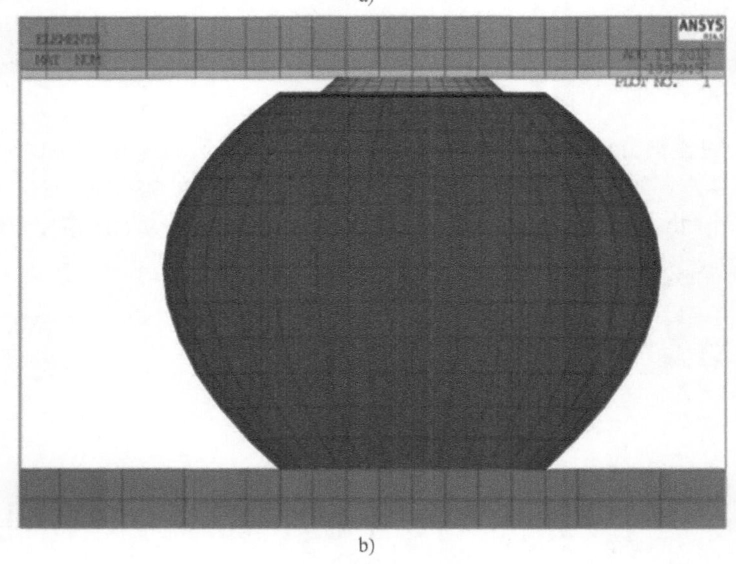

b)

图 8.48 转角焊点的子模型和网格

a）局部转角焊点的子模型 b）细网格凸点的前视图

8.4.3.2 焊料凸点的微观结构

无铅焊料的 4 种常见微观结构如图 8.50 所示。这些微观结构是基于参考文献 [24-26] 中观察到的微观结构。图 8.50a 所示为垂直于基体的两个晶粒的凸点。左晶粒的 c 方向几乎与当前方向平行，而右晶粒的 c 方向与当前方向垂直。图 8.50b 所示为三晶粒凸点，晶粒间的偏差角几乎为 60°。图 8.50c 所示为具有两个倾斜 45° 到基板的晶界的晶粒凸点。图 8.50d 所示为一个 60° 旋转的缠绕结构，其中有三个主要的循环孪晶方向围绕原子核循环重复，这被称为卡拉沙滩球结构。

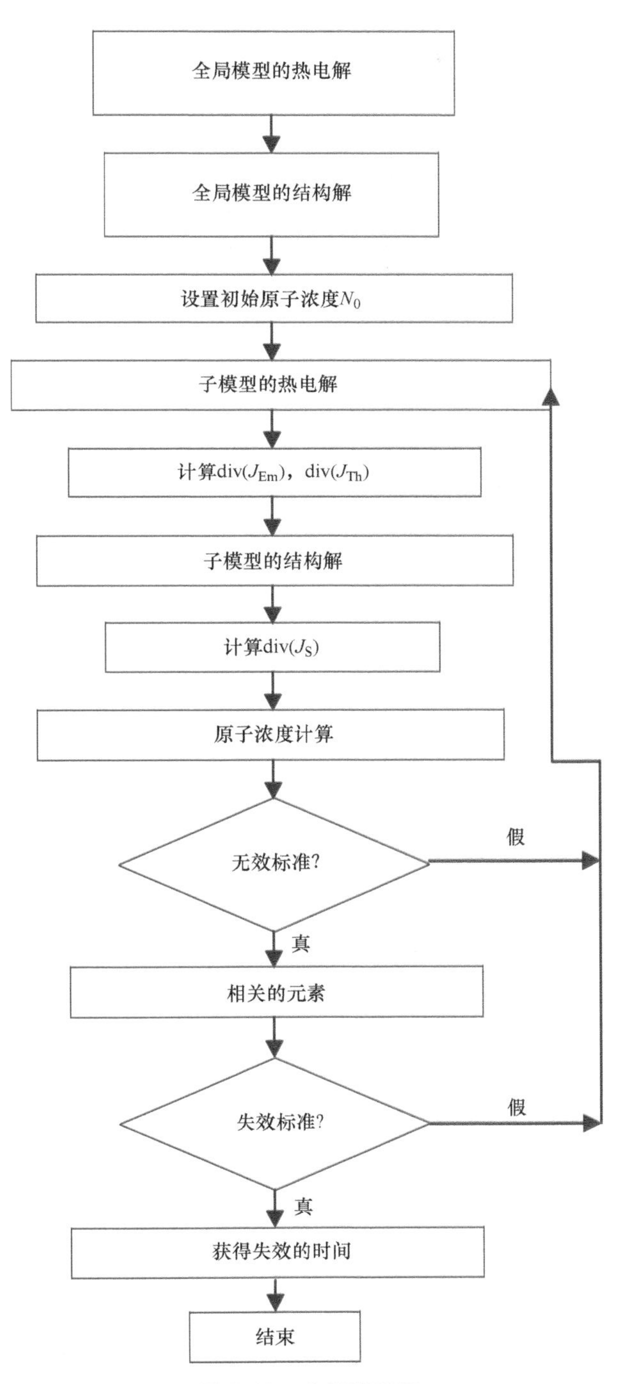
全局模型的热电解
全局模型的结构解
设置初始原子浓度N_0
子模型的热电解
计算div(J_{Em})，div(J_{Th})
子模型的结构解
计算div(J_S)
原子浓度计算
无效标准?
假
真
相关的元素
失效标准?
假
真
获得失效的时间
结束

图 8.49　分析流程图

表 8.15 SnAgCu[19] 的 ANAND 模型参数

类型	符号及单位	95.5Sn4.0Ag0.5Cu
指数前因子	A/(1/s)	325
活化能	Q/R/K	10561
应力乘子	ξ	10
应力的应变率敏感性	m	0.32
变形阻抗饱和值系数	$\hat{S}$/MPa	42.1
饱和值的应变率敏感性	n	0.02
硬化系数	h_0/MPa	800000
硬化系数的应变率敏感性	a	2.57
s 的初始值	s_0/MPa	20

表 8.16 各向异性热、电、扩散特性

	⊥c	‖c
热膨胀系数 /（1/℃）	15.8×10^{-6}	28.4×10^{-6} [20]
RT 时的电阻率 /（Ω · m）	9.9×10^{-8}	14.3×10^{-8} [21]
电阻率温度系数 /（1/℃）	0.00469	0.00447 [21]
有效电荷数	−16	−10 [22]
自扩散系数 /（m^2/s）	0.0021	0.00128 [23]
活化能 /（J/molecule）	$25.9 \times 6.95 \times 10^{-21}$	$26 \times 6.95 \times 10^{-21}$ [23]

8.4.4 仿真结果与讨论

图 8.51 为 4 种不同微观结构的温度分布。焊接凸点的温度差异很小，大约在 2℃，4 种微观结构之间的温度分布没有太大的差异。图 8.52 为 4 种微观结构的电流分布。在电流进入凸点的地方有电流拥挤。在 4 种微观结构中，三晶粒模型电流密度最高。图 8.53 为 4 种微观结构的热梯度分布。我们可以看到，热梯度与电流方向相反，4 种不同的微观结构之间的分布也不同。图 8.54 为 4 种微观结构的静水应力分布。4 种微观结构的静水应力似乎有很大的不同。45° 模型的最大静水应力是晶体模型的两倍以上。

图 8.55 给出了 4 种典型微观结构的原子通量散度和孔洞成核的动态分布。可以看出，在 4 种微观结构中，沙滩球模型的成核孔洞体积最小，双晶模型的孔洞体积最大。由于具有较高原子通量散度的单元会更快地形成孔洞，这种分布给了我们关于孔洞成核和失效时间的信息。

表 8.17 给出了 4 种典型微结构的失效时间。双晶模型的失效时间最短，其次是三晶模型和 45°，TTF 最大值来自于沙滩球模型。这和晶粒的方向有关。对沙滩球模型而言，双晶模型的晶粒边界层增大，可能导致电流方向的质量扩散率变慢。因此，它会导致更长的失败时间。

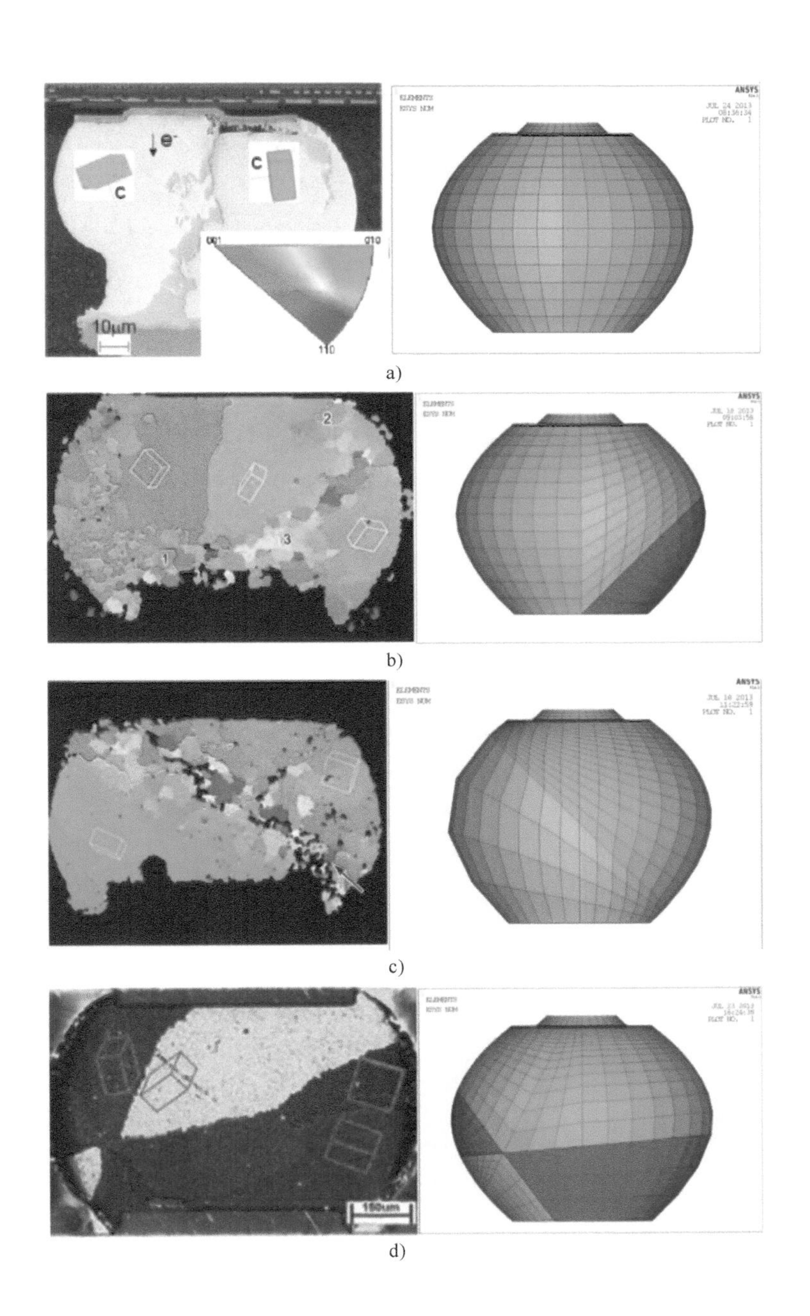

图 8.50　WLCSP 焊接凸点的 4 种微观结构

a）双晶粒凸点 [24] 的 SEM 图像，三维 ANSYS 有限元模型　b）三晶粒凸点 [25] 的 EBSD 取向图，三维 ANSYS 有限元模型　c）晶界向基底 [26] 方向倾斜 45° 时凸点的 EBSD 取向图，三维有限元模型　d）沙滩球凸点的交叉偏光镜光学显微图像 [26]，三维有限元模型

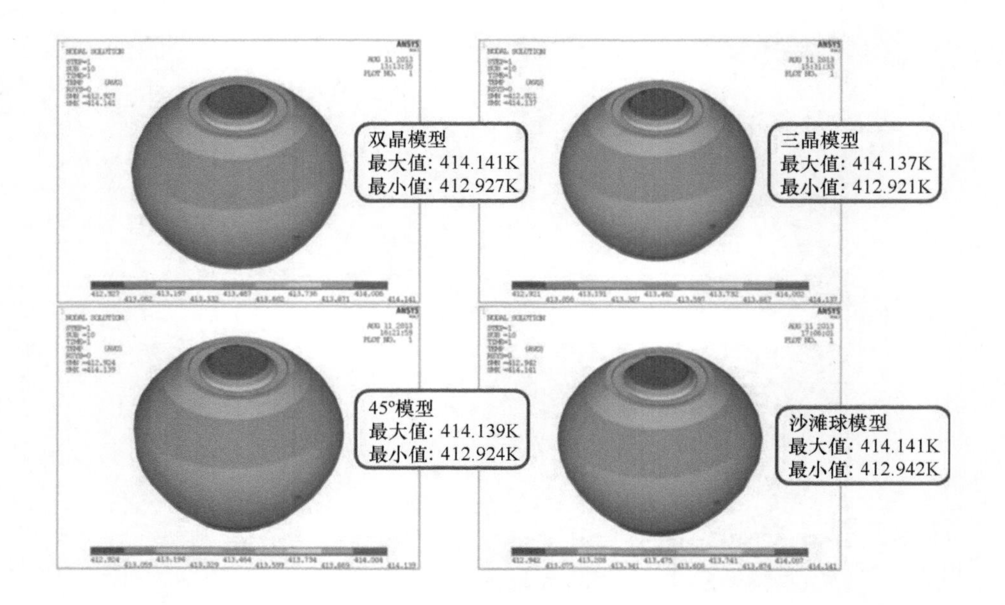

图 8.51　4 种不同微观结构的温度分布

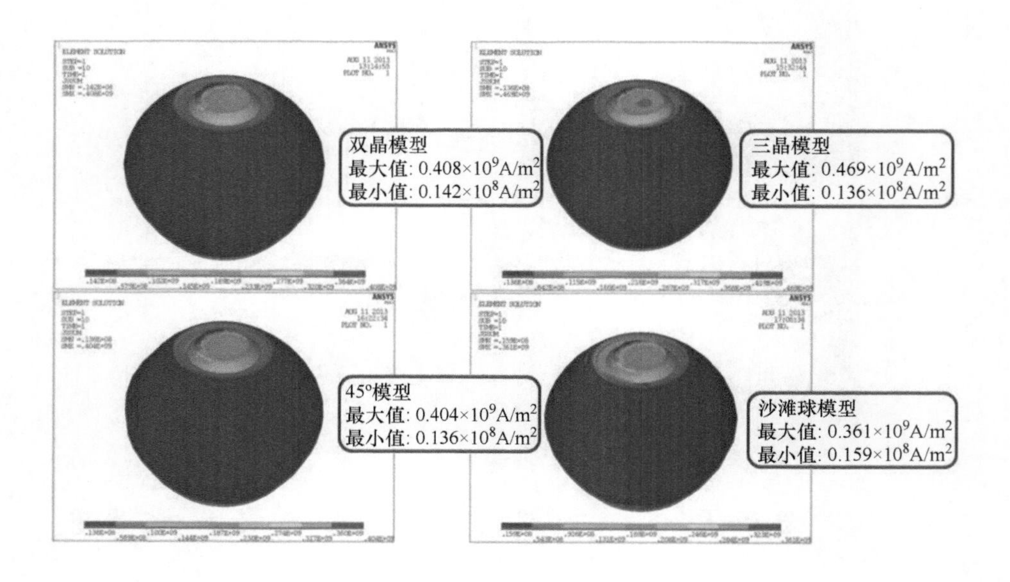

图 8.52　4 种不同微观结构的电流分布

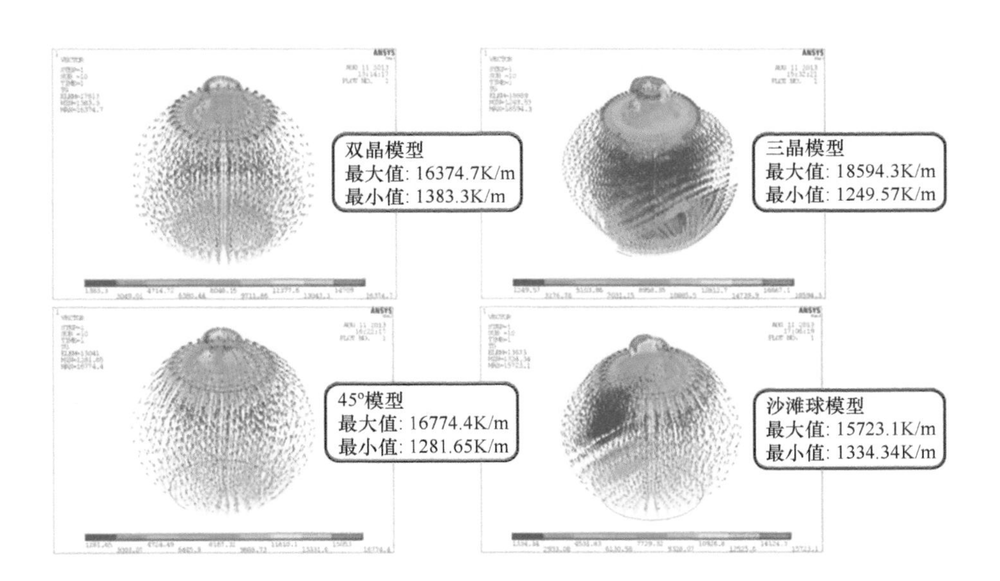

图 8.53　4 种不同微观结构的热梯度

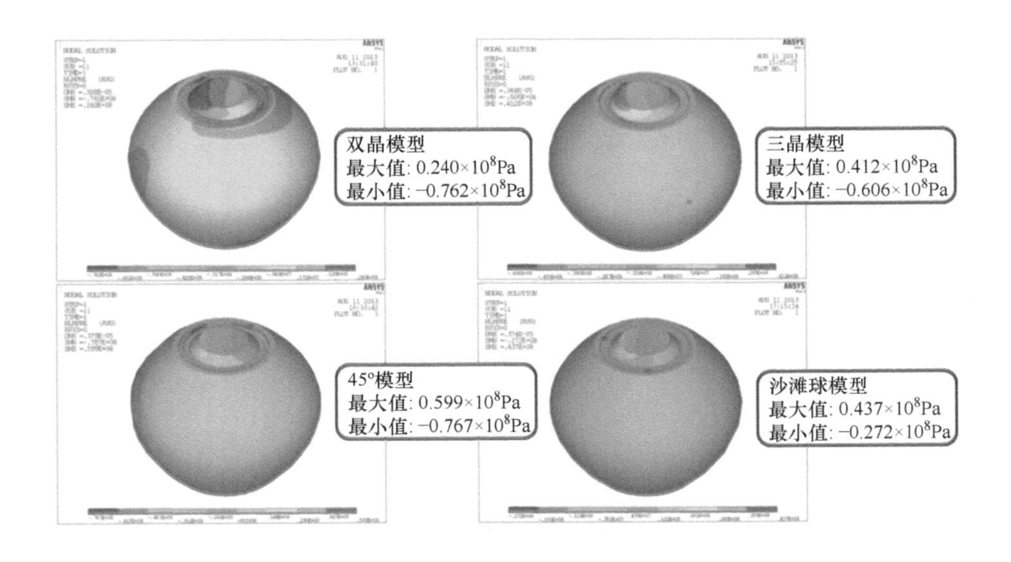

图 8.54　4 种不同微观结构的静水应力

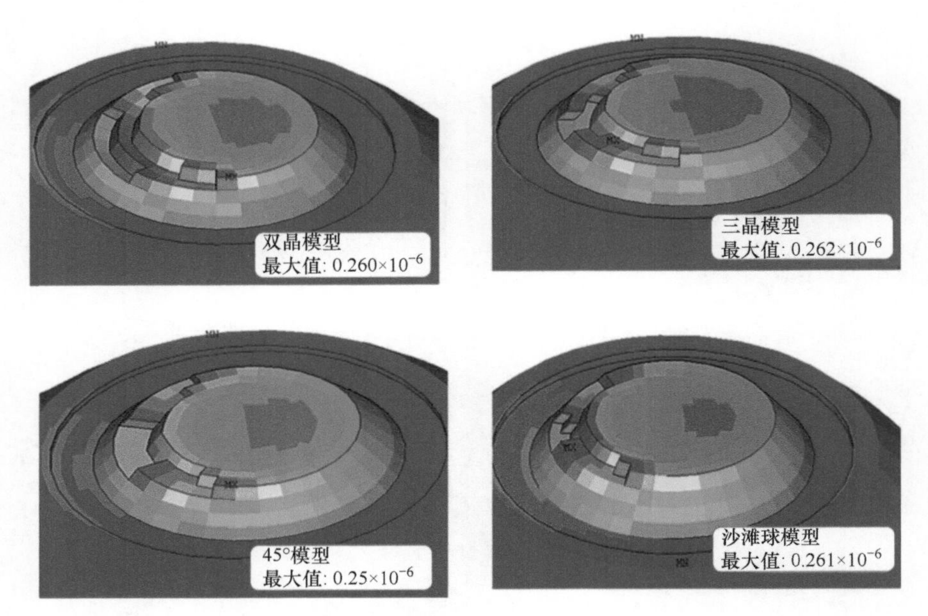

图 8.55 4 种不同微观结构的原子通量散度

表 8.17 4 种不同微观结构的 TTF

模型	双晶	三晶	45°	沙滩球
TTF/h	1137	1296	1370	1471

为了更好地理解晶粒取向对电迁移的影响，我们对不同晶粒取向的单晶进行了实验。图 8.56 给出了失效时间与晶粒取向角的关系。说明当 c 方向与电流流向对齐时，TTF 最大。随着 c 方向逐渐偏离电流方向，TTF 逐渐减小，直到 c 方向垂直于电流方向。当 c 方向垂直于电流流向时，TTF 最小，这是因为在工作温度下，锡沿 a 方向的自扩散率比沿 c 方向的快。一个有趣的现象是在 c 方向 60° 的角度，TTF 升高的时间比 c 方向 30° 处长一点。这可能是热机械应力和纯电风在 60° 处的耦合作用引起了稍小的质量迁移。

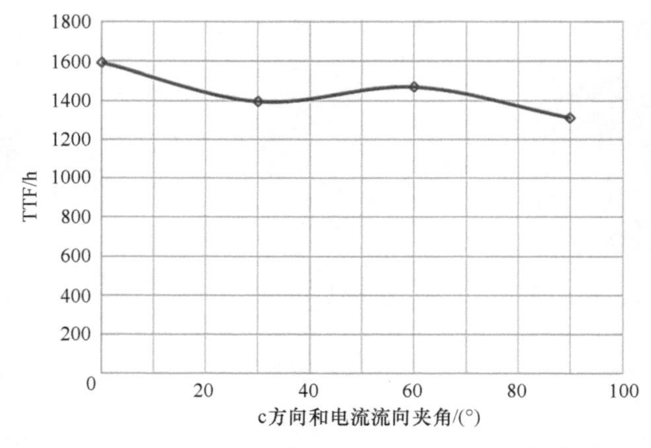

图 8.56 单晶中 TTF 随 c 方向与电流流向夹角的变化

8.4.5　讨论

结合具有代表性的微观结构，对 WLCSP 焊接凸点进行了三维间接电、热、结构耦合分析。分析并比较了 4 种具有代表性的无铅焊接凸点结构的电流分布、热梯度、静水应力和原子通量散度。研究和讨论了晶粒取向和晶粒尺寸对电迁移的影响。从 TTF 应力曲线和原子通量散度出发，对 4 种具有代表性的无铅焊接凸点结构进行了比较。研究和讨论了晶粒取向和晶粒尺寸对电迁移的影响。从 TTF 与晶体取向角的曲线可以看出，随着 c 方向逐渐偏离电流流向，TTF 会逐渐减小，这意味着凸点更容易发生电迁移。

8.5　总结

本章讨论了圆片级芯片封装中寄生电阻、电感和电容的仿真方法。通过电学仿真研究了扇入型 WLCSP 和扇出型 MCSP。通过对采用 GGI RDL 的 MCSP 与采用引线键合连接的 MCSP 的电性能进行比较，发现采用 GGI 的 MCSP 比采用引线键合连接的 MCSP 具有更好的电气性能（电阻和电感均大大降低）。然后介绍了 0.18μm 晶圆级功率技术和不同微观结构和晶粒取向的 WLCSP 凸点的多物理仿真。在 0.18μm 晶圆级功率技术中，提出了具有阻挡层金属的 CMP 和非 CMP 工艺建模方法；仿真结果与 0.18μm 晶圆级功率技术的电迁移测试数据吻合较好。在 WLCSP 电迁移研究中，采用有限元仿真方法研究了包含不同晶粒结构和不同取向凸点的微观结构。结果表明，晶粒结构和取向对凸点应力和原子通量散度有显著影响，而对温度分布和温度梯度似乎没有太大影响。

参考文献

1. Liu, Y.: Power electronic packaging: Design, assembly process, reliability and modeling. Springer, Heidelberg (2012)
2. Sasagawa, K., Hasegawa, M., Saka, M., Abe, H.: Prediction of electromigration failure in passivated polycrystalline line. J. Appl. Phys. **91**(11), 9005–9014 (2002)
3. Sukharev, V., Zschech, E.: A model for electromigration-induced degradation mechanisms in dual-inlaid copper interconnects: Effect of interface bonding strength. J. Appl. Phys. **96**(11), 6337–6343 (2004)
4. Tan, C.M., Hou, Y.J., Li, W.: Revisit to the finite element modeling of electromigration for narrow interconnects. J. Appl. Phys. **102**(3), 1–7 (2007)
5. Tan, C.M., Roy, A.: Investigation of the effect of temperature and stress gradients on accelerated EM test for Cu narrow interconnects. Thin Solid Films **504**(1–2), 288–293 (2006)
6. Tu, K.N.: Recent advances on electromigration in very-large-scale-integration of interconnects. J. Appl. Phys. **94**(9), 5451–5473 (2003)
7. Liu, Y., Zhang, Y.X., Liang, L.H.: Prediction of electromigration induced voids and time to failure for solder joint of a wafer level chip scale package. IEEE Trans. Component Packag. Technol. **33**(3), 544–552 (2010)
8. Dalleau, D., Weide-Zaage, K., Danto, Y.: Simulation of time depending void formation in copper, aluminum and tungsten plugged via structures. Microelectron. Reliab. **43**(9–11), 1821–1826 (2003)
9. Wilson, S.R., et al.: Handbook of multilevel metallization for integrated circuits: Materials, technology, and applications, p. 116. Noyes, Park Redge, NJ (1993)
10. Zhao, J.H., Ryan, T., et al.: Measurement of elastic modulus, Poisson ratio, and coefficient of thermal expansion of on-wafer submicron films. J. Appl. Phys. **85**(9), 6421–6424 (1999)

11. Sharpe, William N., Yuan, Jr. B., Vaidyanathan, R.: Measurement of Young's modulus, Poisson's ratio, and tensile strength of polysilicon. In: Proc 8th IEEE International Workshop on Microelectromechanical Systems, Nagoya, Japan. (1997)
12. JEDEC, JEP119A: A Procedure for performing SWEAT. (2003)
13. Ni, J., Liu, Y., Hao, J., Maniatty, A., OConnell, B.: Modeling microstructure effects on electromigration in lead-free solder joints. ECTC64, Orlando, FL (2014)
14. Liu, Y., Irving, S., Luk, T., et al.: 3D modeling of electromigration combined with thermal-mechanical effect for IC device and package. EuroSime 2007
15. Liu, Y.: Finite element modeling of electromigration in solder bumps of a package system. Professional Development Course, EPTC, Singapore (2008)
16. Yang, S., Tian, Y., Wang, C., Huang,T.: Modeling thermal fatigue in anisotropic Sn-Ag-Cu/Cu solder joints. International Conference on Electronic Packaging Technology and High Density Packaging (ICEPT-HDP), (2009)
17. Subramanian, K.N., Lee, J.G.: Effect of anisotropy of tin on thermomechanical behavior of solder joints. J. Mater. Sci. Mater. Electron. **15**(4), 235–240 (2004)
18. Gee, S., Kelkar, N., Huang,J., Tu, K.: Lead-free and PbSn Bump Electrmigration Testing. In: Proceedings of IPACK2005, IPACK2005-73417, July 17–22
19. Wang, Q., et al.: Experimental determination and modification of the Anand model constants for 95.5Sn4.0Ag0.5Cu. Eurosime 2007, London, UK, April, (2007)
20. Zhao, J., Su, P., Ding, M., Chopin, S., Ho, P.S.: Microstructure-based stress modeling of tin whisker growth. IEEE Trans. Electron. Packag. Manuf. **29**(4), 265–273 (2006)
21. Puttlitz, K. J., Stalter, K. A: Handbook of Lead-free solder technology for microelectronic assemblies. pp. 920–926. (2004)
22. Huntington, H.B.: Effect of driving forces on atom motion". Thin Solid Films **25**(2), 265–280 (1975)
23. Huang, F.H., Huntington, H.B.: Diffusion of Sb124, Cd109, Sn113, and Zn65 in tin. Phys. Rev. B **9**(4), 1479–1488 (1974)
24. Lu, M., Shih, D., Lauro, P., Goldsmith, C., Henderson, D.W.: Effect of Sn grain orientation on electromigration degradation in high Sn-based Ph-free solders". Appl. Phys. Lett. **92**, 211909 (2008)
25. Xu, J.: Study on lead-free solder joint reliability based on grain orientation. Acta Metallurgica Sinica **48**(9), 1042–1048 (2012)
26. Park, S., Dhakal, R., Gao, J.: Three-dimensional finite element analysis of multiple-grained lead-free solder interconnects. J. Electron Mater. **37**(8), 1139–1147 (2008)

第 9 章

WLCSP 组装

9.1 引言

WLCSP 器件的组装涉及表面贴装技术（SMT），包括从载带上拾取 WLCSP 器件并将其放置到印制电路板（PCB）、回流焊和可选的底部填充。图 9.1 是 WLCSP 的典型组装线配置示意图，其中在拾取和贴装 WLCSP 之前，首先在 PCB 上分别印刷或分配焊膏或助焊剂。随后进行回流焊，以完成 WLCSP 器件与 PCB 之间焊点的形成。在组装线的各个阶段都安排了光学或 X 射线检查，以确保正确的焊膏印刷（印刷在 PCB 焊盘上的焊膏的高度、面积和体积）、准确的器件贴装（XY 偏移和偏斜）以及正确的焊点形成。在线测试（In Circuit Test，ICT）是对组装好的印制电路板进行电探针测试，检查短路、开路、电阻、电容和其他基本量，以显示组装是否正确。回流焊后，可在清洁助焊剂后进行底部填充，以便为经过后续组装处理步骤的 WLCSP 和焊点提供所需的保护，并确保 WLCSP 器件在日常使用中的鲁棒性和可靠性。当芯片尺寸较大或 WLCSP 中存在低 *k* 电介质时，尤其需要进行底部填充。

WLCSP 是一种裸芯片封装，具有尽可能小的外形尺寸、前所未有的性能和低成本优势。细间距，如 0.4mm 和 0.35mm 凸点间距，甚至 0.3mm 凸点间距，是 WLCSP 的常见间距，但 0.5mm 和 0.65mm 间距在特殊或老一代器件中仍有应用。细间距和裸芯片的特性决定了 WLCSP 组装需要在电子组装流程中进行特殊考虑。

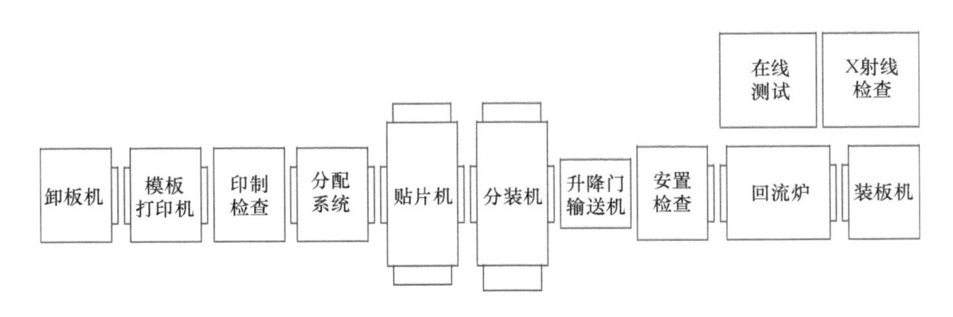

图 9.1 典型组装线示意图

9.2 PCB 设计

IPC-SM-7351 是设计印制电路板焊盘图案时经常参考的标准。它为如何设计表面贴装元器件的焊盘图案提供了指导。所提供的信息包括焊盘图案的尺寸、形状和公差，这些尺寸基于行业注册的元器件规格、电路板制造标准和元器件贴装精度能力。IPC-9701 是另一个提供电路板设计和表面贴装元器件可靠性能信息的标准。然而，对于 WLCSP（特别是 0.35mm 及以下的小间距），在特定领域往往需要额外的审查，以确保 WLCSP 在实际使用中的高良率组装、鲁棒性和可靠性。

9.2.1 SMD 和 NSMD

用于 WLCSP 安装的 PCB 焊盘有两种类型：SMD（Solder Mask Defined）或 NSMD（No-Solder Mask Defined）（见图 9.2）。对于细间距 WLCSP，推荐使用 NSMD，因为其整体焊盘图案配准精度更高，相邻焊盘之间的布线空间更大。结合正确的表面处理，NSMD 还能让焊料润湿焊盘侧壁，从而有效增加 PCB 侧的焊点横截面（见图 9.3）。相比之下，SMD 焊盘是由低精度的阻焊工艺确定的。这种设计还会在焊接掩模边缘附近产生凹槽，可能成为应力集中点，因此在现场存在潜在的可靠性风险。对于 NSMD 焊盘，阻焊层与铜焊盘之间的典型间隙为 0.075mm，阻焊层与 SMD 铜焊盘之间的重叠部分为 0.050mm。细间距 WLCSP 通常需要更紧密的空间，并且只要符合 PCB 制造设计规则和可制造性目标，就可以接受。

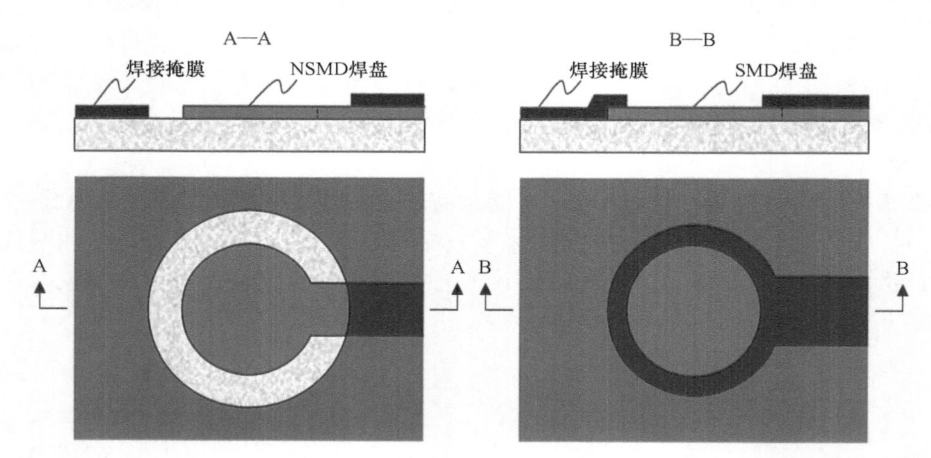

图 9.2 NSMD 和 SMD PCB 焊盘设计的俯视图和横截面图，以及 NSMD 焊盘侧壁和 SMD 焊盘焊颈上的焊料润湿情况

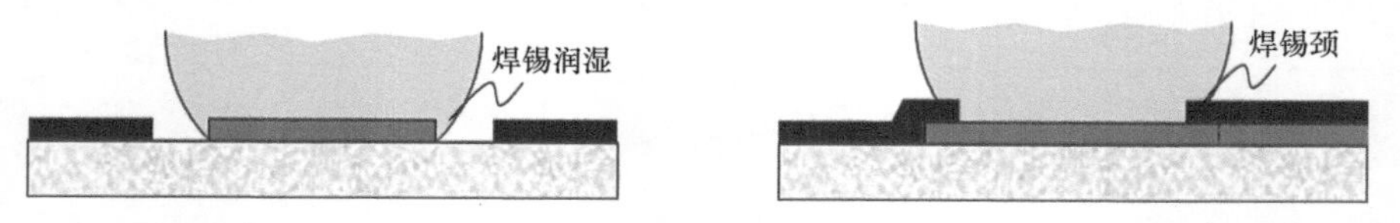

图 9.3 NSMD 焊盘侧壁的焊料润湿和 SMD 焊盘的焊料缩颈

9.2.2　焊盘尺寸

PCB 焊盘尺寸通常与 WLCSP 器件的 UBM 直径相匹配，因为不平衡的焊点形状（一端明显大于或小于另一端）不符合板级可靠性要求。这一原则适用于 SMD 或 NSMD 设计。不同供应商生产的 WLCSP 往往具有不同的 UBM 尺寸：一些供应商遵循长期以来使用的 80% 凸点尺寸规则来定义其 UBM 直径；而另一些供应商则选择更大的 UBM 尺寸，以提高跌落和 TMCL 性能。大 UBM 尺寸和与 PCB 焊盘尺寸相匹配确实会带来一些不利因素，如增加相邻焊盘之间的布线难度（见图 9.4）和降低焊点的间距高度，但好处是增加了焊点横截面，而这正是可靠性提高的主要原因（见图 9.5）。由于网带尺寸减小，这也会给鳍片间距 WLCSP 的钢网设计带来挑战。同时，焊点直径的增加可能会对组装良率产生负面影响，因为焊点之间的间隙会变窄，更容易出现焊点桥接。

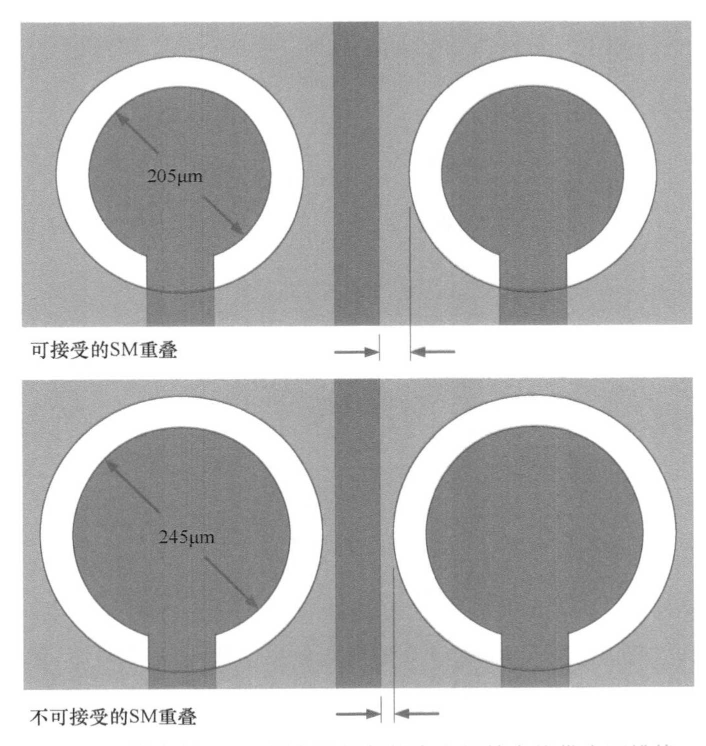

图 9.4　较大的 PCB 焊盘给相邻焊盘之间的布线带来了挑战

9.2.3　PCB 焊盘表面处理

ENIG、OSP（Organic Solderability Preservative，有机保焊膜）和 HASL（Hot Air Surface Leveling，风焊料）是常用的 PCB 焊盘表面处理工艺。浸银工艺也越来越流行。ENIG 具有出色的表面可焊性。然而，由于典型的 ENIG 焊盘横截面呈蘑菇状，焊料几乎不可能润湿焊盘（见图 9.6 左图）。典型的镍厚度为 2.5 ~ 5.0μm，而金的厚度为 0.08 ~ 0.23μm。低成本 OSP 已被广泛用于 WLCSP。采用 OSP 表面处理的焊盘通常都能达到所需的侧壁润湿效果，即使是侧壁轮廓接近垂直的加镀焊盘也不例外（见图 9.6 右图）。由于平面度较差，WLCSP 不宜使用 HASL。浸银（Ag）是一种无铅替代品，具有出色的平整度和类似 OSP 的侧壁润湿性，但可能需要特殊处理。

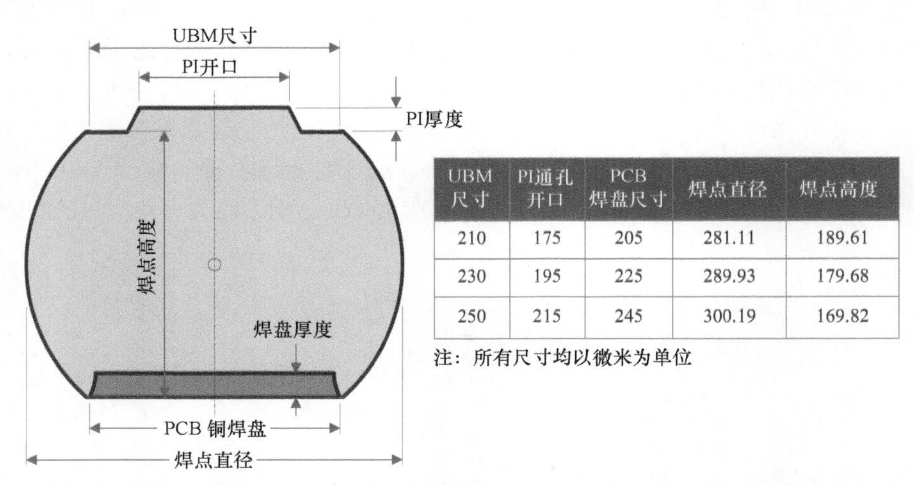

UBM 尺寸	PI通孔开口	PCB 焊盘尺寸	焊点直径	焊点高度
210	175	205	281.11	189.61
230	195	225	289.93	179.68
250	215	245	300.19	169.82

注：所有尺寸均以微米为单位

图 9.5　典型 0.4mm 间距 WLCSP 的 UBM/ 焊盘尺寸与焊点尺寸有关，回流焊焊球直径为 250μm

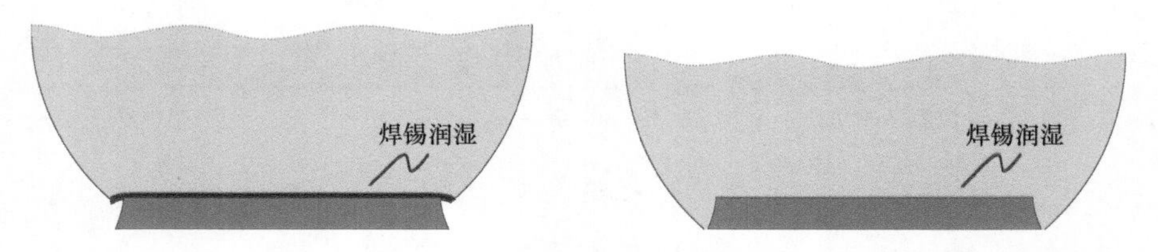

图 9.6　ENIG 表面处理（左）和 OSP/ 浸银表面处理（右）上焊点的润湿情况

9.2.4　WLCSP 下的通孔

WLCSP 焊盘图案中设计 / 放置不当的 PCB 通孔会在回流焊和可靠性测试过程中对焊点造成过大应力，因此在任何 WLCSP PCB 设计中都应避免。当需要在 WLCSP 基底面下增加布线时，建议使用盲孔（无论是焊盘上的通孔还是布线）。对于布线通孔，必须在布线和通孔上覆盖阻焊层（见图 9.7），以防止焊盘区域以外的焊料浸湿。对于焊盘内通孔设计，建议采用自下而上的通孔填充电镀，以避免在焊料丝网印刷时出现困难，并防止出现过多空隙或不规则焊点形状。建议采用焊盘内通孔设计，以改善 WLCSP 的散热性能。

9.2.5　局部靶标

通常在电路板上放置局部靶标，以协助自动贴装设备将 WLCSP 准确地贴装到电路板上。最常见的是在器件焊盘外对角放置靶标（见图 9.8）。WLCSP 器件边缘与局部靶标之间有足够的间隙对贴装工具视觉系统非常重要，但对于高密度 SMT 电路板来说，不希望间隙过大，因为这会占用宝贵的表面积。

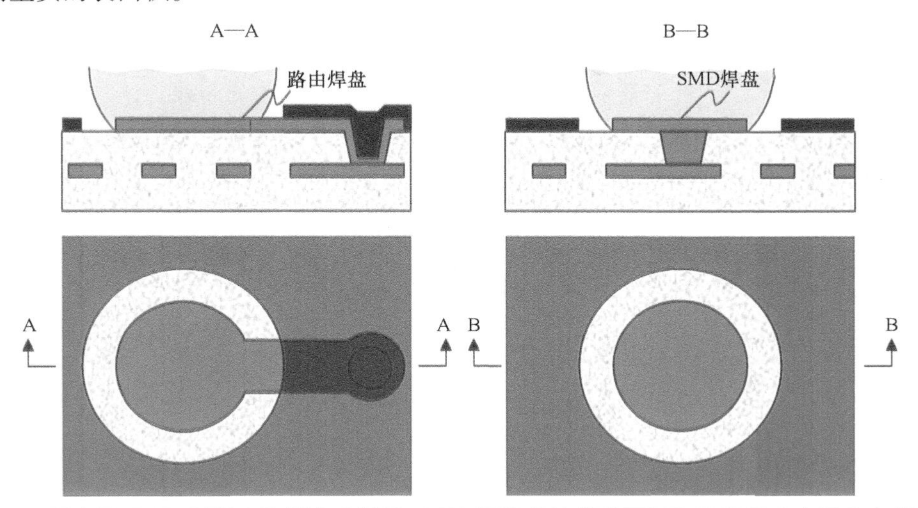

图 9.7　已布线 PCB 铜焊盘和焊盘内通孔 PCB 铜焊盘的横截面图和俯视图（在通孔内焊盘设计中需要填充铜通孔）

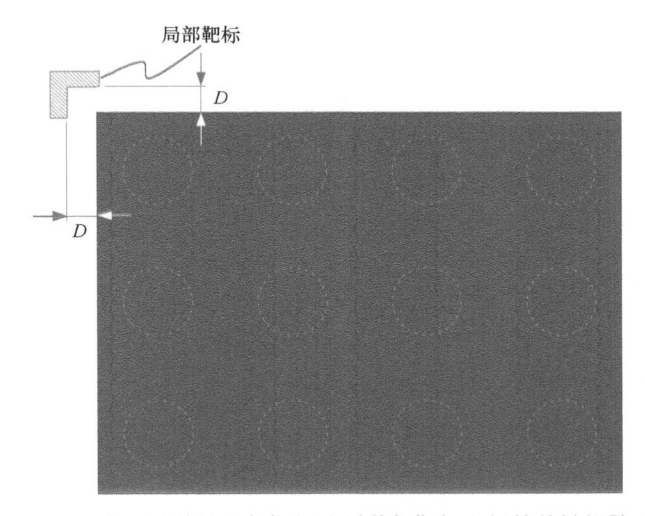

图 9.8　用于 WLCSP 表面贴装的局部靶标（封装与靶标之间的关键间隙 *D* 也突出显示）

9.2.6　PCB 材料

高温 FR4 或 BT 层压板（T_g = 170 ~ 185℃）常推荐用于带有无铅焊料凸点的 WLCSP 组装，这种组装的焊料回流曲线峰值温度通常为 240 ~ 260℃。成本更高的聚酰亚胺材料还可用于对温度耐受性有严格要求的 PCB。对于高引脚数的 WLCSP，除了凸点技术、UBM 尺寸和底部填充材料外，还应考虑先进的低 CTE 层压板，以降低热应力 / 机械应力，提高可靠性。出于类似原因，还建议使用符合电路设计和电气要求的最薄铜箔厚度。

9.2.7 PCB 布线和铜覆盖

在 X 和 Y 方向上从焊盘均衡扇出布线将有助于避免回流焊过程中由于不平衡的焊料润湿力而造成的意外元器件移动。有时需要使用来自 NSMD 焊盘的较小的布线，以防止焊料迁移，从而降低凸点的间距高度。通常情况下，PCB 线路宽度小于电路板焊盘直径的 2/3。对于大电流连接，可在焊接掩模覆盖范围内加宽布线。对于某些 WLCSP 测试板，从外围焊盘扇出的印制电路板布线方向可能需要特别考虑，以避免在可靠性测试中出现潜在的铜布线裂纹。对于较大尺寸的细间距 WLCSP 器件，回流焊过程中的印制电路板翘曲可能是一个问题。通常需要在与中性面对称的层中平衡布线和覆盖范围，以改善 PCB 翘曲控制。

9.3 钢网和焊锡膏

9.3.1 通用钢网设计指南

SMT 印制是 SMT 生产流程的开端，也是实现 SMT 高质量的第一道最重要的工序。在所有影响焊锡膏印制质量的因素中，如维护良好的设备、优化的印制参数和设置、训练有素的操作员和工具等，良好的钢网在印制中起着最重要的作用。通常认为，设计、制造和维护良好的钢网可以避免整个 SMT 过程中高达 60% ~ 70% 的 SMT 焊料缺陷。

对于 SMT 模版设计，IPC-7525 概述了影响焊膏从模版上印制 / 释放的 3 个主要因素：①孔径的面积比和深宽比；②侧壁角度；③钢网壁的表面光洁度。

面积比的定义是开孔侧壁的面积与 PCB 焊盘的面积之间比（见图 9.9）。事实上，它是 PCB 焊盘对焊锡膏的释放力与开孔对焊锡膏的保持力的比值。如果将重量因素考虑在内，当印制挤压将焊锡膏扫过开孔时，PCB 焊盘上需要 0.66 的经验最小面积比才能获得良好的焊料释放效果。纵横比是钢网厚度与钢网孔径短线性尺寸的比值，被认为是面积比的简化版（见图 9.9）。当开孔长度（L）远大于开孔宽度（W），如大于 5 倍宽度时，深宽比是一个有用的指导，建议比率大于 1.5，以获得良好的脱焊效果。在某些情况下，根据端子尺寸和间距的不同，深宽比和面积比可能会偏离建议值，应进行单独测试。

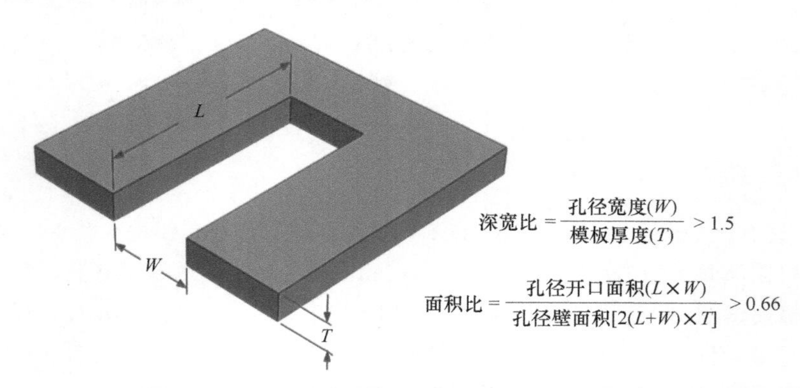

图 9.9 开口矩形钢网以及深宽比和面积比的定义

行业内使用的钢网技术主要有两种：电铸和激光切割。化学刻蚀也可用于制造阶梯钢网的阶梯；不过，最终的钢网开孔通常采用激光切割。当需要独特的阶梯时，也可以使用三维（3D）电铸钢网，提供精细特征印制所需的脱模质量。电铸钢网的一个独特优势是侧壁相对平直，表面光滑如镜，可促进焊锡膏的更大释放。利用这种技术可以印制出面积比低至 0.50 的孔径，这对不断缩小元器件尺寸和间距很有帮助。

在典型的 SMT 应用中，最常见的是激光切割钢网和补充电抛光。WLCSP 常用钢网厚度为 0.100mm 和 0.125mm（分别为 4 mil 和 5 mil）。钢网开孔的锥度也有助于焊锡膏的释放，通常在 2° ~ 5° 之间，这可以通过使 PCB 接触面比刮刀面大 0.025mm 来实现。此外，矩形孔径的弧形边角可促进更好的焊锡膏释放和钢网清洁。将钢网孔径减小到小于电路板焊盘孔径的程度，有利于提高印制、回流焊和钢网清洁的效果。这样可以最大限度地减少电路板焊盘和钢网开口的错位。

9.3.2　焊锡膏

选择焊锡膏的常用信息包括焊料合金、助焊剂材料和活性水平、粒度以及焊锡膏中的金属含量。根据 JEDEC 标准 J-STD 005，焊锡膏根据颗粒大小进行分类。在 WLCSP 组装印制应用中，常用的焊锡膏是 3 型（平均粒径 36μm）或 4 型（平均粒径 31μm）焊锡膏，金属含量较高，达到 89.5 wt%。助焊剂成分可以是免清洗的，也可以是水溶性的。免清洗助焊剂可以是松香（RO）基、树脂（RE）基或不含松香或树脂的助焊剂，这些助焊剂被归类为有机（OR）助焊剂。助焊剂活性水平是衡量其溶解金属表面现有氧化物并促进焊料润湿的能力，可分为低（L）、中（M）或高（H）。高活性助焊剂通常具有酸性和 / 或腐蚀性。水溶性助焊剂通常具有有机（OR）成分和高（H）活性水平，因此必须在回流焊后进行清洗。不含卤化物的助焊剂也是首选，用“0”表示，“1”表示含有卤化物。ROL0 表示松香基、低活性和无卤的助焊剂。Sn-Ag-Cu 焊料合金最常用于 WLCSP 与无铅焊料凸点的组装。其液相温度为 217 ~ 220℃。

元器件贴装前的焊锡膏光学检测可将与焊料相关的缺陷发生率降低到统计意义上微不足道的水平，建议用于确保印制电路板焊盘上焊锡膏的均匀覆盖，如丝网印刷机涂敷焊锡膏的高度、面积和体积。全球制造商均可提供在线系统或离线系统。

9.4　器件放置

建议使用带有视觉对准功能的自动精细间距贴片机来贴装 WLCSP 器件。印制电路板上的局部靶标是支持视觉系统和实现贴装精度的典型特征。由于裸硅 WLCSP 器件极有可能受到机械损坏，因此禁止使用机械对准的“取放”系统。建议使用最小的拾取和放置力（通常小于 0.5N），并对所有垂直压缩力进行控制和监控，以避免造成损坏。在拾取和放置 WLCSP 时，建议采用 *Z* 高度控制方法，而不是力控制方法。此外，还强烈建议使用低力喷嘴选项和顺应性材料（如橡胶头），以进一步避免对 WLCSP 器件造成任何物理损坏。在需要人工操作时，只能使用带有软头材料的真空吸笔。应进行贴装精度研究，以确保为高精度贴装提供足够的补偿。此外，还建议对 SMT 取放流程进行充分验证，以确保 WLCSP 芯片完整性不受影响。

9.4.1 取放流程

器件贴装力的上限在很大程度上取决于 WLCSP 凸点结构和安装板材料。但是，为了避免对 WLCSP 器件的背面和正面（有源）造成物理损坏，建议在拾取和放置操作中采用 Z 高度控制，而不是力控制。从载带拾取元件时，建议在 WLCSP 和拾取工具之间保持一定的 Z 高度距离（见图 9.10）。将真空压力设定在适当的水平，即 60 ~ 70kPa，以便将 WLCSP 从载带的袋中取出。这种做法可以防止在拾取过程中直接接触 WLCSP 的硅背面。同样，在将 WLCSP 放到印有焊锡膏的印制电路板上时，应将 Z 高度设置为零，或设置为 PCB 与 WLCSP 之间的临界距离，然后再将其放下或放置（见图 9.10）。避免设置黏合力，因为黏合力会使封装过度贴到电路板表面。这是一个常见的设置错误，当由此产生的力将焊接凸点向 WLCSP 芯片的有源侧推回时，可能会导致 WLCSP 器件损坏。

大批量 SMT 应用中使用的 WLCSP 器件通常以凸起向下配置的载带形式供应。在一些特殊情况下，生产设置会将 WLCSP 装在 UV 切割带的薄膜框架上，WLCSP 采用凸起配置。在这种情况下，单个 WLCSP 芯片将首先从切割带中拾取、翻转，然后转移到另一个拾取工具上，然后再放置到 PCB 上。应采取适当步骤，确保在拾取晶粒之前进行适当的紫外线曝光。

拾取和放置工具与封装尺寸之间的适当比率必须至少达到 80%，以便在放置过程中使封装上的应力分布均匀。优化传送带速度和传送也很重要，以避免回流焊前出现器件位移或偏斜。如果需要在回流焊前重新调整电路板上的封装，则只能使用软工具，如真空吸笔或类似工具。

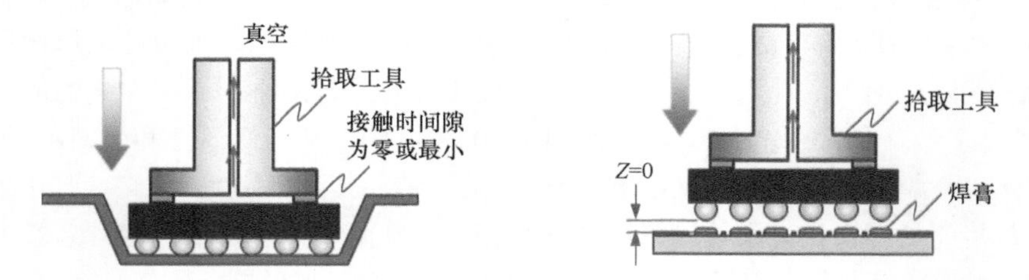

图 9.10　将 WLCSP 与拾取工具之间的 Z 高度距离设置为零或最小间隙，如左图所示，真空吸尘器将封装从传送带的袋中吸出；同样，将贴装过程中的 Z 高度设置为零或最小间隙高度，以避免电路板贴装过程中出现过驱动，如右图所示

9.4.2 定位精度

带球落选项的 WLCSP 通常具有大于 0.15mm 的焊球高度，可通过丝网印刷焊锡膏实现可靠的自对准。超薄 WLCSP 通常选择电镀焊接凸点来实现低封装轮廓，其焊点高度通常小于 0.15mm，而且由于自对准能力较差，通常对贴装偏移的容忍度较低。

在需要放置器件的地方，印制电路板通常有平坦的焊盘。焊锡膏在印制前的步骤中已经涂好，可以采用钢网印刷工艺或喷射印刷机制。粘贴完成后，电路板被送往拾取和放置机器，放置在传送带上。电路板上要放置的器件通常是用纸 / 塑料带或塑料管卷绕在卷轴上送到生产线上的。一些大型集成电路则装在无静电托盘中。数控拾放机器将部件从载带、管子或托盘中取出，然后将其放置到印制电路板上。

在 PCB 上放置 WLCSP 时，使用带有视觉对准系统的自动贴装设备。应确定封装相对于焊盘的允许偏移量。一般来说，在电路板上放置器件时，50% 的偏差是可以容忍的；具有足够焊点尺寸的 WLCSP 在回流焊过程中往往会自动对齐。贴片机喷嘴 *Z* 高度应具有足够的超程，使凸点浸没约 50μm（2mil）或焊锡膏高度的一半，以达到印刷焊锡膏的高度，从而实现封装的自居中。这还能防止封装在从取放设备到回流炉的运输过程中移动。

两种最常用的封装对准方法是封装轮廓（俯视摄像头）和球识别系统（仰视摄像头）。在封装轮廓系统中，视觉系统仅定位封装轮廓，而在球识别系统中，视觉系统定位球阵列图案，它还可以检测到丢失的球。

9.4.3　喷嘴和送料器

没有运转良好的喷嘴和送料器，任何 SMT 机器都无法精确贴装和高效运行。喷嘴是接触所有贴装部件的第一道工序，也是最后一道工序。它们必须在机器移动和 / 或旋转时将部件固定在电路板上。送料器将各种类型的部件移动到正确的位置，以便喷嘴拾取。缺乏适当的喷嘴 / 送料器维护和 / 或质量差的喷嘴会导致许多工艺问题。以下是一些最常见的问题：

1）部件上的吸嘴位置不佳。这将导致真空损失，并在运输过程中造成部件在喷嘴上移动。

2）喷嘴短小 / 磨损会导致拾取不良，并可能导致部件无法嵌入焊锡膏。当部件没有正确放入焊锡膏时，PCB 移动时没有足够的表面张力来固定部件，部件会移位。

3）喷嘴黏连可能会导致喷嘴高度异常变化，从而引发多种问题。

4）部件检测时的剔除率高于正常值，原因如下：

① 部件没有以一致的位置进入喷嘴；

② 喷嘴照明不良；

③ 喷嘴高度不正确；

④ 程序中部件高度设置不正确导致喷嘴卡住。

总之，喷嘴和送料器每小时接触成千上万的部件。它们对于取放流程至关重要。需要对送料器和喷嘴进行适当的预防性维护，同时使用高质量的喷嘴对所有 SMT 过程都至关重要。

9.4.4　高速表面贴装注意事项

随着移动消费电子产品市场的不断增长，各种形式和尺寸的电子元器件在高安装密度下的极速组装，对电子制造商的速度和灵活性提出了前所未有的要求，并最终要求他们选择贴装工具。

灵活性要求意味着能够处理完整的 SMD 封装形式，从最小 0.4mm × 0.2mm 的微小无源元件（EIA 01005 或 IEC/EN 0402 MLCC 片式电容器）到 PCB 上的细间距（0.3mm）大尺寸 BGA 封装贴装。贴装模块还应接受各种元器件供应格式，如矩阵托盘（华夫饼包装）、压花带，甚至锯带上的晶圆。就速度而言，需要考虑的关键因素包括贴装原理、元器件供料、视觉技术以及可能的高速助焊。有一个关键因素必须与贴片速度结合起来考虑，那就是贴片精度。然而，物理定律往往不允许特定的技术方法达到极高的速度和精度。因此，在实践中需要考虑具有基本贴装原理的工具，以便同时兼顾速度和精度要求。

9.4.5 定位精度要求

面积阵列封装所需的球 / 凸点贴装精度的关键决定因素是凸点数量和封装质量。与具有相同间距的引线式集成电路（QFP/SO）相比，CSP 的优势之一是可以大大放宽贴装精度要求。

在没有焊接掩模的圆形焊盘情况下，可接受的最大贴装误差等于 PC 板基板焊盘直径的一半。焊锡膏的放置误差可能超过 PC 板焊盘直径的一半，但球 / 凸点和焊盘之间仍会发生机械接触。因此，即使焊锡膏发生错位，也几乎可以保证完美的自对准。然而，现实中对贴装精度的要求要高得多。为了达到良好的制程能力指数（Cpk），用户要求的 4 sigma 贴装精度明显优于 100μm。

9.4.6 放置原则选项

贴装精度取决于 *x*、*y* 和 theta 定位轴的质量。对于拾取和放置机器，放置头通常由 *x-y* 龙门系统承载，可在预定的 *x* 和 *y* 范围内自由定位。这种定位方式允许特定的横向移动，例如拾取部件、放置和 / 或通过固定的、向上看的摄像头对部件进行多次测量所需的横向移动。在贴装头上，最重要的轴是旋转轴，用于正确的 theta 或芯片定向，但 *z* 轴运动的精度也不容忽视，尤其是对于敏感的 WLCSP 拾取和贴装。在高性能系统中，*z* 轴运动通常由微处理器控制，利用传感器确定垂直行程的长度和所需的贴装力。

只要机器配置的贴装头数量最少，拾取和贴装显然能提供最佳的贴装精度。高精度系统的 *x*、*y* 精度为 20μm，质量水平为 4 sigma。高精度拾放系统通常只提供一个高精度贴装头，其基本缺点是贴装速度非常有限。在不包括任何附加工艺活动（如助焊剂）的情况下，此类系统的贴装速度通常低于 2000 片 /h。

如今的拾取和贴装系统通常具有非常灵活的系统，在一个龙门上提供一个高精度拾取和贴装头以及一个多喷嘴旋转头。其中，高精度贴装头负责贴装大型 BGA 或 QFP 异型器件以及极具挑战性的细间距倒装芯片。对器件尺寸较小、贴片精度要求不高的高速作业，则由旋转（射击）头来完成。这些“要求不高”的工作包括球间距小到 0.5mm（20mil）的 CSP。采用的贴装原理是“收集、拾取和贴装”，这与传统概念有所不同。

传统的贴片机通常由一个水平旋转的转盘头构成，该转盘头可同时从移动的馈线组中拾取元器件并将其放置到移动的 PC 板上。理论贴装速度可达 40000 片 /h。对于面积阵列封装的高速贴装，由于元器件拾取方面的限制、对大多数 CSP 用户来说贴装精度不够（4 sigma 时的典型值大于 100μm）以及无法执行元器件通量等原因，传统的芯片拍摄机只能在非常有限的范围内使用。从理论上讲，传统的芯片拍摄仪仍能高速贴装球直径大于 0.3mm 的面积阵列封装，并能将封装轮廓居中和标准压纹带作为送料格式。

当今最先进的集束贴装系统（基于滚珠定心）可以以至少 5500 片 /h 的速度高速贴装 CSP，贴装精度为 60μm（基于 4 sigma）。该系统还可用于高速倒装芯片贴装，假设凸点直径为 110μm，凸点间距为 200μm。

在另一种双光束收集和放置系统中，两个转盘头分别由两个独立的 x、y 龙门架承载。两个转盘头各配备 12 个喷嘴，可随机接入华夫饼包装或矩阵托盘。对于标准 SMD 封装频谱，该系统能以 20000 片 /h 的速度实现 90μm/4 sigma 的整体贴装精度（包括 theta 偏差）。对于面积阵列封装，由于球 / 凸点查找算法耗时较长，双光束系统在许多情况下的贴装速度大于 11000 片 /h。如果不采用球居中，而是采用轮廓居中，最高贴装速度将达到 20000 片 /h。

9.4.7 视觉系统

现代 SMD 贴装全部采用机器视觉技术，包括元器件视觉系统和具有特殊功能设计的 PCB 的组合。为满足现代组装有时极高的贴装精度要求（尤其是倒装芯片），PC 板靶标和墨点识别的重要性不容低估。全局靶标和墨点识别可能非常困难，部分原因是颜色和对比度冲突。幸运的是，芯片级和其他面积阵列封装对贴装精度的要求较低，因此可以减少局部靶标读数的数量。

最典型的情况是，CSP 应用在相对较小尺寸的 PCB 上，该 PCB 是用于组装的较大尺寸面板的一部分。为了在包含多个贴装模块的 SMD 生产线上获得最大产能，有时只需在第一个贴装模块上花费时间进行模式识别，然后将各个靶标 / 墨点情况传输到后续模块即可，从而节省宝贵的机器时间。

当今的 SMT 设备都配备了功能强大的元器件视觉系统，以满足 SMD 材料和表面特性千差万别的要求。元器件视觉系统的能力（以及一般视觉系统的能力）取决于照明（相机）技术和评估单元采用的算法。

使用背光或激光侧照明进行轮廓居中通常适用于 WLCSP。但是，由于 WLCSP 的外形公差可能会对贴装精度产生负面影响。另一方面，对于大多数用户来说，凸点居中是必需的。只有使用前照式系统才能实现视觉球居中。只有采用复杂、灵活的照明技术，并使用各种光源，才能实现最高的识别可靠性和可重复性。每种光源都应具有特定的发光角度。WLCSP 图像近乎完美的质量意味着高对比度的凸点 / 基板图像，底层芯片 / 封装布线结构的可见度极低，可通过特定的凸点定位算法轻松抑制。高性能 SMT 贴装系统必须处理包括细间距器件在内的所有封装形式，因此必须配备两个或更多摄像头。精细间距摄像头必须采用不同的照明方式，摄像头分辨率（放大率）也必须比标准摄像头高得多。

凸点居中的另一个有力论据是区域阵列封装的方向检查（通常称为引脚 1 识别）。这是唯一一种 SMD 贴装机器视觉功能，可以可靠地防止以错误的方向贴装这些封装。当使用非规则（非对称）球阵列进行球居中时，方向检查会自动包含在贴装过程中。但是，对于对称凸点阵列的封装，方向居中尚未到位。

9.4.8 算法

适用于标准 SMD 的算法无法轻松应用于面积阵列封装上的凸点居中。复杂、耗时但耐干扰的轮廓搜索方法更具优势。

尽管 WLCSP 凸点制造商都在专用光学检测系统上进行 100% 的凸点检测，但有时仍需要对焊接凸点进行自动化 SMT 视觉检测。利用功能强大、灵活的照明方法和特定的检测算法，可

以对存在 / 不存在变形的凸点进行检测，但程度有限。

我们应该知道，元器件视觉系统的主要工作是对各种元器件进行精确而快速的居中。快速光学定心只能通过单次拍摄实现（不能进行多次测量）。此外，大视场总是会导致分辨率相对较低，这与精确球检测的要求背道而驰。全阵列钢球检测的要求、精度和良好的贴片率之间存在着强烈的冲突。在大多数应用中，为了达到可接受的碰撞检测计算时间，从而实现高贴装速率，只需对封装每个角上的几个（如 5 个）球进行编程。

9.4.9 送料和助焊剂

BGA 和 CSP 的送料通常使用矩阵托盘或标准压纹带。值得注意的是，只有集装式贴片机才能使用矩阵托盘。

当 CSP 必须用于混合多种标准 SMD 的应用中时，关键的工艺步骤是焊锡膏印制。如果选择的钢网厚度过大，用于 CSP 焊盘的焊锡膏可能会留在孔中。克服这一潜在问题的方法有两种：①使用可应用不同焊锡膏厚度的特殊钢网。钢网内的不同厚度可通过分步刻蚀或添加方法实现。由于特殊钢网成本较高，而且会对 PWB 布局造成一些限制，因此在 SMT 行业中的应用有限。②为了在 PC 板运输到回流焊炉和通过回流焊炉的过程中实现可靠的焊接和良好的位置鲁棒性，可使用 CSP 浸渍助焊剂。助焊剂载体通常是一个旋转滚筒，通过刮刀在其上调整助焊剂薄膜（如 75μm）。这种原理最适用于高黏度助焊剂。由于只有钢球底部会接触助焊剂，因此该过程中涉及的助焊剂量非常少。

根据贴装原理，每个贴装周期的额外时间为①约 0.7s，纯拾取和放置，以及②约 0.3s，收集和放置。

9.4.10 总结

关于 WLCSP 器件的表面贴装，应仔细检查贴装设备的工作原理、灵活性、速度、精度、器件送料和助焊剂等关键参数，以满足批量电子制造的苛刻组装要求。

9.5 回流焊

回流焊是将表面贴装器件固定到电路板上的最常用方法。回流焊也用于含有 SMT 和 THT 混合器件的电路板。采用通孔回流焊可以省去组装过程中单独的波峰焊步骤，从而降低整体组装成本。

回流焊工艺的目标是熔化焊料并加热相邻表面，而不会过热损坏电气元件。此外，由于熔融焊料表面张力的拉力作用，表面贴装器件（即 WLCSP）预计也会自动对准其相应的 PCB 焊盘。这种自对准特性非常重要，因为器件可能会由于拾取和放置精度或由于从放置站到回流焊炉的运输移动而偏离指定位置。在传统的回流焊工艺中，通常采用所谓的分阶段回流曲线，有时也称为“区域”。典型的阶段包括预热、恒温、回流和冷却。图 9.11 展示了一个典型的回流曲线，并附有业内使用的特定术语。

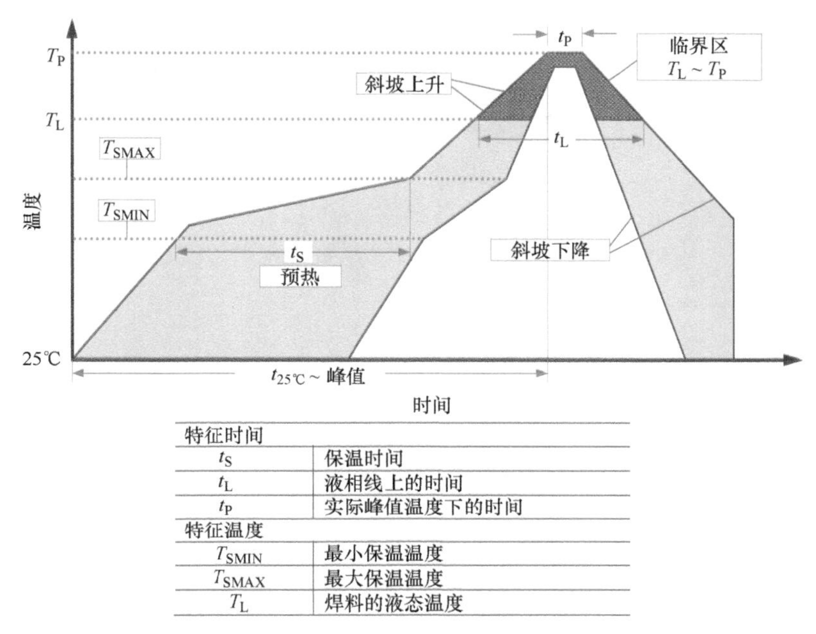

特征时间	
t_S	保温时间
t_L	液相线上的时间
t_P	实际峰值温度下的时间
特征温度	
T_{SMIN}	最小保温温度
T_{SMAX}	最大保温温度
T_L	焊料的液态温度

图 9.11　没有具体数值的回流焊曲线和常用术语 [应根据 PCB 设计、器件类型、尺寸和数量、焊料类型和焊锡膏 / 助焊剂类型以及可用设备（如加热 / 冷却控制和设备区数量）来评估单个回流焊曲线设置]

回流焊有多种技术。一种是使用红外线灯，这就是所谓的红外线回流焊。另一种是使用热风对流。还有一种重新流行起来的技术是使用具有高沸点的特殊碳氟化合物液体，这种方法称为气相回流。由于对环境的担忧，直到无铅立法出台，要求对焊接进行更严格的控制，这种方法才逐渐失宠。目前，对流焊接是最流行的回流焊技术，使用标准空气或氮气。两种方法各有利弊。使用红外线回流焊时，电路板设计人员必须铺设电路板，以免矮器件落入高器件的阴影中。如果设计人员知道生产中将使用气相回流焊或对流焊接，器件位置的限制就会减少。在回流焊接后，某些不规则或热敏器件可通过手工安装和焊接，或在大规模自动化生产中，通过聚焦红外线光束（Focused Infrared Beam，FIB）或局部对流设备进行安装和焊接。

9.5.1　预热区

经过表面贴装和贴装质量检验后，粘有焊锡膏 / 助焊剂的电路板被送入回流焊炉。它们首先进入预热区，电路板和所有器件（无论大小）的温度在此逐渐均匀升高。预热区通常是所有回流区中最长的。从升温到预热的速度在 1.0 ~ 3.0℃ /s 之间，经常在 2.0 ~ 3.0℃ /s 或（4 ~ 5°F)/s 之间。如果速率超过最大斜率，对热冲击敏感的器件就会出现损坏（裂纹）。此外，低沸点材料的爆炸性汽化也是不可取的，这些材料可能是助焊剂的一部分，也可能是在使用过程中被吸收的。如果加热过快超过沸点，酒精和其他溶剂以及吸收的水分可能会爆炸。焊锡膏和助焊剂飞溅是加热过快的最常见情况。如有必要，可将温降至 130℃，使焊锡膏 / 助焊剂更缓慢地变干，以免发生爆炸。如果升温速度（或温度水平）太低，挥发物的蒸发可能不完全。

9.5.2 保温

这种保温概念在很大程度上源于早期的表面贴装技术，当时红外线回流炉是回流焊接的主要手段。由于不同表面颜色和表面处理的器件受热不均，以及邻近大器件的阴影，红外线能量吸收在填充电路板上非常不稳定。因此，设计了一个“保温区”，让电路板和器件在加热到低于回流焊温度的安全温度后温度均衡。使用红外线回流炉时，点与点之间的温差超过 40℃的情况并不少见。热能需要一定的时间才能传导到周围，并使点与点之间的温差小于 5℃，因此就有了前面提到的“保温区”。

9.5.3 回流

然后，电路板进入一个区域，温度迅速升高到超过焊锡膏中焊料颗粒和 WLCSP 和 / 或 BGA 器件上的焊接凸点的熔点，将器件或器件引线与电路板上的焊盘连接起来。在这一阶段，熔融焊料将以受控方式润湿焊接表面和侧壁。此外，熔融焊料的表面张力会使安装器件自动对准中心位置，从而将整个系统的能量降至最低。

为了使焊料润湿，必须激活助焊剂，为熔融焊料润湿表面做好准备。预热后，当温度超过 130℃（水和大多数低沸点材料在此温度范围内蒸发完毕），达到合金凝固点时，助焊剂中的活化剂就会发挥其作用，清除焊料和基板上的氧化物。在此温度范围内时间过长，助焊剂的活性会被大部分或完全消耗，从而导致润湿性变差，尽管达到的峰值远高于合金固熔点，但看起来仍是未回流的焊料。可以使用活性更高的助焊剂配方来适应更长的加热过程。有一个目标是，在 130℃至合金凝固点之间花费的时间不要超过产品上可接受的点对点温差所需的时间。

液相线以上的时间和峰值温度应基于工艺的鲁棒性。通常建议峰值温度高于液相 15 ~ 40℃是基于焊料合金温度越高润湿效果越好这一事实。在此范围内的温度被认为是确保最佳润湿和形成理想焊点形状以保证可靠性所必需的。实际上，焊点的形成温度仅比液态温度高几度，但润湿情况可能并不典型。这些回流焊建议也是基于电路板材料的常见加工限制。如果电路板材料对温度不那么敏感，那么温度升高可能并没有什么坏处。

请记住，良好回流焊的目标是在目标周期时间内将适当的热量传递到适当的位置。衡量成功与否的标准是首次通过率和产量，而不是℃ /s 和液相线以上的时间。理想的加热周期不会超过确保每个焊点都已回流并完全润湿所需的时间。因此，液相线以上的时间只有在所有焊料都需要回流并完成润湿的情况下才重要。

事实上，液态焊料在达到回流温度后，只需要两三秒钟就能完成移动并润湿到可用的表面。超过液相温度的时间不会给焊点质量带来任何好处。另一方面，额外的时间会使通常较脆的金属间化合物层变厚，并增加基底清除的能力。

当两种不同的金属相互扩散时，就会形成金属间化合物（IMC）。在焊接过程中，锡会渗入铜、镍和其他可焊材料中。如果焊接表面的形貌不明显，则应避免过厚的金属间化合物层，因为脆性 IMC 断裂可能比具有受控 IMC 层的典型焊点更早发生。

电镀部件和印制薄膜最容易出现清除现象。在极端情况下，整个可焊表面都可能被溶解。同样，超过液相线的停留时间也不会进一步提升焊点质量。

因此，总而言之，回流区应经过深思熟虑，以确保优质焊点和可接受的 IMC 层，并控制焊盘金属厚度的消耗。

9.5.4　冷却

一旦达到峰值温度并保持一段时间（通常受回流炉的限制），就应开始冷却。一般来说，接近最大冷却速度（通常为 6.0℃ /s）是有利的。保持较高的冷却速度可防止焊料结晶和形成大晶粒甚至单晶焊点，与旧的共晶焊料（67% 锡）相比，高锡浓度（>95%）的无铅焊料更容易出现这种情况。多晶粒焊点对各向同性的机械性能非常重要，可改善焊料的机械性能。冷却后表面光亮的焊点表明结晶受到了控制，表面暗淡的焊点则是结晶的证据。

焊料凝固点后的冷却速度也很重要。渐进的冷却速率可使仍较软的焊料蠕变，并释放因 CTE 不匹配的组装器件和 PCB 冷却而产生的机械应力，这种应力与 CTE 差异、温度差（典型无铅焊料的温度差约为 200℃）以及到器件中性点的距离的乘积成正比。大型器件和 CTE 与 PCB CTE 相差很大的器件更容易受到 CTE 失配冷却损坏的影响。

9.5.5　回流炉

许多回流焊控制和微调只有当今最先进的设备才能实现。自 1987 年第一台强制惯例回流炉问世以来，这项主流技术不断发展，以适应当今电子制造商的挑战性需求。当今的回流炉在可编程精密加热和冷却区的数量、最大加热 / 冷却速率、产量、能耗和惰性气体（氮气）消耗以及是否需要经常维护等方面都有比较。还可对 PCB 组装的顶部和底部进行有差别的加热，以更好地管理基板 /PCB 的翘曲。

为了加快配置文件的设置，当今先进的回流炉还配备了一个软件，其中包括一个数据库，收录了来自数十家不同焊锡膏制造商的 1000 多种不同焊锡膏配方。每个数据库条目都包括制造商针对特定焊锡膏配方推荐的焊接曲线，并确定了定义制程窗口的关键规格（即最大斜率，最大冷却率，预热、保温和回流的温度，以及高于这些温度的峰值和允许时间，每个温度都有上限和下限）。只需输入印制电路板的长度、宽度和质量，就能设置即时回流焊曲线。选择焊锡膏后，用户既可以使用原配置文件，也可以修改规格，创建符合自己独特标准的工艺窗口。

由于增加了更多的加热 / 冷却区以实现灵活而精确的回流曲线控制，因此最先进的回流炉所占的面积比其前代产品更大，而且在生产设置时需要更周到的规划。图 9.12 所示的回流炉拥有 13 个顶部 / 底部独立控制的加热区，以及 3 个也可配置为顶部 / 底部独立控制的吹风冷却模块。该回流炉的传送带速度高达 1.4m/min，可与快速取放系统配合使用，长度为 6.68m。

9.5.6　WLCSP 回流

Sn-Ag-Cu 焊料合金的熔化温度约为 217℃。接合处的回流峰值温度应比熔化温度高 15 ~ 20℃。FSC WLCSP 符合 260℃ 回流条件。无铅（Sn-Ag-Cu）焊料的典型温度 / 时间曲线以及基于 JEDEC JTSD020D 的相应关键回流参数如下所示。个别应用的实际曲线取决于许多因素，如封装尺寸、PCB 组装的复杂性、回流炉类型、焊锡膏类型、整个电路板的温度变化、回流炉公差和热耦合公差。

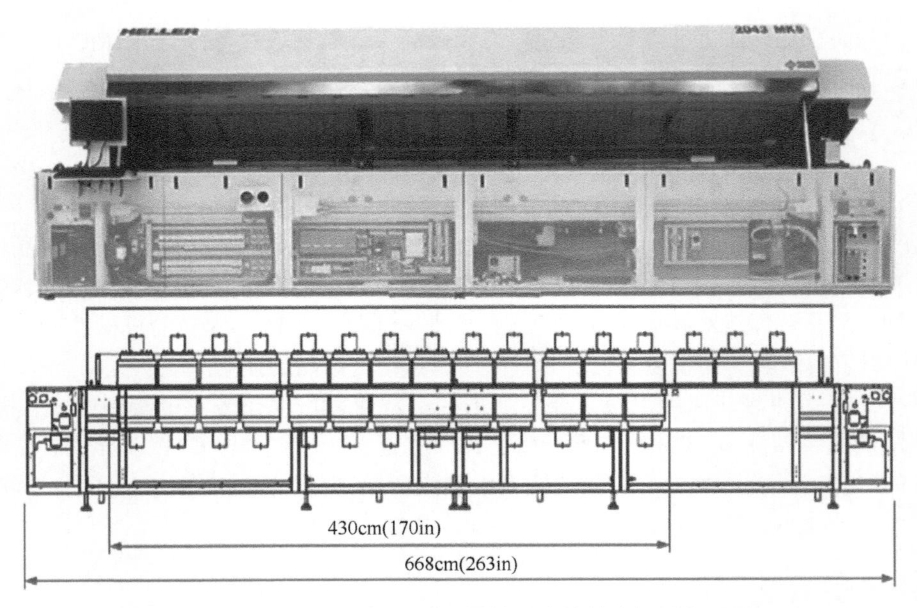

图 9.12 13 + 3 区强制对流焊接回流炉的主视图和配置

9.5.7 无铅（Sn–Ag–Cu）焊料的回流曲线和关键参数

降温速率应低于 6℃ /s，以防止对封装产生应力，并产生更精细的焊料晶粒结构，从而影响可靠性。另一方面，低于 2℃ /s 的斜坡下降速率容易在高银焊料中产生大量 Ag_3Sn 聚集，这也是不可取的。可使用对流型或组合对流红外回流。最好采用氮气吹扫环境，以改善焊料润湿。通常氧气水平应低于 1000×10^{-6}。

WLCSP 的湿度灵敏度（MSL）一般为 1，因此在组装前无须进行预烘烤。适用于焊锡膏 / 助焊剂选择的 SMT 回流曲线可用作在所选基底上优化表面贴装 WLCSP 的基础。表 9.1 给出了 WLCSP 回流曲线的推荐参数范围。

表 9.1 WLCSP 的典型 SMT 回流曲线参数

简介特征	值
平均斜率（T_L 到 T_P）	1 ~ 3℃ /s
预热	
最低温度（T_{SMIN}）	130℃
最高温度（T_{SMAX}）	200℃
时间（T_{SMIN} 到 T_{SMAX}），t_S	60 ~ 75s
斜坡提升率（T_{SMAX} 到 T_L）	1.25℃ /s
维持在液相以上的时间（t_L）	60 ~ 150s
液相温度（T_L）	217℃
峰值温度（T_P）	255 ~ 260℃
实际峰值温度 5℃以内的时间（t_P）	20 ~ 30s
斜坡下降率	最大 3℃ /s
从 25℃到峰值温度的时间	最大 480s

在任何情况下，都应保持 3℃ /s 或更小的温度梯度，以防止封装翘曲，并确保所有焊点都能正常回流。可能需要更长的预热时间和更慢的预热速度来改善焊锡膏的排气。回流焊曲线的设定还需考虑 PCB 的密度以及所使用焊锡膏的种类。应根据设备的应用要求对回流曲线进行最终调整。一般建议使用标准免清洗焊锡膏。如果使用了其他类型的助焊剂，可能需要清除残留的助焊剂。如果回流过程中出现焊球，可减小焊锡膏孔径，以减少沉积到 PCB 上的焊锡膏量。还建议使用氮气来帮助抵消焊锡膏形成焊球的趋势，并提供更宽的焊料润湿窗口。在组装过程中，必须适当支撑印制电路板，以确保电路板的平整度。通常情况下，每个工作站都会在电路板下方提供支撑，但在传送系统中并非总是如此。当薄型或大型电路板上装有器件时，电路板本身的质量加上器件的质量可能会使 PCB 在回流操作中变形，导致电路板下垂。这种影响可能会使器件在放置后偏离电路板上的指定位置。因此，焊点高度变化很大，增加了出现“桥接”和“开路”等焊点缺陷的可能性。一般来说，需要为大型或薄型电路板设计和使用载体，以确保适当的电路板平整度。虽然焊点中会出现一定量的空隙，但 20% 的空隙分布在焊点上作为小空隙应该是可以接受的。

9.5.8　双面 SMT

移动电子板两面都有 SMT 器件的情况并不少见。这通常需要使用夹具和胶点进行 2 倍回流焊，以便在回流焊和第二次焊锡膏印制过程中固定底部（第一次回流焊）的 SMT 器件。如果使用波峰焊工艺，则必须在波峰焊之前将部件粘在电路板上，以防止固定部件的焊料熔化时使部件浮起。

如果 WLCSP 必须回流焊在双面印制电路板的底面，那么底部填充可能是最省心的选择。理论上，小部件可以通过焊料的表面张力固定到位。因此可能不需要点胶。在现代回流炉上可能采用的顶部 / 底部差别加热技术有助于保持底部较低的温度，这可能是管理双面印制电路板回流的另一种选择。

如果 WLCSP 在底部回流焊而不使用胶水或底部填充物，则必须了解焊点上是否有足够的表面张力来固定封装。如果分析确定封装会掉落，则应提供适当黏合剂的应用和固化方法。

黏合剂的需求量可通过以下经验计算估算得出：

$$\text{实际质量} \leqslant \text{WLCSP 的总焊接接触表面积}(\mathrm{mm}^2) \times 0.665$$

9.5.9　回流后检验

建议在回流焊后进行目测和 X 射线检查，以确定 WLCSP 焊点的尺寸和形状是否不规则。表面外观、形状和尺寸一致的焊点证明润湿和回流过程良好。对于无铅焊料来说，焊点表面无光泽或有颗粒并不罕见。这些焊点是可以接受的。

高分辨率自动 X 射线检测在焊点检测中的应用迅速扩大。许多影响焊点的材料缺陷和质量特性都能被检测出来，例如缺失的焊料、孔洞和砂眼、焊点桥、非润湿缺陷和缺球。

虽然 X 射线显微层析技术可以提供独特的无损三维虚拟模型，但传统的透射二维方法仍能提供更具成本效益、高通量的成像解决方案，远远能够区分好的关节和坏的关节。当需要额外的关节信息时，可通过将设备组件与 X 射线源成一定角度来获取离轴 X 射线成像。人们普遍认为，焊点之间的焊桥很容易检测，而检测开孔则是一项挑战。在这种情况下，通常使用离轴二维成像来判断该连接是否存在问题。不用说，这需要经验，但使用这种技术可以获得大量有关封装连接的信息。总之，对于大批量检测而言，自动二维 X 射线检测（AXI）系统是一项必备能力。

9.5.10 助焊剂清洁

焊接完成后，根据应用、焊接助焊剂活性、所用电路板表面光洁度以及是否要进行底部填充，可以对电路板进行清洗，以去除助焊剂残留物和任何可能导致间距较近的器件引线短路的杂散焊球。有 3 种典型的组装清洁方法：①沸腾液浴加或不加超声波搅拌；②液浴加蒸汽；③水喷淋清洗（PCBA 行业在需要使用水溶性助焊剂进行清洗时最常用）。松香助焊剂是用碳氟化合物溶剂、高闪点碳氢化合物溶剂或低闪点溶剂 [如柠檬烯（从橘子皮中提取）] 去除的，这些溶剂需要额外的漂洗或干燥循环。水溶性助焊剂可用去离子水和洗涤剂去除，然后用喷气快速去除残留的水分。然而，大多数电子组装件都采用"免清洗"工艺，助焊剂残留物被设计留在电路板上 [良性]。这样可以节省清洗成本，加快制造过程，并减少浪费。

在进行超声波清洗时必须谨慎，因为超声波清洗可能会导致组件焊点的削弱，尤其是对于细间距 WLCSP。典型的液体清洗溶液是 40℃的酒精或其他水基清洗溶液。必须使用适当的干燥方法，以确保封装下无水滞留。

某些制造标准，如国际电子工业联接协会（IPC）制定的标准，要求无论使用哪种助焊剂都要进行清洗，以确保电路板表面的洁净度。根据 IPC 标准，即使是免清洗助焊剂也会留下残留物，必须清除。正确的清洁可去除所有助焊剂痕迹以及肉眼看不见的污垢和其他污染物。不过，虽然符合 IPC 标准的车间应遵守该协会关于电路板状况的规定，但并非所有生产设施都适用 IPC 标准，也并非所有生产设施都必须这样做。此外，在某些应用中，如低端电子产品，这种严格的制造方法在费用和所需时间上都过于苛刻。

IPC/EIA J-STD-001 规定了焊接清洗后的验收标准，特别是松香助焊剂残留物、离子残留物和其他表面有机污染。IPC-TM-650 提供了相关的测试方法。

最后，对电路板进行目测检查，看是否有缺失或错位的器件和焊桥。如有必要，电路板会被送往返修站，由人工操作员修复任何错误。然后，电路板通常会被送往测试站（在线测试和 / 或功能测试），以验证电路板是否能正常运行。

9.5.11 返工

在 PCB 返工过程中拆下的 WLCSP 器件不应再用于最终组装。连接到 PCB 然后移除的 WLCSP 会经历 2 ~ 3 次焊料回流，具体取决于 PCB 是否为双面。对于典型的 WLCSP 来说，这已经达到或接近经测试合格的 3 次回流焊的成功率。拆下的 WLCSP 器件应妥善处理，以免与新的等效 WLCSP 器件混在一起。

应制定 WLCSP 器件拆卸和更换程序并使其合格。参考返工流程遵循此流程：

1）从打开防潮袋并将安装好的部件暴露在环境条件下时开始计算对湿气敏感的部件的使用寿命。在返工前不应超过部件的使用寿命。如果超过，则可能需要烘烤。

2）在对返工器件进行局部加热之前，对整个印制电路板进行预热。预热可缩短整体加热时间，并防止在对返工区域进行局部加热时可能出现的基板翘曲。典型的预热温度约为 100℃。

3）对返工区域进行局部加热。建议对返工部件进行局部加热，以尽量减少周围部件受热。最好使用配备热电偶的热风枪来监测器件部位的温度。一旦焊料间连接达到规定的回流焊温度，就可使用真空拾取工具将器件从电路板上取下。

4）使用烙铁和编织吸锡材料清除电路板焊盘上的残余焊料。也可使用真空脱焊工具，通过持续真空吸入焊料来去除焊料。清除残余焊料后，还必须清除残留的助焊剂。

5）焊锡膏或助焊剂印制。焊锡膏通常使用微型钢网和刮板涂敷。如果空间有限，则将助焊剂涂在焊盘上。

6）在电路板上放置器件。可使用自动放置设备将 WLCSP 器件放置到电路板上。

7）焊接或回流焊。可以使用移除器件的相同工具有选择地焊接器件，也可以将整个电路板通过原始回流曲线焊接。

9.5.12　底部填充

尽管由于增加了工艺复杂性和成本，底部填充 WLCSP 通常被认为是不可取的，但事实证明，底部填充有利于电路板级可靠性测试，包括热循环、跌落测试和电路板弯曲性能测试。此外，它还有助于在倒置回流焊时防止器件脱落。

因此，底部填充已被有效地用于提高焊点可靠性。在与移动电子产品相关的冲击条件下，底部填充增强了 WLCSP 板级可靠性。许多应用都要求高可靠性，其中包括医疗、汽车、工业和军用电子产品。客户应仔细考虑选择和使用特定底部填充物的决定，并评估所需底部填充物的有效性。

底部填充的选择取决于多种因素，如 WLCSP 尺寸、WLCSP 结构材料和尺寸、电路板结构和材料以及可靠性要求的组合。以下是选择底部填充时的建议清单：

1）高 CTE 环氧树脂不能用作底部填充材料，因为 CTE 失配会导致 WLCSP 产品承受更大的应力。同样，也不能使用硅树脂，因为它不能提供底部填充材料所需的增强的机械支持。底部填充材料的 CTE 必须接近焊点的 CTE。

2）不同的底部填充物类型和供应商在性能上往往存在显著差异。强烈建议使用从实际 DOE 中提取的优化底部填充材料。

9.5.13　WLSCP 底层填充工艺要求

9.5.13.1　针头

针头对于控制底部填充流量非常重要。市场上有多种类型和尺寸的针：

1）传统金属轴——为针头提供额外的热量，提高点胶效果；

2）塑料针尖和轴——防止芯片损坏和 PCB 上的划痕；

3）锥形塑料针尖——降低泵中的背压，是细间距点胶的理想选择。

0.25in 的针头可将泵的背压保持在较低水平。针的直径可控制点胶时的管路宽度。建议从内径为 410μm 的 22 号针头开始，以 10～20mg/s 的速度分配底部填充物。在为非常小的封装配制极少量的底部填充物时，可使用更小号的针头。内径为 610μm 的 20 号针头能在较大流速下实现良好的控制。对于手动分配的底部填充，请使用锥形塑料针尖，以减少与芯片边缘的接触并减少机械损伤。

9.5.13.2 预烘烤

底层必须没有湿气，以获得良好可靠的底层填充。必须进行预烘烤，以防止底部填充固化过程中出现孔洞和分层。等离子清洗可改善底部填充的润湿性、焊料高度和均匀性，并促进有效的界面黏合。因此，等离子处理可防止分层和孔洞的形成，从而提高微电子设备的使用寿命。

9.5.13.3 配料

建议使用自动点胶机进行底胶点胶，以减少在芯片边缘手动点胶造成的机械损伤。控制底部填充量可优化可靠性和外观。理想的底部填充应完全填满芯片的焊球区域，并提供良好的圆角，覆盖芯片边缘的 50% 以上，但不超过 75%。点胶量的变化会导致不期望的圆角尺寸变化。可以通过简单的计算估算体积。通过测试和误差来确定最终体积，方法是加工若干个组件，每个组件使用不同的底部填充体积，并进行可靠性测试。如果更换基底供应商、基底制造工艺或锡球类型，则需要再次进行体积评估。

由于焊球的总接合面积总是远远小于芯片和基板的各自面积，因此单个焊球上的应力相对较大。通过在热循环过程中吸收能量，底部填充可将应力约降低为之前的十分之一。当没有底部填充时，焊球会吸收由封装和 PCB 之间的 CTE 失配产生的应力，该失配通常很大。

底部填充还能防止在热循环过程中挤出焊料。成功的底部填充可以在每个焊球周围形成一个各向同性的压缩容器，防止它们相互挤压形成短路。同时，底部填充能够减少晶粒边界的自由表面，从而有效防止焊球产生裂纹。

在某种程度上，底部填充还可作为散热器从芯片中散热。然而，要做到这一点，固化的底部填充物的所有区域都必须具有相同的热特性，不同的热特性会导致芯片过热。

9.6 WLCSP 储存和保质期

封装的使用寿命是指将 SMD 器件从防潮袋中取出后，在不超过 30℃ 和 60% RH 的环境条件下进行回流焊之前允许的时间。表 9.2 给出了 J-STD-020 规定的湿敏封装分类和 J-STD-033 规定的使用寿命。WLCSP 具有很少的吸湿材料，如聚合物再钝化材料，其总厚度通常小于 20μm，被评为 1 级湿气敏感性并不奇怪。然而，扇出型 WLCSP（具有大量环氧树脂外模和额外的聚合物再钝化）通常被评为 MSL 3 级。

表 9.2 湿敏封装的分类

等级	30℃ /60% 相对湿度环境下的暴露时间
1	无限期
2	1 年
2a	4 周
3	168 小时
4	72 小时
5	48 小时
5a	24 小时
6	使用前必须烘烤，必须在规定时限内回流焊

9.7 总结

WLCSP 组装存在独特的要求，主要是因为它是 PCB 组装中唯一的裸芯片封装。细间距的大凸点阵列也是一个挑战。除了在其他类型集成电路封装上看到的典型组装缺陷外，WLCSP 的主要组装故障可能与硅芯片本身的损坏有关，而且通常可以追溯到操作员在机器拾取和放置 WLCSP 以及放置后对组装 PCB 的不当处理。在许多情况下，底部填充不仅能为关键焊点提供应力释放，还能为 WLCSP 的敏感有源侧提供保护。

参考文献

1. Schiebel, G.: Criteria for reliable high-speed CSP mounting. Chip Scale Rev. September 1998
2. IPC-2221: Generic Standard on Printed Board Design
3. IPC-SM-7351: Generic Requirements for Surface Mount Design and Land Pattern Standard
4. IPC-7525: Stencil Design Guideline
5. J-STD-004: Requirements for Soldering Fluxes
6. IPC/EIA J-STD-001: Requirements for Soldered Electrical and Electronic Assemblies
7. IPC-TM-650: Test Methods
8. IPC-9701: Performance Test Methods and Qualification Requirements for Surface Mount Solder Attachments
9. IPC/JEDEC J-STD-020: Moisture/Reflow Sensitivity Classification for Non-hermetic Solid-State Surface Mount Devices
10. JEITA Std EIAJ ED-4702A: Mechanical Stress Test Methods for Semiconductor Surface Mounting Devices
11. JESD22-A113: Preconditioning Procedures of Plastic Surface Mount Devices Prior to Reliability Testing
12. IPC/JEDEC-9702: Monotonic Bend Characterization of Board-Level Interconnects
13. IPC/JEDEC J-STD-033: Handling, Packing, Shipping and Use of Moisture/Reflow Sensitive Surface Mount Devices
14. CEI IEC 61760-1: Surface mounting technology—Part 1: Standard method for the specification of surface mounting components (SMDs)
15. IEC 60068-2-21 Ed. 5: Environmental Testing—Part 2-21: Tests—Test U: Robustness of terminations and integral mounting devices
16. JESD22-B104: Mechanical Shock
17. JESD22-B110: Subassembly Mechanical Shock—Free state, mounted portable state, mounted fixed state
18. JESD22-B111: Board Level Drop Test Method of Components for Handheld Electronic Products
19. JESD22-B113: Board Level Cyclic Bend Test Method for Interconnect Reliability Characterization of Components for Handheld Electronic Products
20. IPC-7095: Design and Assembly process implementation for BGAs
21. Fan, X.J., Varia, B., Han, Q.: Design and optimization of thermo-mechanical reliability in wafer level packaging". Microelectron. Reliab. **50**, 536–554 (2010)
22. Syed, A., et al.: Advanced analysis on board trace reliability of WLCSP under drop impact. Microelectron. Reliab. **50**, 928–936 (2010)
23. Liu, Y., Qian, Q., Qu, S., et al.: Investigation of the Assembly Reflow Process and PCB Design on the Reliability of WLCSP", 62nd ECTC, San Diego, California, June 2012
24. Schiebel, G.: Criteria for Reliable High-Speed CSP Mounting. Chip Scale Rev. September 1998
25. Oresjo S.: When to Use AOI, When to Use AXI, and When to Use Both", Nepcon West, December 2002

第 10 章

WLCSP 典型可靠性和测试

由于集成电路（IC）制造的快速发展、小尺寸和低成本，WLCSP 成为半导体封装行业中增长最快的领域之一。当每个晶圆的芯片计数都很高时，这项技术降低了每个芯片的成本（与传统的引线键合相比）。随着每个芯片的 I/O 数量增加（因为芯片尺寸和到中性点的距离增加），WLCSP 可能无法达到规定的焊点可靠性要求；金属堆叠（UBM 和 Al 焊盘）、钝化或聚酰亚胺也可能出现失效，特别是当 WLCSP 安装在 PCB 上时。板级可靠性是模拟和功率 WLCSP 的一大问题。本章将讨论 WLCSP 典型的可靠性测试。

10.1　WLCSP 可靠性测试概述

本节介绍功率半导体封装 [1] 的可靠性寿命、失效率和典型可靠性测试的一般概念。

10.1.1　可靠性寿命

根据国际标准，“质量”一词被定义为电力电子产品的全部特征，涉及其满足规定和隐含需求的能力。可靠性是功率半导体在使用过程中保持其所有功能的特性。由于在实际条件下，在生产发布之前无法确定功率半导体器件的长期可靠性，因此必须进行加速寿命测试，以便在较短的测试周期后对器件的可靠性产生可靠的结果。为了达到加速度效应，可靠性测试在比应用中更大的压力下进行的。根据熟悉的失效率曲线（浴盆曲线），我们区分了早期失效、随机失效（失效具有恒定的失效率），以及由磨损和疲劳造成的失效。虽然在最终应用之前，对集成电路应用所谓的“老化”来捕捉早期失效，但这对于功率半导体来说没有意义，因为成本要高得多。如果没有用户造成的误用，必须通过完全控制和掌握制造过程来避免早期失效。排除运行期间的短时间过载，随机失效由制造参数的再现性和安全裕度决定。产品的早期设计阶段已经决定了由磨损和疲劳造成的失效及设计零件、工艺和材料的选择。

10.1.2　失效率

很难找到一个适用于整个浴盆曲线的分布函数。然而，对于它的每一部分，威布尔分布都是适用的：

$$F(t)=1-\exp\left[-\left(\frac{t}{\eta}\right)^{\beta}\right] \qquad (10.1)$$

式中，$F(t)$ 是设备在区间 [0，t] 内失效的概率；η 是特征寿命；β 是形状参数；t 是时间或循环次数。

根据式（10.1），可以得出失效率（危险函数）：

$$\lambda(t)=(\beta/\eta^{\beta})t^{\beta-1} \tag{10.2}$$

形状参数表示：$\beta=1$ 恒定失效率（随机失效）；$\beta<1$ 降低失效率（早期失效）；$\beta>1$ 增加失效率（磨损、疲劳）。

1. 随机失效

在电气失效方面，通常适用于形状参数 $\beta=1$。这种特殊的威布尔分布被称为指数分布

$$F(t)=1-\exp(-\lambda t) \tag{10.3}$$

式中，$\lambda=1/\text{MTTF}$，是恒定的失效率。

失效率通常是通过实验来估计的，计算公式如下：

$$\Lambda=r/(nt) \tag{10.4}$$

式中，r 是失效次数；n 是样本量；t 是测试时间。

MTTF 为平均失效时间，即 62.3% 的设备出现失效的时间。

由于这个数字的统计性质，一个扩展的公式考虑了一个置信极限——置信极限上限（Upper Confidence Limit，UCL）= 60%，这是一个常见值。此外，还可以通过计算机模型计算可靠性数据。然而，可用的计算机模型还没有开发用于功率半导体。因此，根据 MIL-HDBK 217 的失效率模型目前仅作为粗略估计。

$$\lambda[\text{FIT}]=[(r+\Delta r)/(nt)]\times 10^{9} \tag{10.5}$$

式中，Δr 取决于置信极限和失效次数；FIT 是时间上的失效。

恒定的失效率允许通过使用一个加速因子来进行可靠性预测。这个加速度因子是通过阿伦尼乌斯方程计算出来的：

$$a_{\text{f}}=\exp\{E_{\text{a}}[T_2-T_1/(T_1T_2)]/k\} \tag{10.6}$$

式中，E_{a} 是活化能；k 是玻尔兹曼常数，$k=8.6\times10^{-5}\text{eV/K}$；$T_1$ 是绝对应用接头温度（K）；T_2 为绝对测试接头温度（K）。

上述加速度因子适用于在恒温条件下。对于温差（温度循环、功率循环），必须使用其他公式。

为了估计不同 ΔT 的寿命，经常使用 Manson–Coffin 关系，该关系最初是为低循环塑性变形下的金属建立的。如果塑料应变占主导地位，那么

$$N_{\text{f}}\approx C(\Delta T)^{-n} \tag{10.7}$$

式中，N_f 是发生失效的循环次数；ΔT 是温差；C 是与材料有关的常数；n 是一个由实验确定的常数。

延长寿命预测可通过有限元分析获得，用于 9.2 节中的热循环和功率循环的寿命估计。

2. 早期失效

恒定的失效率使得寿命预测和计算更加简单。在早期失效机制中，预测失效率是一个挑战，并且失效率具有很强的时间依赖性。

3. 磨损

功率半导体很少会出现疲劳或磨损，即使是加速测试也需要很长时间来证明这一点。通常可靠性测试在远离疲劳的时间或循环中停止。

10.1.3 模拟和功率 WLCSP 的典型可靠性测试

用于模拟和功率 WLCSP 的典型可靠性测试包括：

1）焊料回流预处理（PRECON）：执行预处理应力序列的目的是评估半导体器件承受由用户的印制电路板组装操作施加的应力的能力。一个适当设计的装置（即芯片和封装组合）应该在这个预处理序列中存活下来，且电气性能不会发生可测量的变化。此外，适当设计的装置的预处理不应产生潜在缺陷，从而在寿命或环境应力测试期间导致可靠性下降。在该应力序列期间，电气特性的变化以及可观察到的和潜在的物理损伤主要是由机械和热应力以及助焊剂和清洁剂的进入引起的。影响包括芯片和封装裂纹、引线键合断裂、封装和引线框架分层以及芯片金属化腐蚀。表 10.1 给出了预处理应力条件。

参考行业标准：JESD22-A113C。

表 10.1 预处理应力条件

步骤	应力	条件
1	初始电气测试	室温
2	外部视觉检查	40× 放大
3	温度循环	5 个周期在 −40℃（最大值）~ 60℃（最小值）（该步骤为可选）
4	烘干	125℃时 24h（最小值）
5	湿气处理	根据 MSL 评级
6	回流	每个参考曲线 3 个周期
7	助焊剂应用	在室温下，在水溶性助焊剂中浸泡 10s
8	清洁	多种 DI 水冲洗
9	干燥	室温
10	最终电气测试	室温

2）功率循环（PRCL）：进行功率循环测试是为了确定数千次通电 / 断电操作对固态设备的影响，例如在汽车中会遇到的情况。多次开 / 关循环引起的重复加热 / 冷却效应可导致疲劳裂纹和设备中其他退化的热和 / 或电气变化，这些设备在最大负载条件下产生显著的内部热加热（即电压调节器或大电流驱动器）。该测试迫使结温度以每小时约 30 次循环的速度偏移（典型用于

小型 WLCSP）。

3）高温反向偏置（HTRB）测试：HTRB 测试被配置为反向偏置器件样品的主要电源处理接头。这些设备通常在处于或接近最大额定击穿电压和 / 或电流水平的静态工作模式下工作。应确定特定的偏置条件以偏置器件中最大数量的固态接头。HTRB 测试通常适用于电源设备。

应力条件：150℃ T_j，偏置。

参考行业标准：JESD22-A108B。

4）高温栅极偏置（HTGB）测试：HTGB 测试对器件样品的栅极或其他氧化物进行偏置。这些器件通常在静态模式下工作，处于或接近最大额定氧化物击穿电压水平。应确定特定的偏置条件以偏置器件中的最大数量的栅极。HTGB 测试通常用于电力设备。

应力条件：150℃ T_j，偏置。

参考行业标准：JESD22-A108B。

5）温度湿度偏压测试（THBT）：稳态温度 - 湿度 - 偏压寿命测试是为了评估在潮湿环境中工作的非密封封装器件的可靠性。它采用了严格的温度、湿度和偏压条件，加速了湿气通过外部保护材料（密封剂或密封件）或沿着外部保护材料与穿过它的金属导体之间的界面渗透。当湿气到达芯片表面时，施加的电压形成电解池，它会腐蚀铝，通过其导电影响直流参数，并最终通过打开金属导致灾难性失效。氯等污染物的存在大大加速了反应，PSG 层（钝化、电介质或场氧化物）中过量的磷也是如此。

应力条件：85 %RH，85℃。

参考行业标准：JESD22-A101B。

6）高加速应力测试（HAST）：HAST 的目的是评估在高湿度环境中运行的非密封封装器件的防潮性。在可能的情况下，使用交流电压施加偏置，以最大限度地减少电流消耗。该测试近似于 THBT 的高加速版本。这些压力、湿度和温度的恶劣条件，加上偏压，加速了湿气通过外部保护材料（密封剂或密封件）或沿着外部保护材料和穿过它的金属导体之间的界面渗透。当湿气到达芯片表面时，施加的电压形成电解池，它会腐蚀铝，通过其导电影响直流参数，并最终通过打开金属导致灾难性失效。氯等污染物的存在大大加速了反应，PSG 层（钝化、电介质或场氧化物）中过量的磷也是如此。

对于具有聚酰亚胺层或具有低 T_g 的芯片化合物的 WLCSP，在使用 HAST 作为应力技术时必须小心，因为可能会导致不典型的失效。

应力条件：130℃，85%RH，18.6psig 或 110℃，85%RH，3psig。

参考行业标准：JESD22-A110B。

7）高压釜（ACLV）：高压釜（或高压锅）测试是为了评估非密封封装设备的防潮性。在该测试过程中，没有对器件施加偏压。它采用了实际操作环境中不典型的压力、湿度和温度的恶劣条件，这些条件会加速湿气穿过外部保护材料（密封剂或聚酰亚胺）或沿着外部保护材料与穿过它的金属导体之间的界面渗透。当湿气到达芯片表面时，反应剂会在芯片表面造成泄漏路径并腐蚀芯片金属化层，影响直流参数，最终导致灾难性失效。其他与芯片相关的失效机制也被这种方法激活，包括移动离子污染和各种与温度和湿度相关的现象。

高压釜测试具有破坏性，重复使用时会导致失效率增加。它适用于短期比较评估，如批次验收、过程监控和鲁棒性表征，但由于与操作环境相关的加速因素尚未很好地确定，因此不会产生绝对信息。此外，由于腔室污染物过多，高压釜测试可能会产生不代表设备可靠性的虚假失效。这种情况通常通过严重的外部封装退化来证明，包括腐蚀的器件端子 / 引线或端子之间形成导电物质，或两者兼而有之。因此，高压釜测试不适用于封装质量或可靠性的测量。

标准 WLCSP 产品的鉴定不需要进行 ACLV 测试。然而，在 WLCSP 的开发阶段，ACLV 测试可以用来理解该技术的固有弱点。在解释结果时必须谨慎，因为失效机制可能是由于超过了封装的能力，从而产生不切实际的材料失效。ACLV 测试可能是一些客户或市场的必需测试，如汽车市场。

应力条件：100%RH，121℃，15psig。

参考行业标准：JESD22-A102C。

8）温度循环（TMCL）：进行温度循环测试是为了确定设备在极端高温和低温下交替暴露的电阻。在温度循环过程中所产生的电气特性和物理损伤的永久变化主要是由热膨胀和收缩引起的机械应力造成的。温度循环的影响包括焊点上的裂纹或芯片上的凹坑、钝化层的破裂和金属化层的分层。这些现象是由热机械损伤引起的，并导致电气特性的各种变化。

应力条件：多种。典型的是 −40 ~ 125℃或 −65 ~ 150℃。

参考行业标准：JESD22-A104D。

9）板级温度循环（BTMCL）：BTMCL 测试旨在提供有关器件与电路板的焊点连接的疲劳相关磨损信息。菊花链结构测试设备安装在电路板上，并在 0 ~ 100 ℃的极端温度下循环。在测试过程中，持续检测焊点电阻的变化，当检测到 5 次累积电阻升高（>1000Ω）时，则认为该单元发生失效。理想情况下，测试应继续进行，直到观察到测试样本的累计失效率为 63%。

应力条件：0 ~ 100℃，2 周期 /h

参考行业标准：IPC-SM-785

10）高温存储寿命（HTSL）：高温存储（也称为稳定烘烤测试）用于确定在不施加电应力的高温下进行存储的效果。这也是一种有用的测试，用于确定易形成金属间空隙的引线键合的长期可靠性（例如铝焊盘上的金线键合）。

被测装置在循环空气加热至 +150℃的腔室中连续存储。在规定的应力周期结束时，将设备从腔室中移除，冷却并进行电气测试。如果在详细的测试过程中有规定，则会进行临时测量。

应力条件：150℃或 175℃。

参考行业标准：JESD22-A103B。

11）可焊性：可焊性测试的目的是确定通常通过焊接连接的所有 WLCSP 终端的可焊性。该测试是基于这些终端被焊料湿润或涂覆的能力。这些测试将验证制造过程中用于促进焊接的处理是否令人满意，以及是否已将其应用于设计用于容纳焊接连接的零件的所需部分。本测试方法包括加速老化测试。

参考标准还提供了用于老化和焊接的可选条件，目的是允许在器件应用中使用焊接过程的仿真。它提供了通孔、轴向和表面贴装器件的可焊性测试程序，以及表面贴装封装的回流仿真测试程序。测试中的 WLCSP 器件首先通过暴露于蒸汽中 8h 进行“老化”。在老化之后，将器件的凸点在加热到 215℃（SnPb 板组装处理）或 245℃（无铅板组装处理）的温度的焊料浴中熔化 5s。

参考行业标准：JESD22-B102C。

12）板级跌落测试：本测试旨在评估和比较在加速测试环境中用于手持电子产品应用的 WLCSP 的跌落性能，其中电路板的过度弯曲会导致产品失效。它特别适用于功率 MOSFET 和模拟晶圆级芯片级封装。

不同板方向的经验表明，组件朝下的水平板方向会导致最大的 PCB 弯曲，从而导致最坏的失效方向。因此，要求板方向水平，组件方向向下。不需要在其他电路板方向上进行跌落测试，但在认为必要时也可以进行。但是，这是一个额外的测试选项，而不是一个替代所需方向的测试。

跌落测试需要 JESD22-B110 或 JESD22-B104-B 中列出的 JEDEC 条件 B（1500Gs，0.5ms 持续时间，半正弦脉冲）作为印制电路组件的输入冲击脉冲。这是施加在基板上的冲击脉冲，应通过安装在基板中心或靠近基板支柱的加速计进行测量。除所需条件外，还可以使用其他冲击条件，如条件 H（2900Gs，0.3ms 持续时间）。在每次跌落过程中，均需要对菊花链网络的失效进行现场电气监测。所有网络的电气连续性应通过事件检测器或高速数据采集系统进行检测。事件检测器应能够检测到持续 1μs 或更长时间的电阻大于 1000Ω 的任何间歇性间断。高速数据采集系统应能够以每秒 50000 个样本或更高的采样率测量电阻。

参考行业标准：JESD22-B111。

10.2 WLCSP 焊球剪切性能和失效模式

高应变率下的剪切测试已成为研究热附着焊球在不同应变率下的断裂行为的一种常用方法。本节介绍了剪切载荷速度对实验结果的影响，并采用三维显式有限元分析方法研究了焊球冲击测试下焊点的动态响应。通过结合内聚模型的三维显式单元分析，研究了焊点在高速冲击测试中的瞬时断裂和断裂机制。

10.2.1 引言

高速剪切测试是对附着在 WLCSP 芯片上的焊球强度的评价方法。虽然该测试实施简单方便，但执行该测试的细节尚未针对焊球剪切测试的所有用途进行标准化。

Chai T.C.[2] 也研究了 BGA 焊球剪切测试，发现了剪切角与反作用力之间的关系。为方便起见，将失效模式分为以下几类，即本体失效（模式 3）、本体 - 金属间化合物（IMC）复合局部失效（模式 2）和 IMC 失效（模式 1），如图 10.1 所示。在实际情况下，剪切测试中的大多数失效模式都归因于本体 -IMC 局部失效。这种现象更加复杂，很难通过数值仿真来复制。此外，将实验和数值研究相结合进行更深入研究的研究人员较少。

一般来说，过去的研究，无论是测试还是仿真，大多基于 BGA 模块。同时，在数值研究中，研究主要针对纯本体或 IMC 失效，而忽略了一种更重要的失效类型：本体 -IMC 局部失效。此外，几乎没有实验数据来证明它们的数值结果。

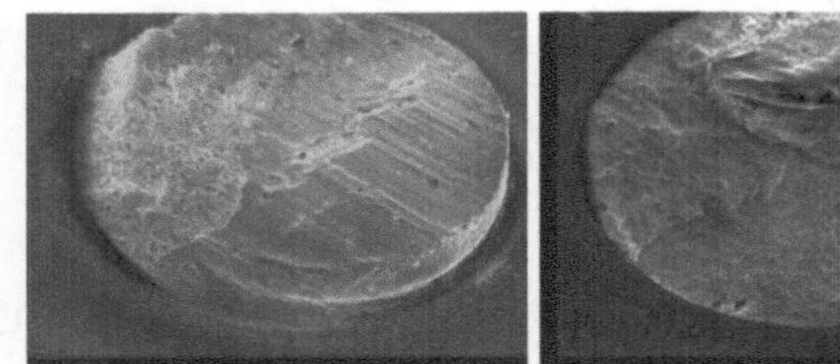
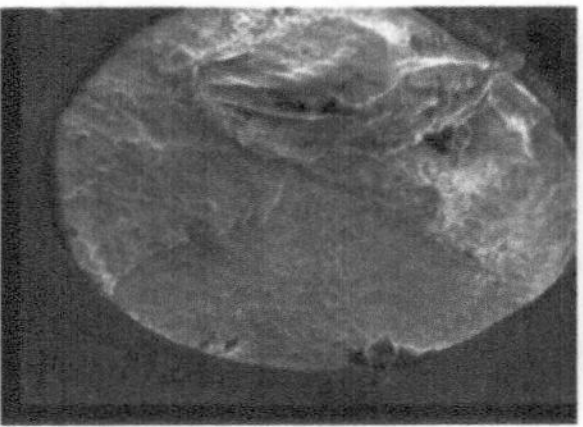
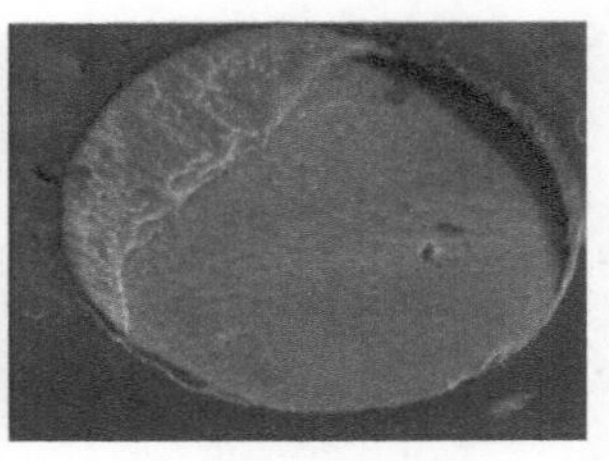

图 10.1 从剪切测试 [2] 中观察到的失效模式

在本研究中，研究了 WLCSP 模块在冲击作用下的机械响应。为了能够在剪切事件期间对 WLCSP 模块进行真实的应力评估，SAC405 焊球的动态力学行为是通过快速剪切测试和 FEM 仿真相结合来确定的。从实验结果来看，大部分失效模式为本体 IMC 局部失效。在这项工作中，基于 ANSYS®/LS-DYNA 的动态三维有限元仿真被用来捕捉这种典型的失效模式。通过对实验和数值研究结果的比较，可以得出结论，本研究中使用的有限元分析与实验观测结果接近，能够证明其可靠性。

10.2.2 测试程序和试样

在测试中，WLCSP 的样品主要由一个 SAC405 焊球（直径 300μm）和 CuNiAu UBM（总厚度 2μm）组成。在焊球与 UBM 之间的界面上，一般形成一种约 2μm 厚的金属间化合物（IMC），如图 10.2 和图 10.3 所示。值得注意的是，在 IMC 中经常观察到断裂，特别是在高冲击速度的情况下。因此，IMC 失效区域被用作比较不同失效的特征。通常，IMC 比球合金或 UBM 组件具有更高的模量并且更脆。表 10.2[3] 给出了纯金属和 IMC 杨氏模量的示例。

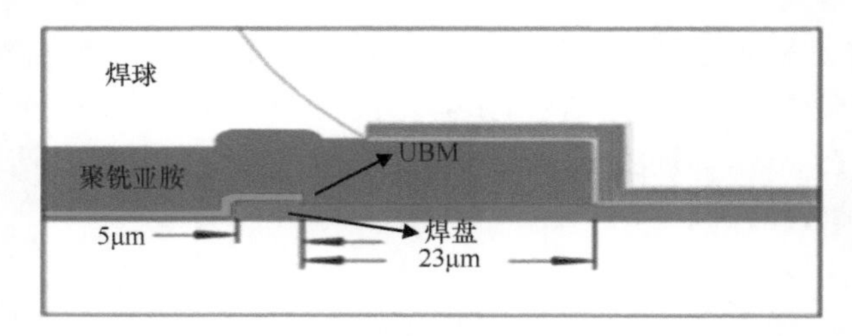

图 10.2 典型 WLCSP 模块

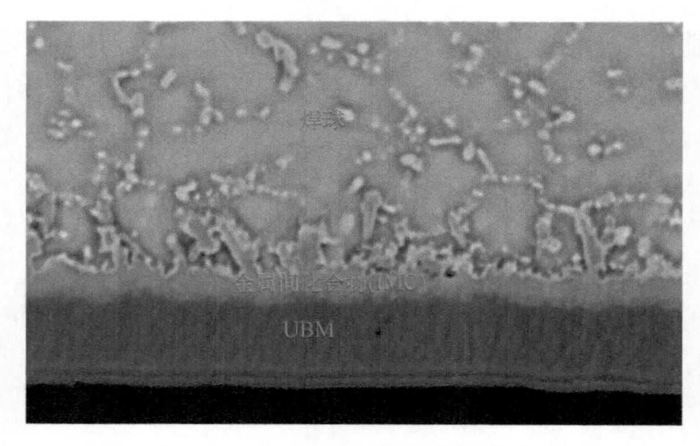

图 10.3 焊料互连中 IMC 层的放大

表 10.2　纯金属和 IMC 的模量值

金属或合金	弹性模量	来源
镍	200 ~ 214GPa	纯金属数据表
锡	50GPa	纯金属数据表
铜	110 ~ 128GPa	纯金属数据表
金	78GPa	纯金属数据表
银	83GPa	纯金属数据表
铅	16GPa	纯金属数据表
	金属间化合物	
Cu_6Sn_5	112.3 ± 5.0GPa	纳米压痕
$(Cu,Ni)_6Sn_5$	157.82 ± 5.69GPa	纳米压痕
Cu_3Sn	134.2 ± 6.7GPa	纳米压痕
Ag_3Sn	78.9 ± 3.7GPa	纳米压痕
Ni_3Sn_4	140 ~ 152GPa	纳米压痕
$(Ni,Cu)_3Sn_4$	175.14 ± 4.12GPa	纳米压痕

冲击测试后，通过显微镜对剪切样品进行检查，以识别失效模式。为了确定实验有意义的剪切速度范围，进行了一些初始剪切测试，以确保 IMC 失效面积在 10% ~ 50% 之间。为了引起这种本体 -IMC 局部失效，本研究选择的工具速度范围为 400 ~ 800mm/s。

10.2.3　冲击测试的实验研究

通过实验测试，在光学显微镜和扫描电镜下对剪切样品的失效区域进行了检测。一些实验数据见表 10.3。模式 1、模式 2 和模式 3 的划分与残留在断裂表面上的焊料合金的 3 个面积百分比有关。最后一列中的数据表示在不同速度下剪切后残留在下层 UBM 上的焊料合金的平均面积百分比。根据表 10.3 中所示的失效模式特征，可以得出一个结论：随着剪切速度的增加，焊料合金的剩余面积下降。因此，与焊料合金内部相比，在 IMC 层处发生更多的界面失效。

表 10.3　实验失效模式的统计数据

速度 /（mm/s）	高速剪切后出现在 UBM 上的残余焊料			剩余焊料（%）
	模式 1（10%）	模式 2（50%）	模式 3（100%）	
400	7	2	6	51
600	7	7	1	34.7
800	12	4	—	20

在实验中，还记录了力 - 位移曲线，如图 10.4[3] 所示，SAC405 样品具有不同的剪切速度。对于低于 400mm/s 的低剪切速度，曲线的峰值是平滑和平坦的。随着速度的增加，峰值变得相对尖锐。关于峰值力的另一个明显规则也可以从曲线中看出：随着速度的增加，峰值力增加，但最终位移减少。

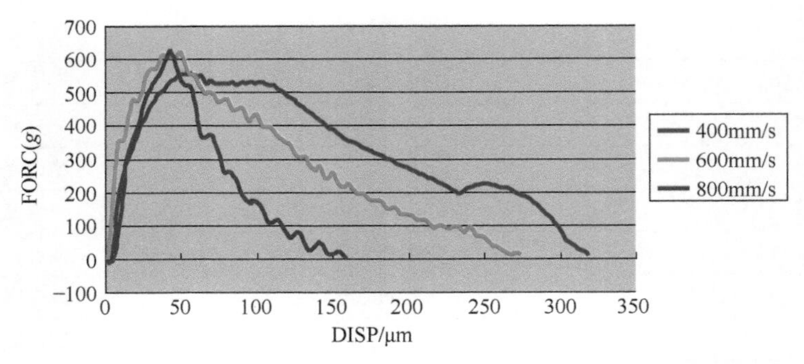

图 10.4 不同冲击速度[3]下荷载 - 位移响应曲线比较

10.2.4 基于 FEM 的仿真与分析

有限元仿真能够很好地可视化焊点行为，并估计 WLCSP 所有组件中应力分量的大小。然而，这种虚拟方法的准确性取决于描述材料和结构相关行为的模型的充分性、全面性和可靠性。

本节基于 ANSYS/LS-DYNA 进行了三维动力学仿真。为了仿真界面（IMC 层）在冲击载荷作用下的断裂，采用了内聚力模型（Cohesive Zone Model）并结合一般的弹塑性本构模型。IMC 层的厚度和形态使得获得其材料性质变得十分困难，因此在假设 IMC 层不同模型参数的基础上进行迭代计算，以近似实验观察结果。然后应用不同的剪切速度来验证适用于这些不同情况的上述假定参数。

10.2.4.1 有限元模型

图 10.5 是剪切测试的二分之一有限元模型，其中单个焊球被焊料掩模层包围，这是铝焊盘上 UBM 的底层结构。IMC 层位于 UBM 和焊球之间。剪切工具被假设为具有恒定速度的冲击焊球的刚体。由于 IMC 层是一个重要的研究对象，该部分的放大率如图 10.6 所示，并在旁边注明完整 IMC 层的元素编号。

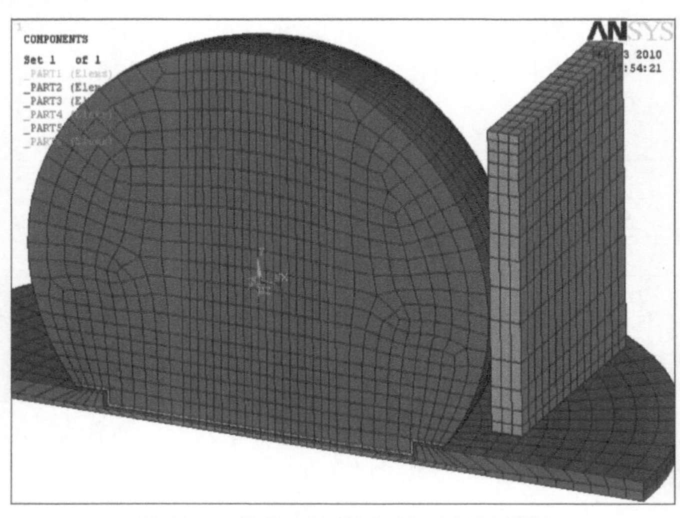

图 10.5 焊料互连的不对称有限元模型

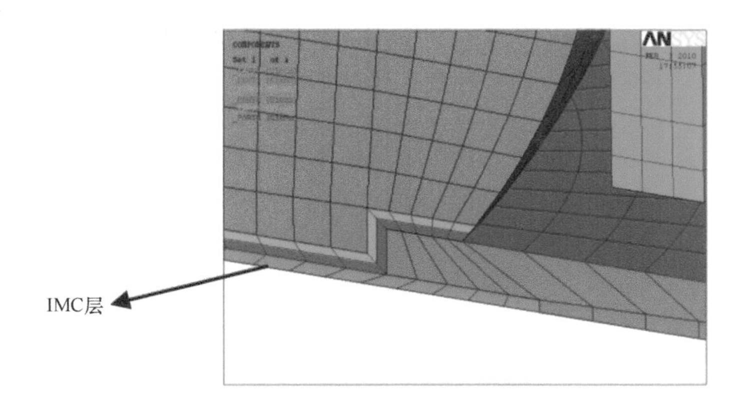

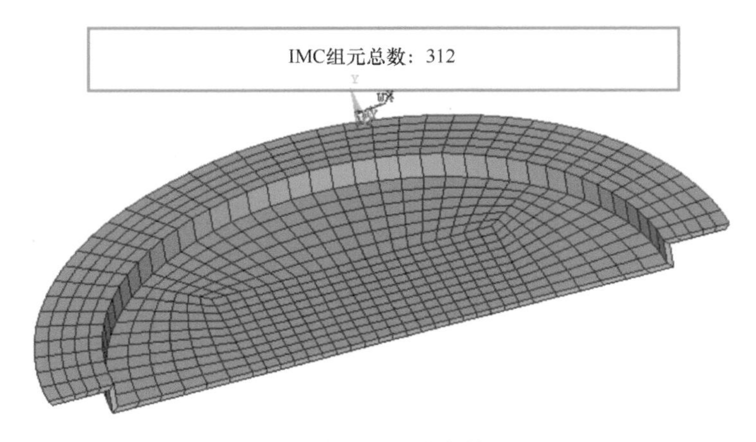

图 10.6　用内聚单元仿真的 IMC 层

10.2.4.2　材料参数

各组分的弹性性质见表 10.4。表中，E 是弹性模量，υ 是泊松比，ρ 是质量密度。假设剪切工具是刚性的。

表 10.4　弹性组分的性质

材料	$\rho/(\mathrm{kg/m^3})$	E/GPa	υ
SAC405	7.5×10^3	26	0.4
铝铜焊盘	2.7×10^3	69	0.33
焊料掩模	1.47×10^3	3.5	0.35
UBM	9.7×10^3	200	0.3
剪切工具	7.9×10^3	刚性的	

焊球材料采用应变速率相关的双线性弹塑性本构关系进行建模。在动力学分析中，由于材料的应变速率依赖性，Cowper-Symonds 模型被广泛应用于考虑应变硬化。它将动态流动应力和静态流动应力之间的比率表示为冲击问题的应变速率的函数。众所周知，焊料合金高度依赖于

应变速率。因此，在该仿真中考虑了 Cowper-Symonds 模型。作为模型的公式，必须设置两个材料常数；在我们的研究中，初始化 B 为 106，初始化 q 为 2.35。当满足以下条件时，即满足损伤标准：等效塑性应变达到 0.6。

在确定焊球在剪切冲击下的失效时，采用了等效塑性应变准则。当累积或当前等效塑性应变达到临界值时，相关元素将被删除。对于较为复杂的界面断裂（IMC 层破坏），采用内聚力模型对其进行仿真。

近年来，内聚力模型已被广泛用于仿真固体中的断裂和分层。该方法基于 Dugdale[4] 和 Barenblatt[5] 的内聚区概念。内聚力模型最初由 Needleman[6] 提出，用于仿真夹杂物从金属基体中脱离。在各种数值研究中，如均匀韧性材料中的裂纹扩展、界面脱粘 [7]、脆性材料中的冲击损伤和夹层结构的分析 [8]，已经成功地采用了内聚区方法。对于裂纹扩展的建模，内聚区单元已经成为一个有吸引力的概念，其中几何厚度和本构厚度是独立定义的。

在内聚力模型中，在嵌入内聚单元的界面上施加了牵引 - 分离定律。内聚单元的材料特性主要由两个重要参数决定：峰值牵引力和最大分离度。在这项工作中，选择了一个如图 10.7 所示的内聚力模型，该模型是由 Tvergaard 和 Hutchinson[7] 首次提出的。除了上述两个参数外，断裂能 G 也是一个重要的参数，它可以直接从其他参数中导出。从图 10.7 中，我们可以得出断裂能在数值上等于横坐标和曲线之间的面积。其中，σ_c 表示峰值牵引力。当位移 δ 达到 δ_{cn} 时，材料完全失效。初始参数如表 10.5 所示。

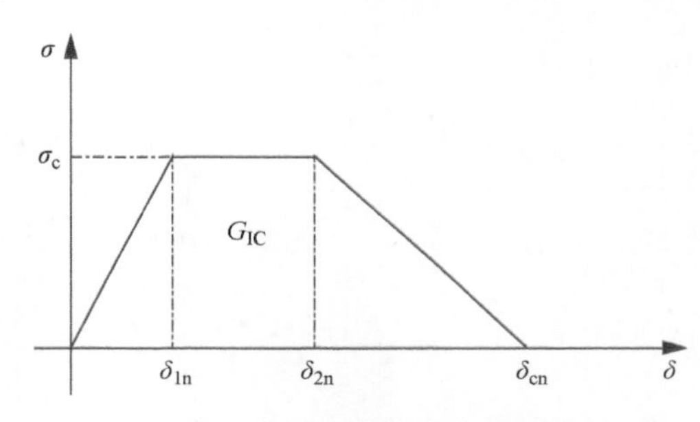

图 10.7 牵引分离响应内聚区模型

表 10.5 黏性材料的初始化

600	0.05	0.95	1

10.2.4.3 仿真结果

通过仿真，发现焊球中的高塑性应变区域最初发生在剪切工具尖端和焊球之间的接触点，并平行于焊盘通过焊料扩展。这意味着通过该区域裂纹萌生和扩展的可能性很大，如图 10.8 所示。

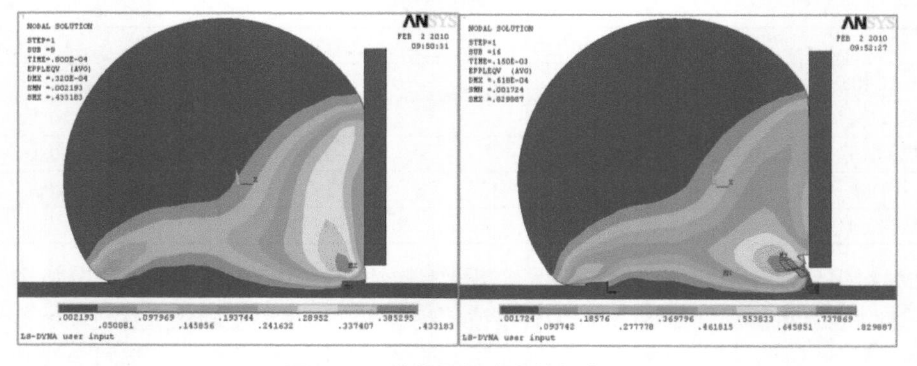

图 10.8 等效塑性应变的轮廓图

图 10.9 和图 10.10 给出了在 400mm/s 和 800mm/s 冲击速度下的整个失效过程。

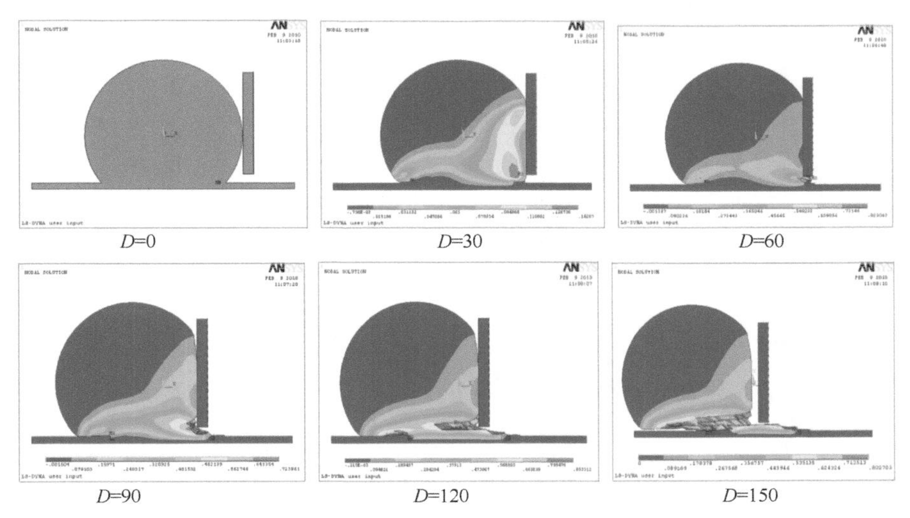

图 10.9 整个过程为 400mm/s，*D* 为剪切工具位移（μm）

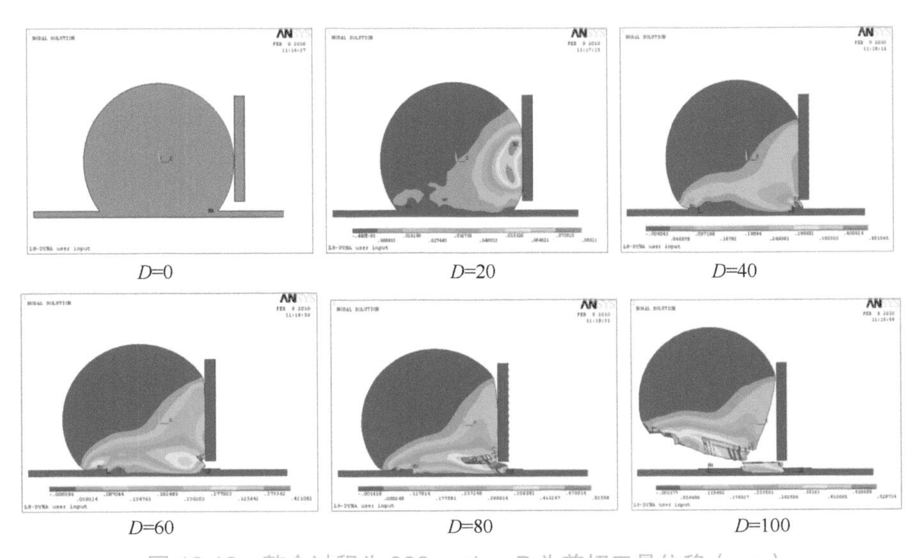

图 10.10 整个过程为 800mm/s，*D* 为剪切工具位移（μm）

图 10.11 ~ 图 10.13 给出了在不同冲击速度下，整体失效后的本体 IMC 局部失效情况。其中，图 10.11、图 10.12 和图 10.13a 给出了不同速度下的塑性应变图，也揭示了焊球失效的程度；图 10.11、10.12 和 10.13b 给出了相应速度下的剩余 IMC 组元。通过计算，剩余 IMC 部分的数量在 600mm/s 时为 164 个。与图 10.6 所示的完整 IMC 层相比，剩余部分约为 50%。根据相同的计算，28.8% 和 7.4% 分别对应于 600mm/s 和 800mm/s 的情况。当速度增加时，IMC 层或焊球的剩余部分减少。这一趋势与表 10.3 中列出的实验数据一致。

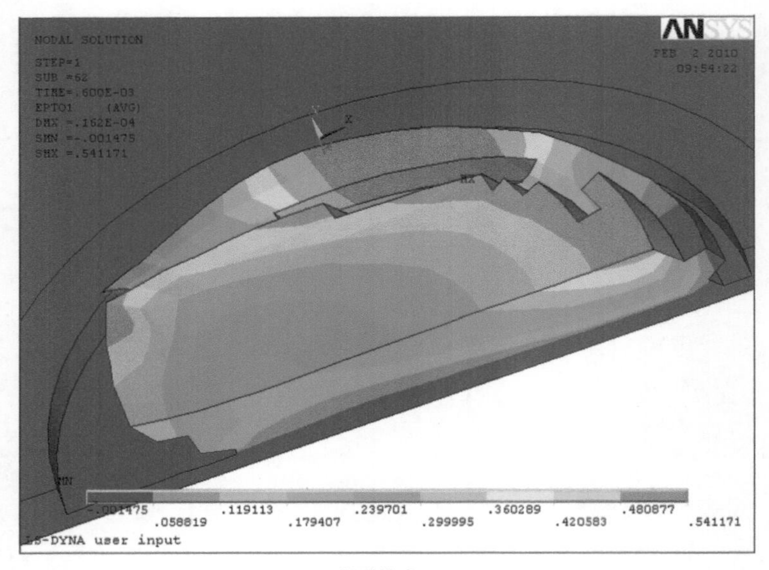

断裂模式

a)

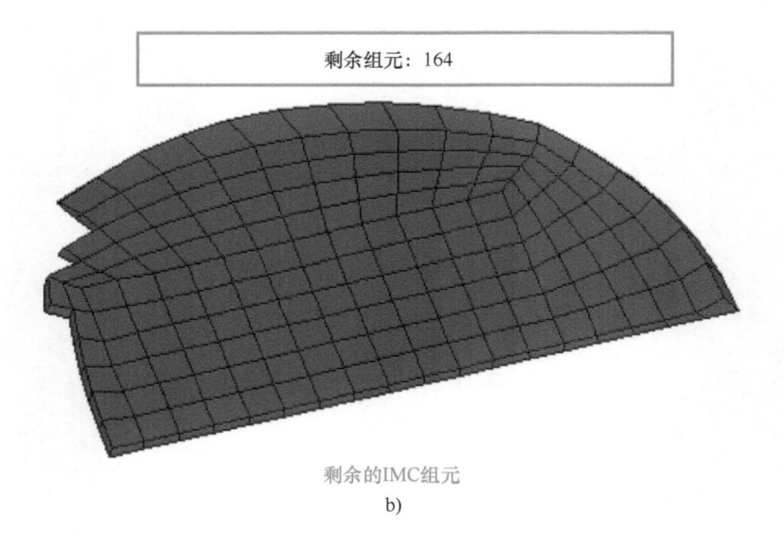

b)

图 10.11　600mm/s 下的断裂表面（a）和剩余的 IMC（b）

图 10.14 所示为 400mm/s、600mm/s 和 800mm/s 下计算的荷载 - 位移响应曲线。从该图中可以看出，该趋势与实验结果一致，如图 10.4 所示。随着速度的增加，最终失效位移减小，峰值力增加。此外，低速时的曲线要平滑得多。

从上述结果可以得出结论，本研究中使用的有限元仿真具有接近实验结果的能力。然而，如果该方法要在工业中应用，需要做更多的工作来获得准确的模型参数和更好的失效准则。

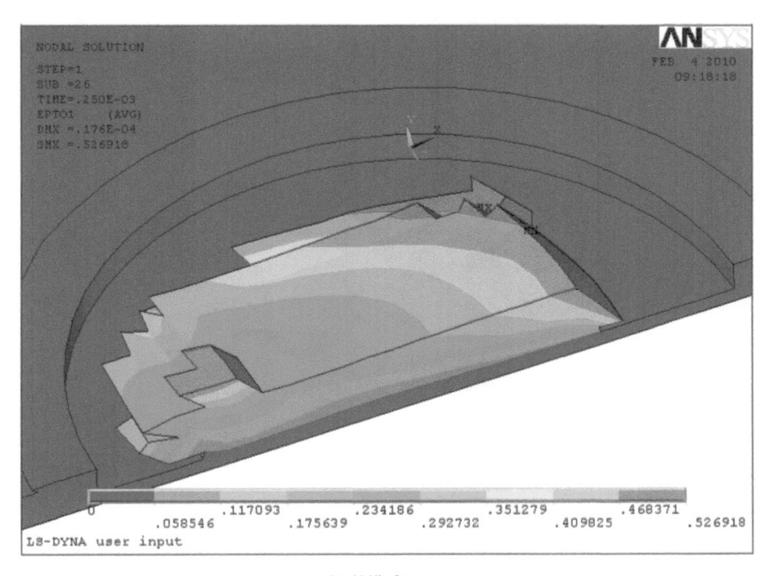

断裂模式

a)

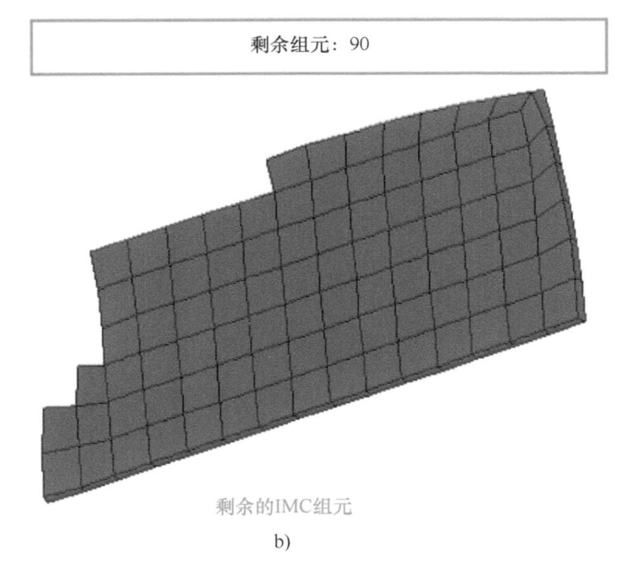

剩余的IMC组元

b)

图 10.12 600mm/s 下的断裂表面（a）和剩余的 IMC（b）

10.2.5 讨论

本体 IMC 局部失效是一种更加复杂的混合失效现象，它结合了焊料体和 IMC 层的失效。目前，关于这一问题的数值研究仍处于发展的早期阶段。

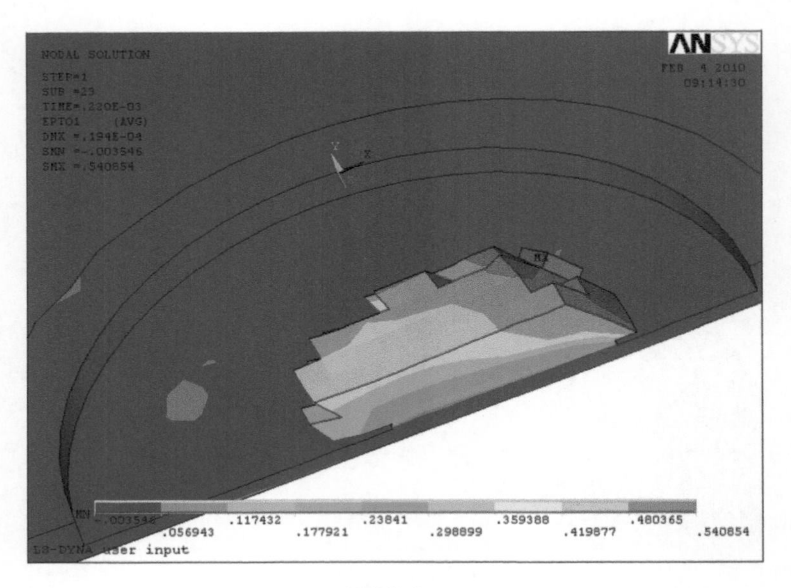

断裂模式

a)

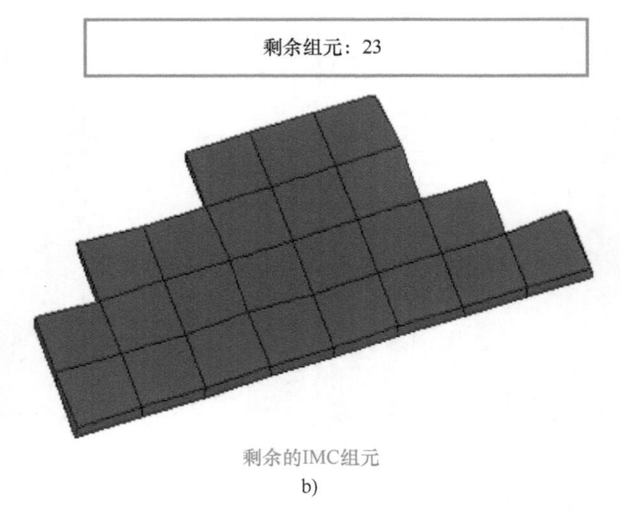

剩余的IMC组元

b)

图 10.13　800mm/s 下的断裂表面（a）和剩余的 IMC（b）

本节对 WLCSP 互联在不同冲击速度下的剪切测试进行了实验研究。随后，基于 ANSYS/LS-DYNA 有限元工具进行了三维动态仿真，试图复制实验现象。已经取得了一些重要的结果。其主要结论可概述如下。

1）结合基于等效塑性应变的标准和应变速率相关的本构关系，可以成功地预测不同冲击速度下剪切测试中经常发生的不同失效模式。

2）仿真和实验结果表明，随着冲击速度的增加，IMC 层发生脆性断裂。

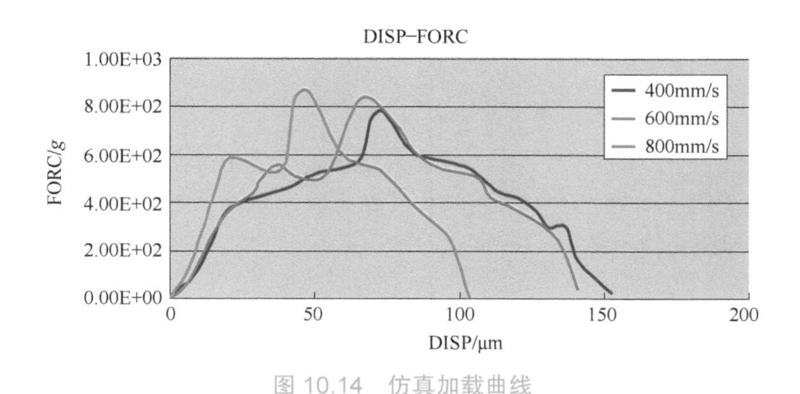

图 10.14　仿真加载曲线

3）仿真和实验的载荷 - 位移响应曲线表明，高速所需的断裂能小于低速，但峰值牵引力明显提高。

今后，我们将对 IMC 层的材料参数进行进一步的调整和验证，并采用一些更合适的模型或标准来更好地描述材料的失效。最后，可以对互连失效进行定量仿真和分析。

10.3　WLCSP 组装回流工艺和 PCB 设计的可靠性

本节研究了安装在测试 PCB 上的 WLCSP 的焊点失效。特别是，研究了组装回流工艺中的应力 [9]。研究中 WLCSP 的焊球具有 5 × 5 球阵列，对应 16 个最外部焊点和 9 个内部焊点，全部焊接到测试 PCB 上的匹配铜焊盘上。对 3 种 PCB 设计进行了建模，以了解组装回流工艺中 PCB 通孔排列对焊点应力的影响：设计 #1 根本没有 PCB 通孔；设计 #2 在 9 个内部 PCB 铜焊盘下镀有通孔；设计 #3 在所有 25 个 PCB 铜焊盘下镀通孔。建模结果显示，在所有 3 个模型中，在 9 个内部 PCB 铜焊盘下镀有通孔的 PCB 设计 #2 引起最高的焊接应力。与由于硅和 PCB 的热膨胀系数（CTE）不匹配而在角部焊点上产生更高应力的常识相反，设计 #2 的最大应力实际上发生在内部焊点上。仿真结果与实验结果吻合良好。对于 PCB 设计 #1 和 #3，最高焊料应力低于设计 #2 中的应力。此外，在这两种情况下，最大应力都位于角部焊点上。新的 PCB 设计指南已经在仿真的基础上实施。由于设计的改进，尚未记录到焊点过早失效的情况。

10.3.1　引言

带有微焊点的晶圆级芯片封装（WLCSP）因其在所有半导体器件封装中提供了最小的形状因子而被广泛采用。小尺寸和短信号 / 热路径也带来了优越的电气 / 热性能。当今 WLCSP 技术的趋势是以更精细的焊点间距实现更大、更薄的机身尺寸，以满足快速增长的更轻、更快的移动电子产品市场。WLCSP 技术发展的这一增长趋势要求更好地了解焊料金属间化合物（IMC）的生长、封装结构的影响以及封装 /PCB 的相互作用。

就封装 /PCB 相互作用而言，众所周知，在半导体器件的组装中，硅和有机层压板的热膨胀系数（CTE）不匹配会导致变形，例如翘曲。WLCSP 和 PCB 的 CTE 不匹配是板级可靠性失效的根本原因之一。

多年来，很少有研究人员研究 PCB 设计对焊点可靠性的影响。关于 PCB 布局和通孔位置对组装回流工艺可靠性的影响，发表的工作更少。然而，随着 WLCSP 器件变得更大、更薄、更细，就需要彻底了解组装过程中焊点中的应力。

在典型的 WLCSP 器件检测中，片 PCB 通常用于安装带无源器件的 WLCSP 设备，用于环境应力前后的功能测试，如高压釜（ACLV）、高加速应力测试（HAST）、温度循环（TMCL）、使用寿命（OPL）和高温储存寿命（HTSL）。由于成本和时间的考虑，镀有通孔的 PCB 仍然是组件测试的主要选择，同时提供了足够的功率 / 信号路由能力。

在 5 × 5、0.4mm 间距的 WLCSP 的检测中，在 ACLV 和 HTSL 中记录了意外的早期失效。电气测试和随后的失效分析揭示了 5 × 5 阵列的内部焊点存在异常失效模式。与通常首先发生在角部焊点处的典型热 - 机械疲劳失效不同，在这里，灾难性焊点失效都发生在内部焊点处，角部没有失效迹象（见图 10.15）。

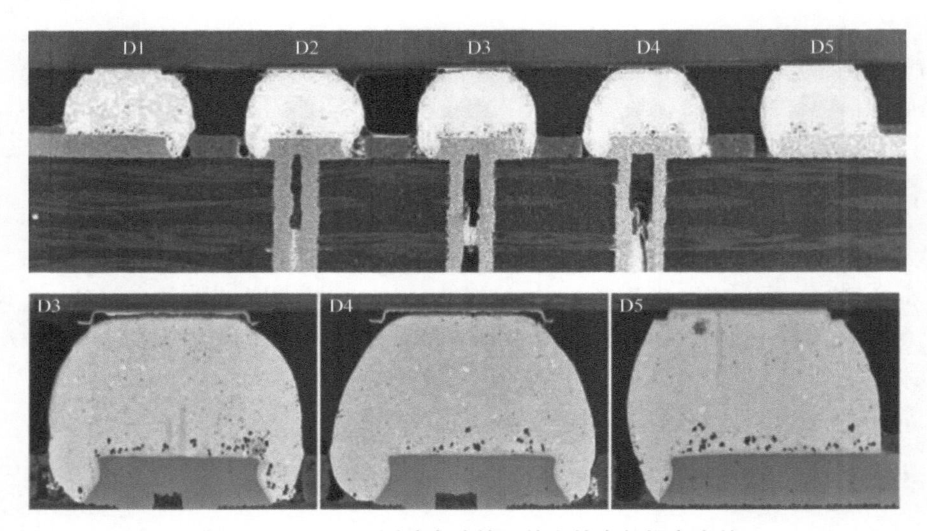

图 10.15　ACLV 测试失败的组件上的内部焊点失效

进一步的分析确定了独特失效模式的根本原因。很快意识到，对于刚刚安装在测试 PCB 上的组件（没有任何环境应力），内部焊点上已经开始出现裂纹。审查中还注意到，对于这种特定的 WLCSP，测试 PCB 被设计为仅在 9 个中心焊点（早期失效和裂纹萌生的位置）下具有贯穿 PCB 通孔，用于在特定的 PCB 线路 / 空间要求下布线。由于这种 PCB 布局的独特性以及焊点失效和通孔之间的高度相关性，因此重点研究了 PCB 通孔和应力在组装回流工艺中的影响。

10.3.2　3 种 PCB 设计及其 FEA 模型

3 种 PCB 设计考虑采用 5 × 5、0.4mm 间距 WLCSP。在第一个模型中，顶部 PCB 表面上的 25 个铜焊盘中没有一个通过板通孔连接到底部 PCB 表面的焊盘。在第二个模型中，顶部 PCB 表面上的 9 个内部铜焊盘通过 9 个通孔连接到底部 PCB 表面上对应的焊盘。16 个最外面的 PCB 焊盘没有连接到任何贯穿板的通孔。在第三个模型中，顶部 PCB 表面上的所有 25 个铜焊盘都通过 25 个通孔连接到底部 PCB 表面的铜焊盘。图 10.16 所示为 WLCSP 和 PCB 的有限元模型。WLCSP 芯片尺寸为 2.1mm × 2.42mm，厚度约为 0.38mm。图 10.17 所示为安装在 PCB 上的 WLCSP 有限元模型的截面图。

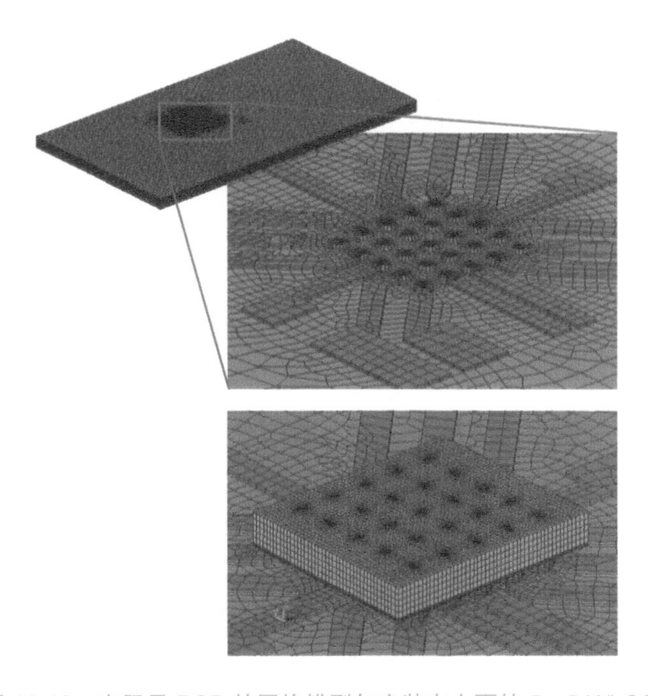

图 10.16 有限元 PCB 的网格模型与安装在上面的 5 × 5 WLCSP

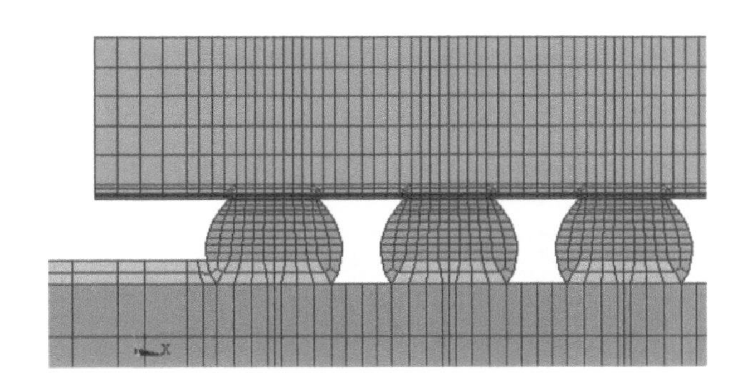

图 10.17 安装在 PCB 上的 5 × 5 WLCSP 的横截面

图 10.18 所示为 WLCSP 的放大横截面视图。基本设置包括 2.7μm 厚的铝焊盘、氮化物钝化和与铝焊盘重叠的聚酰亚胺再钝化；黏附金属层和镀层种子层；和 2μm 厚的镍基 UBM，顶部有金闪光（显示为一个 UBM 层）。聚酰亚胺再钝化的侧壁角度设定为 60°。UBM 通过聚酰亚胺开口连接到铝焊盘，焊料被放置 / 回流在 UBM 上并连接到 PCB 上的铜焊盘。

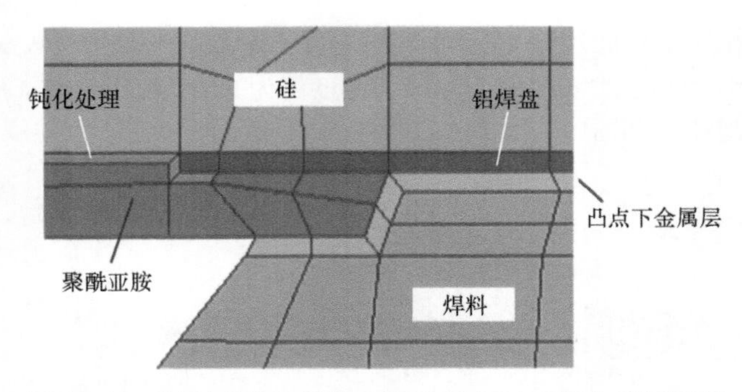

图 10.18 晶圆级芯片封装的局部（UBM 附近）横截面图

图 10.19 所示为 PCB 的有限元模型及其顶部布线的详细视图。实际 PCB 尺寸为 21.6mm × 39mm × 1.52mm。顶层具有 0.55mm 宽的铜布线，底层具有 0.25mm 宽的铜布线。在模型中，只有 6mm × 6mm 的顶部布线和底部布线进行简化。模型中还考虑了两个埋置的铜金属层。

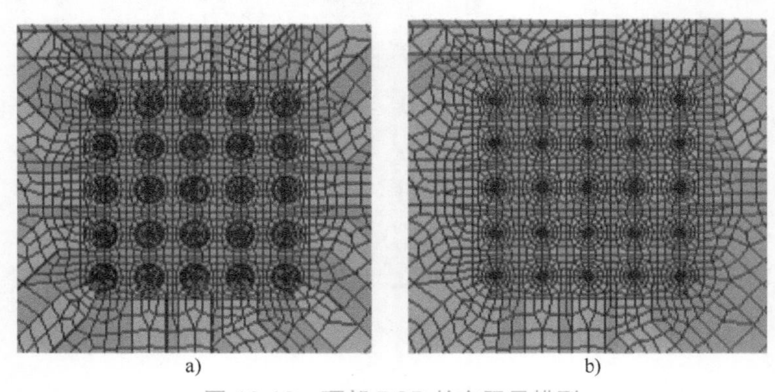

图 10.19 顶部 PCB 的有限元模型

a）顶部布线 b）顶部埋铜平面

图 10.20 所示为底部铜层和两个埋铜层的有限元模型。

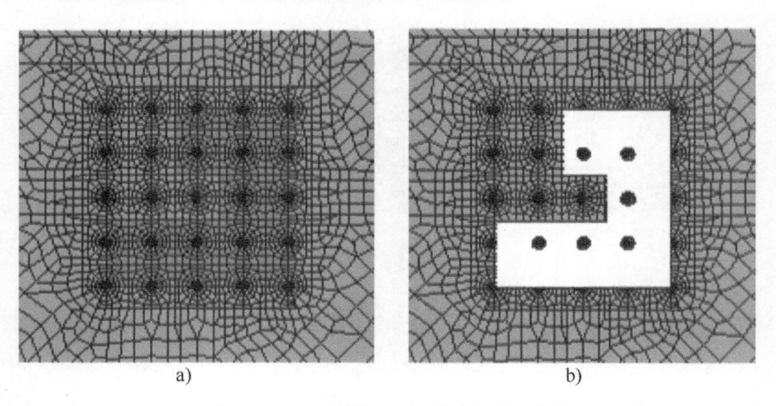

图 10.20 底部 PCB 的有限元模型

a）底部埋铜平面 b）底部布线

表 10.6 ~ 表 10.9 给出了有限元分析仿真中使用的材料特性。表 10.6 定义了每种材料的弹性模量、泊松比和 CTE。PCB 中的 FR4、硅、氮化物钝化、聚酰亚胺和 UBM 都被认为是线弹性材料。UBM 是一种 2μm 厚的镍基金属，顶部有闪光金，下面有镀层种子层和黏附金属。在有限元分析模型中，UBM 被简化为单层，其材料特性由镍、金、镀层种子金属和黏附金属的组合组成。

铝焊盘被认为是双线性材料。表 10.7 给出了其在不同温度下的屈服应力和切向模量。铜基 PCB 焊盘和通孔也被认为是双线性材料，表 10.8 给出了它们的屈服应力和切向模量。

表 10.6　仿真材料的弹性模量、泊松比和 CTE

<table>
<tr><th>材料</th><th>模量 /GPa</th><th>泊松比</th><th>CTE/(×10⁻⁶/℃)</th></tr>
<tr><td>硅</td><td>131</td><td>0.278</td><td>2.4</td></tr>
<tr><td>焊点</td><td>见表 10.4</td><td>0.4</td><td>21.9</td></tr>
<tr><td>钝化</td><td>314</td><td>0.33</td><td>4</td></tr>
<tr><td>聚酰亚胺</td><td>3.5</td><td>0.35</td><td>35</td></tr>
<tr><td rowspan="6">FR4</td><td>Ex = 25.42</td><td>Nuxy = 0.11</td><td>Alpx = 14</td></tr>
<tr><td>Ey = 25.42</td><td>Nuxz = 0.39</td><td>Alpy = 16</td></tr>
<tr><td>Ez = 11</td><td>Nuyz = 0.39</td><td rowspan="2">Alpz = 45(<180°C)</td></tr>
<tr><td>Gxz = 4.97</td><td></td></tr>
<tr><td>Gyz = 4.97</td><td></td><td rowspan="2">Alpz = 220(>180°C)</td></tr>
<tr><td>Gxy = 11.45</td><td></td></tr>
<tr><td>铜</td><td>117</td><td>0.33</td><td>16.12</td></tr>
<tr><td>铝焊盘</td><td>68.9</td><td>0.33</td><td>20</td></tr>
<tr><td>UBM</td><td>124.5</td><td>0.299</td><td>15</td></tr>
</table>

表 10.7　铝焊盘的屈服应力和切向模量

温度 /℃	25	125
屈服应力 /MPa	200	164.7
切向模量 /MPa	300	150

表 10.8　铜布线、焊盘和通孔的屈服应力和切向模量

屈服应力 /MPa	70
切向模量 /MPa	700

表 10.9 给出了焊接材料的温度相关弹性模量。表 10.10 给出了焊点的速率相关 Anand 模型。

表 10.9　不同温度下焊料的弹性模量

温度 /℃	35	70	100	140
模量 /GPa	26.38	25.8	25.01	24.15

表 10.10 通过实验确定和拟合了焊料合金[8]的 Anand 模型常数

描述	符号	常数
s 的初始值	s_o	1.3MPa
活化能	Q/R	9000K
指数前因子	A	500/s
应力倍增器	ζ	7.1
应力的应变率敏感性	m	0.3
硬化系数	h_o	5900MPa
抗变形饱和值的系数	$\hat{s}$	39.4MPa
饱和值的应变率敏感性	n	0.03
硬化系数的应变率敏感性	a	1.4

图 10.21a ~ c 所示为安装在具有 3 种不同通孔配置的 PCB 上的 WLCSP 的有限元分析模型横截面。图 10.21a 是第一个在所有 25 个焊点下都没有 PCB 通孔的模型。图 10.21b 是第二种型号，在中心 3 × 3 焊点阵列的铜焊盘下有 9 个贯穿 PCB 的通孔。图 10.21c 是第三种型号，其中顶部 PCB 表面上的所有 25 个铜焊盘都通过 PCB 通孔连接到底部 PCB 的铜焊盘上。

图 10.22 给出了应用于该模型的温度载荷。参考温度设置在峰值回流温度 246℃，然后将其降低到室温。在室温下进行保温后，它再次上升到另一个高温点 210℃。

10.3.3 仿真结果

3 种模型焊点在高温（210℃）下的 Z 分量应力比较如图 10.23a ~ c 所示。首先，很明显，焊点上的最大 Z 分量应在焊料和 UBM 的界面处。还可以看出，模型 2 具有连接顶部和底部 PCB 铜焊盘的 9 个中心贯穿 PCB 通孔，在焊点上具有最高的 Z 分量应力。模型 1 没有贯穿 PCB 通孔，焊点上的 Z 分量应力最低。模型 3 在每个焊点下有 25 个通孔，Z 分量应力在模型 1 和模型 2 之间。同样明显的是，在模型 2 中，最大 Z 分量应力发生在内部 3 × 3 焊点阵列，而对于模型 1 和模型 3，最大 Z 分量应力发生在 5 × 5 焊点阵列。

图 10.24a 所示为所建模的 WLCSP 的横截面位置。图 10.24b 所示为模型 1 的焊点 Z 分量应力的横截面图，该模型在焊点下没有贯穿 PCB 的通孔。最外面的焊料处的应力比内部接头处的应力高得多。此外，焊料和 UBM 界面附近的应力高于焊料和 PCB 界面处的应力。图 10.24c 所示为模型 2 的焊点 Z 分量应力的横截面图，该模型在中心 3 × 3 焊料阵列下有 9 个 PCB 通孔。在这种情况下，焊料 /UBM 接口和焊料 /PCB 焊盘接口处的内部焊点上的应力高于外部焊点上的应力。图 10.24d 所示为模型 3 的焊点 Z 分量应力的横截面图，该模型在所有 25 个焊点下具有贯穿 PCB 通孔。与模型 1 类似，最大应力再次出现在最外面的接头上。然而，焊料 /UBM 接口焊料 /PCB 焊盘处的应力高于模型 1。

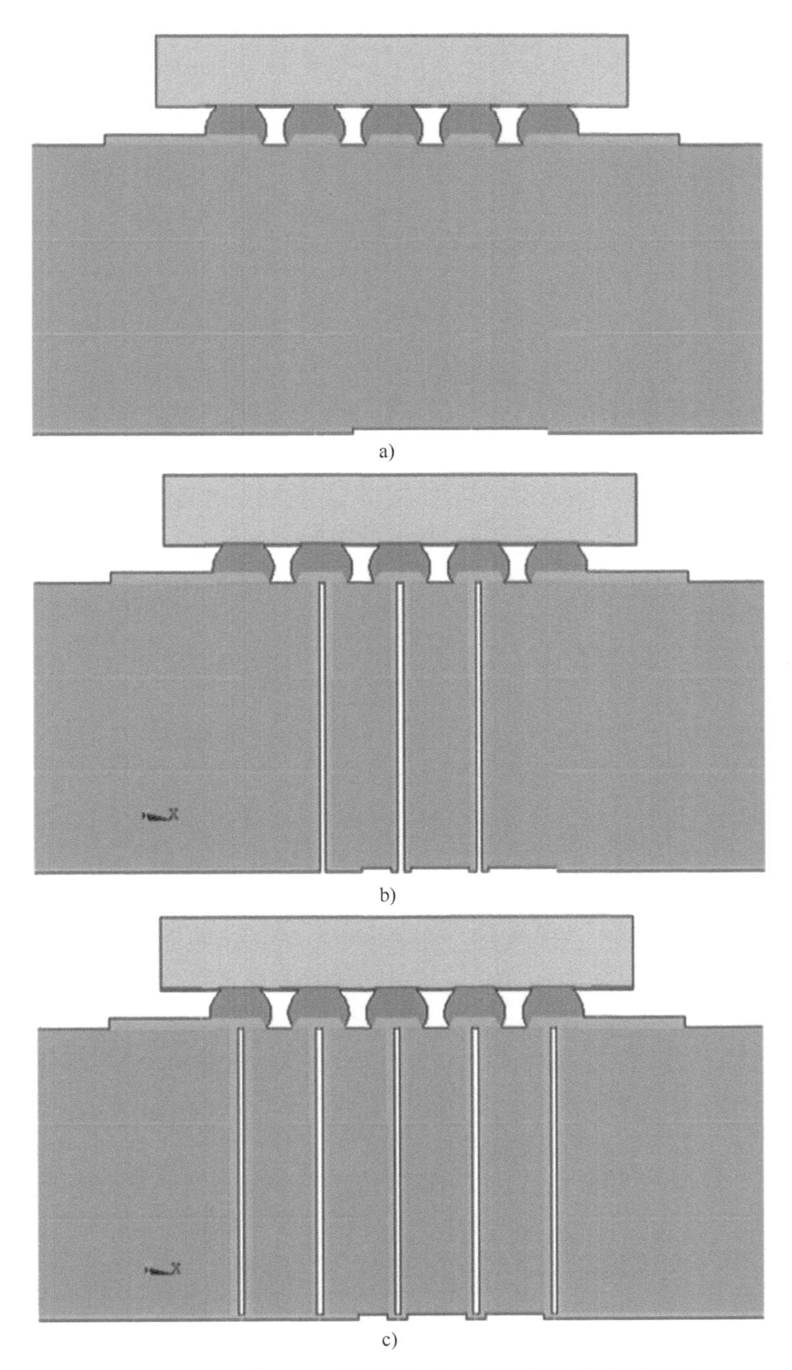

图 10.21　贯穿 PCB 通孔配置的 3 种型号的横截面视图

a）模型 1，PCB 中无通孔　b）模型 2，PCB 中有 9 个贯穿板的通孔　c）模型 3：PCB 中有 25 个贯穿板的通孔

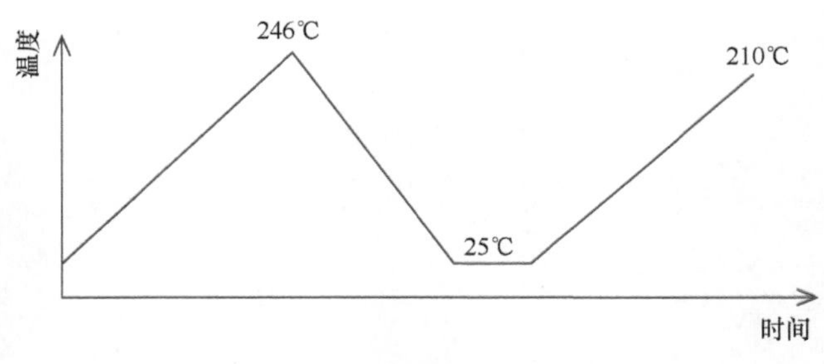

图 10.22 模型温度载荷

图 10.25a ~ c 显示了与图 10.24a 相同横截面位置上的第一主应力 S_1。如图 10.25a 所示，对于模型 1，中心焊点处于轻微压应力下，最外面的接头处于部分拉应力和部分压应力之下。焊点的最大第一主应力为最外侧接头处的 18.7MPa。如图 10.25b 所示，对于模型 2，内侧 9 个接头处于拉应力下，外侧 16 个接头处于压应力下。焊点 S_1 的最大第一主应力为 22MPa，是三种模型中最高的。如图 10.25c 所示，对于模型 3，所有焊点都处于部分拉伸和部分压缩应力下。所有焊点在焊料 /PCB 焊盘接口处都处于拉伸应力下。16 个最外侧接头处的应力大于 9 个内侧接头处的受力，最大应力为 20.1MPa。

10.3.4 讨论和改进计划

仿真结果清楚地表明，镀铜通孔的放置会引入高应力。在通孔仅位于某些焊点下方的情况下，应预计在通孔下方镀铜的焊点上会产生过大的应力。

还可以对仿真结果进行直观的解释：PCB 中的 FR4 在膨胀过程中是各向异性的。在 *XY* 平面上，CTE 与玻璃布的铜（$\sim 17\times10^{-6}$/°C）相匹配，*Z* 方向的 CTE 通常在 $40\sim60\times10^{-6}$/℃范围内，并且比 FR4 树脂材料的玻璃化转变温度高得多（220×10^{-6}/℃）。当在特定焊点下有镀铜通孔时，通孔周围的 PCB 扩展受到通孔内铜的限制。如果相邻焊点下没有镀铜通孔，则相邻焊点高温下的自由 *Z* 方向膨胀将推动 WLCSP 向上，对下面有镀铜通孔的焊点施加高张力。这正是仿真告诉我们的（见图 10.24b），以及 HTSL 中 5 × 5 WLCSP 早期意外失效的根本原因。

另一方面，湿气引起的膨胀是对早期 ACLV 失效更适用的解释。与热膨胀类似，由于 FR4 中玻璃布的存在，各向异性吸湿膨胀对具有铜通孔的焊点产生了类似的应力贡献，并导致了与 HTSL 中的早期且令人惊讶的相同的失效模式。

为了避免在 25 球 WLCSP 检测中出现早期失效，必须对测试 PCB 进行设计更改。如果布线不是问题，则建议采用不带通孔的 PCB 设计。如果信号 / 电源 / 接地系统需要一层以上，则盲孔应优于通孔。如果通孔是出于其他考虑而设计，建议在每个焊球下方放置通孔。对于 25 球 WLCSP 的情况，仿真结果表明，与部分通孔设计相比，全阵列通孔减少了 50% 以上的应力和变形。

这一简单的设计原则已被采用，并在以下用来检测 PCB 设计的周期中实施。一个最新用来测试 PCB 设计的，在所有 81 个焊点下都放置通孔的 9 × 9 WLCSP 芯片，已成功通过预定义的可靠性测试（见图 10.26）。

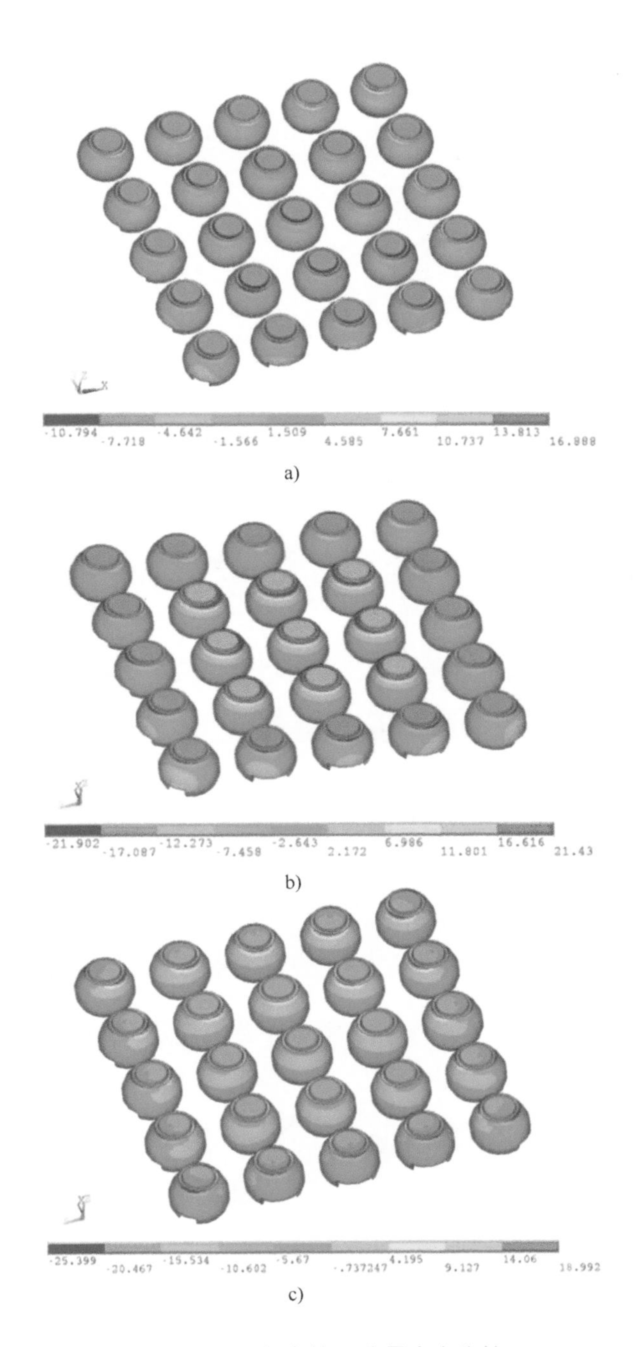

图 10.23　焊点的 Z 分量应力比较

a）模型 1：PCB 中无通孔，最大 S_z 为 16.9MPa 位于 5 × 5 阵列的拐角处　b）模型 2：PCB 中有 9 个贯穿板的通孔，最大 S_z 为 21.4MPa 位于内部的 3 × 3 阵列上　c）模型 3：PCB 中有 25 个贯穿板的通孔，最大 S_z 为 19MPa 位于 5 × 5 阵列的拐角处

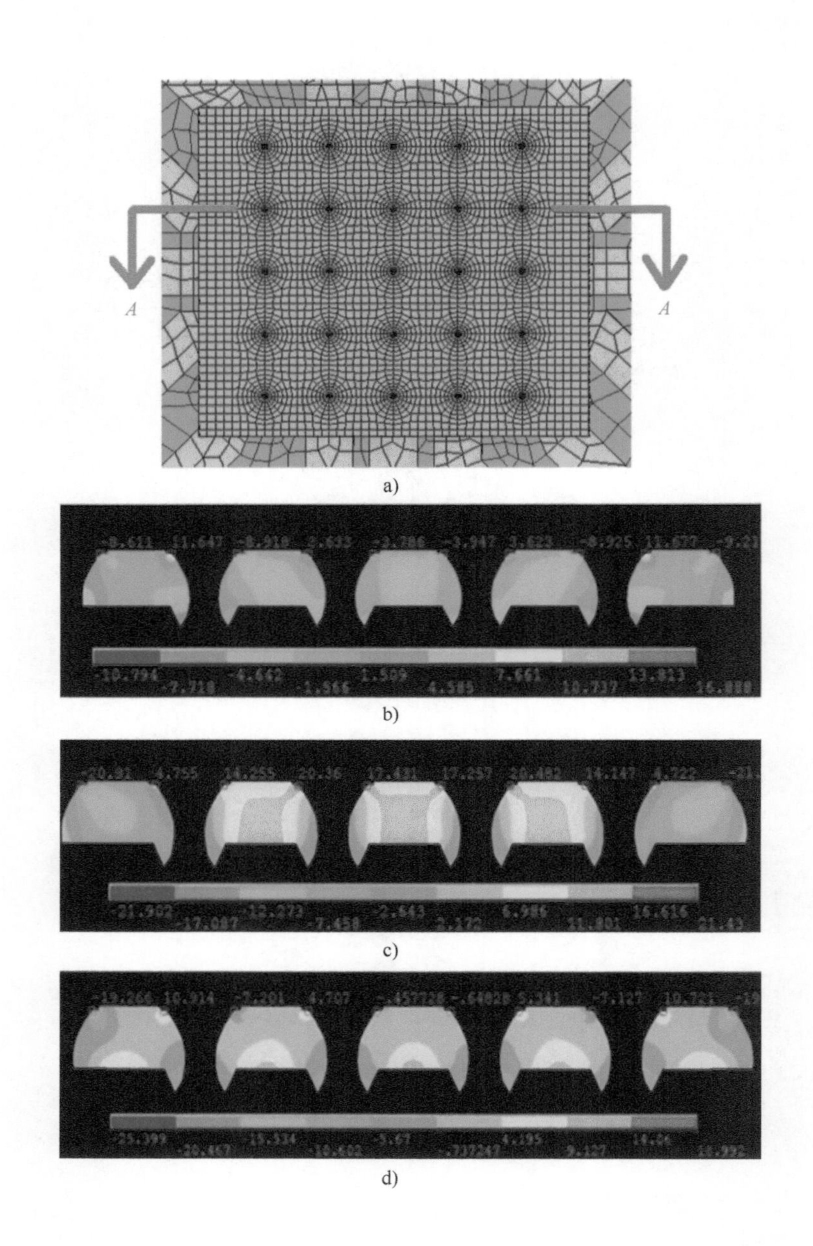

图 10.24　焊点 Z 分量应力

a）焊点的横截面位置　b）模型 1 的 S_z 应力横截面视图（无通孔），最大 S_z：拐角处焊点 16.8MPa　c）模型 2 的 S_z 应力横截面视图（9 个通孔），最大 S_z：内部焊点上 21.4MPa　d）模型 3 的 S_z 应力横截面视图（25 个通孔），最大 S_z：拐角处焊点 18.9MPa

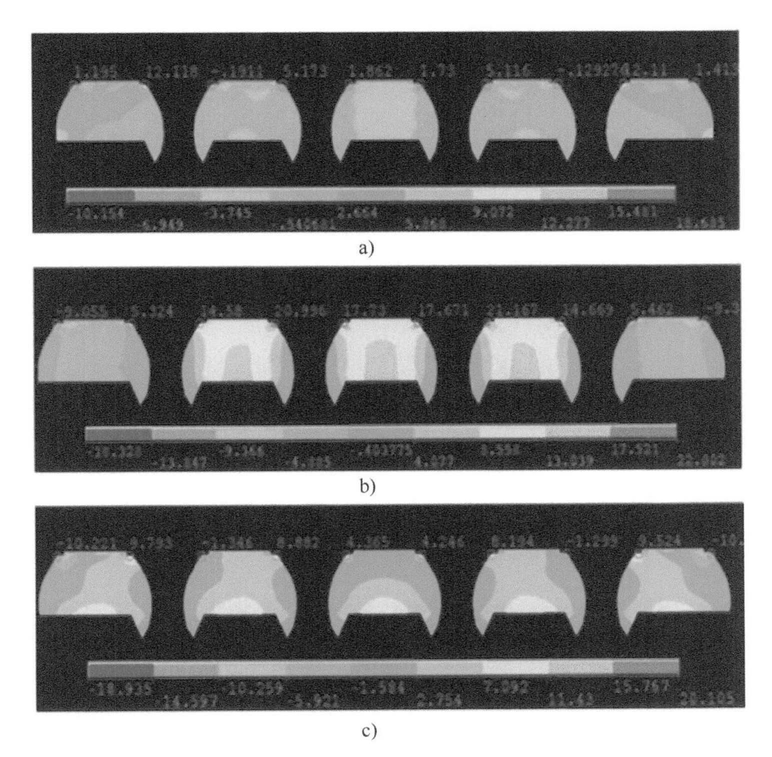

图 10.25　焊点中第一主应力的截面视图

a）模型 1 S_1 应力横截面视图（无通孔），最大 S_z：18.7MPa　b）模型 2 的 S_1 应力横截面视图（9 个通孔），最大 S_z：22MPa　c）模型 3 的 S_1 应力横截面视图（25 个通孔），最大 S_z：20.1MPa

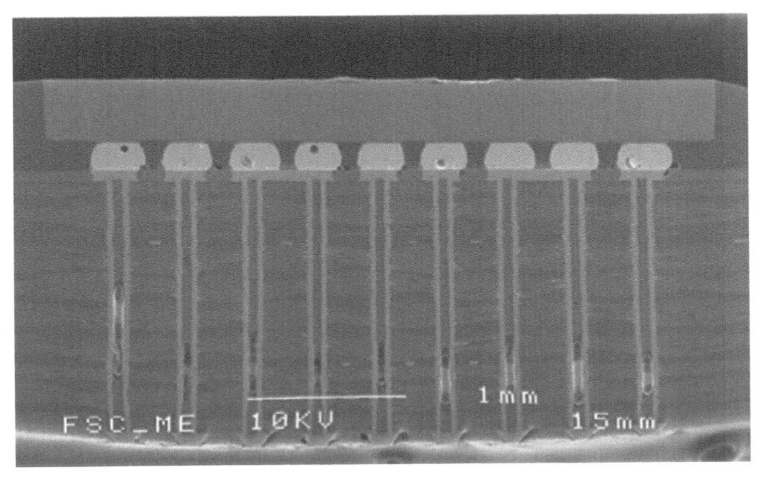

图 10.26　焊接到测试 PCB 上的 9×9 WLCSP 器件的横截面，在每个焊点下都放置了镀铜通孔，以避免不均匀的应力

10.4 WLCSP 板级跌落测试

板级跌落测试对 WLCSP 的可靠性至关重要。本节研究了不同 UBM 几何形状、不同聚酰亚胺侧壁角度和厚度、不同金属堆叠厚度和不同焊点高度下 WLCSP 参数设计的动态响应；根据 JEDEC 标准进行跌落测试。跌落测试和仿真结果表明，与其他位置的芯片相比，位于 WLCSP 每个拐角处的焊点首先失效。测试结果与对失效模式和位置的仿真结果一致。

10.4.1 引言

下一代 WLCSP 的趋势是使用微凸点实现更薄、更细的间距。运输或客户使用过程中的不当操作导致的机械冲击可能会导致 WLCSP 焊点失效。由于板级跌落测试是便携式电子产品的一项关键资格测试，它正成为许多研究人员感兴趣的话题。本节将介绍 WLCSP 的板级跌落测试。

10.4.2 WLCSP 跌落测试和模型设置

跌落测试设置基于 JEDEC 标准 JESD22-B111。该电路板的尺寸为 132mm × 77mm × 1mm，可容纳三排 5 列格式的 15 个同类型的组件。

由于对称性，选择了带有 WLCSP 芯片的 JEDEC 板的四分之一有限元模型（66mm × 38.5mm × 1mm）[10]。图 10.27a 所示为测试系统和测试板左下四分之一部分的有限元模型，其中包括 6 个组件 U1、U2、U3、U6、U7 和 U8，这些组件根据 JEDEC 标准进行编号。

图 10.27b 所示为 WLCSP 结构角焊点横截面的有限元模型。基本设置包括 2.7μm 厚的铝焊盘、2μm 厚含有 0.5μm Au 和 0.2μm Cu 的 UBM，以及覆盖铝焊盘 5μm 边缘的 0.9μm 厚的钝化层。钝化层和铝焊盘上方有一层 10μm 厚的聚酰亚胺层。聚酰亚胺层中有一个直径为 200μm 的通孔开口，其侧壁角度（在其斜面和底面之间）为 60°。UBM 通过通孔连接到铝焊盘，焊料放置在 UBM 上并连接到 PCB 上的铜柱。

表 10.11 定义了每种材料的弹性模量、泊松比和密度。硅、钝化层、聚酰亚胺、PCB 和 UBM 被认为是线性弹性材料，而焊球、铝焊盘和 PCB 铜焊盘被认为是非线性材料。表 10.12 给出了焊料 SAC405 的非线性特性，该特性被视为与速率相关的 Peirce 模型，见式（10.8）。数据是通过霍普金森动态材料高速冲击测试获得的：

$$\sigma = \left[1 + \frac{\dot{\varepsilon}^{pl}}{\gamma}\right]^m \sigma_0 \qquad (10.8)$$

式中，σ 是动态材料屈服应力；$\dot{\varepsilon}^{pl}$是动态塑性应变速率；σ_0 是静态屈服应力；m 是应变速率硬化材料；γ 是材料黏度参数。

本研究采用直接加速度输入法[11]。在该方法中，加速度脉冲被施加为惯性，该惯性由每个时间步长结构的线性加速度指定。安装孔表面在动态冲击过程中受到约束。因此，问题公式变成

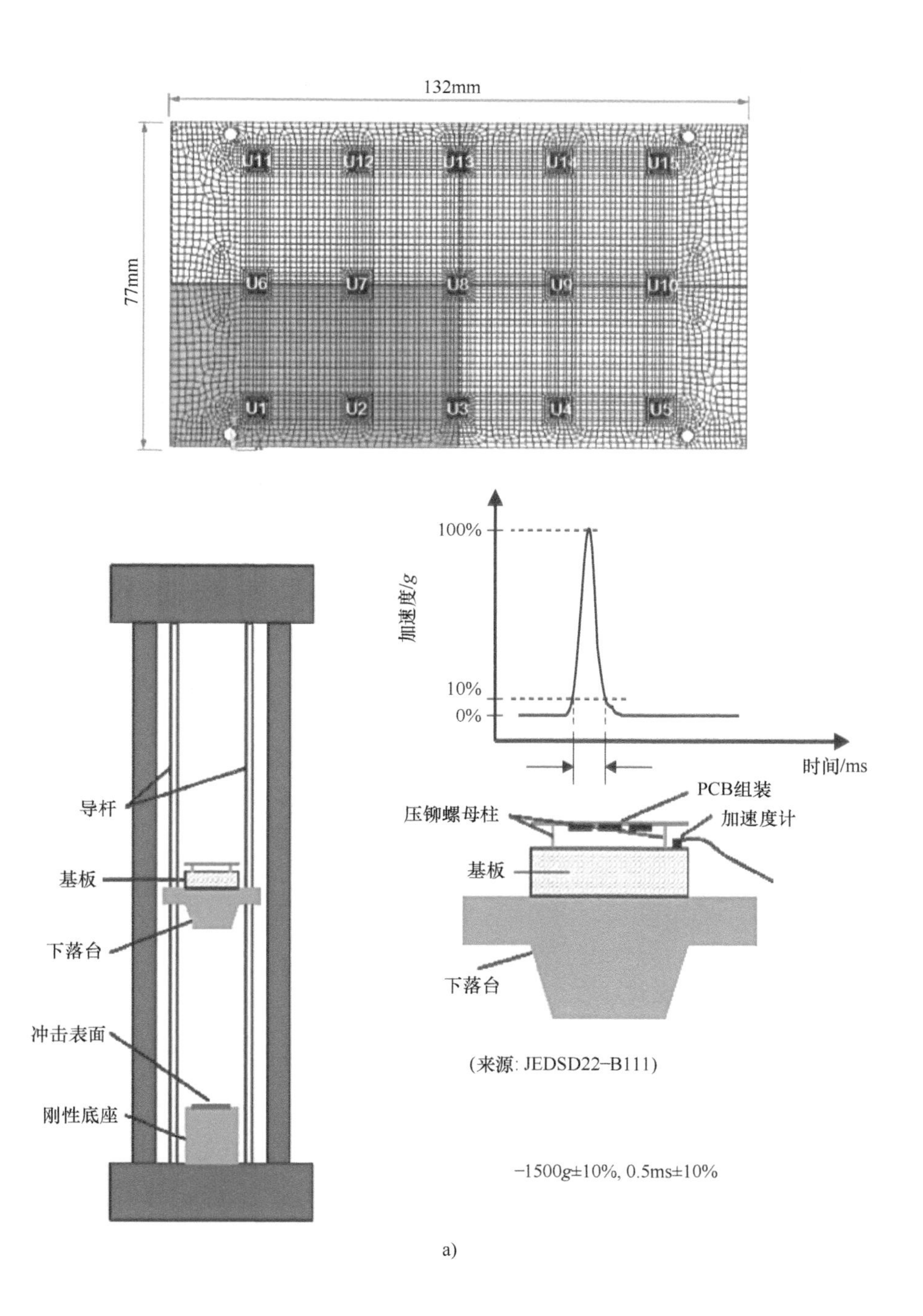

图 10.27　WLCSP 的有限元模型

a）带有四分之一芯片单元（U1、U2、U3、U6、U7、U8）的 PCB 有限元模型和跌落测试设置

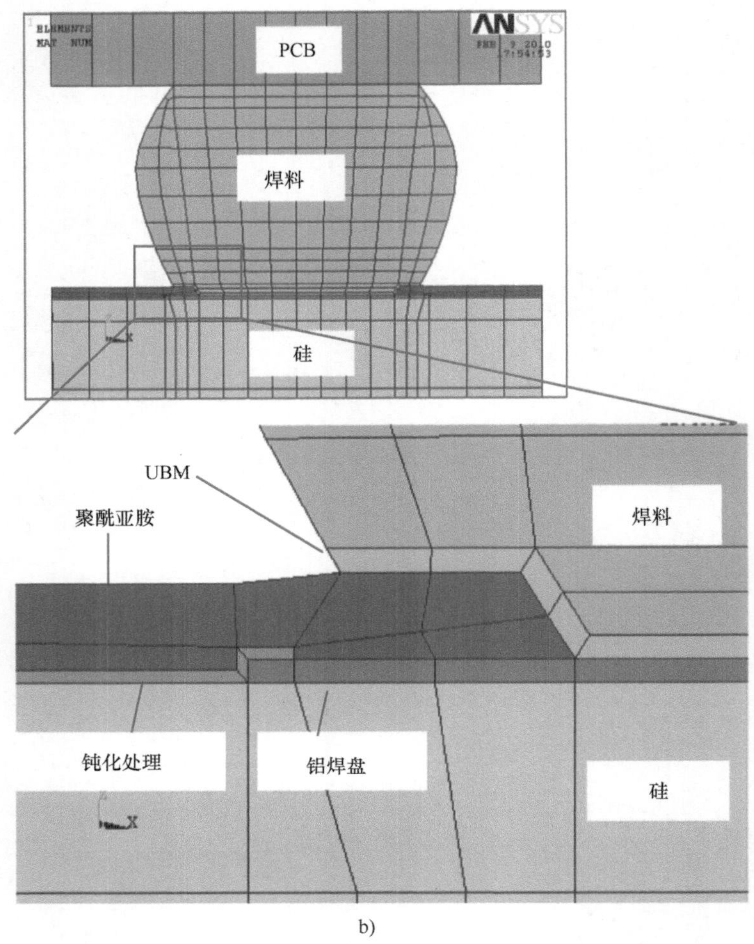

b)

图 10.27 WLCSP 的有限元模型（续）

b）横截面和变量设计

表 10.11 各材料的弹性模量、泊松比和密度

	模量 /GPa	泊松比	密度 /（g/cm^3）
硅	131	0.278	2.33
焊料	26.38	0.4	7.5
钝化层	314	0.33	2.99
聚酰亚胺	3.5	0.35	1.47
PCB	Ex = Ey = 25.42 Ez = 11 Gxz = Gyz = 4.91 Gxy = 11.45	Nuxy = 0.11 Nuxz = Nuyz = 0.39	1.92
铜焊盘	117	0.33	8.94
铝焊盘	68.9	0.33	2.7
UBM	196	0.304	9.7

表 10.12 SAC405 焊料速率相关 Peirce 模型

	静屈服应力 /MPa	γ	m
焊料（SAC405）	41.85	0.00011	0.0953

$$\{M\}[\ddot{u}]+\{C\}[\ddot{u}]+\{K\}[u]=\begin{cases}-\{M\}1500g\sin\dfrac{\pi t}{t_{w}},\ t\leqslant t_{w},\ t_{w}=0.5\\ 0,\ t\geqslant t_{w}\end{cases} \tag{10.9}$$

具有初始条件

$$\begin{aligned}&[u]|_{t=0}=0\\&[\dot{u}]|_{t=0}=\sqrt{2gh}\end{aligned} \tag{10.10}$$

式中，h 是下降高度，以及约束边界条件为

$$[u]|_{\text{at\_holes}}=0 \tag{10.11}$$

10.4.3 不同设计变量的跌落冲击仿真 / 测试及讨论

10.4.3.1 设计变量聚酰亚胺侧壁角的影响

聚酰亚胺层连接铝焊盘和 UBM，如图 10.27b 所示。

图 10.28 给出了位置 U1 处具有不同聚酰亚胺侧壁角度的焊料、铜焊盘和铝焊盘的最大剥离应力比较。铜焊盘、铝焊盘和连接到铜焊盘显示不同的聚酰亚胺侧壁角度并没有显著差异。然而，黏附在 UBM 上的焊料界面会受到影响。

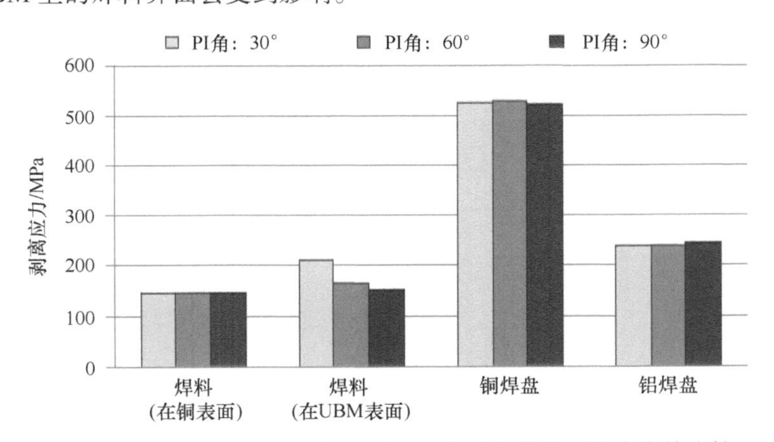

图 10.28 不同聚酰亚胺侧壁角在 U1 条件下最大剥离应力的比较

10.4.3.2 设计变量聚酰亚胺厚度的影响

聚酰亚胺的厚度分别选择为 5μm、10μm 和 15μm。图 10.29 给出了位置 U1 处具有不同聚酰亚胺厚度的焊料、铜焊盘和铝焊盘的剥离应力。随着聚酰亚胺厚度从 5μm 增加到 15μm，铝

焊盘上的剥离应力增加。当聚酰亚胺厚度从 5μm 增加到 10μm 时，与 UBM 界面处的焊料应力减小，10um 后无明显差异。

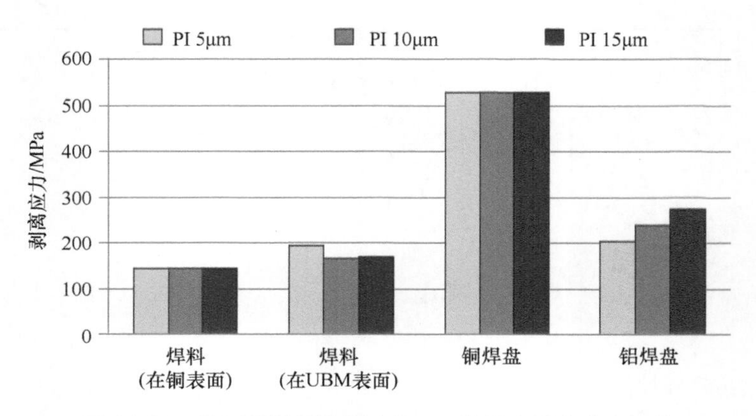

图 10.29　不同聚酰亚胺厚度的 U1 的最大剥离应力比较

10.4.3.3　设计变量 UBM 结构的影响

设计了一种铜 UBM 结构，与现有的 Au 为 0.5μm、Cu 为 0.2μm 的 2μm 镍标准 UBM 进行比较，铜 UBM 的厚度为 8μm。

图 10.30 给出了焊点、铜焊盘和铝焊盘在位置 U1 处与铜 UBM 和封装的标准 UBM 的剥离应力比较。从图 10.30 可以看出，附着在标准 UBM 上的焊点界面上的剥离应力大于附着在铜 UBM 上。然而，具有铜 UBM 的铝焊盘上的剥离应力大于标准 UBM。

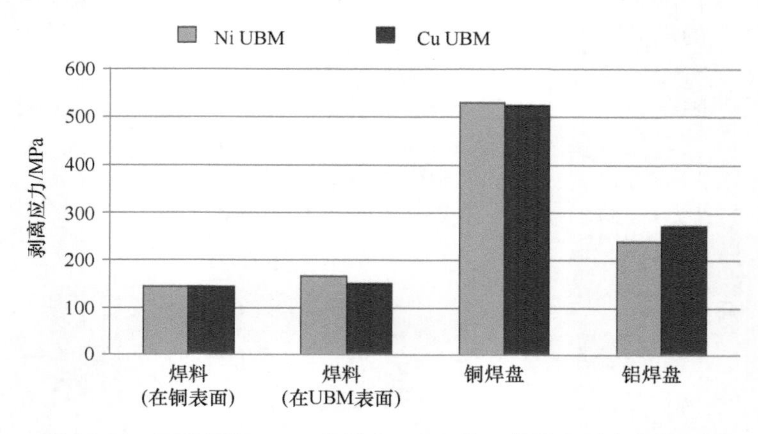

图 10.30　两种不同 UBM 设计在 U1 条件下的最大剥离应力比较

10.4.3.4　设计变量铝焊盘厚度的影响

仿真了 0.8μm、2μm、2.7μm 和 4μm 的不同铝焊盘厚度。

图 10.31 给出了聚酰亚胺（PI）应力与铝焊盘厚度的关系及其与跌落测试寿命的相关性（黑点线）。从建模和跌落测试结果来看，铝的厚度有最优化的值。

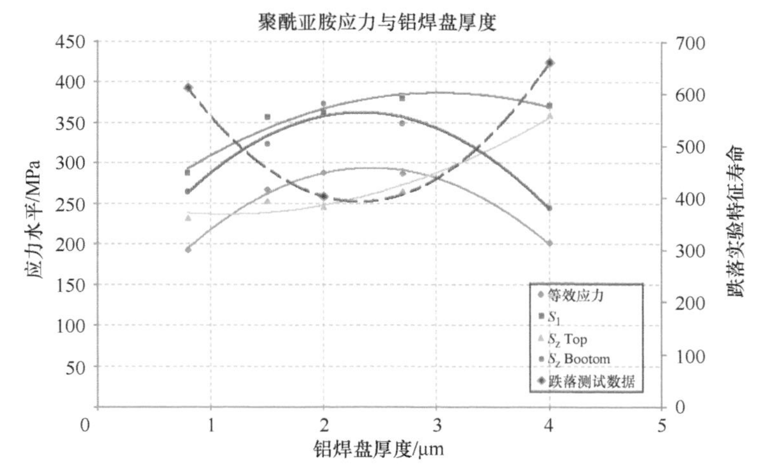

图 10.31　聚酰亚胺应力与铝焊盘厚度

10.4.3.5　设计变量焊点高度的影响

考虑了 50μm、100μm、200μm 和 300μm 的不同焊点高度。图 10.32 给出了不同高度下焊点塑性能量密度变化的趋势。在所有三个封装位置中，焊点越高，塑性能量密度越低。这表明较高的焊点高度有助于提高 WLCSP 跌落测试的动态塑性能量性能。

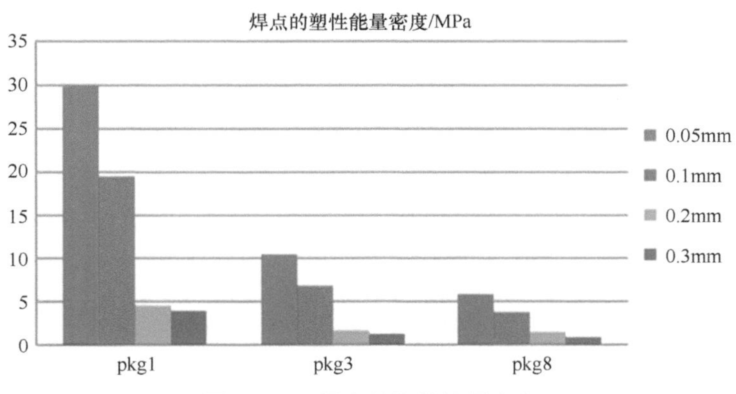

图 10.32　焊点的塑性能量密度

10.4.4　跌落测试

跌落测试是根据 JEDEC 标准 JESD22-B111 进行的。测试条件为 1500g，0.5ms 内有半个正弦波。跌落次数为 1000。总共研究了 90 个单元，将其安装在 8 块 JEDEC PCB 上，分别用于铜焊盘下有通孔和无通孔的两组。跌落测试结果如图 10.33 和图 10.34 所示。从图 10.33 可以看出，大多数跌落失效出现在角落位置 U5、U11 和 U15。图 10.34 给出了位于焊料和铜与 PCB 界面处的铜焊盘 / 裂纹。测试结果与仿真结果相比较可知，由于模型对称性最大第一主应变出现在具有与 U5、U11 和 U15 相同行为的 U1 位置。图 10.35 给出了具有不同封装位置 U1、U3 和 U8

的铜焊盘、焊料和 PCB 界面处的第一主应变曲线。失效等级为 U1>U3>U8。当动态第一主应变达到失效应变时，铜焊盘 / 布线将断裂 / 开裂，如图 10.34 所示。

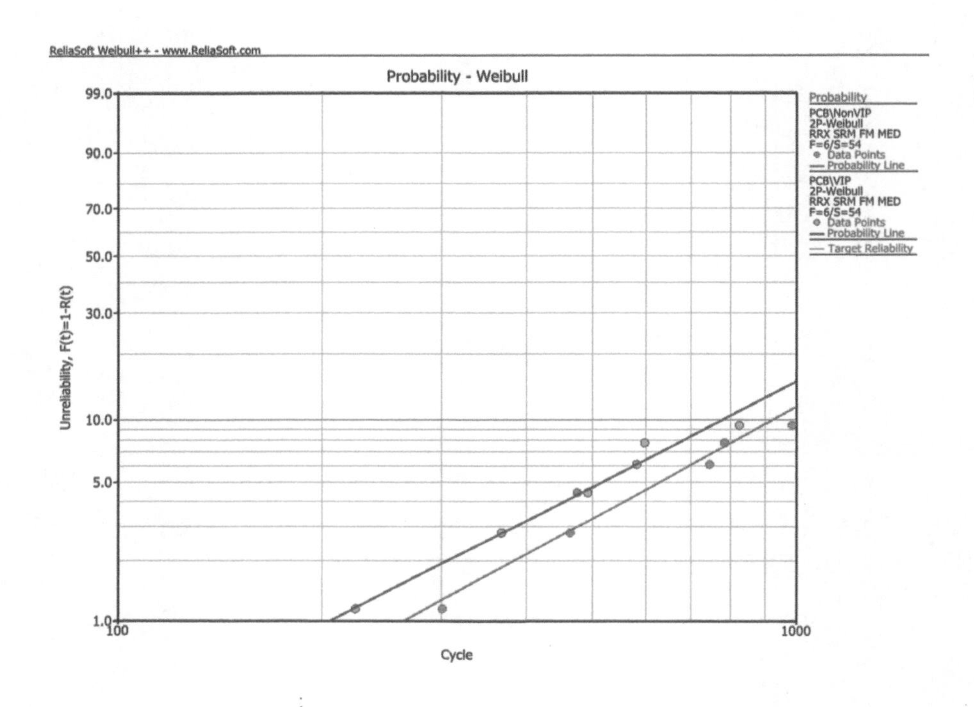

图 10.33 跌落测试结果

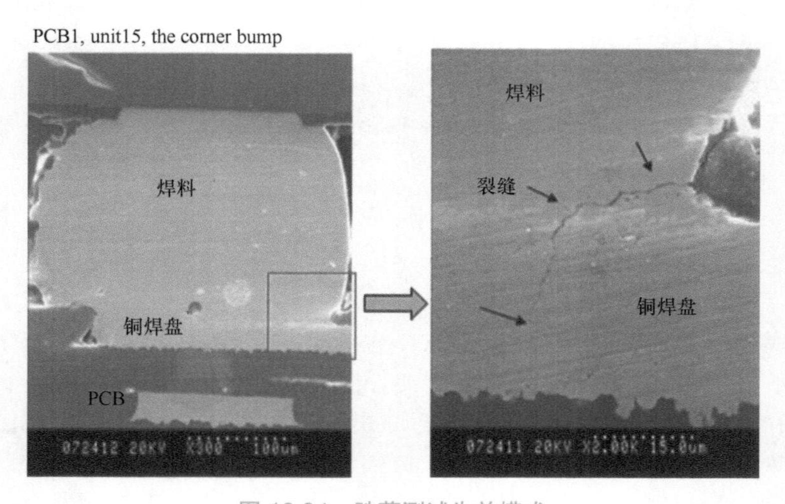

图 10.34 跌落测试失效模式

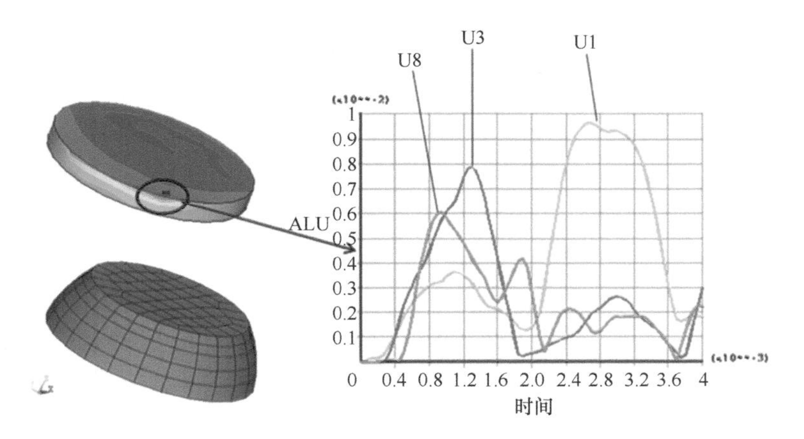

图 10.35 焊料、铜焊盘和 PCB 与封装位置 U1、U3 和 U8 的界面处的铜焊盘的第一主应变

10.4.5 讨论

本节进行了 WLCSP 设计变量建模和测试研究，以研究在聚酰亚胺侧壁角度、厚度、UBM 几何形状、铝金属堆叠厚度和焊点高度的不同设计参数下，WLCSP 在跌落冲击下的动态行为。跌落测试和建模结果都表明，与其他位置的芯片相比，每个 WLCSP 芯片（U1、U5、U11、U15）在 PCB 螺孔附近的角焊点首先失效。接下来，芯片位置 U3 和 U13 的角焊点失效，接着是 U8 芯片（中心）和其余芯片。跌落测试结果将失效模式的仿真与不同 Al 焊盘厚度下的 PI 应力趋势相关联。此外，设计可变焊点高度可以显著提高 WLCSP 的跌落测试塑性能量性能。

10.5 WLCSP 可靠性设计

本节介绍了 WLCSP 可靠性设计的综合研究。为了提高 WLCSP 的设计性能，进行了有限元仿真。主要工作将包括：①在未覆盖的 UBM 区域中具有刻蚀开口的一层再分配布局（RDL）铜的设计，以及具有不同聚酰亚胺布局、铜厚度、开口参数和未覆盖 UBM 直径的一层聚酰亚胺结构（1Cu1Pi 设计）；②将溅射铜 UBM 叠加在 RDL 铜上层，在它们之间有一个聚酰亚胺层（2Cu1Pi）为 WLCSP。对具有相同焊料体积的不同 UBM 直径和具有相同焊点高度的不同 UBM 直径进行了参数研究。

10.5.1 引言

WLCSP 的焊点可靠性是许多研究人员感兴趣的课题。热循环测试和板级跌落测试都是便携式电子产品的关键检验测试。目前对 WLCSP 的研究大多集中在焊点材料、焊点几何形状和焊点阵列方面。很少有论文研究可靠性设计，特别是凸点下金属堆叠的关键设计变量，如凸点下金属化（UBM）设计和聚酰亚胺（PI）设计。实际上，UBM 结构是焊料凸点和最终芯片金属化之间的直接界面。它是 WLCSP 中焊料互连的关键设计组件。在焊料凸点和 UBM 层之间的界面处发生了大量的焊点失效。聚酰亚胺层不仅用作焊料掩模，还用作缓冲层，以提高焊点的可靠性。在本节中，WLCSP 的关键设计包括铜金属 RDL、UBM 和聚酰亚胺布局。首先，研究了 WLCSP 的 1Cu1Pi 设计。铜 UBM 在其边缘周围覆盖有聚酰亚胺层。然后将焊点连接到铜 UBM 的未覆盖区域。铜 UBM 在与焊料凸点的界面处被刻蚀出一个开口。通过建模检查聚酰亚胺布局、铜 UBM 厚度和开口参数。在热循环测试和跌落测试中，对 3 种不同聚酰亚胺布局的模型进行了研究和讨论。在模型 1 中，聚酰亚胺与焊料凸点相接处和焊料凸点发生变形。在模型 2 中，聚酰亚胺刚刚开始与焊料凸点接触，焊料凸点出现轻微变形。在模型 3 中，聚酰亚胺远离焊料凸点，聚酰亚胺和焊料凸点之间没有接触。研究了 UBM 上刻蚀开口的概念，以检验其可靠性性能。讨论了非刻蚀 UBM、微刻蚀 UBM 和深刻蚀 UBM 的模型。1Cu1Pi WLCSP 的最后一个参数是未覆盖 UBM 的直径。研究了两种不同 UBM 直径的模型。其次，对溅射铜基 UBM（2Cu1Pi 设计）WLCSP 进行了研究。针对跌落测试和热循环性能，对具有相同焊料体积的不同 UBM 直径和具有相同焊点高度的不同 UBM 直径进行了参数研究。最后对建模和测试之间失效机制的异同进行了讨论 [12-14]。

10.5.2　有限元模型设置

10.5.2.1　跌落测试模型

跌落测试基于 JEDEC 标准：JEDEC22-B111。该电路板的尺寸为 132mm × 77mm × 1.0mm，可容纳 15 个相同类型的组件，采用三排五列格式（见图 10.27）。

图 10.36 所示为组件 U1 的详细网格和其他组件的简化网格的有限元模型。组件 U1 中的所有焊球都用详细的结构建模，而在其他简化组件中，所有焊球被简化为矩形块单元。

图 10.37a 所示为 WLCSP 的俯视图，焊球间距为 0.4mm，封装尺寸为 2.8mm × 2.8mm。图 10.37b 所示为两个焊球的横截面。由于失效位于角焊点处，角焊点 A1（与 A7、G1 和 G7 相同）的网格进行精细划分；而为了快速仿真，其他焊点的网格则进行粗糙划分。材料数据见表 10.11 和表 10.12。

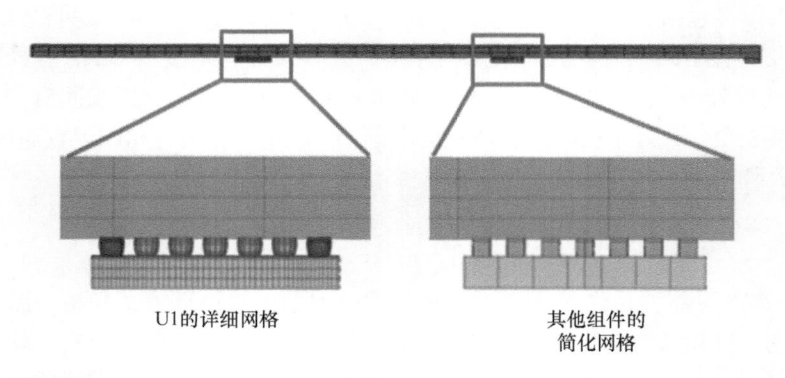

图 10.36　四分之一 PCB，U1 处有详细的网格，其他组件简化（U2、U3、U6、U7、U8；见图 10.27）

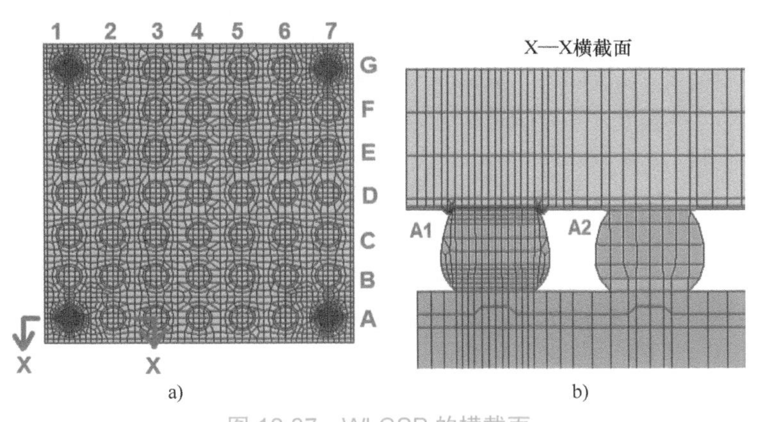

图 10.37　WLCSP 的横截面

a）WLCSP 7 × 7 俯视图　b）A—A 横截面

10.5.2.2　热循环模型

热循环测试根据 JEDEC 规范完成。温度范围是 −40 ~ 125℃。热负荷被认为是应用于模型所有部分的均匀温度。

图 10.38 所示为热循环测试板。它由 25 个小单元组成。WLCSP 附在每个单元上。每个单元通过 3 根拉杆与整个测试板相连。由于对称性，选择了具有四分之一单元的有限元模型进行仿真。图 10.39 所示为这种四分之一模型的有限元网格。PCB 包括表面的两层铜布线和 6 个具有 40% 铜覆盖率或 70% 铜覆盖率的埋铜平面。角焊点 A1（与 A7、G1 和 G7 相同）的网格进行精细划分；为了快速仿真，其他焊点的网格则进行粗糙划分。

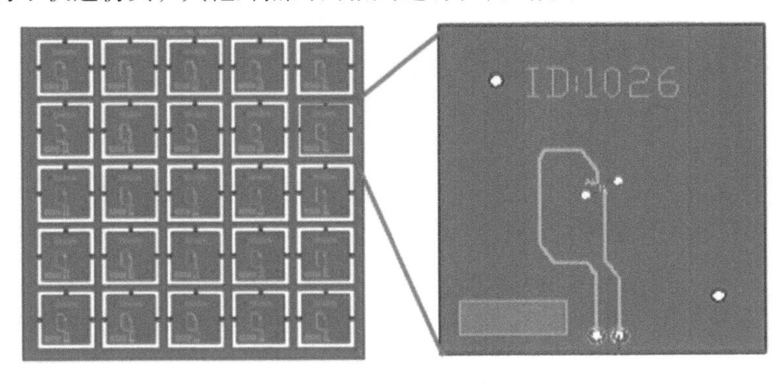

图 10.38　TMCL 板

表 10.13 ~ 表 10.15 给出了 WLCSP 和 PCB 的材料特性。弹性模量与温度的关系见表 10.14。表 10.13 定义了每种材料的热膨胀系数（CTE）。表 10.15 给出了焊球的非线性特性。

10.5.3　跌落测试和热循环仿真结果

10.5.3.1　1Cu1Pi WLCSP 的不同聚酰亚胺（PI）布局、UBM 厚度和刻蚀 UBM 结构

在热循环建模和跌落测试建模中研究了 3 种不同的聚酰亚胺布局。图 10.40 所示为不同

聚酰亚胺布局的实际 SEM 图像。如果聚酰亚胺在回流之后不接触焊料，则虚线是最终焊点的自由边缘。图 10.40a 显示了聚酰亚胺与焊料的接触，这导致焊料轮廓在回流过程中发生变形。图 10.40b 显示聚酰亚胺刚刚开始与焊球接触，焊球发生轻微变形。图 10.40c 显示聚酰亚胺不与焊料接触，最终焊球轮廓没有变形。

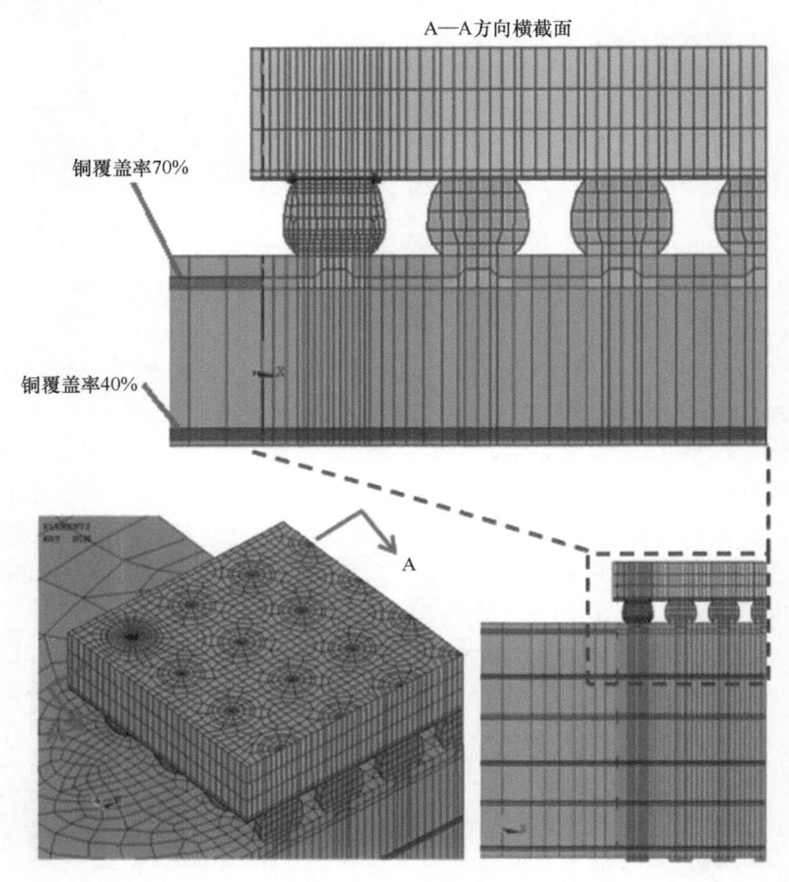

图 10.39　TMCL 的有限元模型

表 10.13　各材料的 CTE

	CTE/(× 10^{-6}mm/℃)
硅	2.4
焊点	21.9
钝化	4
聚酰亚胺	35
FR4	Alpx = 16 Alpy = 16 Alpz = 60
铜	16.12

表 10.14　不同温度下焊料的弹性模量

温度 /℃	35	70	100	140
模量 /GPa	26.38	25.8	25.01	24.15

表 10.15　焊料合金的 Anand 模型常数

描述	符号	常数
s 的初始值	s_0	1.3MPa
活化能	Q/R	9000K
指数前因子	A	500/s
应力乘子	ζ	7.1
应力应变率敏感性	m	0.3
硬化系数	h_0	5900MPa
抗变形饱和值系数	$\hat{s}$	39.4MPa
饱和值的应变率敏感性	n	0.03
硬化系数的应变率敏感性	a	1.4

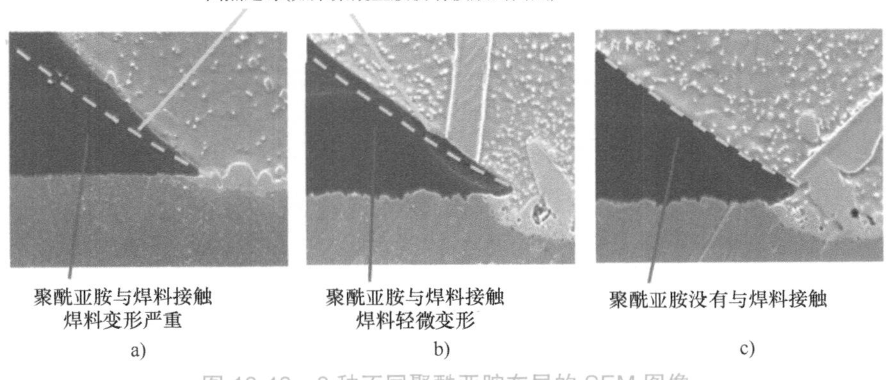

图 10.40　3 种不同聚酰亚胺布局的 SEM 图像

a）PI 布局 1　b）PI 布局 2　c）PI 布局 3

图 10.41 给出了 3 种聚酰亚胺布局（见图 10.40）的有限元分析模型。在 3 种聚酰亚胺布局中都建立了焊料和聚酰亚胺之间的接触对。

研究了具有不同铜 UBM 厚度和刻蚀开口的设计。图 10.42 给出了两个具有 10μm 厚的铜 UBM 和 7.5μm 厚的铜 UBM 模型。图 10.43 给出了带有刻蚀 1μm 开口的 UBM 模型。

对具有不同聚酰亚胺布局、不同 UBM 厚度和 UBM 中不同开口设计的 12 个实验（DoE）模型进行了有限元仿真。表 10.16 显示了 4 组中的 12 个模型。每组有 3 个具有相同 UBM 厚度、相同 UBM 开口尺寸和不同聚酰亚胺布局的 PI 布局。

图 10.44 所示为跌落测试仿真中焊料凸点中第一主应力 S_1 分布的截面轮廓图。UBM 厚度为 10μm，采用聚酰亚胺布局，不接触焊球。图 10.44a 所示为非开口模型的应力等值线。焊料的最大第一主应力位于焊料、聚酰亚胺和 UBM 的结合处。图 10.44b 所示为开口模型的焊料应力轮廓。开口尖端填充有焊料，与没有开口的模型相比，这导致了急剧的应力，失效将从开口的尖端处开始。

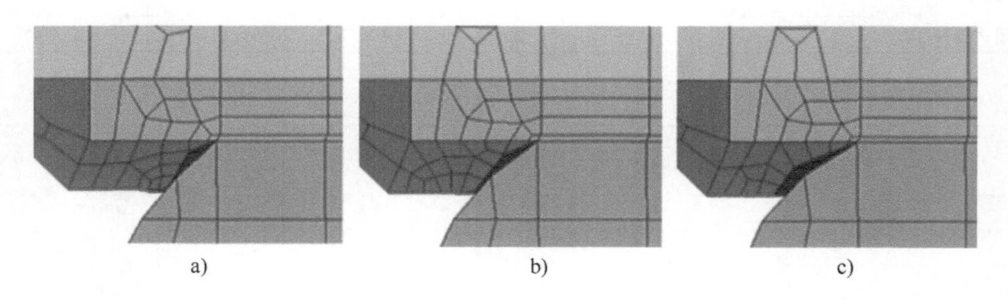

图 10.41 3 种不同聚酰亚胺布局的有限元模型

a）PI 布局 1 b）PI 布局 2 c）PI 布局 3

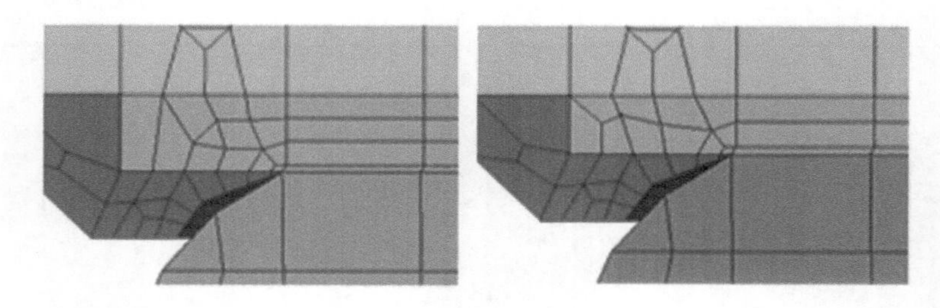

图 10.42 两种不同铜 UBM 厚度的有限元模型

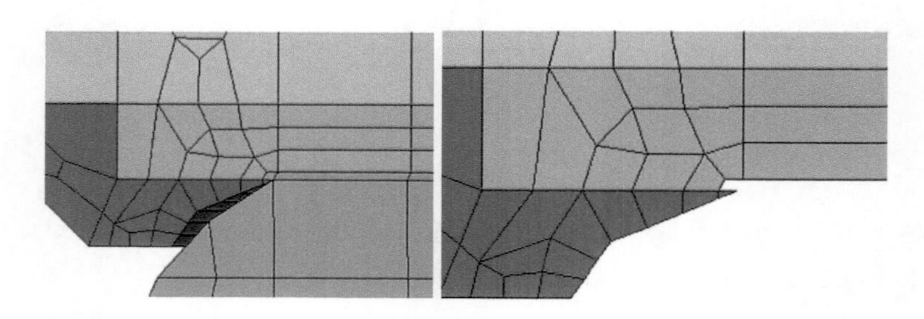

图 10.43 具有 1μm 厚开口的铜 UBM 有限元模型

表 10.16 不同聚酰亚胺布局、UBM 厚度、UBM 开口尺寸的 4 组模型

组	聚酰亚胺布局	UBM 厚度	UBM 开口尺寸
第 1 组	3 种聚酰亚胺布局	10μm	1μm
第 2 组	3 种不同的聚酰亚胺布局	10μm	无
第 3 组	3 种不同的聚酰亚胺布局	7.5μm	1μm
第 4 组	3 种不同的聚酰亚胺布局	7.5μm	无

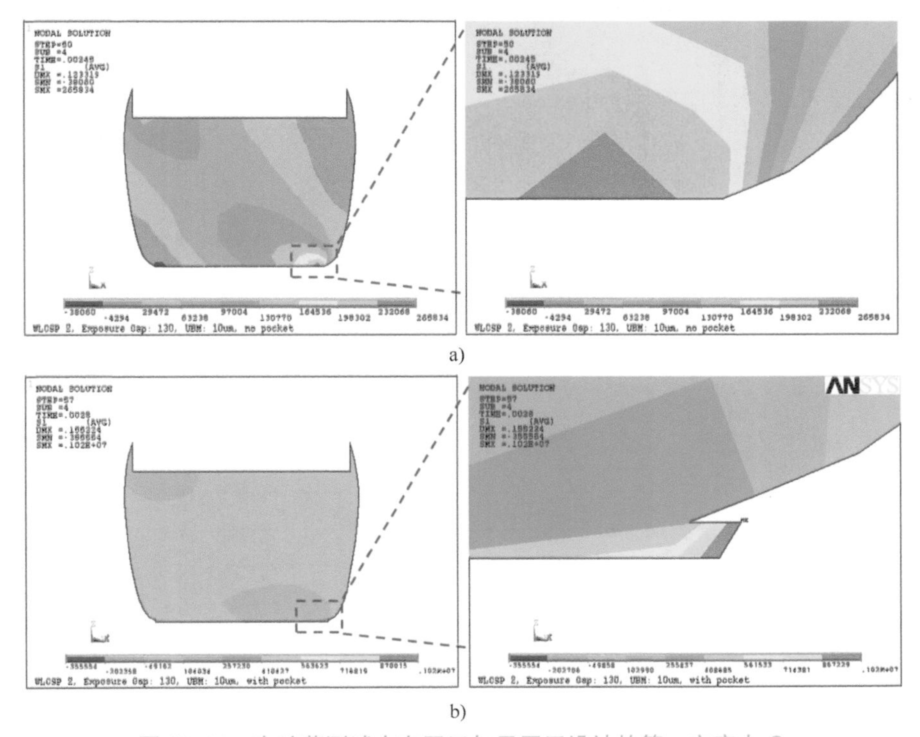

图 10.44 在跌落测试中有开口与无开口设计的第一主应力 S_1

a）焊点的最大 S_1：265.8MPa（UBM 内无开口） b）焊点最大的 S_1：1020MPa（UBM 中有 1μm 开口）

图 10.45 ~ 图 10.48 给出了跌落测试仿真中 UBM 界面处焊料的第一主应力 S_1、von Mises 应力、Z 分量脱落应力 S_z 和最大剪切应力 S_{XZ} 的比较。具有刻蚀开口设计的动态应力大于没有开口的设计。在跌落冲击中，第一主应力和脱落应力将主导焊点的失效。因此，对于没有刻蚀开口的设计，其中聚酰亚胺布局 1 是最佳解决方案，即聚酰亚胺接触具有较厚 UBM 的焊球。而对于具有刻蚀开口的设计，聚酰亚胺刚开始接触焊球的聚酰亚胺布局 2 是更好的解决方案。

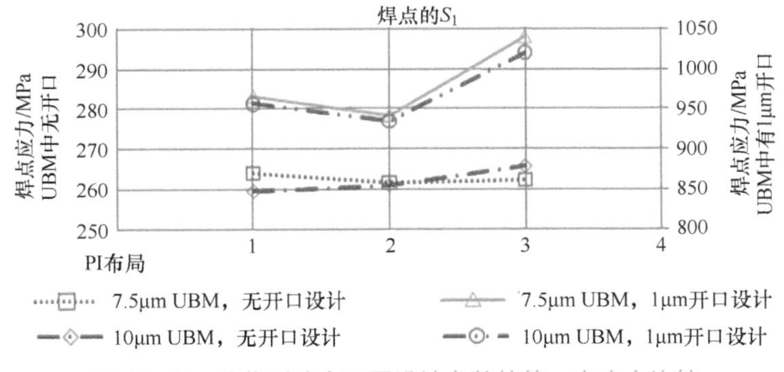

图 10.45 跌落测试中不同设计参数的第一主应力比较

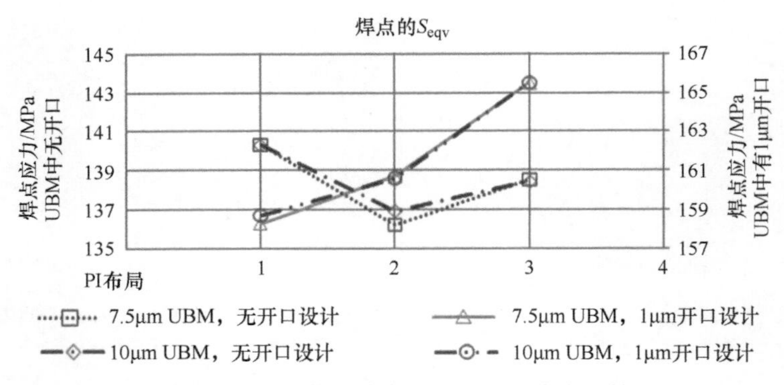

图 10.46 跌落测试中 von Mises 应力比较

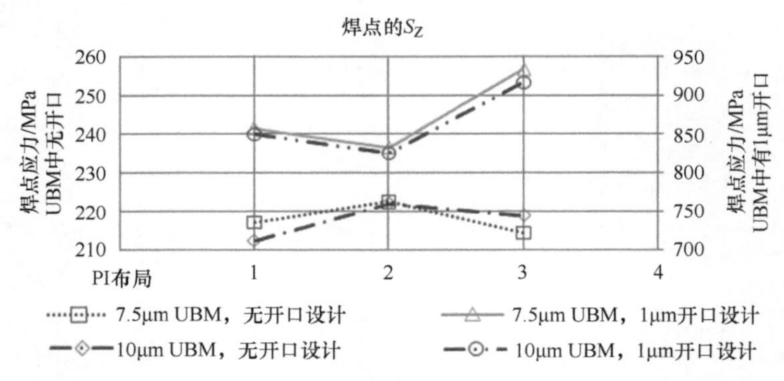

图 10.47 跌落测试中不同设计参数下 *Z* 分量脱落应力的比较

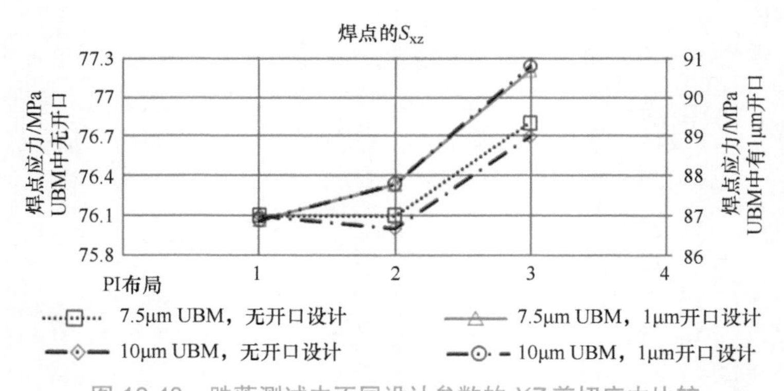

图 10.48 跌落测试中不同设计参数的 *XZ* 剪切应力比较

图 10.49 给出了热循环仿真中焊料和 UBM 界面处焊球的第一次失效循环比较。带有开口设计的较厚 UBM 延长了第一个失效的周期。聚酰亚胺和焊球之间更大的空隙也增加了第一次失效循环的次数。在 3 种 PI 布局中，PI 布局 3 似乎具有最长的首次失效寿命。带有刻蚀开口的较厚 UBM 显示出最长的热循环寿命。图 10.50 给出了热循环中焊料和 UBM 界面处焊球的特征寿命比较。特征寿命的趋势与图 10.49 所示的第一个失效周期的趋势相似。

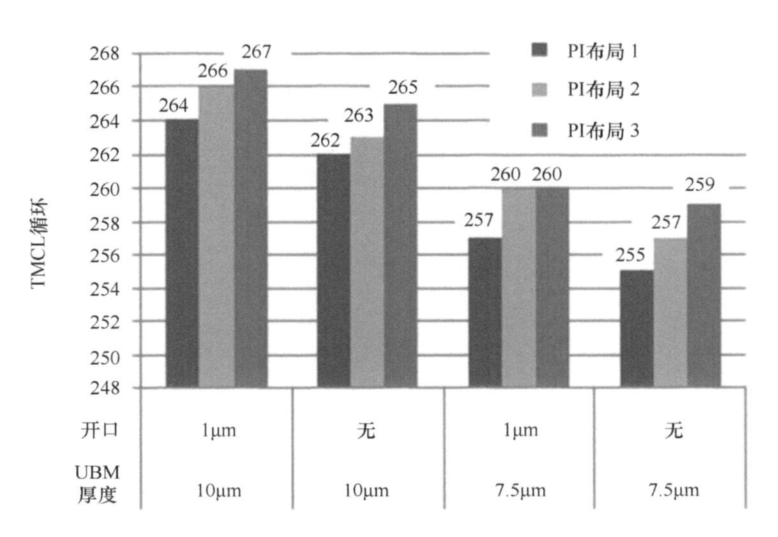

图 10.49　UBM 界面处焊球的首次失效循环比较（不同的聚酰亚胺布局、UBM 厚度和 UBM 开口设计）

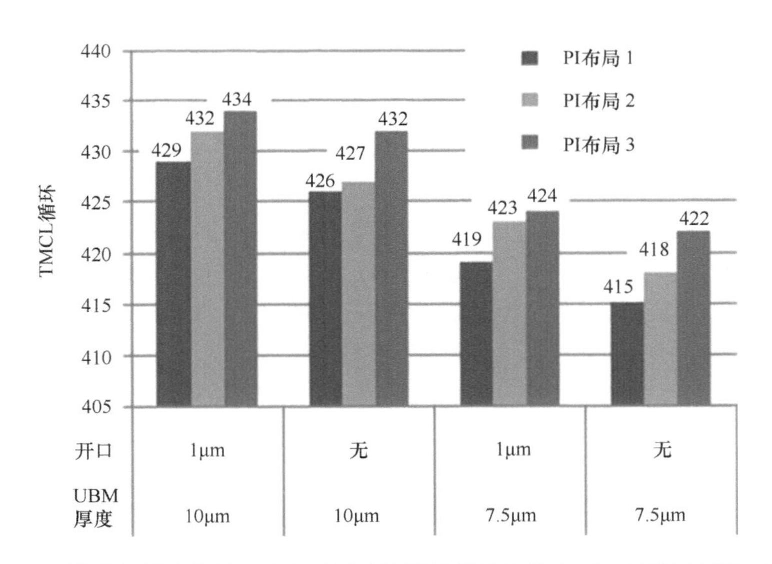

图 10.50　UBM 界面处焊球的特征寿命比较（不同的聚酰亚胺布局、UBM 厚度和 UBM 开口）

图 10.51 所示为 UBM 中不同刻蚀深度的有限元模型。在热循环负载中，考虑了具有 0μm 刻蚀（非刻蚀）UBM、1μm 深刻蚀 UBM 和 4μm 深度刻蚀 UBM 的 3 种设计布局。图 10.52 给出了焊球在 UBM 界面处的第一次失效循环和特征寿命比较。这表明 UBM 中较深的开口能够轻微延长热循环中第一次失效循环和特征寿命，但这种影响并不显著。

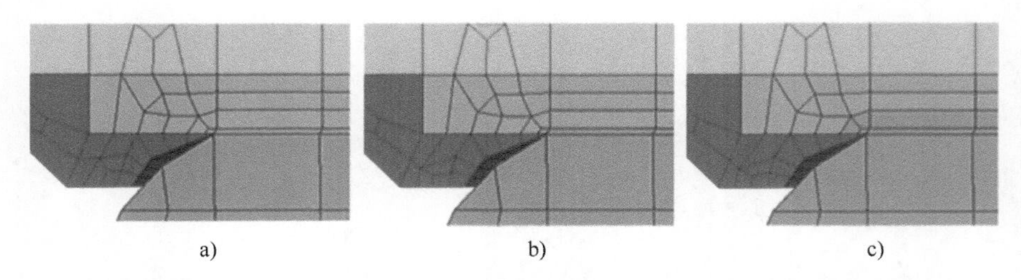

图 10.51 UBM 中不同开口深度的 WLCSP 的有限元模型横截面

a）无开口 b）1μm 开口 c）4μm 开口

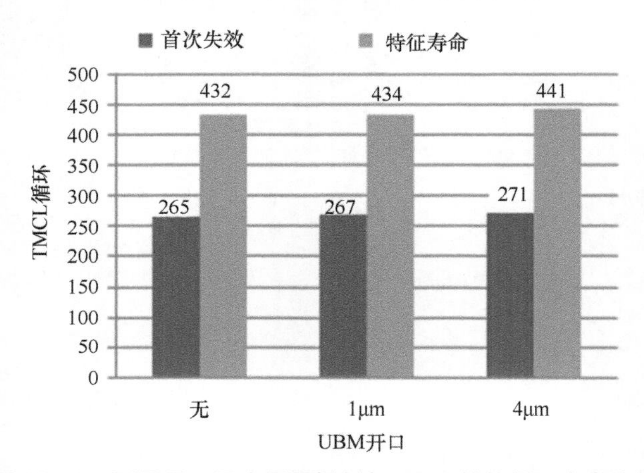

图 10.52 不同开口深度界面焊料与 UBM 的热循环寿命比较

10.5.3.2 1Cu1Pi WLCSP 的不同无覆盖 UBM 直径

上述建模结果显示了在热循环和跌落测试建模中聚酰亚胺布局对焊点的影响。研究了一种具有新型简单聚酰亚胺布局的 WLCSP。图 10.53a 所示为具有新型聚酰亚胺布局的 WLCSP 的 SEM 图片。图 10.53b 所示为 WLCSP 中简单聚酰亚胺布局的有限元模型。无覆盖铜 UBM 的直径为 205μm。焊球直径为 280μm。焊球高度为 185μm。图 10.53 所示为一个具有较大直径的无覆盖铜 UBM 的模型。焊料体积与以前的型号相同。无覆盖铜 UBM 的直径从 205μm 增加到 255μm，焊球直径变为 310μm，高度为 150μm。图 10.53b、c 所示的两个模型都在铜 UBM 中刻蚀了 4μm 深的开口。

图 10.54 给出了 UBM 界面焊点的热循环首次失效循环和特征寿命比较。当无覆盖铜 UBM 直径从 205μm 增加到 255μm 时，尽管其焊点高度从 185μm 减少到 150μm，但首次失效循环次数从 267 个循环增加到 281 个循环，特征寿命循环从 435 个循环增加至 457 个循环。

10.5.3.3 不同的 UBM 直径 2Cu1Pi WLCSP 与相同的焊球体积

图 10.55 所示为标准溅射铜 UBM（2Cu1Pi 设计）WLCSP 的 SEM 图片。钝化层和 5.5μm 厚的铜 RDL 之上是 10μm 厚聚酰亚胺涂层。在聚酰亚胺层中存在一个通孔的开口。聚酰亚胺侧壁的角度（在其斜面和底面之间）为 43°。在无覆盖的 RDL 和部分聚酰亚胺涂层上溅射 7.5μm 厚的铜 UBM。

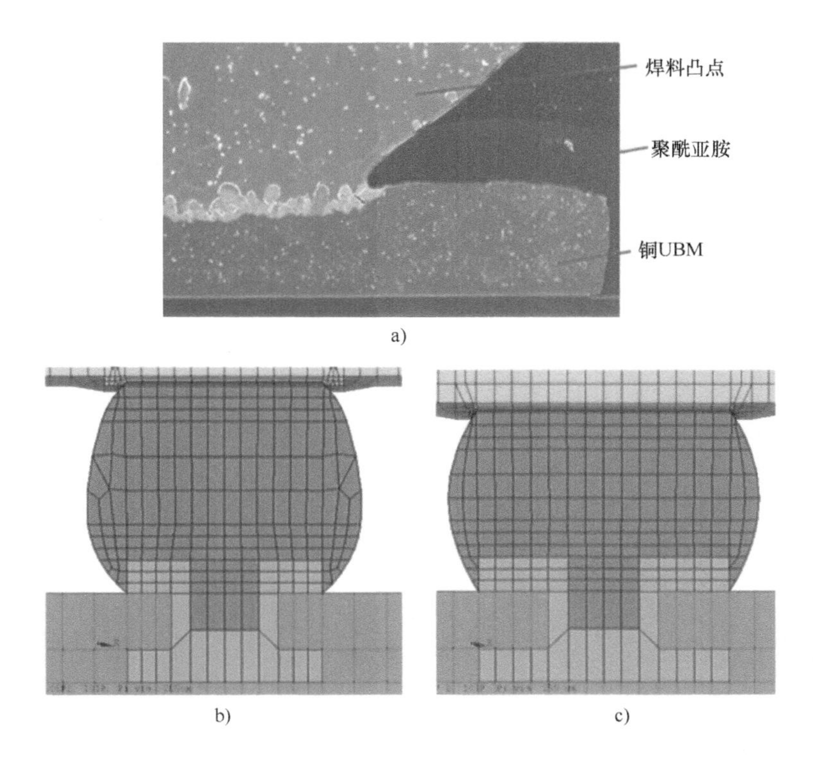

图 10.53　具有不同无覆盖 UBM 直径的 1Cu1Pi WLCSP 的有限元模型

a）新型简单聚酰亚胺脱落剂 WLCSP　b）无覆盖 UBM 直径 205μm　c）无覆盖 UBM 直径 255μm

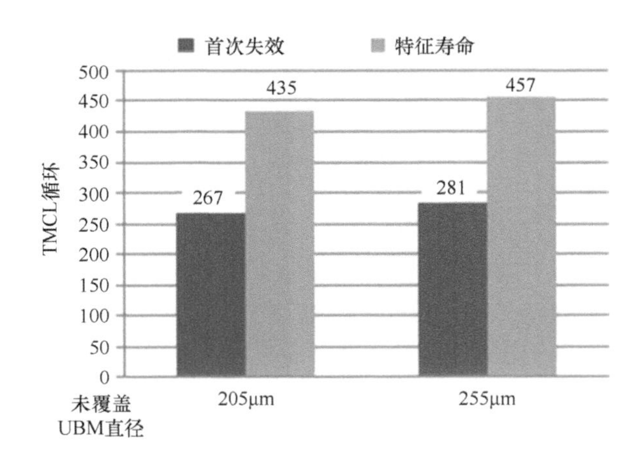

图 10.54　UBM 界面处焊料的热循环寿命比较（不同无覆盖铜 UBM）

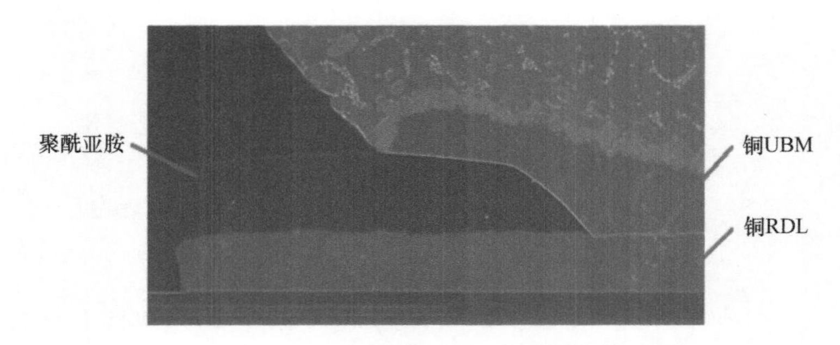

图 10.55　2Cu1Pi WLCSP 的扫描电镜图片

图 10.56 所示为 2Cu1Pi WLCSP 不同 UBM 直径的有限元模型。在这 3 种模型中，焊料体积都保持不变。图 10.56a 所示为具有 230μm UBM 直径的 2Cu1Pi WLCSP 的有限元模型，其聚酰亚胺通孔直径为 195μm，焊球高度为 156μm。图 10.56b 所示为具有 245 μm UBM 直径的 2Cu1Pi WLCSP 的有限元模型，其聚酰亚胺通孔直径为 205μm，焊球高度为 150μm。图 10.56c 所示为具有 255μm UBM 直径的 2Cu1Pi WLCSP 的有限元模型，其聚酰亚胺通孔直径为 212μm，焊球高度为 146μm。

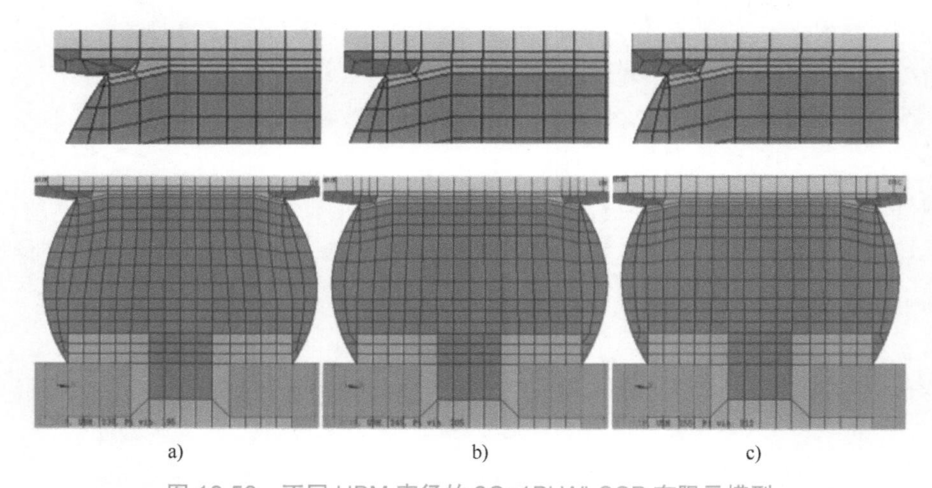

图 10.56　不同 UBM 直径的 2Cu1Pi WLCSP 有限元模型

a）UBM 直径 230μm　b）UBM 直径 245μm　c）UBM 直径 255μm

图 10.57 给出了跌落测试建模结果。结果表明，焊料在 UBM 界面处的第一主应力、von Mises 应力、*Z* 分量脱落应力和 *XZ* 方向剪切应力随着 UBM 直径的增加而减小。

图 10.58 给出了 UBM 界面处焊点的热循环首次失效循环和特性寿命循环比较。对于直径为 230μm 的 UBM 模型，焊料的首次失效循环和特征寿命循环分别为 270 次和 439 次。随着 UBM 直径增加 6.5% 至 245μm，焊点首次失效周期增加 18.5% 至 320 次，特征寿命周期增加 18.5%，达到 520 个循环。随着 UBM 直径增加 10.9% 至 255μm，焊点首次失效循环增加 31.5% 至 355 次，特征寿命循环增加 31.7%，达到 578 个循环。

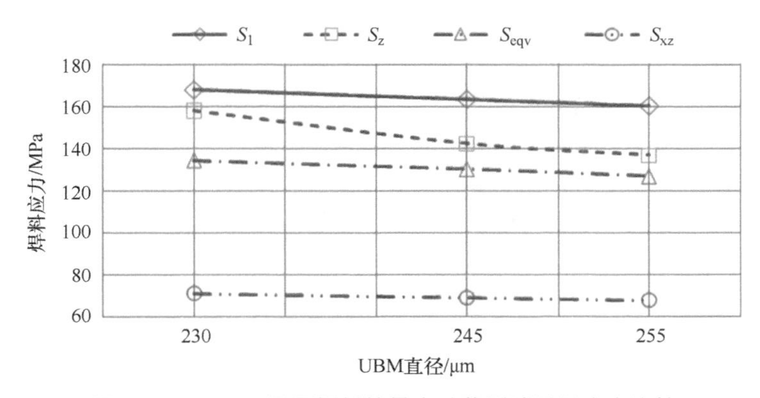

图 10.57　UBM 界面焊料的最大跌落测试诱导应力比较

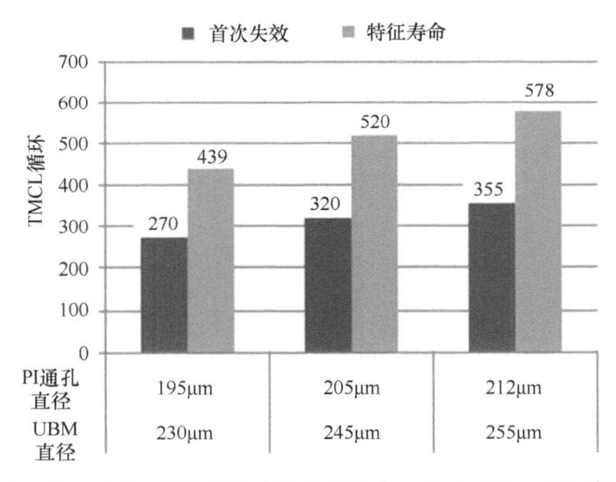

图 10.58　UBM 界面焊料的热循环寿命比较（不同 UBM 直径）

10.5.3.4　不同的 UBM 直径与相同的焊球高度

图 10.59 给出了 1Cu1Pi WLCSP 的不同无覆盖 UBM 直径（PI 通孔直径）。这 5 种型号的焊球高度相同。焊料体积随着 Pi 通孔直径或 UBM 直径的增加而增加。

图 10.60 给出了热循环建模结果。结果表明，随着 Pi 通孔直径或 UBM 直径的增加，UBM 界面附近焊料的首次失效循环和特征寿命增加。随着 UBM 直径的增加，焊点的首次失效循环和特征寿命增加，其中寿命最长的是 UBM 直径为 255μm 的 2Cu1Pi 设计的 WLCSP，其特征寿命已超过 1000 次循环。

10.5.4　跌落测试和热循环测试

跌落测试是根据 JEDEC 标准 JESD22-B111 进行的。测试条件为 1500g，0.5ms 内有半个正弦波。图 10.61 所示为 WLCSP 的 1Cu1Pi 设计的具有焊点裂纹的跌落测试 SEM 图片和建模应力横截面图。应力截面表明，焊点的最大应力位于焊料、聚酰亚胺和 UBM 的结合处。跌落

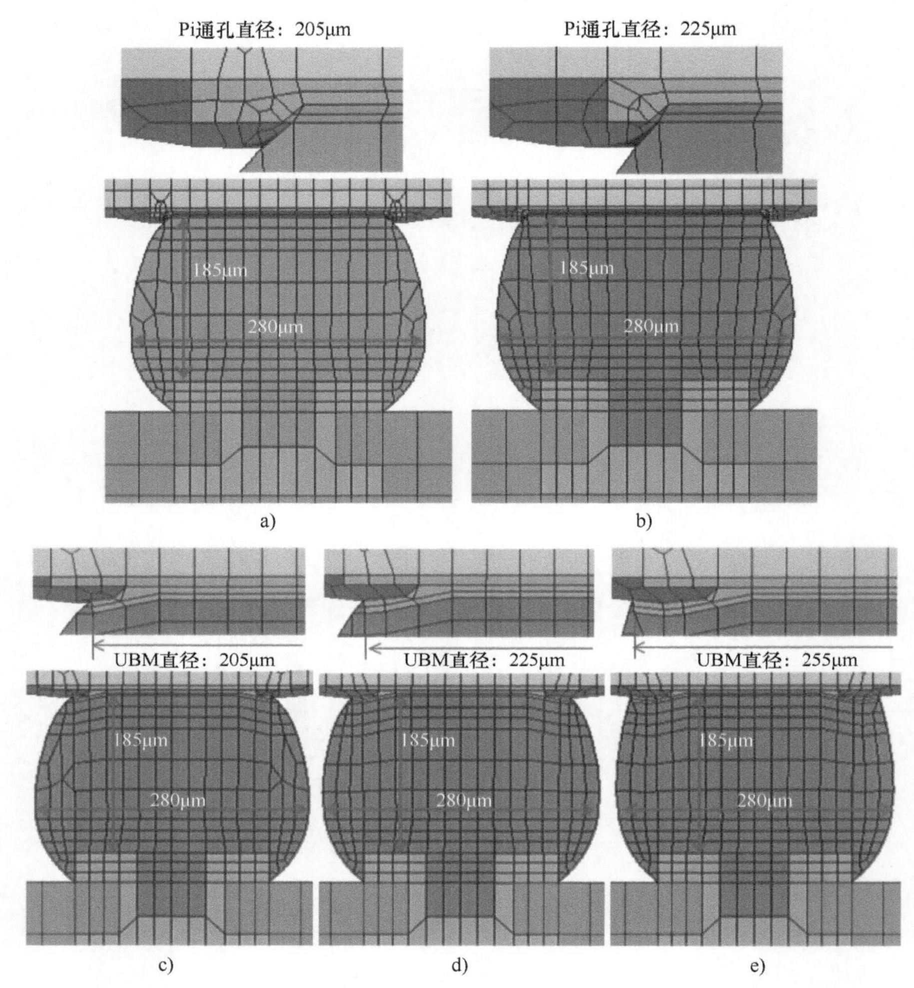

图 10.59　不同无覆盖 UBM 直径（PI 通孔直径）的 1Cu1Pi WLCSP 的有限元模型

a）Pi 通孔直径 205μm　b）Pi 通孔直径 225μm　c）UBM 直径 230μm
d）UBM 直径 245μm　e）UBM 直径 255μm

测试结果表明，焊接裂纹产生于与建模相同的位置。图 10.62 所示为 WLCSP 的 2Cu1Pi 设计的跌落测试 FA 图和建模应力截面图。建模结果表明，最大 UBM 应力位于与铜 RDL 连接的边缘处。跌落测试结果表明，失效发生在 UBM 与铜 RDL 焊盘的界面处，与仿真结果一致。

图 10.62 和图 10.63 给出了热循环测试结果。根据 JEDEC 规则对 WLCSP 封装进行热循环测试。温度范围是 −40 ~ 125℃。图 10.63 显示了具有无覆盖 UBM 直径 205μm 和无接触焊料的聚酰亚胺布局（PI 布局 3）的 1Cu1Pi WLCSP 的角焊点失效，其中第一次失效出现在两组样品的 102 次循环和 346 次循环处。它显示焊料裂纹位于 UBM 界面附近的焊料区域。建模结果表明 WLCSP 相同 1Cu1Pi 结构的首次失效为 265 个循环。图 10.64 显示了 UBM 直径为 245μm、PI 开口直径为 205μm 的 2Cu1Pi WLCSP 的角焊点失效。焊料中的裂纹起源于 UBM 界面附近的焊点，首次失效出

现在第 348 个循环。建模结果预测了相同设计 2Cu1Pi WLCSP 的首次失效为 320 个循环。

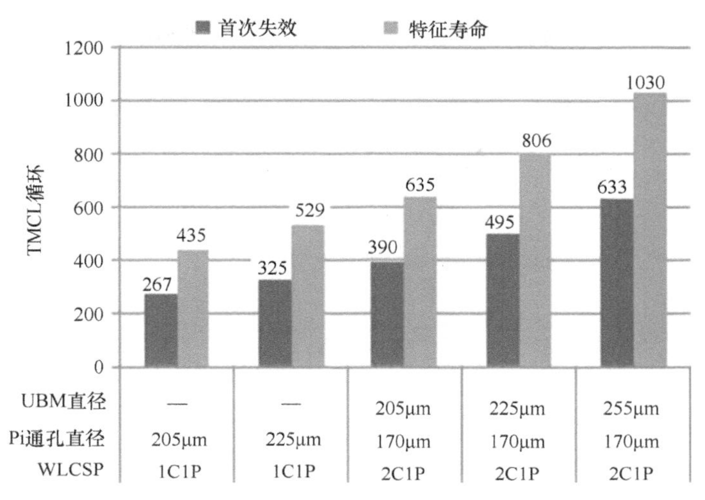

图 10.60　UBM 界面附近焊料的热循环寿命比较

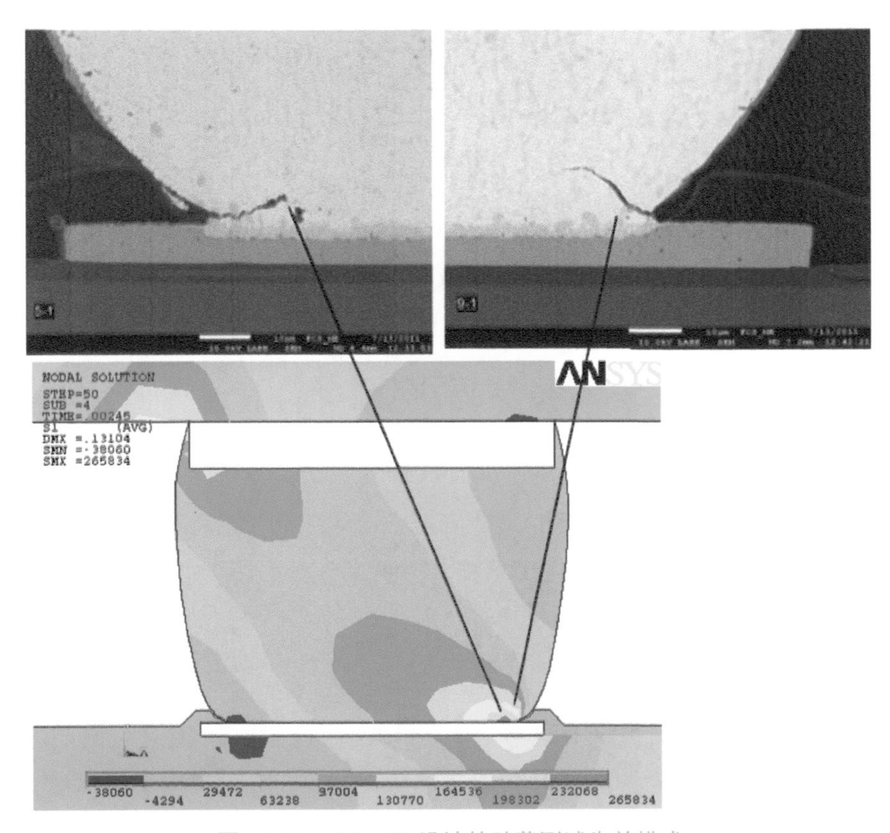

图 10.61　1Cu1Pi 设计的跌落测试失效模式

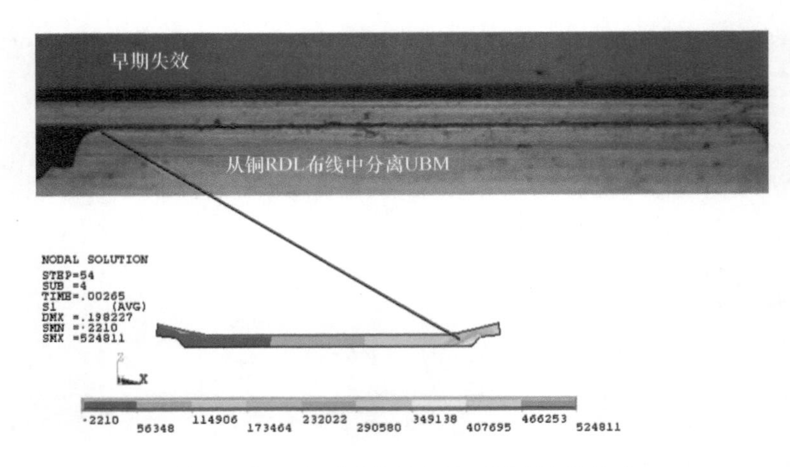

图 10.62 2Cu1Pi 设计的跌落测试失效模式

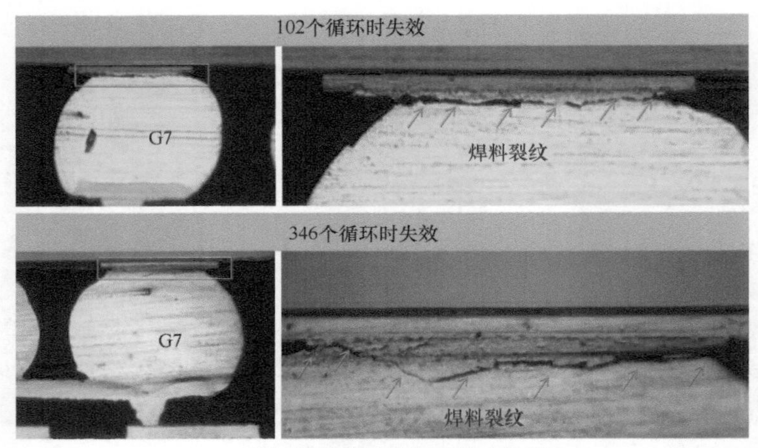

元件侧的失效是焊接真正的失效原因

图 10.63 1Cu1Pi 设计焊料的热循环失效

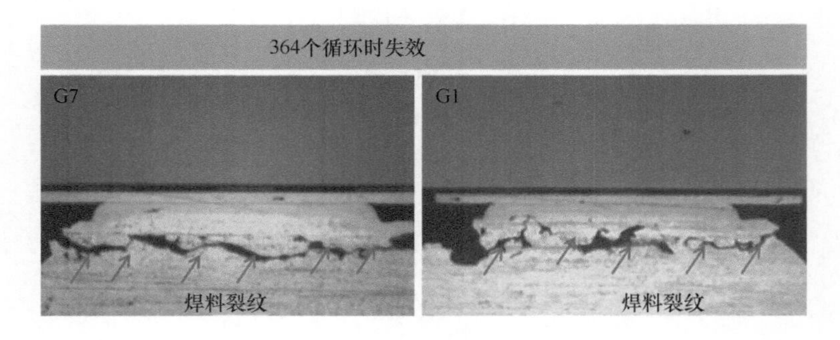

图 10.64 2Cu1Pi 设计的焊点热循环失效

10.5.5　讨论

对 1Cu1Pi WLCSP 和 2Cu1Pi WRCSP 关键设计的跌落测试性能和热循环可靠性进行了综合建模研究。

1）在跌落测试和热循环测试中，建模结果显示了 1Cu1Pi 设计中焊料与 UBM 界面处焊料裂纹的失效模式。对于 2Cu1Pi，跌落测试失效发生在铜 RDL 和 UBM 的界面，热循环失效发生在 UBM 下的焊点处。

2）对于 1Cu1Pi 设计的 WLCSP，较厚的 UBM 和聚酰亚胺之间较大的空隙有助于提升焊料的热循环可靠性。刻蚀更深的 UBM 似乎具有更好的热循环性能，但其影响并不显著。

3）增加 WLCSP 的 1Cu1Pi 设计的无覆盖 UBM 直径可以提高焊点的热循环可靠性。随着无覆盖 UBM 直径从 205μm 增加到 255μm，首次失效寿命从 267 个循环增加到 281 个循环，特征寿命从 435 个循环增加到 457 个循环。

4）增加 2Cu1Pi WLCSP 的 UBM 直径可以显著提高焊料的热循环寿命。随着 UBM 直径增加 6.5%，焊球的首次失效寿命和特征寿命增加 18.5%。当 UBM 直径增加 10.9%，达到 245μm 时，焊球的首次失效寿命和特征寿命增加 31.5%。

5）增加 2Cu1Pi WLCSP 的 UBM 直径可以降低焊料与 UBM 界面处焊点的应力。随着 UBM 直径从 230μm 增加到 255μm，最大第一主应力、von Mises 应力、Z 分量脱落应力和最大剪切应力均随之减小。

10.6　总结

本章讨论了典型的 WLCSP 可靠性和测试方法。首先 10.1 节列出了基本可靠性测试，以说明不同的可靠性要求和测试标准。然后 10.2 节通过实验和仿真研究了 WLCSP 焊球的剪切性能和失效模式。结果表明，随着冲击速度的增加，IMC 层发生了更多的脆性断裂。仿真和实验的载荷 - 位移响应曲线表明，高速时所需的断裂能小于低速时；然而，峰值牵引力出现明显提高。10.3 节研究了 WLCSP 组件回流工艺和 PCB 设计的可靠性。仿真结果清楚地表明，通过放置镀铜通孔会引入高应力。当通孔仅在一些焊点下方时，预测在镀铜通孔下方的焊点上会产生过大的应力。为了避免在 25 球 WLCSP 测试中出现早期失效，必须对测试 PCB 进行设计更改。如果布线不是问题，则建议采用不带通孔的 PCB 设计。如果信号 / 电源 / 接地连接需要一层以上，则盲孔优于通孔。如果通孔是出于其他考虑而设计的，建议在每个焊球下方放置通孔。10.4 节研究了 WLCSP 的板级跌落测试，该节对仿真和跌落测试中不同 WLCSP 设计参数、几何形状和材料与动态响应的关系进行了研究。10.5 节介绍了下一代 WLCSP 设计在板级温度循环和跌落测试中的可靠性研究。这些研究给出了 1Cu1Pi 和 2Cu1Pi 设计的金属堆叠和聚酰亚胺的详细布局。

参考文献

1. Liu, Y.: Power electronic packaging: Design, assembly process, reliability and modeling. Springer, Heidelberg (2012)
2. Chai, T. C., Yu, D. Q., Lau, J., et al.: Angled high strain rate shear testing for SnAgCu solder balls. In: Proceedings of 58th Electronic Components and Technology Conference, pp. 623–628. (2008)
3. Zhang,Y., Xu, Y., Liu,Y., Schoenberg, A.: The experimental and numerical investigation on shear behavior of solder ball in a Wafer Level Chip Scale Package, ECTC 60, (2010)
4. Dugdale, D.S.: Yielding of steel sheets containing slits. J. Mech. Phys. Solids **8**, 100–108 (1960)
5. Barenblatt, G.I.: The mathematical theory of equilibrium of crack in brittle fracture. Adv. Appl. Mech. **7**, 55–129 (1962)
6. Needleman, A.: A continuum model for void nucleation by inclusion debonding. ASME J. Appl. Mech. **54**, 525–531 (1987)
7. Tvergaard, V., Hutchinson, J.W.: The influence of plasticity on mixed mode interface toughness. J. Mech. Phys. Solids **41**, 1119–1135 (1993)
8. Tvergaard, V., Hutchinson, J.W.: On the toughness of ductile adhesive joints. J. Mech. Phys. Solids **44**, 789–800 (1996)
9. Liu, Y., Qian, Q., Qu, S., Martin, S., Jeon, O.: Investigation of the assembly reflow process and PCB design on the reliability of WLCSP. ECTC62. (2012).
10. Liu, Y., Qian, Q., Kim, J., Martin, S.: Board level drop impact simulation and test for development of wafer level chip scale package. ECTC 60. (2010)
11. Dhiman, H.S., Fan, X.J., Zhou, T.: JEDEC board drop test simulation for wafer level packages (WLPs). ECTC59. (2009)
12. Liu, Y., Qian, Q., Ring, M., et al.: Modeling for critical design and performance of wafer level chip scale package. ECTC62. (2012)
13. Liu, Y.M., Liu, Y.: Prediction of board level performance of WLCSP. ECTC63. (2013)
14. Liu, Y.M., Liu, Y., Qu, S.: Bump geometric deviation on the reliability of BOR WLCSP. ECTC 64. (2014)